Public Housing
居者有其屋

天津滨海新区首个全装修定单式限价
商品住房佳宁苑试点项目

The Pilot Project of First Full Furnished
Order-oriented Price-restricted Commercial Housing —
Jianingyuan, Binhai New Area, Tianjin

《天津滨海新区规划设计丛书》编委会　编

霍　兵　主编

江苏凤凰科学技术出版社

《天津滨海新区规划设计丛书》编委会

主　任

霍　兵

副主任

黄晶涛、马胜利、肖连望、郭富良、马静波、韩向阳、张洪伟

编委会委员

郭志刚、孔继伟、张连荣、翟国强、陈永生、白艳霞、陈进红、戴　雷、
张立国、李　彤、赵春水、叶　炜、张　垚、卢　嘉、邵　勇、王　滨、
高　蕊、马　强、刘鹏飞

成员单位

天津市滨海新区规划和国土资源管理局

天津经济技术开发区建设和交通局

天津港保税区（空港经济区）规划和国土资源管理局

天津滨海高新技术产业开发区规划处

天津东疆保税港区建设交通和环境市容局

中新天津生态城建设局

天津滨海新区中心商务区建设交通局

天津滨海新区临港经济区建设交通和环境市容局

天津市城市规划设计研究院

天津市渤海城市规划设计研究院

天津市滨海新区城市建设档案馆

天津市迪赛建设工程设计服务有限公司

本书主编

霍　兵

本书副主编

肖连望、郭富良、韩向阳、郭志刚、李红星、李秋成

本书编辑组

单春溪、郑　宾、关　建、程　丹、李　彬、靳　锐、于　鹏、汤　慧、
王　建、张　俐、孙忠庆、张　斌、王晓萌、于　佳、石晓倩、武晓静、
孙长安、孟育新、王雅婧、王大娜、鲍国欣

本书编撰单位

天津市滨海新区保障性住房管理中心

天津市滨海新区住房投资有限公司

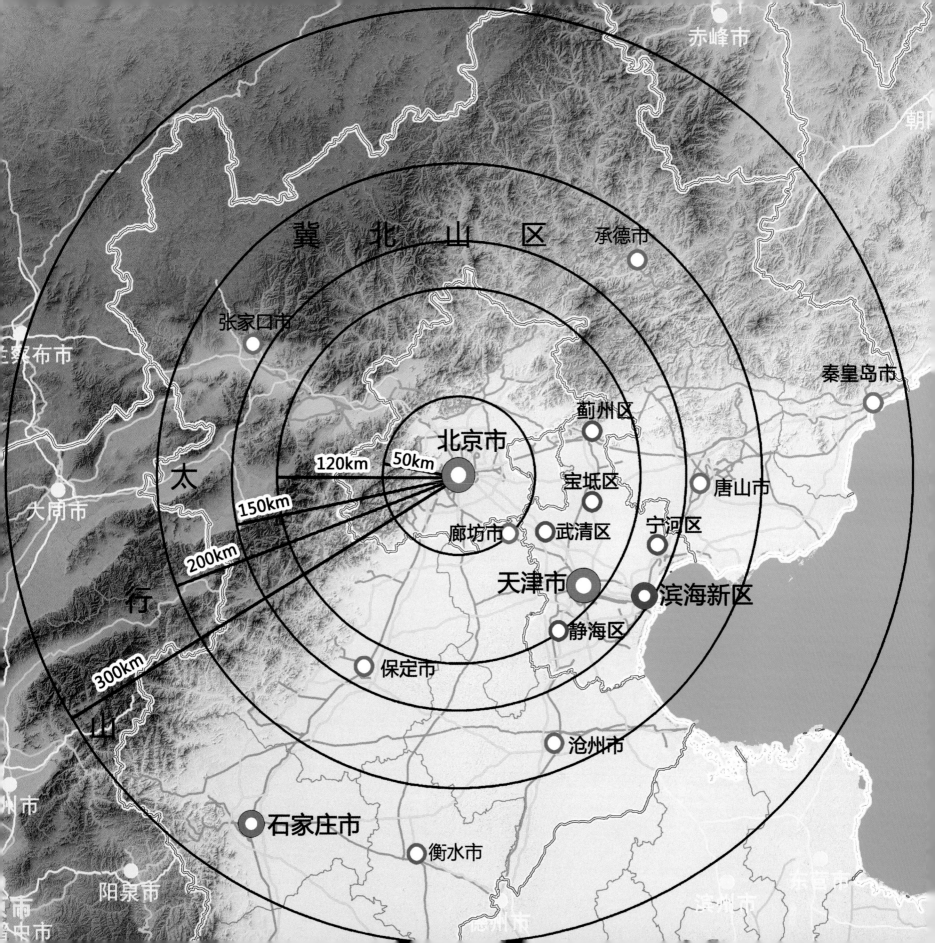

冀　北　山　区

承德市

张家口市

秦皇岛市

北京市

蓟州区

太

120km　50km

宝坻区

唐山市

150km

大同市

武清区

宁河区

200km

廊坊市

行

天津市

滨海新区

300km

静海区

山

保定市

沧州市

石家庄市

衡水市

阳泉市

赤峰市

序
Preface

2006 年 5 月，国务院下发《关于推进天津滨海新区开发开放有关问题的意见》（国发〔2006〕20 号），滨海新区正式被纳入国家发展战略，成为综合配套改革试验区。按照党中央、国务院的部署，在国家各部委的大力支持下，天津市委市政府举全市之力建设滨海新区。经过艰苦的奋斗和不懈的努力，滨海新区的开发开放取得了令人瞩目的成绩。今天的滨海新区与十年前相比有了天翻地覆的变化，经济总量和八大支柱产业规模不断壮大，改革创新不断取得新进展，城市功能和生态环境质量不断改善，社会事业不断进步，居民生活水平不断提高，科学发展的滨海新区正在形成。

回顾和总结十年来的成功经验，其中最重要的就是坚持高水平规划引领。我们深刻地体会到，规划是指南针，是城市发展建设的龙头。要高度重视规划工作，树立国际一流的标准，运用先进的规划理念和方法，与实际情况相结合，探索具有中国特色的城镇化道路，使滨海新区社会经济发展和城乡规划建设达到高水平。为了纪念滨海新区被纳入国家发展战略十周年，滨海新区规划和国土资源管理局组织编写了这套《天津滨海新区规划设计丛书》，内容包括滨海新区总体规划、规划设计国际征集、城市设计探索、控制性详细规划全覆盖、于家堡金融区规划设计、滨海新区文化中心规划设计、城市社区规划设计、保障房规划设计、城市道路交通基础设施和建设成就等，共十册。这是一种非常有意义的纪念方式，目的是总结新区十年来在城市规划设计方面的成功经验，寻找差距和不足，树立新的目标，实现更好的发展。

未来五到十年，是滨海新区实现国家定位的关键时期。在新的历史时期，在"一带一路"、京津冀协同发展国家战略及自贸区的背景下，在我国经济发展进入新常态的情形下，滨海新区作为国家级新区和综合配套改革试验区，要在深化改革开放方面进行先行先试探索，期待用高水平的规划引导经济社会发展和城市规划建设，实现转型升级，为其他国家级新区和我国新型城镇化提供可推广、可复制的经验，为全面建成小康社会、实现中华民族的伟大复兴做出应有的贡献。

天津市委常委
滨海新区区委书记

2016 年 2 月

N

滨海新区用地规划图

前 言
Foreword

　　天津市委市政府历来高度重视滨海新区城市规划工作。2007年，天津市第九次党代会提出：全面提升城市规划水平，使新区的规划设计达到国际一流水平。2008年，天津市政府设立重点规划指挥部，开展119项规划编制工作，其中新区38项，内容包括滨海新区空间发展战略和城市总体规划、中新天津生态城等功能区规划、于家堡金融区等重点地区规划，占全市任务的三分之一。在天津市空间发展战略的指导下，滨海新区空间发展战略规划和城市总体规划明确了新区发展的空间格局，满足了新区快速建设的迫切需求，为建立完善的新区规划体系奠定了基础。

　　天津市规划局多年来一直将滨海新区规划工作作为重点。1986年，天津城市总体规划提出"工业东移"的发展战略，大力发展滨海地区。1994年，开始组织编制滨海新区总体规划。1996年，成立滨海新区规划分局，配合滨海新区领导小组办公室和管委会做好新区规划工作，为新区的规划打下良好的基础，并培养锻炼一支务实的规划管理人员队伍。2009年滨海新区政府成立后，按照市委市政府的要求，天津市规划局率先将除城市总体规划和分区规划之外的规划审批权和行政许可权依法下放给滨海新区政府；同时，与滨海新区政府共同组织新区各委局、各功能区管委会，再次设立新区规划提升指挥部，统筹编制50余项规划，进一步完善规划体系，提高规划设计水平。市委市政府和新区区委区政府主要领导对新区规划工作不断提出要求，通过设立规划指挥部和开展专题会等方式对新区重大规划给予审查。市规划局各位局领导和各部门积极支持新区工作，市有关部门也对新区规划工作给予指导支持，以保证新区各项规划建设的高水平。

　　滨海新区区委区政府十分重视规划工作。滨海新区行政体制改革后，以原市规划局滨海分局和市国土房屋管理局滨海分局为班底组建了新区规划和国土资源管理局。五年来，在新区区委区政府的正确领导下，新区规划和国土资源管理局认真贯彻落实中央和市委市政府、区委区政府的工作部署，以规划为龙头，不断提高规划设计和管理水平；通过实施全区控规全覆盖，实现新区各功能区统一的规划管理；通过推广城市设计和城市设计规范化法定化改革，不断提高规划管理水平，较好地完成本职工作。在滨海新区被纳入国家发展战略十周年之际，新区规划和国土资源管理局组织编写这套《天津滨海新区规划设计丛书》，对过去的工作进行总结，非常有意义；希望以此为契机，再接再厉，进一步提高规划设计和管理水平，为新区在新的历史时期再次腾飞作出更大的贡献。

天津市规划局局长　　　　　天津市滨海新区区长

2016年3月

滨海新区城市规划的十年历程
Ten Years Development Course of Binhai Urban Planning

　　白驹过隙，在持续的艰苦奋斗和改革创新中，滨海新区迎来了被纳入国家发展战略后的第一个十年。作为中国经济增长的第三极，在快速城市化的进程中，滨海新区的城市规划建设以改革创新为引领，尝试在一些关键环节先行先试，成绩斐然。组织编写这套《天津滨海新区规划设计丛书》，对过去十年的工作进行回顾总结，是纪念新区十周年一种很有意义的方式，希望为国内外城市提供经验借鉴，也为新区未来发展和规划的进一步提升夯实基础。这里，我们把滨海新区的历史沿革、开发开放的基本情况以及在城市规划编制、管理方面的主要思路和做法介绍给大家，作为丛书的背景资料，方便读者更好地阅读。

一、滨海新区十年来的发展变化

1. 滨海新区重要的战略地位

　　滨海新区位于天津东部、渤海之滨，是北京的出海口，战略位置十分重要。历史上，在明万历年间，塘沽已成为沿海军事重镇。到清末，随着京杭大运河淤积，南北漕运改为海运，塘沽逐步成为河、海联运的中转站和货物集散地。大沽炮台是我国近代史上重要的海防屏障。

　　1860年第二次鸦片战争，八国联军从北塘登陆，中国的大门向西方打开。天津被迫开埠，海河两岸修建起八国租界。塘沽成为当时军工和民族工业发展的一个重要基地。光绪十一年(1885年)，清政府在大沽创建"北洋水师大沽船坞"。光绪十四年(1888年)，开滦矿务局唐(山)胥(各庄)铁路

延长至塘沽。1914年，实业家范旭东在塘沽创办久大精盐厂和中国第一个纯碱厂——永利碱厂，使这里成为中国民族化工业的发源地。抗战爆发后，日本侵略者出于掠夺的目的于1939年在海河口开建人工海港。

　　新中国成立后，天津市获得新生。1951年，天津港正式开港。凭借良好的工业传统，在第一个"五年计划"期间，我国许多自主生产的工业产品，如第一台电视机、第一辆自行车、第一辆汽车等，都在天津诞生，天津逐步从商贸城市转型为生产型城市。1978年改革开放，天津迎来了新的机遇。1986年城市总体规划确定了"一条扁担挑两头"的城市布局，在塘沽城区东北部盐场选址规划建设天津经济技术开发区(Tianjin Economic-Technological Development Area—TEDA)——泰达，一批外向型工业兴起，开发区成为天津走向世界的一个窗口。1986年，被称为"中国改革开放总设计师"的邓小平高瞻远瞩地指出："你们在港口和市区之间有这么多荒地，这是个很大的优势，我看你们潜力很大"，并欣然题词："开发区大有希望"。

　　1992年小平同志南行后，中国的改革开放进入新的历史时期。1994年，天津市委市政府加大实施"工业东移"战略，提出：用十年的时间基本建成滨海新区，把饱受发展限制的天津老城区的工业转移至地域广阔的滨海新区，转型升级。1999年，时任中央总书记的江泽民充分肯定了滨海新区的发展："滨海新区的战略布局思路正确，肯定大有希望。"经过十多年的努力奋斗，进入21世纪以来，天津滨海新区

已经具备了一定的发展基础，取得了一定的成绩，为被纳入国家发展战略奠定了坚实的基础。

2. 中国经济增长的第三极

2005 年 10 月，党的十六届五中全会在《中共中央关于制定国民经济和社会发展第十一个五年规划的建议》中提出：继续发挥经济特区、上海浦东新区的作用，推进天津滨海新区等条件较好地区的开发开放，带动区域经济发展。2006 年，滨海新区被纳入国家"十一五"规划。2006 年 6 月，国务院下发《关于推进天津滨海新区开发开放有关问题的意见》（国发〔2006〕20 号），滨海新区被正式纳入国家发展战略，成为综合配套改革试验区。

20 世纪 80 年代深圳经济特区设立的目的是在改革开放的初期，打开一扇看世界的窗。20 世纪 90 年代上海浦东新区的设立正处于我国改革开放取得重大成绩的历史时期，其目的是扩大开放、深化改革。21 世纪天津滨海新区设立的目的是在我国初步建成小康社会的条件下，按照科学发展观的要求，做进一步深化改革的试验区、先行区。国务院对滨海新区的定位是：依托京津冀、服务环渤海、辐射"三北"、面向东北亚，努力建设成为我国北方对外开放的门户、高水平的现代制造业和研发转化基地、北方国际航运中心和国际物流中心，逐步成为经济繁荣、社会和谐、环境优美的宜居生态型新城区。

滨海新区距北京只有 1 小时车程，有北方最大的港口天津港。有国外记者预测，"未来 20 年，滨海新区将成为中国经济增长的第三极——中国经济增长的新引擎"。这片有着深厚历史积淀和基础、充满活力和激情的盐田滩涂将成为新一代领导人政治理论和政策举措的示范窗口和试验田，要通过"科学发展"建设一个"和谐社会"，以带动北方经济的振兴。与此同时，滨海新区也处于金融改革、技术创新、环境保护和城市规划建设等政策试验的最前沿。

3. 滨海新区十年来取得的成绩

按照党中央、国务院的部署，天津市委市政府举全市之力建设滨海新区。经过不懈的努力，滨海新区开发开放取得了令人瞩目的成绩，以行政体制改革引领的综合配套改革不断推进，经济高速增长，产业转型升级，今天的滨海新区与十年前相比有了沧海桑田般的变化。

2015 年，滨海新区国内生产总值达到 9300 万亿左右，是 2006 年的 5 倍，占天津全市比重 56%。航空航天等八大支柱产业初步形成，空中客车 A-320 客机组装厂、新一代运载火箭、天河一号超级计算机等国际一流的产业生产研发基地建成运营。1000 万吨炼油和 120 万吨乙烯厂建成投产。丰田、长城汽车年产量提高至 100 万辆，三星等手机生产商生产手机 1 亿部。天津港吞吐量达到 5.4 亿吨，集装箱 1400 万标箱，邮轮母港的客流量超过 40 万人次，天津滨海国际机场年吞吐量突破 1400 万人次。京津塘城际高速铁路延伸线、津秦客运专线投入运营。滨海新区作为高水平的现代制造业和研发转化基地、北方国际航运中心和国际物流中心的功能正在逐步形成。

十年来，滨海新区的城市规划建设也取得了令人瞩目的成绩，城市建成区面积扩大了130平方千米，人口增加了130万。完善的城市道路交通、市政基础设施骨架和生态廊道初步建立，产业布局得以优化，特别是各具特色的功能区竞相发展，一个既符合新区地域特点又适应国际城市发展趋势、富有竞争优势、多组团网络化的城市区域格局正在形成。中心商务区于家堡金融区海河两岸、开发区现代产业服务区（MSD）、中新天津生态城以及空港商务区、高新区渤龙湖地区、东疆港、北塘等区域的规划建设都体现了国际水准，滨海新区现代化港口城市的轮廓和面貌初露端倪。

二、滨海新区十年城市规划编制的经验总结

回顾十年来滨海新区取得的成绩，城市规划发挥了重要的引领作用，许多领导、国内外专家学者和外省市的同行到新区考察时都对新区的城市规划予以肯定。作为中国经济增长的第三极，新区以深圳特区和浦东新区为榜样，力争城市规划建设达到更高水平。要实现这一目标，规划设计必须具有超前性，且树立国际一流的标准。在快速发展的情形下，做到规划先行，切实提高规划设计水平，不是一件容易的事情。归纳起来，我们主要有以下几方面的做法。

1. 高度重视城市规划工作，花大力气开展规划编制，持之以恒，建立完善的规划体系

城市规划要发挥引导作用，首先必须有完整的规划体系。天津市委市政府历来高度重视城市规划工作。2006年，滨海新区被纳入国家发展战略，市政府立即组织开展了城市总体规划、功能区分区规划、重点地区城市设计等规划编制工作。但是，要在短时间内建立完善的规划体系，提高规划设计水平，特别是像滨海新区这样的新区，在"等规划如等米下锅"的情形下，必须采取非常规的措施。

2007年，天津市第九次党代会提出了全面提升规划水平的要求。2008年，天津全市成立了重点规划指挥部，开展了119项规划编制工作，其中新区38项，占全市任务的1/3。重点规划指挥部采用市主要领导亲自抓、规划局和政府相关部门集中办公的形式，新区和各区县成立重点规划编制分指挥部。为解决当地规划设计力量不足的问题，我们进一步开放规划设计市场，吸引国内外高水平的规划设计单位参与天津的规划编制。规划编制内容充分考虑城市长远发展，完善规划体系，同时以近五年建设项目策划为重点。新区38项规划内容包括滨海新区空间发展战略规划和城市总体规划、中新天津生态城、南港工业区等分区规划，于家堡金融区、响螺湾商务区和开发区现代产业服务区（MSD）等重点地区，涵盖总体规划、分区规划、城市设计、控制性详细规划等层面。改变过去习惯的先编制上位规划、再顺次编制下位规划的做法，改串联为并联，压缩规划编制审批的时间，促进上下层规划的互动。起初，大家对重点规划指挥部这种形式有怀疑和议论。实际上，规划编制有时需要特殊的组织形式，如编制城市总体规划一般的做法都需要采取成立领导小组、集中规划编制组等形式。重点规划指挥部这种集中突击式的规划编制是规划编制各种组织形式中的一种。实践证明，它对于一个城市在短时期内规划体系完善和水平的提高十分有效。

经过大干150天的努力和"五加二、白加黑"的奋战，

38 项规划成果编制完成。在天津市空间发展战略的指导下，滨海新区空间发展战略规划和城市总体规划明确了新区发展大的空间格局。在总体规划、分区规划和城市设计指导下，近期重点建设区的控制性详细规划先行批复，满足了新区实施国家战略伊始加速建设的迫切要求。可以说，重点规划指挥部 38 项规划的编制完成保证了当前的建设，更重要的是夯实了新区城市规划体系的根基。

除城市总体规划外，控制性详细规划不可或缺。控制性详细规划作为对城市总体规划、分区规划和专项规划的深化和落实，是规划管理的法规性文件和土地出让的依据，在规划体系中起着承上启下的关键作用。2007 年以前，滨海新区控制性详细规划仅完成了建成区的 30%。控规覆盖率低必然造成规划的被动。因此，我们将新区控规全覆盖作为一项重点工作。经过近一年的扎实准备，2008 年初，滨海新区和市规划局统一组织开展了滨海新区控规全覆盖工作，规划依照统一的技术标准、统一的成果形式和统一的审查程序进行。按照全覆盖和无缝拼接的原则，将滨海新区 2270 平方千米的土地划分为 38 个分区 250 个规划单元，同时编制。要实现控规全覆盖，工作量巨大，按照国家指导标准，仅规划编制经费就需巨额投入，因此有人对这项工作持怀疑态度。新区管委会高度重视，利用国家开发银行的技术援助贷款，解决了规划编制经费问题。新区规划分局统筹全区控规编制，各功能区管委会和塘沽、汉沽、大港政府认真组织实施。除天津规划院、渤海规划院之外，国内十多家规划设计单位也参与了控规编制。这项工作也被列入 2008 年重点规划指挥部的任务并延续下来。到 2009 年底，历时两年多的奋斗，

新区控规全覆盖基本编制完成，经过专家审议、征求部门意见以及向社会公示等程序后，2010 年 3 月，新区政府第七次常务会审议通过并下发执行。滨海新区历史上第一次实现了控规全覆盖，实现了每一寸土地上都有规划，使规划成为经济发展和城市建设的先行官，从此再没有出现招商和项目建设等无规划的情况。控规全覆盖奠定了滨海新区完整规划体系的牢固底盘。

当然，完善的城市规划体系不是一次设立重点规划指挥部、一次控规全覆盖就可以全方位建立的。所以，2010 年 4 月，在滨海新区政府成立后，按照市委市政府要求，滨海新区人民政府和市规划局组织新区规划和国土资源管理局与新区各委局、各功能区管委会，再次设立新区规划提升指挥部，统筹编制新区总体规划提升在内的 50 余项各层次规划，进一步完善规划体系，提高规划设计水平。另外，除了设立重点规划指挥部和控规全覆盖这种特殊的组织形式外，新区政府在每年年度预算中都设立了规划业务经费，确定一定数量的指令性任务，有计划地长期开展规划编制和研究工作，持之以恒，这一点也很重要。

十年后的今天，经过两次设立重点规划指挥部、控规全覆盖和多年持续的努力，滨海新区建立了包括总体规划和详细规划两大阶段，涉及空间发展战略、总体规划、分区规划、专项规划、控制性详细规划、城市设计和城市设计导则等七个层面的完善的规划体系。这个规划体系是一个庞大的体系，由数百项规划组成，各层次、各片区规划具有各自的作用，不可或缺。空间发展战略和总体规划明确了新区的空间布局和总体发展方向；分区规划明确了各功能区主导产业和空间

布局特色；专项规划明确了各项道路交通、市政和社会事业发展布局。控制性详细规划做到全覆盖，确保每一寸土地都有规划，实现全区一张图管理。城市设计细化了城市功能和空间形象特色，重点地区城市设计及导则保证了城市环境品质的提升。我们深刻地体会到，一个完善的规划体系，不仅是资金投入的累积，更是各级领导干部、专家学者、技术人员和广大群众的时间、精力、心血和智慧的结晶。建立一套完善的规划体系不容易，保证规划体系的高品质更加重要，要在维护规划稳定和延续的基础上，紧跟时代的步伐，使规划具有先进性，这是城市规划的历史使命。

2. 坚持继承发展和改革创新，保证规划的延续性和时代感

城市空间战略和总体规划是对未来发展的预测和布局，关系城市未来几十年、上百年发展的方向和品质，必须符合城市发展的客观规律，具有科学性和稳定性。同时，21世纪科学技术日新月异，不断进步，所以，城市规划也要有一定弹性，以适应发展的变化，并正确认识城市规划不变与变的辩证关系。多年来，继承发展和改革创新并重是天津及滨海新区城市规划的主要特征和成功经验。

早在1986年经国务院批准的第一个天津市城市总体规划中，天津市提出了"工业战略东移"的总体思路，确定了"一条扁担挑两头"的城市总体格局。这个规划符合港口城市由内河港向海口港转移和大工业沿海布置发展的客观规律和天津城市的实际情况。30年来，天津几版城市总体规划修编一直坚持城市大的格局不变，城市总体规划一直突出天津港口和滨海新区的重要性，保持规划的延续性，这是天津

城市规划非常重要的传统。正是因为多年来坚持了这样一个符合城市发展规律和城市实际情况的总体规划，没有"翻烧饼"，才为多年后天津的再次腾飞和滨海新区的开发开放奠定了坚实的基础。

当今世界日新月异，在保持规划传统和延续性的同时，我们也更加注重城市规划的改革创新和时代性。2008年，考虑到滨海新区开发开放和落实国家对天津城市定位等实际情况，市委市政府组织编制天津市空间发展战略，在2006年国务院批准的新一版城市总体规划布局的基础上，以问题为导向，确定了"双城双港、相向拓展、一轴两带、南北生态"的格局，突出了滨海新区和港口的重要作用，同时着力解决港城矛盾，这是对天津历版城市总体规划布局的继承和发展。在天津市空间发展战略的指导下，结合新区的实际情况和历史沿革，在上版新区总体规划以塘沽、汉沽、大港老城区为主的"一轴一带三区"布局结构的基础上，考虑众多新兴产业功能区作为新区发展主体的实际，滨海新区确定了"一城双港、九区支撑、龙头带动"的空间发展战略。在空间战略的指导下，新区的城市总体规划充分考虑历史演变和生态本底，依托天津港和天津国际机场核心资源，强调功能区与城区协调发展和生态环境保护，规划形成"一城双港三片区"的空间格局，确定了"东港口、西高新、南重化、北旅游、中服务"的产业发展布局，改变了过去开发区、保税区、塘沽区、汉沽区、大港区各自为政、小而全的做法，强调统筹协调和相互配合。规划明确了各功能区的功能和产业特色，以产业族群和产业链延伸发展，避免重复建设和恶性竞争。规划明确提出：原塘沽区、汉沽区、大港区与城区临

近的石化产业，包括新上石化项目，统一向南港工业区集中，真正改变了多少年来财政分灶吃饭体制所造成的一直难以克服的城市环境保护和城市安全的难题，使滨海新区走上健康发展的轨道。

改革开放 30 年来，城市规划改革创新的重点仍然是转换传统计划经济的思维，真正适应社会主义市场经济和政府职能转变要求，改变规划计划式的编制方式和内容。目前城市空间发展战略虽然还不是法定规划，但与城市总体规划相比，更加注重以问题为导向，明确城市总体长远发展的结构和布局，统筹功能更强。天津市人大在国内率先将天津空间发展战略升级为地方性法规，具有重要的示范作用。在空间发展战略的指导下，城市总体规划的编制也要改变传统上以 10 ～ 20 年规划期经济规模、人口规模和人均建设用地指标为终点式的规划和每 5 ～ 10 年修编一次的做法，避免"规划修编一次、城市摊大一次"，造成"城市摊大饼发展"的局面。滨海新区空间发展战略重点研究区域统筹发展、港城协调发展、海空两港及重大交通体系、产业布局、生态保护、海岸线使用、填海造陆和盐田资源利用等重大问题，统一思想认识，提出发展策略。新区城市总体规划按照城市空间发展战略，以 50 年远景规划为出发点，确定整体空间骨架，预测不同阶段的城市规模和形态，通过滚动编制近期建设规划，引导和控制近期发展，适应发展的不确定性，真正做到"一张蓝图干到底"。

改革开放 30 年以来，我国的城市建设取得了巨大的成绩，但如何克服"城市千城一面"的问题，避免城市病，提高规划设计和管理水平一直是一个重要课题。我们把城市设计作为提升规划设计水平和管理水平的主要抓手。在城市总体规划编制过程中，邀请清华大学开展了新区总体城市设计研究，探讨新区的总体空间形态和城市特色。在功能区规划中，首先通过城市设计方案确定功能区的总体布局和形态，然后再编制分区规划和控制性详细规划。自 2006 年以来，我们共开展了 100 余项城市设计。其中，新区核心区实现了城市设计全覆盖，于家堡金融区、响螺湾商务区、开发区现代产业服务区（MSD）、空港经济区核心区、滨海高新区渤龙湖总部区、北塘特色旅游区、东疆港配套服务区等 20 余个城市重点地区，以及海河两岸和历史街区都编制了高水平的城市设计，各具特色。鉴于目前城市设计在我国还不是法定规划，作为国家综合配套改革试验区，我们开展了城市设计规范化和法定化专题研究和改革试点，在城市设计的基础上，编制城市设计导则，作为区域规划管理和建筑设计审批的依据。城市设计导则不仅规定开发地块的开发强度、建筑高度和密度等，而且确定建筑的体量位置、贴线率、建筑风格、色彩等要求，包括地下空间设计的指引，直至街道景观家具的设置等内容。于家堡金融区、北塘、渤龙湖、空港核心区等新区重点区域均完成了城市设计导则的编制，并已付诸实施，效果明显。实践证明，与控制性详细规划相比，城市设计导则在规划管理上可更准确地指导建筑设计，保证规划、建筑设计和景观设计的统一，塑造高水准的城市形象和建成环境。

规划的改革创新是个持续的过程。控规最早是借鉴美国区划和中国香港法定图则，结合我国实际情况在深圳、上海等地先行先试的。我们在实践中一直在对控规进行完善。针对大城市地区城乡统筹发展的趋势，滨海新区控规从传统的城市规划范围拓展到整个新区 2270 平方千米的范围，实现了控制性详细规划城乡全覆盖。250 个规划单元分为城区和生态区两类，按照不同的标准分别编制。生态区以农村地区的生产和生态环境保护为主，同时认真规划和严格控制"六线"，包括道路红线、轨道黑线、绿化绿线、市政黄线、河流蓝线以及文物保护紫线，一方面保证城市交通基础设施建设的控制预留，另一方面避免对土地不合理地随意切割，达到合理利用土地和保护生态资源的目的。同时，可以避免深圳由于当年只对围网内特区城市规划区进行控制，造成外围村庄无序发展，形成今天难以解决的城中村问题。另外，规划近、远期结合，考虑到新区处于快速发展期，有一定的不确定性，因此，将控规成果按照编制深度分成两个层面，即控制性详细规划和土地细分导则，重点地区还将同步编制城市设计导则，按照"一控规、两导则"来实施规划管理，规划具有一定弹性，重点对保障城市公共利益、涉及国计民生的公共设施进行预留控制，包括教育、文化、体育、医疗卫生、社会福利、社区服务、菜市场等，保证规划布局均衡便捷、建设标准与配套水平适度超前。

3. 树立正确的指导思想，采纳先进的理念，开放规划设计市场，加强自身队伍建设，确保规划编制的高起点、高水平

如果建筑设计的最高境界是技术与艺术的完美结合，那么城市规划则被赋予更多的责任和期许。城市规划不仅仅是制度体系，其本身的内容和水平更加重要。规划不仅仅要指引城市发展建设，营造优美的人居环境，还试图要解决城市许多的经济、社会和环境问题，避免交通拥堵、环境污染、住房短缺等城市病。现代城市规划 100 多年的发展历程，涵盖了世界各国、众多城市为理想愿景奋斗的历史、成功的经验、失败的教训，为我们提供了丰富的案例。经过 100 多年从理论到实践的循环往复和螺旋上升，城市规划发展成为经济、社会、环境多学科融合的学科，涌现出多种多样的理论和方法。但是，面对中国改革开放和快速城市化，目前仍然没有成熟的理论方法和模式可以套用。因此，要使规划编制达到高水平，必须加强理论研究和理论的指引，树立正确的指导思想，总结国内外案例的经验教训，应用先进的规划理念和方法，探索适合自身特点的城市发展道路，避免规划灾难。在新区的规划编制过程中，我们始终努力开拓国际视野，加强理论研究，坚持高起步、高标准，以滨海新区的规划设计达到国际一流水平为努力的方向和目标。

新区总体规划编制伊始，我们邀请中国城市规划设计研究院、清华大学开展了深圳特区和浦东新区规划借鉴、京津冀产业协同和新区总体城市设计等专题研究，向周干峙院士、建设部唐凯总规划师等知名专家咨询，以期站在巨人的肩膀上，登高望远，看清自身发展的道路和方向，少走弯路。21 世纪，在经济全球化和信息化高度发达的情形下，当代世界城市发展已经呈现出多中心网络化的趋势。滨海新区城市总体规划，借鉴荷兰兰斯塔特（Randstad）、美国旧金山硅谷湾区（Bay Area）、深圳市域等国内外同类城市区域的成功经验，在继承城市历史沿革的同时，结合新区多个特色功能区快速发展的实际情况，应用国际上城市区域（City

Region）等最新理论，形成滨海新区多中心组团式的城市区域总体规划结构，改变了传统的城镇体系规划和以中心城市为主的等级结构，适应了产业创新发展的要求，呼应了城市生态保护的形势，顺应了未来城市发展的方向，符合滨海新区的实际。规划产业、功能和空间各具特色的功能区作为城市组团，由生态廊道分隔，以快速轨道交通串联，形成城市网络，实现区域功能共享，避免各自独立发展所带来的重复建设问题。多组团城市区域布局改变了单中心聚集、"摊大饼"式蔓延发展模式，也可避免出现深圳当年对全区域缺失规划控制的问题。深圳最初的规划以关内300平方千米为主，"带状组团式布局"的城市总体规划是一个高水平的规划，但由于忽略了关外1600平方千米的土地，造成了外围"城中村"蔓延发展，后期改造难度很大。

生态城市和绿色发展理念是新区城市总体规划的一个突出特征。通过对城市未来50年甚至更长远发展的考虑，确定了城市增长边界，与此同时，划定了城市永久的生态保护控制范围，新区的生态用地规模确保在总用地的50%以上。根据新区河湖水系丰富和土地盐碱的特征，规划开挖部分河道水面、连通水系，存蓄雨洪水，实现湿地恢复，并通过水流起到排碱和改良土壤、改善植被的作用。在绿色交通方面，除以大运量快速轨道交通串联各功能区组团外，各组团内规划电车与快速轨道交通换乘，如开发区和中新天津生态城，提高公交覆盖率，增加绿色出行比重，形成公交都市。同时，组团内产业和生活均衡布局，减少不必要的出行。在资源利用方面，开发再生水和海水利用，实现非常规水源约占比50%以上。结合海水淡化，大力发展热电联产，实现淡水、

盐、热、电的综合产出。鼓励开发利用地热、风能及太阳能等清洁能源。自2008年以来，中新天津生态城的规划建设已经提供了在盐碱地上建设生态城市可推广、可复制的成功经验。

有历史学家说，城市是人类历史上最伟大的发明，是人类文明集中的诞生地。在21世纪信息化高度发达的今天，城市的聚集功能依然非常重要，特别是高度密集的城市中心。陆家嘴金融区、罗湖和福田中心区，对上海浦东新区和深圳特区的快速发展起到了至关重要的作用。被纳入国家发展战略伊始，滨海新区就开始研究如何选址和规划建设新区的核心——中心商务区。这是一个急迫需要确定的课题，而困难在于滨海新区并不是一张白纸，实际上是一个经过100多年发展的老区。经过深入的前期研究和多方案比选，最终确定在海河下游沿岸规划建设新区的中心。这片区域由码头、仓库、油库、工厂、村庄、荒地和一部分质量不高的多层住宅组成，包括于家堡、响螺湾、天津碱厂等区域，毗邻开发区现代产业服务区（MSD）。在如此衰败的区域中规划高水平的中心商务区，在真正建成前会一直有怀疑和议论，就像十多年前我们规划把海河建设成为世界名河所受到的非议一样，是很正常的事情。规划需要远见卓识，更需要深入的工作。滨海新区中心商务区规划明确了在区域中的功能定位，明确了与天津老城区城市中心的关系。通过对国内外有关城市中心商务区的经验比较，确定了新区中心商务区的规划范围和建设规模。大家发现，于家堡金融区半岛与伦敦泰晤士河畔的道克兰金融区形态上很相似，这冥冥之中揭示了滨河城市发展的共同规律。为提升新区

中心商务区海河两岸和于家堡金融区规划设计水平，我们邀请国内顶级专家吴良镛、齐康、彭一刚、邹德慈四位院士以及国际城市设计名家、美国宾夕法尼亚大学乔纳森·巴奈特（Jonathan Barnett）教授等专家作为顾问，为规划出谋划策。邀请美国SOM设计公司、易道公司（EDAW Inc.）、清华大学和英国沃特曼国际工程公司（Waterman Inc.）开展了两次工作营，召开了四次重大课题的咨询论证会，确定了高铁车站位置、海河防洪和基地高度、起步区选址等重大问题，并会同国际建协进行了于家堡城市设计方案国际竞赛。于家堡地区的规划设计，汲取纽约曼哈顿、芝加哥一英里、上海浦东陆家嘴等的成功经验，通过众多规划设计单位的共同参与和群策群力，多方案比选，最终采用了窄街廓、密路网和立体化的规划布局，将京津城际铁路车站延伸到金融区地下，与地铁共同构成了交通枢纽。规划以人为主，形成了完善的地下和地面人行步道系统。规划建设了中央大道隧道和地下车行路，以及市政共同沟。规划沿海河布置绿带，形成了美丽的滨河景观和城市天际线。于家堡的规划设计充分体现了功能、人文、生态和技术相结合，达到了较高水平，具有时代性，为充满活力的金融创新中心的发展打下了坚实的空间基础，营造了美好的场所，成为带动新区发展的"滨海芯"。

人类经济社会发展的最终目的是为了人，为人提供良好的生活、工作、游憩环境，提高生活质量。住房和城市社区是构成城市最基本的细胞，是城市的本底。城市规划突出和谐社会构建、强调以人为本就是要更加注重住房和社区规划设计。目前，虽然我国住房制度改革取得一定成绩，房地产市场规模巨大，但我国在保障性住房政策、居住区规划设计和住宅建筑设计和规划管理上一直存在比较多的问题，大众对居住质量和环境并不十分满意。居住区规划设计存在的问题也是造成城市病的主要根源之一。近几年来，结合滨海新区十大改革之一的保障房制度改革，我们在进行新型住房制度探索的同时，一直在进行住房和社区规划设计体系的创新研究，委托美国著名的公共住房专家丹尼尔·所罗门（Daniel Solomon），并与华汇公司和天津规划院合作，进行新区和谐新城社区的规划设计。邀请国内著名的住宅专家，举办研讨会，在保障房政策、社区规划、住宅单体设计到停车、物业管理、社区邻里中心设计、网络时代社区商业运营和生态社区建设等方面不断深化研究。规划尝试建立均衡普惠的社区、邻里、街坊三级公益性公共设施网络与和谐、宜人、高品质、多样化的住宅，满足人们不断提高的对生活质量的追求，从根本上提高我国城市的品质，解决城市病。

要编制高水平的规划，最重要的还是要邀请国内外高水平、具有国际视野和成功经验的专家和规划设计公司。在新区规划编制过程中，我们一直邀请国内外知名专家给予指导，坚持重大项目采用规划设计方案咨询和国际征集等形式，全方位开放规划设计市场，邀请国内外一流规划设计单位参与规划编制。自2006年以来，新区共组织了10余次、20余项城市设计、建筑设计和景观设计方案国际征集活动，几十家来自美国、英国、德国、新加坡、澳大利亚、法国、荷兰、加拿大以及中国香港等国家和地区的国际知名规划设计单位报名参与，将国际先进的规划设计理念和技术与滨海新区具体情况相结合，努力打造最好的规划设计作品。总体来看，新区各项重要规划均由著名的规划设计公司完成，如于家堡金融区城市设计为国际著名的美国 SOM 设计公司领衔，海河两岸景观概念规划是著名景观设计公司易道公司完成的，彩带岛景观设计由设计伦敦奥运会景观的美国哈格里夫斯事务所（Hargreaves Associates.）主笔，文化中心由世界著名建筑师伯纳德·屈米（Bernard Tschumi）等国际设计大师领衔。针对规划设计项目任务不同的特点，在规划编制组织形式上灵活地采用不同的方式。在国际合作上，既采用以征集规划思路和方案为目的的方案征集方式，也采用旨在研究并解决重大问题的工作营和咨询方式。

城市规划是一项长期持续和不断积累的工作，包括使国际视野转化为地方行动，需要本地规划设计队伍的支持和保证。滨海新区有两支甲级规划队伍长期在新区工作，包括 2005 年天津市城市规划设计研究院成立的滨海分院以及渤海城市规划设计研究院。2008 年，渤海城市规划设计研究院升格为甲级。这两个甲级规划设计院，100 多名规划师，不间断地在新区从事规划编制和研究工作。另外，还有滨海新区规划国土局所属的信息中心、城建档案馆等单位，伴随新区成长，为新区规划达到高水平奠定了坚实的基础。我们组织的重点规划设计，如滨海新区中心商务区海河两岸、于家堡金融区规划设计方案国际征集等，事先都由天津市城市规划设计研究院和渤海城市规划设计研究院进行前期研究和试做，发挥他们对现实情况、存在问题和国内技术规范比较清楚的优势，对诸如海河防洪、通航、道路交通等方面存在的关键问题进行深入研究，提出不同的解决方案。通过试做

可以保证规划设计征集出对题目，有的放矢，保证国际设计大师集中精力干规划设计的创作和主要问题的解决，这样既可提高效率和资金使用的效益，又可保证后期规划设计顺利落地，且可操作性强，避免"方案国际征集经常落得花了很多钱但最后仅仅是得到一张画得十分绚丽的效果图"的结局。同时，利用这些机会，天津市城市规划设计研究院和渤海城市规划设计研究院经常与国外的规划设计公司合作，在此过程中学习，进而提升自己。在规划实施过程中，在可能的情况下，也尽力为国内优秀建筑师提供舞台。于家堡金融区起步区"9+3"地块建筑设计，邀请了崔愷院士、周恺设计大师等九名国内著名青年建筑师操刀，与城市设计导则编制负责人、美国 SOM 设计公司合伙人菲尔·恩奎斯特（Philip Enquist）联手，组成联合规划和建筑设计团队共同工作，既保证了建筑单体方案建筑设计的高水平，又保证了城市街道、广场的整体形象和绿地、公园等公共空间的品质。

4. 加强公众参与，实现规划科学民主管理

城市规划要体现全体居民的共同意志和愿景。我们在整个规划编制和管理过程中，一贯坚持以"政府组织、专家领衔、部门合作、公众参与、科学决策"的原则指导具体规划工作，将达成"学术共识、社会共识、领导共识"三个共识作为工作的基本要求，保证规划科学和民主真正得到落实。将公众参与作为法定程序，按照"审批前公示、审批后公告"的原则，新区各项规划在编制过程均利用报刊、网站、规划展览馆等方式，对公众进行公示，听取公众意见。2009 年，在天津市空间发展战略向市民征求意见中，我们将滨海新区空间发展战略、城市总体规划以及于家堡金融区、响螺湾商务区和

中新天津生态城规划在《天津日报》上进行了公示。2010年，在控规全覆盖编制中，每个控规单元的规划都严格按照审查程序经控规技术组审核、部门审核、专家审议等程序，以报纸、网络、公示牌等形式，向社会公示，公开征询市民意见，由设计单位对市民意见进行整理，并反馈采纳情况。一些重要的道路交通市政基础设施规划和实施方案按有关要求同样进行公示。2011年我们在《滨海时报》及相关网站上，就新区轨道网规划进行公开征求意见，针对收到的200余条意见，进行认真整理，根据意见对规划方案进行深化完善，并再次公告。2015年，在国家批准新区地铁近期建设规划后，我们将近期实施地铁线的更准确的定线规划再次在政务网公示，广泛征求市民的意见，让大家了解和参与到城市规划和建设中，传承"人民城市人民建"的优良传统。

三、滨海新区十年城市规划管理体制改革的经验总结

城市规划不仅是一套规范的技术体系，也是一套严密的管理体系。城市规划建设要达到高水平，规划管理体制上也必须相适应。与国内许多新区一样，滨海新区设立之初不是完整的行政区，是由塘沽、汉沽、大港三个行政区和东丽、津南部分区域构成，面积达2270平方千米，在这个范围内，还有由天津港务局演变来的天津港集团公司、大港油田管理局演变而来的中国石油大港油田公司、中海油渤海公司等正局级大型国有企业，以及新设立的天津经济技术开发区、天津港保税区等。国务院《关于推进天津滨海新区开发开放有关问题的意见》提出：滨海新区要进行行政体制改革，建立"统一、协调、精简、高效、廉洁"的管理体制，这是非常重要的改革内容，对国内众多新区具有示范意义。十年来，结合行政管理体制的改革，新区的规划管理体制也一直在调整优化中。

1. 结合新区不断进行的行政管理体制改革，完善新区的规划管理体制

1994年，天津市委市政府提出"用十年时间基本建成滨海新区"的战略，成立了滨海新区领导小组。1995年设立领导小组专职办公室，协调新区的规划和基础设施建设。2000年，在领导小组办公室的基础上成立了滨海新区工委和管委会，作为市委市政府的派出机构，主要职能是加强领导、统筹规划、组织推动、综合协调、增强合力、加快发展。2006年滨海新区被纳入国家发展战略后，一直在探讨行政管理体制的改革。十年来，滨海新区的行政管理体制经历了2009年和2013年两次大的改革，从新区工委管委会加3个行政区政府和3大功能区管委会，到滨海新区政府加3个城区管委会和9大功能区管委会，再到完整的滨海新区政府加7大功能区管委19街镇政府。在这一演变过程中，规划管理体制经历2009年的改革整合，目前相对比较稳定，但面临的改革任务仍然很艰巨。

天津市规划局（天津市土地局）早在1996年即成立滨海新区分局，长期从事新区的规划工作，为新区统一规划打下了良好的基础，也培养锻炼了一支务实的规划管理队伍，成为新区规划管理力量的班底。在新区领导小组办公室和管委会期间，规划分局与管委会下设的3局2室配合密切。随着天津市机构改革，2007年，市编办下达市规划局滨海新区规划分局三定方案，为滨海新区管委会和市规划局双重领

导，以市局为主。2009 年底滨海新区行政体制改革后，以原市规划局滨海分局和市国土房屋管理局滨海分局为班底组建了新区规划国土资源局。按照市委批准的三定方案，新区规划国土资源局受新区政府和市局双重领导，以新区为主，市规划局领导兼任新区规划国土局局长。这次改革，撤销了原塘沽、汉沽、大港三个行政区的规划局和市国土房管局直属的塘沽、汉沽、大港土地分局，整合为新区规划国土资源局三个直属分局。同时，考虑到功能区在新区加快发展中的重要作用和天津市人大颁布的《开发区条例》等法规，新区各功能区的规划仍然由功能区管理。

滨海新区政府成立后，天津市规划局率先将除城市总体规划和分区规划之外的规划审批权和行政许可权下放给滨海新区政府。市委市政府主要领导不断对新区规划工作提出要求，分管副市长通过规划指挥部和专题会等形式对新区重大规划给予审查指导。市规划局各部门和各位局领导积极支持新区工作，市有关部门也都对新区规划工作给予指导和支持。按照新区政府的统一部署，新区规划国土局向功能区放权，具体项目审批都由各功能区办理。当然，放权不等于放任不管。除业务上积极给予指导外，新区规划国土局对功能区招商引资中遇到的规划问题给予尽可能的支持。同时，对功能区进行监管，包括控制性详细规划实施、建筑设计项目的审批等，如果存在问题，则严格要求予以纠正。

目前，现行的规划管理体制适应了新区当前行政管理的特点，但与国家提出的规划应向开发区放权的要求还存在着差距，而有些功能区扩展比较快，还存在规划管理人员不足、管理区域分散的问题。随着新区社会经济的发展和行政管理体制的进一步改革，最终还是应该建立新区规划国土房管局、功能区规划国土房管局和街镇规划国土房管所三级全覆盖、衔接完整的规划行政管理体制。

2. 以规划编制和审批为抓手，实现全区统一规划管理

滨海新区作为一个面积达 2270 平方千米的新区，市委市政府要求新区做到规划、土地、财政、人事、产业、社会管理等方面的"六统一"，统一的规划是非常重要的环节。如何对功能区简政放权、扁平化管理的同时实现全区的统一和统筹管理，一直是新区政府面对的一个主要课题。我们通过实施全区统一的规划编制和审批，实现了新区统一规划管理的目标。同时，保留功能区对具体项目的规划审批和行政许可，提高行政效率。

滨海新区被纳入国家发展战略后，市委市政府组织新区管委会、各功能区管委会共同统一编制新区空间发展战略和城市总体规划是第一要务，起到了统一思想、统一重大项目和产业布局、统一重大交通和基础设施布局以及统一保护生态格局的重要作用。作为国家级新区，各个产业功能区是新区发展的主力军，经济总量大，水平高，规划的引导作用更重要。因此，市政府要求，在新区总体规划指导下，各功能区都要编制分区规划。分区规划经新区政府同意后，报市政府常务会议批准。目前，新区的每个功能区都有经过市政府批准的分区规划，而且各具产业特色和空间特色，如中心商务区以商务和金融创新功能为主，中新天津生态城以生态、创意和旅游产业为主，东疆保税港区以融资租赁等涉外开放创新为主，开发区以电子信息和汽车产业为主，保税区以航空航天产业为主，高新区以新技术产业为主，临港工业区以重型装备制造为主，南港工业区以石化产业为主。

分区规划的编制一方面使总体规划提出的功能定位、产业布局得到落实，另一方面切实指导各功能区开发建设，避免招商引资过程中的恶性竞争和产业雷同等问题，推动了功能区的快速发展，为滨海新区实现功能定位和经济快速发展奠定了坚实的基础。

虽然有了城市总体规划和功能区分区规划，但规划实施管理的具体依据是控制性详细规划。在2007年以前，滨海新区的塘沽、汉沽、大港3个行政区和开发、保税、高新3大功能区各自组织编制自身区域的控制性详细规划，各自审批，缺乏协调和衔接，经常造成矛盾，突出表现在规划布局和道路交通、市政设施等方面。2008年，我们组织开展了新区控规全覆盖工作，目的是解决控规覆盖率低的问题，适应发展的要求，更重要的是解决各功能区及原塘沽、汉沽、大港3个行政区规划各自为政这一关键问题。通过控规全覆盖的统一编制和审批，实现新区统一的规划管理。虽然控规全覆盖任务浩大，但经过3年的艰苦奋斗，2010年初滨海新区政府成立后，编制完成并按程序批复，恰如其时，实现了新区控规的统一管理。事实证明，在控规统一编制、审批及日后管理的前提下，可以把具体项目的规划审批权放给各个功能区，既提高了行政许可效率，也保证了全区规划的完整统一。

3. 深化改革，强化服务，提高规划管理的效率

在实现规划统一管理、提高城市规划管理水平的同时，不断提高工作效率和行政许可审批效率一直是我国城市规划管理普遍面临的突出问题，也是一个长期的课题。这不仅涉及政府各个部门，还涵盖整个社会服务能力和水平的提高。作为政府机关，城市规划管理部门要强化服务意识和宗旨，

简化程序，提高效率。同样，深化改革是有效的措施。

2010年，随着控规下发执行，新区政府同时下发了《滨海新区控制性规划调整管理暂行办法》，明确规定控规调整的主体、调整程序和审批程序，保证规划的严肃性和权威性。在管理办法实施过程中发现，由于新区范围大，发展速度快，在招商引资过程中会出现许多新情况。如果所有控规调整不论大小都报原审批单位、新区政府审批，那么会产生大量的程序问题，效率比较低。因此，根据各功能区的意见，2011年11月新区政府转发了新区规国局拟定的《滨海新区控制性详细规划调整管理办法》，将控规调整细分为局部调整、一般调整和重大调整3类。局部调整主要包括工业用地、仓储用地、公益性用地规划指标微调等，由各功能区管委会审批，报新区规国局备案。一般调整主要指在控规单元内不改变主导属性、开发总量、绿地总量等情况下的调整，由新区规国局审批。重大调整是指改变控规主导属性、开发总量、重大基础设施调整以及居住用地容积率提高等，报区政府审批。事实证明，新的做法是比较成功的，既保证了控规的严肃性和统一性，也提高了规划调整审批的效率。

2014年5月，新区深化行政审批制度改革，成立审批局，政府18个审批部门的审批职能集合成一个局，"一颗印章管审批"，降低门槛，提高效率，方便企业，激发了社会活力。新区规国局组成50余人的审批处入驻审批局，改变过去多年来"前店后厂"式的审批方式，真正做到现场审批。一年多来的实践证明，集中审批确实大大提高了审批效率，审批处的干部和办公人员付出了辛勤的劳动，规划工作的长期积累为其提供了保障。运行中虽然还存在一定的问题和困难，这恰恰说明行政审批制度改革对规划工作提出了

更高的要求，并指明了下一步规划编制、管理和许可改革的方向。

四、滨海新区城市规划的未来展望

回顾过去十年滨海新区城市规划的历程，一幕幕难忘的经历浮现脑海，"五加二、白加黑"的热情和挑灯夜战的场景历历在目。这套城市规划丛书，由滨海新区城市规划亲历者们组织编写，真实地记载了滨海新区十年来城市规划故事的全貌。丛书内容包括滨海新区城市总体规划、规划设计国际征集、城市设计探索、控制性详细规划全覆盖、于家堡金融区规划设计、滨海新区文化中心规划设计、城市社区规划设计、保障房规划设计、城市道路交通基础设施和建设成就等，共十册，比较全面地涵盖了滨海新区规划的主要方面和改革创新的重点内容，希望为全国其他新区提供借鉴，也欢迎大家批评指正。

总体来看，经过十年的努力奋斗，滨海新区城市规划建设取得了显著的成绩。但是，与国内外先进城市相比，滨海新区目前仍然处在发展的初期，未来的任务还很艰巨，还有许多课题需要解决，如人口增长相比经济增速缓慢，城市功能还不够完善，港城矛盾问题依然十分突出，化工产业布局调整还没有到位，轨道交通建设刚刚起步，绿化和生态环境建设任务依然艰巨，城乡规划管理水平亟待提高。"十三五"期间，在我国经济新常态情形下，要实现由速度向质量的转变，滨海新区正处在关键时期。未来5年，新区核心区、海河两岸环境景观要得到根本转变，城市功能进一步提升，公共交通体系初步建成，居住和建筑质量不断提高，环境质量和水平显著改善，新区实现从工地向宜居城区的转变。要达成这样的目标，任务艰巨，唯有改革创新。滨海新区的最大优势就是改革创新，作为国家综合配套改革试验区，城市规划改革创新的使命要时刻牢记，城市规划设计师和管理者必须有这样的胸襟、情怀和理想，要不断深化改革，不停探索，勇于先行先试，积累成功经验，为全面建成小康社会、实现中华民族的伟大复兴做出贡献。

自2014年底，在京津冀协同发展和"一带一路"国家战略及自贸区的背景下，天津市委市政府进一步强化规划编制工作，突出规划的引领作用，再次成立重点规划指挥部。这是在新的历史时期，我国经济发展进入新常态的情形下的一次重点规划编制，期待用高水平的规划引导经济社会转型升级，包括城市规划建设。我们将继续发挥规划引领、改革创新的优良传统，立足当前、着眼长远，全面提升规划设计水平，使滨海新区整体规划设计真正达到国内领先和国际一流水平，为促进滨海新区产业发展、提升载体功能、建设宜居生态城区、实现国家定位提供坚实的规划保障。

天津市规划局副局长、滨海新区规划和国土资源管理局局长

2016年2月

目　录

Contents

天津滨海新区首个全装修定单式限价商品住房佳宁苑试点项目

The Pilot Project of First Full Furnished
Order-oriented Price-restricted Commercial Housing —— Jianingyuan,
Binhai New Area, Tianjin

居者有其屋

—— 滨海新区首个全装修定单式限价商品住房佳宁苑试点项目

Public Housing

—The Pilot Project of First Full Furnished Order-oriented Price-restricted Commercial Housing: Jianingyuan

霍　兵　李红星　李秋成

安居，是中国人长久的理想。唐代杜甫在《茅屋为秋风所破歌》中"安得广厦千万间，大庇天下寒士俱欢颜，风雨不动安如山"的吟诵，千百年来一直在国人的心头回荡。解决好住房问题，做到居者有其屋，不仅关系到群众的切身利益，更关系到我国社会经济的可持续发展，是全面建成小康社会、实现中华民族伟大复兴的重大课题。

2006 年，滨海新区的开发开放被纳入国家发展战略，同时被确定为综合配套改革试验区。作为中国经济增长的第三极，滨海新区以改革创新为引领，推动了包括保障性住房制度改革在内的"十大改革"，尝试在一些关键环节先行先试。滨海新区保障性住房制度改革，坚持以市场化为导向，在国家和天津市相关政策的基础上，结合新区外来人口多、技术工人多的特点，创立了定单式限价商品住房这一新的保障性住房类型，将保障性住房由传统的面向户籍低收入住房困难家庭扩大到面向中等收入家庭（包括非户籍外来人口），初步形成了"低端有保障、中端有供给、高端有市场"的保障性住房制度新模式。2010 年，新区第一个定单式限价商品住房项目欣嘉园动工，对新区招商引资、吸引人才落户发挥了很好的作用。与此同时，我们开展了房价收入比、定单式限价商品住房指导房型等课题研究，在相关配套政策和规划设计上下功夫，努力让定单式限价商品住房做到房屋质量良好、居住环境优美、配套设施完善、价格合理、供给充足，成为新区保障型住房的主力。

佳宁苑作为滨海新区首个全装修定单式限价商品住房试点项目，由滨海新区房屋管理局保障性住房管理中心下属的住房投资有限公司实施开发建设，目的是通过实际操作检验相关政策的合理性和规划设计创新的实用性。佳宁苑试点项目按照"窄马路、密路网、小街廓"的地区规划，在总图规划、停车方式、房型建筑设计、装修设计、景观设计等方面不断探索，在销售定价、共有产权试点、成本控制和营销等方面大胆尝试。从 2013 年 3 月开工建设，到 2015 年 6 月入住，项目取得了比较好的效果，但只能说完成了任务的一半。我们组织编写本书，系统地回顾滨海新区保障性住房制度改革的背景情况、佳宁苑试点项目的目的和意义、项目的基本情况和开发建设的过程，通过"解剖麻雀"的方式，总结佳宁苑试点项目在规划设计、建设管理和营销等方面的主要思路和创新点，分析存在的问题，寻找进一步提升新区定单式限价商品住房品质和竞争力的方法。虽然佳宁苑试点项目规模很小，占地面积 1.7 公顷，建筑面积 3.3 万平方米，拥有283 套住宅，是我国住宅开发建设中的"沧海一粟"，但希

Public Housing
居者有其屋

天津滨海新区首个全装修定单式限价商品住房佳宁苑试点项目
The Pilot Project of First Full Furnished
Order-oriented Price-restricted Commercial Housing —Jianingyuan,
Binhai New Area, Tianjin

望它为滨海新区保障性住房制度的实践探索以及天津乃至全国住房制度的深化改革提供参考借鉴。

一、滨海新区保障性住房制度改革的重点和思考

近年来，在区委区政府的领导下，在市国土房管局、市规划局的指导下，滨海新区在保障性住房制度改革上充分发挥先行先试的政策优势，加强住房制度改革研究，加大保障性住房建设力度，为滨海新区的快速发展提供了安居保障。

滨海新区保障性住房制度改革起步晚，有后发优势，所以规划建设有两方面的考虑：一是通过改革，加快住房建设，满足新区快速发展的需求；二是在面向广大中等收入家庭的保障性住房制度深化改革方面提供有益的探索，并不断提高居住社区的规划设计水平和管理水平。因此，滨海新区的保障性住房制度改革应结合新区自身特点，在我国大的经济社会环境背景下进行思考。

1. 我国住房制度改革取得的成绩

新中国成立后到改革开放前，我国实施福利分配住房制度。到"文革"后期，全国出现了住房紧缺、分配不均等问题，城镇居民的居住水平低下，人均居住面积只有几平方米，许多家庭几代同屋，大龄异性子女同室等现象普遍。1980年4月，邓小平同志做了有关住房问题的讲话，指出了住房制度商品化改革的大方向，启动了我国的房改工程。如今，30多年过去了，实践证明，我国住房制度改革总体上非常成功。通过停止福利分房，实施以市场为导向的住房制度改革，缓解了住房紧缺，大部分城镇居民的居住条件得以改善，有效解决了我国的住房问题，取得的成绩令世人瞩目。

（1）我国城市居住水平和环境质量大幅提升，城市建设规模大、速度快，城市面貌发生根本性变化。

20世纪80年代，深圳特区在我国土地使用权转让和商品住宅建设等重大问题上率先取得了历史性突破，使我国的改革开放向前迈进了一大步，从此，拉开了住房建设和房地产持续高速发展的大幕。据统计，经过20多年的大规模建设，我国目前城镇居民人均住房建筑面积达到36平方米，户均超过一套住房，虽然与美国人均居住面积40多平方米和德国38平方米相比仍然有差距，但已经超过日本15.8平方米和新加坡30平方米，居于世界较高水平。农村人均住房面积也高达38平方米左右。

针对低收入住房困难家庭，中央和各级政府一直在努力部署，通过危陋平房和棚户区改造，加大廉租房、经济适用房、公租房的建设力度和规模，发放两种住房补贴，基本解决了低收入困难家庭的住房问题，或者说，建立了一套长效机制。

随着我国商品住宅和房地产业的发展，住宅规划设计和建设水平有了很大提高。住宅户型多种多样，装修水平不断提高，设备部品不断完善，新材料、新技术的应用日新月异。现在，我国每年保持8～10亿平方米的住宅开工量和商品房销售量。巨大的住房建设量使城镇居住水平和环境质量大幅提升，城市面貌发生根本性变化。

（2）房地产业成为促进我国经济持续高速发展和城市建设的主要动力之一。

住房制度改革，包括土地使用制度改革，不仅解决了住房短缺的问题，而且成为促进经济发展和城市建设的强大动力。住房的强劲需求支持了房地产业的快速发展，房地产业已经成为支柱产业，拉动相关产业和就业。拉动的产业链条相当长，包括前期勘察设计咨询、建筑、建材、家居、家电，等等。此外，房地产业还带动了银行金融业的发展，并培育

了国人的现代金融观念和意识。伴随着房地产业的成长，一大批企业、企业家应运而生，成为社会主义市场经济的重要力量。房地产业对我国改革开放以及社会和经济发展发挥了并正在发挥着十分重要的作用。

房地产业促进了土地市场的发展，土地使用权出让政府净收益成为地方政府发展经济的主要财力，用于城市基础设施和公共设施建设。1994 年，为适应社会主义市场经济发展的需要，我国启动了分税制财政体制改革，主要内容是通过国家与地方事权划分和转移支付等方式，扩大中央政府在全部税收中所占的比例。在这种体制下，省市地方政府的财政基本是所谓的"吃饭财政"，城市维护费数量十分有限，没有多余的资金进行城市建设。经营城市的概念就是在这个时候提出的，主要目的是通过市场化手段，盘活城市资源，加快城市建设发展。土地是城市最重要的资源，地方在实践中获得了许多成功经验，包括成立政府平台公司进行融资。到 2000 年以后，随着房地产业的快速发展，土地出让达到空前的水平，土地使用权转让政府收益就成为我国城市建设的主要财源。2010、2011 年，全国土地出让金总额都达到了 2.7 万亿元，达到高峰，而同期全国财政收入分别为 8.3 万亿元和 10 万亿元，土地出让金占全国财政收入的比例分别为 33% 和 27%。2012 年底，全国政府平台公司累计融资余额 9.2 万亿元，大部分是用土地做抵押。与土地和房地产相关的税收，如城镇土地使用税、土地增值税、房产税、城市房地产税和相关的印花税、契税、营业税、企业和个人所得税等成为地方政府税收增长的重要来源，特别是在没有工业的城区，这一点更加突出。

所以，从 20 世纪 90 年代以来，房地产业成为推动我国城市建设发展的重要力量，城市功能得到提升，城市面貌发生改变，人们的住房条件和居住环境得到改善，社会事业得到发展。这一切成绩的取得，经营城市和土地财政功不可没，其源头是住房改革形成房地产市场的繁荣发展。

2. 我国住房制度改革和房地产业发展存在的问题

随着房地产业的高速发展，我国当前住房制度改革和房地产存在的问题和矛盾愈发突出和尖锐。事实证明，单纯地依靠市场化，政府缺少正确的调控和相应法律法规制度的建设，会出现市场失效的严重问题。这不仅是住房本身的问题，而且涉及整个经济的健康发展和社会的繁荣稳定，以及"城市病"的治理。住房制度改革停滞、缺乏对房地产开发更有效的城市规划管理，是造成"城市病"的主要原因。

（1）住房制度改革停滞，许多城市面临房地产库存高企和中等收入家庭买不到合适住房的两难局面。

我国的住房制度改革，从福利分房到住房货币化、商品化，并非"摸着石头过河"，而是"直接掉进河里"。在改革初期，中央政府及时总结地方的经验，制定相关政策，从 1988 年 2 月到 1991 年 10 月连续发布了三个积极稳妥推进城镇住房制度改革的文件。地方政府一直对住房困难家庭给予各种帮助，积极进行住房制度改革探索和实践。但是，到了 2000 年以后，政府完全将住房交给了市场，没有进一步深化改革，也没有对出现的新情况、新问题进行深入分析研究；《住房保障法》一直未能出台，这也成为目前我国住房和房地产问题颇多的直接原因之一。

今天，许多城市面临着房地产库存高企和中等收入家庭买不到合适住房的两难局面。虽然住房保有量已经很大，人均居住建筑面积、住房自有化率达到世界发达国家水平，但是，住房供给结构不合理，包括区位分布、价格、房型等，不能满足有效需求，造成许多居民特别是特大城市和大城市

Public Housing
居者有其屋

天津滨海新区首个全装修定单式限价商品住房佳宁苑试点项目
The Pilot Project of First Full Furnished
Order-oriented Price-restricted Commercial Housing —Jianingyuan,
Binhai New Area, Tianjin

的所谓"夹心层"买不起房或买不到合适的住房。称心的房子买不起，房价远高于收入水平；买得起的房子，由于区位、交通、配套、房屋质量等问题，又不愿意买。

与此同时，天房价、地王、豪宅、蜗居、开奔驰住经适房、房叔、房婶等，成为媒体上的热点词汇。这反映了许多真实且深层次的问题和矛盾，以及国人内心深处对当前深化改革的复杂感受。造成这些问题和矛盾的原因非常多，包括收入差距过大、居民缺少投资渠道、住房观念传统老旧、公共住房分配方面存在腐败、过多的人口涌入大城市等。然而，总体上是住房制度改革停滞和房地产开发盲目发展造成的。住房问题成为我国当前深化社会经济和政治体制改革面临的一个"火山口"。

（2）我国住房需求和房地产产量遭遇"天花板"，政府缺乏对开发总量的有效调控，造成所谓"房地产绑架了中国经济"的局面。

目前，我国城市居民人均建筑面积36平方米，已经达到很高水平。每年保持8～10亿平方米的巨大开工量，人均居住建筑面积增加1～2平方米。依照这样的速度，我国城市居民住房人均面积会很快超过欧美发达国家。虽然城市化水平还有待提高，但住房需求和房地产产量的"天花板"已经是不能不考虑的问题。许多问题和矛盾也是房地产总体产量过剩、有效供给不足、质量不精造成的。

如果说我国住房制度改革始于20世纪80年代，那么房地产业的出现则是在90年代。1992年邓小平同志南行后，改革开放形成新的高潮，房地产开发逐渐兴起。其后，虽然有波折，但基本保持持续、高速的发展态势。1997年亚洲金融危机后，随着经济复苏，房地产业迎来一轮发展的高峰。2008年全球金融危机后，为拉动投资，国家投入4万亿元用于基础设施建设，房地产业得到了更大的发展，房价不断攀升。多年来，中央政府对房地产采取过多轮调控，从2002年开始的十年里，住建部发布了十个有关住房宏观调控的文件，大部分是在土地、资金两个供给方面以及限购和税收减免上做文章，没有从根本上解决问题，实践证明效果不明显，也缺乏对房地产开发总量调控的有效手段，形成"越调控，房价涨得越多"的被动局面。房地产开发量过大、投资过度，房价飞涨，形成泡沫。

目前，城市对土地财政的依赖程度非常高，如果房地产业出现问题，不仅银行和金融产业会出问题，也会造成地方政府债务危机。当然，土地财政还存在难以持久和"寅吃卯粮"的问题，土地40～70年的土地使用权出让一次收取出让金，而房地产税收结构不合理，在获得时税负重，而持有时税负少，地方政府难以获得持续的房地产税收收入。这些问题错综复杂，亟需化解。

（3）住房规划设计多年来停滞不前，城市社区居住环境和管理水平堪忧。

新中国成立后到改革开放前，我国实施计划经济的福利分配住房制度，规划设计学习前苏联的居住区规划和住宅标准图设计。高校和设计院所一直进行居住区规划设计和住宅设计理论和技术的研究教学。居住区规划设计规范和住宅设计规范相对比较完善。在计划经济思想的指导下，考虑分房的平均主义和日照间距等因素，居住小区规划布局以行列式为主；生活服务按照居住区配套千人指标设置；住宅满足基本的功能需求，平面设计采用标准图，建筑外形简洁，千篇一律。

改革开放后，随着住房制度改革的推行，对居住区规划和住宅建筑设计提出了新的要求。国家于 1986 年开始设立城市住宅小区建设试点。天津、济南、无锡的三个小区是第一批试点。之后，在全国范围内开展了试点工作，第二、三、四批试点共有 78 个小区。为把全国城市住宅建设总体质量水平提高到一个新的高度，在数量和质量上全面实现 20 世纪末我国人民达到居住小康目标，国家决定在继续直接抓一部分全国性试点的同时，由各省、自治区、直辖市参照全国试点的做法，开展扩大省级试点工作。据统计，至 1997 年年底，全国有部级和省级试点小区 381 个。为了解决城市住房问题并实现建成小康社会的目标，国家先后提出"安居示范小区"和"康居示范小区"标准。城市住宅小区建设试点对丰富和提高居住区规划和住宅建筑设计发挥了很好的作用。这一工作的顺利进行主要得益于各级领导的重视、专家和规划设计单位的认真执行、开发企业的积极参与。然而，居住区规划设计理论没有在根本上从适应市场经济的角度进行创新。

2000 年以后，形势发生了变化，住宅建设规模急剧扩大，城市住宅小区建设试点这种以政府主导的传统方法已经无法适应市场化为主的房地产开发新形势。房地产开发企业成为主体，通过招拍挂获得居住用地，主导规划设计和建设销售。实事求是地说，这段时期的城市规划工作是加强了。基本所有城市都编制完成了城市总体规划，控制性详细规划覆盖率提高。同时，为应对房地产开发，很快形成了一套成熟的规划管理机制。城市规划编制单位编制控制性详细规划，居住区控规主要还是以居住区规划设计规范和相应规定为依据；城市规划管理部门依靠批准后的控制性详细规划和居住区规划设计规范以及相应日照、间距、停车等规定核提土地出让的规划设计条件；土地管理部门对土地进行整理，使用权出让。房地产开发企业通过招拍挂获得土地后，委托规划和建筑设计单位按照土地出让合同、控制性详细规划和居住区规划设计规范、住宅建筑设计规范等各种规范和国家标准，编制修建型详细规划和建筑设计方案，获得批准后组织实施。建筑设计单位按照批准的规划，进行建筑方案设计和施工图设计，按时完成设计，以保证项目开工销售为主要目标。在进行修建型详细规划和建筑设计方案审查和审批时，城市规划管理部门只能依靠控制性详细规划、土地出让合同、规划设计条件和建筑管理技术规定等进行居住区修建性详细规划和住宅设计的审批管理，没有其他成熟应对的规划管理办法，更多的发言权可能是针对建筑立面提出意见。

在这种机制下，经过长时期的建设发展，一方面，我国城市建设取得了巨大的成绩，城市快速扩展，日新月异。另一方面，除住房价格高于居民家庭实际收入等问题外，也导致了严重的城市问题。由于商品住房用地完全采用招拍挂方式，价高者得，区位好的土地价格快速提高，直接导致市中心住房价格高涨。开发商以利益最大化为目标，为了卖好价钱，保证项目投入，一方面提高单体建筑和房型的建筑设计和建设质量水平；一方面追求规模效益，超大楼盘、高楼林立、保安把守的封闭小区成为主流，大量不切实际、铺天盖地的广告充斥于市场和人们的脑海中。为了营销，有的小区内部建造得像盆景花园一样，环境优美，也满足"千人指标"的要求，但配套设施不完善，围墙是对城市的唯一贡献。在城市边缘，由于配套不完善，虽然土地价格便宜，但房价难以上涨，而各种税费与高档房无区别。因此，开发商为了获

Public Housing
居者有其屋

天津滨海新区首个全装修定单式限价商品住房佳宁苑试点项目
The Pilot Project of First Full Furnished
Order-oriented Price-restricted Commercial Housing —Jianingyuan,
Binhai New Area, Tianjin

得利润，严格控制成本，造成新建小区配套不完善、建筑质量不高等问题。同时，房地产开发与教育、卫生、民政等配套设施建设一般不同步，开发商主导的居住区建设也没有形成集中的邻里或社区中心，商业也没有发展的空间，造成居民实际生活不方便。另外，由于开发商只负责开发销售，入住后管理由物业公司负责，缺少完善的衔接和社区管理机制，建成的小区，无论是保障房还是商品房，均缺少邻里交往和社会治理空间，许多面临市政配套不完善、电梯发生故障、停车难、卫生差等严重的物业管理问题，量大面广，影响深远。同时，城市交通拥挤、环境污染、城市空间丢失、特色缺失等"城市病"问题日益突出。

不可否认的是，导致这些问题的一个很重要的原因是房地产开发企业主导的城市社区规划设计存在缺陷，不合理的社区规划设计是造成"城市病"的主要原因之一。虽然目前中国城镇人均住房建筑面积达到 36 平方米，居于世界较高水平，但与面积标准不相适应的是，住宅社区的规划设计和住宅的功能质量与发达国家相比还有较大差距。居住区规划理论研究不深入、停滞不前，国家居住区规划设计规范几十年没有根本改变，没有考虑市场经济发展的多样性，缺少强调城市空间和住宅多元化、丰富性的设计思想和方法，不重视城市街道、广场空间的设计，缺少系统的理论研究指导。居住区规划设计简单化，对城市整体功能环境考虑不够，不能从城市整体的角度考虑居住区的交通、环境、绿化、配套服务和社区管理等问题，居住区规划管理不着要点等。

当然，造成这样的结果不仅仅是城市规划管理方面出现

问题，还包括政府的城市管理方式比较粗放，各行业管理部门缺乏综合协调等，如土地部门片面强调中国人多地少，因此要提高土地使用强度。当然，这样做政府可以提高土地出让收益，配套相对容易，也正符合开发商的意愿。城市道路规划建设管理职责不是很清晰，城市道路、市政、交通和交管部门缺少统筹，事前参与规划的力度不够。开发商要求取消城市支路，领导一般也支持，这样一可以减少土地出让的次数，二可以减少道路建设开支及日常维护开支。所以，小区规模大、城市道路密度越来越小的问题非常普遍。为了应对不断增加的汽车拥有量，交管部门提出了居住区配建停车位的指标。为了建设园林城市和生态城市，园林绿化部门提出居住区绿地率达到 40% 以上，片面强调绿化指标。由于容积率高，按照日照和建筑间距，以及停车、绿地率的要求，无论大城市还是小城市，抑或一些偏远的郊区、农村，居住小区均形成"住宅高楼林立"的局面。小区地下开挖地作为停车场，地下车库屋顶作为绿化，实际很难真正种植比较大的树木。这样的模式开发商喜欢，建筑师喜欢，建筑施工企业喜欢，银行也喜欢。道理很简单，因为高层住宅建筑标准层多，设计和施工都相对容易，节省时间，提高效率，效率就是金钱。另外，教育、卫生、民政部门前期参与开发审批管理少，现在规划部门在审查规划时也邀请各相关部门参与，但没有真正形成合力。

3. 我国住房制度改革和房地产发展的方向

从以上的综合分析中，我们可以看到我国住房制度改革

和房地产业发展取得的巨大成绩，也初步看到存在的突出问题。问题主要涉及两个方面：一是缺乏完善的住房保障制度和与之配套的房地产市场；二是社区规划设计停留在计划经济年代，没有从城市的整体角度进行社区规划设计。今天，许多专家学者提出关于房地产和深化住房制度改革的建议，很多规划设计单位、规划设计管理部门、有志之士和有社会责任感的企业也在努力尝试改变，但一直还没有引起足够的重视。2015年底，中央召开经济工作会议和城市工作会议，点明了问题所在，出台了一系列政策措施，指明了方向。我们认为，应从以下两个方面破解目前的难题：

（1）深化住房制度改革，化解房地产及金融风险，实现经济健康持续发展和社会和谐进步。

中央经济工作会议提出2016年五大任务。2016年经济社会发展特别是结构性改革任务十分繁重，战略上坚持稳中求进，把握好节奏和力度，战术上抓住关键点，即去产能、去库存、去杠杆、降成本、补短板。一是积极稳妥地化解产能过剩；二是帮助企业降低成本；三是化解房地产库存；四是扩大有效供给；五是防范化解金融风险。

对于化解房地产库存，会议提出，按照加快提高户籍人口城镇化率和深化住房制度改革的要求，落实户籍制度改革方案，通过加快农民工市民化，扩大有效需求，打通供需通道，消化库存，稳定房地产市场；明确深化住房制度改革方向，以满足新市民住房需求为主要出发点，以建立购租并举的住房制度为主要方向，把公租房扩大到非户籍人口；停止新建公租房，购买存量房作为公租房；鼓励房地产开发企业顺应市场规律调整营销策略，适当降低商品住房价格，促进房地产业兼并重组，提高产业集中度；取消过时的限制性措施。

从根本上讲，一个运作良好的城市，经济必须是繁荣的，财政必须是持续、殷实的，以推动城市建设，为市民提供高水平的公共服务和良好的宜居环境，为企业营造良好的运营环境，同时实现房地产保值增值、税收稳定的良性循环。因此，一个城市必须有好的经营模式；一个好的城市首先必须是宜居的城市；城市的房价，针对大部分中等收入居民来说，应该保持在合理的水平，既能保值增值，又不能太高而使人们买不起房。目前，我国住房制度改革缺乏适应新时期、新形势的住房制度设计，多少年来，保障房依然以解决中低收入困难家庭的住房问题为主，而实际上，目前我国住房不是紧缺，而是过剩，确保中等收入家庭拥有体面、宜居的住房已经是当前保障房制度应该研究的主题。因此，继续深化住房制度改革、开展新时期住房制度设计，是实现供给侧改革、解决当前我国房地产问题唯一且根本的出路。

当前，我国正处在城镇化发展的关键时期，大部分城市都面对房地产业供给侧改革和结构调整、刚需阶层住房保障和改善的共同问题。解决好大多数中等收入家庭的住房问题，做到居者有其屋，不仅关系到群众的切身利益以及全面建成小康社会的总体目标，更关系到我国社会经济的健康和可持续发展，意义重大。

（2）提升城市规划设计水平，提高人民生活水平和质量，解决"城市病"，实现中国梦。

中央城市工作会议，时隔37年后召开，意义重大。会

Public Housing
居者有其屋

天津滨海新区首个全装修定单式限价商品住房佳宁苑试点项目
The Pilot Project of First Full Furnished
Order-oriented Price-restricted Commercial Housing —Jianingyuan,
Binhai New Area, Tianjin

议指出，改革开放以来，我国经历了世界历史上规模最大、速度最快的城镇化进程，城市发展波澜壮阔，取得了举世瞩目的成就。城市是经济、政治、文化、社会等方面活动的中心，城市发展带动了整个经济社会发展，城市建设成为现代化建设的重要引擎。为此，我们应深刻认识城市在我国经济社会发展、民生改善中的重要作用，尊重城市发展规律。统筹空间、规模、产业三大结构，提高城市工作的全局性；统筹规划、建设、管理三大环节，提高城市工作的系统性；统筹改革、科技、文化三大动力，提高城市发展的持续性；统筹生产、生活、生态三大布局，提高城市发展的宜居性。会议强调，当前和今后一个时期，我国城市工作的指导思想是以科学发展观为指导，贯彻创新、协调、绿色、开放、共享的发展理念，坚持以人为本、科学发展、改革创新、依法治市，转变城市发展方式，完善城市治理体系，提高城市治理能力，着力解决"城市病"等突出问题，不断提升城市环境质量、人民生活质量、城市竞争力，建设和谐宜居、富有活力、各具特色的现代化城市，提高新型城镇化水平，走出一条具有中国特色的城市发展道路。

会议指出：全面建成小康社会，推动以人为核心的新型城镇化，发挥这一扩大内需的最大潜力，有效化解各种"城市病"；坚持"以人民为中心"的发展思想，坚持"人民城市为人民"，满足人民群众的新要求；深化城镇住房制度改革，继续完善住房保障体系，加快城镇棚户区和危房改造，有序推进老旧住宅小区综合整治改造；着力提高城市发展的持续性、宜居性。

会议指出：提升规划水平，全面开展城市设计，完善新时期的建筑方针；弘扬中华优秀传统文化，延续城市的历史文脉，保护好前人留下的文化遗产；结合城市的历史传承、区域文化、时代要求，彰显独特的城市精神，对外树立形象，对内凝聚人心；增强城市内部布局的合理性，提升城市的通透性和微循环能力；强化尊重自然、传承历史、绿色低碳等理念。城市建设以自然为美，把好山好水好风光融入城市；大力开展生态修复，让城市再现绿水青山；控制城市开发强度，划定水体保护线、绿地系统线、基础设施建设控制线、历史文化保护线、永久基本农田和生态保护红线，防止"摊大饼"式扩张，推动形成绿色低碳的生产生活方式和城市建设运营模式；坚持集约发展，推动城市发展由外延扩张式向内涵提升式转变；城市交通、能源、供排水、供热、污水、垃圾处理等基础设施，按照绿色循环低碳的理念进行规划建设；提升建设水平，加强城市地下和地上基础设施建设，提高建筑标准和工程质量；提升管理水平，着力打造智慧城市，以实施居住证制度为抓手推动城镇常住人口基本公共服务均等化，加强城市公共管理，全面提升市民素质。

会议指出：推进改革创新，为城市发展提供有力的体制机制保障；推进规划、建设、管理、户籍等方面的改革；深化城市管理体制改革，确定管理范围、权力清单、责任主体；统筹推进土地、财政、教育、就业、医疗、养老、住房保障等领域配套改革。

2016 年 2 月 21 日，《中共中央、国务院关于进一步加强城市规划建设管理工作的若干意见》印发，这是中央城市工作会议的配套文件。目标是实现城市有序建设、适度开发、高效运行，努力打造和谐宜居、富有活力、各具特色的现代化城市，让人民生活更美好。历经近 40 年改革开放，我国城市发展也进入转折时期。城市规划建设管理中的一些突出问题亟须治理解决，如城市规划前瞻性、严肃性、强制性和公开性不够，城市建筑特色缺失、文化传承堪忧；城市建设盲目追求规模扩张"摊大饼"，环境污染、交通拥堵等"城市病"日益严重。近年来，城市中出现了越来越多的封闭小区，主干道越修越宽，微循环被堵住。一个个楼盘都是独立的"王国"，彼此互不关联，公共服务设施不共享。

《中共中央、国务院关于进一步加强城市规划建设管理工作的若干意见》给出了一个个破解城市发展难题的"实招"——加强城市总体规划和土地利用总体规划的衔接，推进两图合一；树立"窄马路、密路网、小街廓"的城市道路布局理念；新建住宅要推广街区制，原则上不再建设封闭住宅小区；实现中心城区公交站点 500 米内全覆盖；打造方便、快捷的生活圈；城市公园原则上免费向居民开放等；建设快速路、主次干路和支路级配合理的道路网系统；积极采用单行道路方式组织交通；加强自行车道和步行道系统建设，倡导绿色出行。现代城市应该是开放的，彰显街道的魅力和活力。物业管理要跟上，每栋楼的安全得到保障了，街道自然就开放了。

4. 滨海新区住房制度改革取得的成绩和特征

滨海新区深化保障性住房制度改革是在这个总体背景下进行的。自 2010 年开始，滨海新区区委区政府启动了保障性住房制度改革。在组织开展住房需求调查、房价收入比等专项课题研究，召开专家论证会，考察学习先进国家和地区经验的基础上，结合滨海新区实际情况，依据国家、天津市及滨海新区相关规定和政策，先后制定了《滨海新区深化保障性住房制度改革实施方案》《滨海新区深化保障性住房制度改革实施意见》《天津市滨海新区保障性住房建设与管理暂行规定》。《滨海新区深化保障性住房制度改革实施方案》于 2011 年 8 月 1 日第 26 次区委常委会审议通过，并于 2011 年 12 月 15 日由区委办公室、政府办公室转发执行。

滨海新区在住房制度改革方面一直坚持以市场为导向，在国家和天津市保障性住房制度整体框架下，根据自身外来人口多、收入中上等的实际情况，通过发放"两种补贴"、建设两种保障性住房和两种政策性住房，滨海新区初步建立了具有滨海新区特色且政府主导、市场引领、多层次、多渠道、科学合理的住房体系，形成了"低端有保障、中端有供给、高端有市场"的房地产市场健康发展新模式。

在确保户籍人口低收入住房困难人群应保尽保的基础上，重点解决外来常住人口、通勤人口以及户籍人口中"夹心层"的住房困难问题。根据外来务工人员多的特点，新区设立了自身特有的蓝白领公寓和定单式限价商品住房两种政策性住房，制定了《天津市滨海新区蓝白领公寓规划建设管理办法》《天津市滨海新区定单式限价商品住房管理暂行办法》等规范性文件，解决新区外来务工人员实际困难，拴心留人，为新区加快发展提供保障。同时，加强住房政策和技术研究，开展了滨海新区房价收入比、定单式限价商品住房

Public Housing
居 者 有 其 屋

天津滨海新区首个全装修定单式限价商品住房佳宁苑试点项目
The Pilot Project of First Full Furnished
Order-oriented Price-restricted Commercial Housing —Jianingyuan,
Binhai New Area, Tianjin

第一届专家研讨会

第二届专家研讨会

Public Housing—The Pilot Project of First Full Furnished Order-oriented Price-restricted Commercial Housing: Jianingyuan

居者有其屋—— 滨海新区首个全装修定单式限价商品住房佳宁苑试点项目

指导房型等研究。按照新区"十大民生工程"三年行动计划要求，建设了滨海新区保障性住房研发展示中心，布展面积达到 2700 平方米，2014 年 5 月 23 日正式对外开放运营。

滨海新区人大、政协、纪检、监察等部门每年定期对保障性住房建设、分配、使用、管理等工作实施监督。滨海新区各政府部门大力支持保障性住房制度改革，各城区、功能区管委会加大建设力度，努力完成年度保障性住房建设任务。"十二五"期间滨海新区保障性住房项目累计开工建设面积约 993.88 万平方米，11.75 万套，满足了各类不同人群的住房需求。其中：蓝白领公寓（含公共租赁住房）约 324.1 万平方米，4.84 万套，占保障性住房总建设量的 41.2%，为 30 余万人提供过渡性住房；经济适用住房约 455.55 万平方米，4.61 万套，占保障性住房总建设量的 39.2%；限价商品住房约 60 万平方米，0.7 万套，占保障性住房总建设量的 6%；定单式限价商品住房约 153.2 万平方米，1.6 万套，占保障性住房总建设量的 13.6%，为 3.1 万中等收入企业员工解决住房问题。同时保障性住房的建设对滨海新区房地产市场的健康发展起到很好的调控作用。

5. 滨海新区住房制度改革的政策创新——居者有其屋

根据我国住房制度改革取得的成绩和存在的问题，结合新区自身的特点，新区保障性住房制度改革将做到居者有其屋作为新区保障性住房制度改革的总体目标。2007 年，中新天津生态城开始规划建设，我们开始深入学习新加坡公共住房方面的成功案例。新加坡从建国之初就开始进行大规模公共住房的设计和建设，经过几十年的发展探索，目前形成了比较完善的制度体系。多于 80% 的新加坡公民一生可以享受两次政府组屋的优惠政策，首次是解决有无的问题，第二次是改善。政府组屋即由政府主导建设的价格合理、品质优良的公共住房。同时，政府组屋也是商品住房，购买人通过公积金等方式购买，组屋作为不动产，可以保值增值，还可以交易，但限于独立的政府组屋市场，与私有房地产市场分割开来，以保证政府组屋市场价格的稳定，进而很好地规避利益输送等问题。此外，新加坡还建立了社区理事会、人民协会等机构，统筹解决了社区物业管理等问题，形成了完善的体制机制。

（1）定单式限价商品住房：

结合新区自身外来人口多的特点，我们创新了蓝白领公寓和定单式限价商品住房这两种面向外来务工人员和中等收入家庭的保障性住房类型。蓝白领公寓是为外来务工人员和技术人员提供的集体宿舍，它改变了过去每个工厂在自己厂区建职工宿舍的做法，按照政府规划，由政府平台公司统一建设，统一提供相应配套服务，统一管理，减轻企业负担，是一个好的做法。但是，蓝白领公寓只是过渡性住房，远不能解决外来人口的住房问题。在针对低收入困难家庭的限价商品住房的基础上，我们借鉴新加坡政府组屋的经验，创立了定单式限价商品住房。

定单式限价商品住房是新区住房体系中一种重要的住房形式，主要考虑新区大量外来人口的需求。与普通的限价房相比，其不局限于户籍，面对的住户不只是低收入家庭，还包括广大的中等收入家庭和企业员工，是面向未来的高品质小康住房，也是滨海新区保障性住房的主体。面向中等收入家庭且包括非户籍外来人口的保障性住房是我国保障性住房改革的重点，也是关系我国全面建成小康社会和确保房地产业持续健康发展的大课题。

Public Housing

居者有其屋

天津滨海新区首个全装修定单式限价商品住房佳宁苑试点项目

The Pilot Project of First Full Furnished
Order-oriented Price-restricted Commercial Housing — Jianingyuan,
Binhai New Area, Tianjin

滨海新区研发展示中心

（2）《天津市滨海新区定单式限价商品住房管理暂行办法》的出台与实施：

从 2011 年制定《滨海新区深化保障性住房制度改革实施方案》、实施定单式限价商品住房建设开始，我们不断研究、总结，在此基础上，2013 年 7 月出台了《天津市滨海新区定单式限价商品住房管理暂行办法》，明确了定单式限价商品住房面向以下人群：①非天津市户籍，在滨海新区工作，滨海新区范围内无住房的家庭和个人；②具有天津市户籍（非滨海新区户籍），在滨海新区工作，滨海新区范围内无住房家庭；③具有滨海新区户籍，滨海新区范围内不超过一套住房的家庭。非滨海新区户籍申请人，其所在单位须在滨海新区注册。

《天津市滨海新区定单式限价商品住房管理暂行办法》还对定单式限价商品住房的套型面积标准进行了控制：滨海新区定单式限价商品住房套型面积原则上控制在 90 平方米以下（含 90 平方米）。根据定单需求可适当调整套型建筑面积上限，最高不超过 120 平方米（含 120 平方米），所占比重不得超过 30%（含 30%）。

（3）定单式限价商品住房的特点：

①政府主导、市场运作、限定价格、定制户型。

定单式限价商品住房以政府为主导，统一用土地出让价格调控定单式限价商品住房销售价格，统一审定户型设计方案，确保定单式限价商品住房的标准不低也不过高。定单式限价商品住房以社会资本投入为主，按照市场机制进行建设，保证新区定单式限价商品住房良性发展。

定单式限价商品住房的保障对象面向在新区工作的所有职工和居民。在我市住房保障政策整体框架下，结合新区人口特点，集中解决新区职工和居民的小康标准的住房问题，突出定单式限价商品住房政策的普惠性。

定单式限价商品住房是以定单方式建设、出售的政策性住房。结合新区招商引资工作，以集团定单建设、销售方式为主，服务特定区域，以需定产，按定单销售，体现定单式限价商品住房的服务性。

②遵循统一规划、分步实施的原则。

定单式限价商品住房规划和计划由新区政府统一部署，在新区经济社会发展规划、城市总体规划及住房规划整体框架下，结合区域布局和住房需求，开展规划编制和计划制定工作，保证规划、计划的合理科学。定单式限价商品住房建设结合新城总体规划实施。按照统一规划、分步实施的原则，构建综合配套、布局均衡、平等共享的居住社区，形成分级配置、全方位、多层次、功能完善的公共服务体系；突出生态环保、节能减排、绿色建筑、循环经济等技术创新，营造环境优美、交通便捷、配套完善的宜居环境。

③坚持科学设计。

为提升定单式限价商品住房设计标准化、工业化、部品化水平，提高住房质量，规划行政主管部门根据滨海新区居民生活水平和居住需求，本着合理、科学、实用的原则，确定定单式限价商品住房指导房型。定单式限价商品住房户型设计结合滨海新区快速发展形势，在综合考虑居住对象、收入水平、住房水平和发展空间等因素的基础上确定。坚持面积小、功能齐、配套好、质量高、安全可靠的原则。定单式限价商品住房鼓励采取可选择菜单式成品装修设计，厨房和卫生间的基本设备全部一次性安装完成，住房内部所有功能空间全部一次性装修到位。装修要贯彻简洁大方、方便使用

Public Housing
居者有其屋

天津滨海新区首个全装修定单式限价商品住房佳宁苑试点项目
The Pilot Project of First Full Furnished
Order-oriented Price-restricted Commercial Housing —Jianingyuan,
Binhai New Area, Tianjin

的原则和节能、节水、节材的环保方针。

④科学核算成本，合理制定售价。

定单式限价商品住房销售价格的构成和测算方法，采取成本法核算，即成本+5%利润，要满足合理房价收入比的要求。与传统限价商品住房比周围房价低20%的定价方式相比，这种定价方法比较科学合理，并非简单地由周边楼市价格影响保障性住房价格，而是切实突出保障性住房的市场调控作用，带动区域房地产市场价格的合理稳定。

（4）购买资格认定：

对于申请购买定单式限价商品住房的用户，实行资格审查认证制度。按照《天津市滨海新区定单式限价商品住房管理暂行办法》规定的准入条件，对申请人提供的要件如工作合同、社保等进行审查，符合条件的，出具购买资格认定书，作为购买定单式限价商品住房的要件。

（5）退出与建立独立的定单式限价商品住房市场：

保障性住房的退出机制一直是我国保障房面对的一个课题。过去，对于经济适用房，包括限价房等保障房，一般规定是五年后即进入一般市场流通，造成寻租空间巨大。政府给予经济适用房建设的土地、税费等各种优惠被卖家获得，而经济适用房等保障房规模缩小，政府还需要再建设新的经济适用房。因此，有的地方政府提出除五年限制外，要求对卖房收益分成，或优先卖给政府等，但由于缺少法律支持，难以实施。

因此，在制度设计初期，我们也提出了"建立两个市场"的设想。但是，由于目前普通商品房市场巨大，而定单房建设量比较小，在推销上还有困难，如果更多地限制，则会影响定单房的销售，因此仍然延续了"一般保障房五年后才可

以上市"的规定。主要原因是定单房区位比较偏，配套不完善，给予20%房价的优惠后优势和吸引力仍不明显，如果在合适的位置、合理的价位，应该可以尝试建立两个市场，或政府优先以合理的价格回购，给予住户合理的升值收益。

（6）共有产权研究：

在定单房规划建设过程中，我们发现，即使房价收入比比较合理，但年轻夫妇家庭要购买定单房，30%首付仍然是主要问题。因此，借用其他城市在公租房等方面共有产权的概念，研究探讨定单房实施共有产权，主要目的是解决年轻夫妇家庭购买定单房30%首付的问题。通过房屋登记等保证，由建设开发公司与购房人共同持有房屋产权，降低首付，五年后由购房人将公司持有的部分产权回购，实现全部产权。

6. 滨海新区住房规划设计的创新点——新型社区

新区保障性住房制度改革除在政策方面进行创新之外，另一项主要工作是提高保障房规划建设水平，改变"保障房是低档房"的传统观念，使保障房成为我国全面建成小康社会的高品质主流住房。一是通过指导房型的研究，强调住房功能和建设的高质量、高水平；二是通过"窄马路、密路网、小街廓"新型社区的规划，探索高品质的住房社区规划设计，营造宜居的城市环境和合理的建筑肌理。

（1）重视住宅设计的研究探索。

为改善城市住宅的品质，我们学习借鉴了中国香港、新加坡、日本等国内外的经验，开展了政府主导的滨海新区定单式限价商品住房指导房型研究。研究目的在于通过长期的研究和实践建立一套完善的住房设计体系，通过对该体系进行优化完善以满足不断变化的使用需求，增强住宅设计的科学性，提高住宅设计的效率，缩短住宅建设周期，降低住宅

日本公团住宅考察

新加坡政府组屋考察

Public Housing
居者有其屋

天津滨海新区首个全装修定单式限价商品住房佳宁苑试点项目
The Pilot Project of First Full Furnished
Order-oriented Price-restricted Commercial Housing —Jianingyuan,
Binhai New Area, Tianjin

建设的资源消耗，为提高住房设计和建造水平奠定坚实的基础。新加坡的政府组屋，政府指导房型在不断发展变化，经过几十年的发展演变，其品质与一般高档商品房无异，只是规定了合理的房屋配置，重在合理化设计和质量，如从一居室、两居室直到四居室。

结合新区的定单式限价商品住房，我们开展了政府指导房型研究，并借鉴新加坡等国的经验，建立了滨海新区保障性住房研发展示中心，将定单式限价商品住房政府指导房型建成样板间，进行实物展示，供公众提出意见、建议。2011年12月和2014年5月，滨海新区规划和国土资源管理局主办了第一、二届新区住房规划与建设专家研讨会，邀请了国内住房方面的顶尖专家对新区住房制度改革政策、"十二五"规划、社区规划（包括政府指导房型）进行研讨。会上，国内外建筑专家对滨海新区住房制度改革和规划给予了肯定，同时也提出了中肯的意见。他们对指导房型提出了详细完善的修改意见，使我们获益匪浅。

（2）《天津市滨海新区定单式限价商品住房管理暂行办法》中对规划设计进行了具体的探索。

在定单式限价商品住房开发建设的实践中，我们积极探索"窄马路、密路网、小街廓"新型社区规划的方法，发现有许多方面与现行的规划管理规章制度冲突。为了使新区保障房制度改革规范化，我们制定了《天津市滨海新区定单式限价商品住房管理暂行办法》，其中规划设计是重要的章节内容，并将有关技术规定作为附录。

在我国目前现行居住区规划设计传统的三级结构（居住区、小区、组团）的基础上，结合新区社会管理改革，规划尝试建立与社会管理改革相适应且均衡普惠的社区（街道）、邻里（居委会）、街坊（业主委员会）三级公益性公共设施网络，在千人配套指标标准规模不变的前提下，合理分配指标，形成集中的社区（街道）中心、邻里（居委会）中心和街坊（业主委员会）三级体系，集中统一建设，避免由开发商配建造成分散、不成规模的问题，与和谐、宜人、高品质、多样化的住宅一道，满足人们不断提高的生活质量要求，从根本上提高我国城市的品质，解决"城市病"。同时，在满足《规划设计管理技术规范》等规定的基础上，对停车、绿化等方面进行了一系列改善。

（3）对新型社区规划的深度研究。

通过实践，我们发现，"窄马路、密路网、小街廓"新型社区规划好像一场革命，需要全面的探索和改革。佳宁苑试点项目是现行制度下的一个探索，有许多不彻底、不尽人意的地方。因此，近几年来，结合滨海新区保障房制度改革，我们在进行新型住房制度探索的同时，进行了住房和社区规划设计体系的创新研究，委托美国著名的公共住房专家丹·索罗门（Dan Solomon），并与华汇公司和天津规划院合作，进行新区和谐新城社区的规划设计，同时邀请国内著名的住宅专家，举办研讨会，在保障房社区规划、住宅单体设计停车及物业管理、社区邻里中心设计、网络时代社区商业运营和生态社区建设等方面不断深化研究。当然，这将是一个长期艰苦的过程。较之佳宁苑试点项目，和谐社区的规划设计是一个更加彻底、全面的探索，本丛书中的其他分册对其进行全面的介绍。

 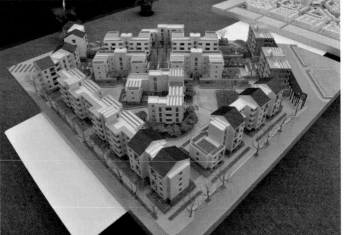

滨海新区和谐示范社区城市设计和概念性建筑方案设计模型

Public Housing
居者有其屋

天津滨海新区首个全装修定单式限价商品住房住宁苑试点项目
The Pilot Project of First Full Furnished
Order-oriented Price-restricted Commercial Housing — Jianingyuan,
Binhai New Area, Tianjin

二、滨海新区佳宁苑试点项目的目标和意义

为了验证改革创新政策、规定的正确性，提高定单式限价商品住房的规划设计水平和建设质量，在前期大量研究工作的基础上，我们以佳宁苑作为滨海新区首个全装修的定单式限价商品住房试点项目，由滨海新区房屋管理局住房保障中心下属的住房投资有限公司实施建设。

1. 佳宁苑试点项目的基本情况

（1）佳宁苑试点项目的区位和周边规划设计情况：

佳宁苑试点项目位于滨海新区核心区的中部新城北起步区（散货物流生活区），也是散货物流搬迁的启动区。北部临近中央商务区，东侧临近临港经济区。该区占地面积1平方千米，采用了"窄马路、密路网、小街廓"的规划布局。佳宁苑是其中一个街坊，位于中央绿轴的西北角。

天津港散货物流区的开发建设是20世纪90年代末，为解决天津港北港区煤炭等散货堆场散落对塘沽和开发区造成污染和交通拥堵等问题，由滨海委组织、天津港实施的"北煤南集"工程。在大沽排污河南岸盐田上建设占地13平方千米的天津港散货物流区，将原散落的煤炭、矿石等堆场集中迁入散货物流区。项目实施后效果良好。2006年，滨海新区的开发开放被纳入国家发展战略，规划建设于家堡金融区、响螺湾商务区和中心商务区，天津港散货物流区临近中心商务区，成为城市的"污染源"。根据2008年天津市空间发展战略"双城双港"规划，天津港散货物流区向南港搬迁。2010年，新区区委区政府启动散货物流区搬迁，计划三年内完成。

散货物流生活区是搬迁的起步区，整体规划参考了"新城市主义"的城市建设理念。该区域具有"窄马路、密路网、小街廓"、地块建筑围合的特点，力求营造城镇生活氛围，

打造紧凑且多功能的社区以及适宜步行的街区等。道路系统采用开放式的棋盘网格局，街廓尺度为130～200米。道路性质分为交通型街道和商业生活型街道，沿商业型道路设置沿街商业；沿交通型道路不得设置沿街商业。住宅体系分级为：社区级—邻里级—街坊级，对应常用的"居住区—居住小区—组团"住宅体系分级概念；集中设置公共开放空间和社区服务配套，包括社区中心、社区公园、邻里中心、教育设施等；丰富社区生活，提升地块内部的凝聚力。

散货物流生活区的控制性详细规划是2009年编制的，严格按照相关规定，对"六线"进行控制，包括道路红线、轨道黑线、绿化绿线、市政黄线、河流蓝线以及文物保护紫线；同时，重点对保障城市公共利益、涉及国计民生的公共设施进行预留控制，包括教育、文化、体育、医疗卫生、社会福利、社区服务、菜市场、公交站、停车场和市政设施等，保证规划布局均衡便捷、建设标准与配套水平适度超前。

为了提升建设管理水平，我们要求天津港散货物流公司委托规划院编制1平方千米生活区的城市设计，把城市设计作为提升规划设计水平和管理水平的主要抓手。城市设计提倡围合与半围合的街坊布局方式，不仅规定开发地块的开发强度、建筑高度和密度等，而且确定建筑的体量位置、贴线率、建筑风格、色彩等要求，包括街道景观家具的设置等内容，将其作为区域规划管理和建筑设计审批的依据。实践证明，与控制性详细规划相比，城市设计导则在规划管理上可以更准确地指导建筑设计，保证规划、建筑设计和景观设计的统一，塑造高水准的城市形象，营造宜居的建成环境。

（2）佳宁苑试点项目的基本情况：

佳宁苑是一个130米×130米的方形街坊，占地面积

Public Housing—The Pilot Project of First Full Furnished Order-oriented Price-restricted Commercial Housing: Jianingyuan

居者有其屋—— 滨海新区首个全装修定单式限价商品住房佳宁苑试点项目

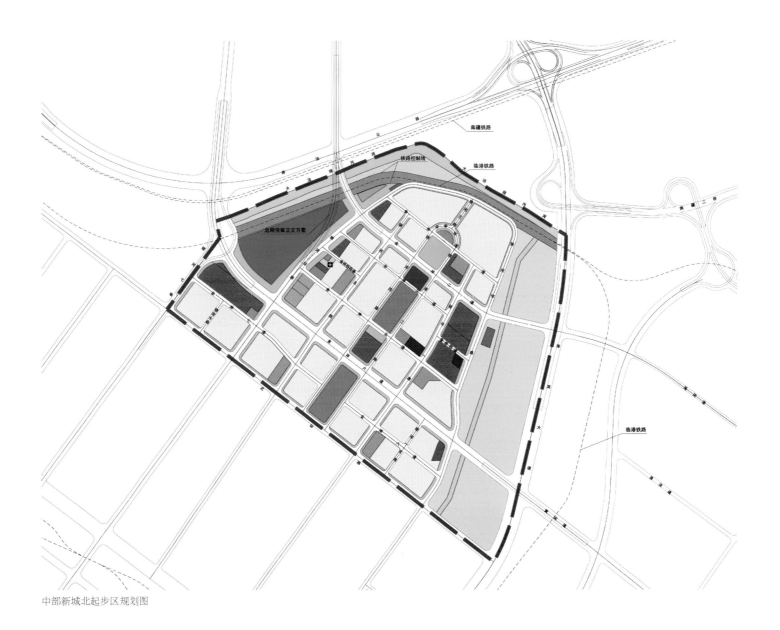

中部新城北起步区规划图

Public Housing
居 者 有 其 屋

天津滨海新区首个全装修定单式限价商品住房佳宁苑试点项目
The Pilot Project of First Full Furnished
Order-oriented Price-restricted Commercial Housing —Jianingyuan,
Binhai New Area, Tianjin

1.73 公顷，容积率 1.8，总建筑面积 3.28 万平方米（地下建筑面积 0.18 万平方米），其中住宅建筑面积 2.81 万平方米，商业面积 2242 平方米，街坊配套面积 687 平方米，只有 288 套住房，全部为定单式限价商品住房。户型以 93 平方米小三室为主，占 53%，75 平方米小两室占 23%，121 平方米大三室占 17%，85 平方米大两室占 3%，65 平方米一室占 4%。街坊共有 6 栋建筑，3 栋 18 层，2 栋 11 层，一栋 7 层。

佳宁苑试点项目总的目标是为中等收入家庭营造良好且经济上能够负担的小康住房和居住环境。原则是不突破现行规范，以进行小的改善提升为主。项目虽小，"五脏"俱全。我们试图通过解剖"麻雀"，分析、发现问题，解决问题，改革创新，提高水平。佳宁苑试点在总图规划、停车、房型建筑设计、装修设计、景观设计、销售定价、共有产权试点、物业管理、项目结算分析等方面进行了大胆尝试。

2. 佳宁苑试点项目的建设过程

佳宁苑试点项目从 2012 年开始进行前期规划设计，2013 年 3 月启动建设，到 2015 年 6 月入住，历时三年多的时间，历经了房地产开发的全过程，遇到了经济下行、房地产调控政策变化等各种情况。得益于前期研究的支撑、新区规划和国土资源管理局领导的高度重视、各处室部门支持和住保公司同仁们的努力，项目取得了预期的效果。

（1）佳宁苑试点项目前期策划、规划设计及审批过程：

为了验证新区定单式限价商品住房改革创新政策的合理性，同时推动天津港散货物流区向南港搬迁，2012 年 7 月，经新区区委区政府同意，由住保公司实施佳宁苑试点项目，列入新区"十大民生工程"。

佳宁苑试点项目的规划设计策划前期工作由天友公司负责，始终围绕如何体现定单式限价商品住房高品质的特点来

进行。街坊总图规划就节约投资、降低造价和销售价格进行多方案比较，形成半围合方案，既满足城市设计要求，又充分考虑朝向的市场接受度。景观设计由天友公司同步实施。配套按照集中原则考虑，主要是街坊的业主委员会、物业用房。停车问题作为重点，进行多方案比较分析，既满足配建指标和消防要求，又降低造价。最后，采用地上平台方案作为改革尝试，不计入容积率。住宅房型设计以滨海新区定单式限价商品住房指导房型为基础，具体结合佳宁苑试点项目，完善设计，深化研究。装修设计同时进行。总体上，佳宁苑试点项目规划和建筑设计以满足客户群体的物质和精神需求为目标，根据入住人群的生活习性，安排社区功能，组织安全、便利的交通流线，营造有利于身心健康、便于交往的生活空间。

佳宁苑试点项目在被列入"2012 年保障性住房建设计划"后，各项前期手续抓紧办理。其修建性详细规划于 2012 年 6 月审批通过，9 月建筑方案审批通过，并于 12 月取得工程规划许可证。由于佳宁苑试点项目是《天津市滨海新区定单式现价商品住房管理暂行办法》实施后建设的首个项目，所以各项规划手续的办理既是和有关审批部门沟通的过程，也是对《天津市滨海新区定单式现价商品住房管理暂行办法》的检验过程，因此审批周期也长于一般项目，遇到的疑问也比较多。但是，本着保障民生和突破创新的原则，各单位及部门及时沟通，积极配合，逐步解决这些疑问，大家对各项标准也逐步达成共识。在之后其他项目的审批过程中，效率明显提升。与此同时，土地转让、银行贷款、环评能评等配套工作同步推进，保证项目顺利开工。

（2）佳宁苑试点项目的建设过程：

前期工作完成后，2012 年底启动建设程序。按照公开、

佳宁苑试点项目施工过程

Public Housing
居者有其屋

天津滨海新区首个全装修定单式限价商品住房佳宁苑试点项目
The Pilot Project of First Full Furnished
Order-oriented Price-restricted Commercial Housing —Jianingyuan,
Binhai New Area, Tianjin

公平、公正的原则，规范运作，工程全部采用正规招标程序公开招标确定各部分施工单位。前期该项目土地所有权为天津港泰成置业有限公司所有，泰成公司已经于 2012 年 2 月 7 日完成项目桩基的招标，天津宇达建筑工程公司中标。为实现土地转让和加快进度，2013 年 3 月 15 日开始桩基施工。2012 年 11 月 1 日土地转让完成，2013 年 4 月主体工程招标(包括装修)，天津五建建筑工程公司中标，2013 年 5 月 30 日开始主体施工；2014 年 1 月对精装修工程进行二次公开招标，天津美图装饰设计工程有限公司中标；2014 年 2 月进行室外工程（市政和景观）的公开招标工作，天津云祥市政工程有限公司中标。2014 年 4 月 20 日主体竣工进行验收，同日，精装修单位进场； 2014 年 8 月 28 日室外景观道路进场施工；2014 年 9 月 15 日市政配套进场施工。

（3）佳宁苑试点项目的销售：

佳宁苑项目的定价首先参照保障性住房主管部门依据"房价收入比"提出的定单式限价商品住房区域指导价格，这保证了项目价格对于周边产业区内的目标人群来说是可接受的。同时，以成本价格为基础，上浮 5% 的利润后作为建议价格。调查资料显示，目前滨海新区计划的三区域建设定单式限价商品毛坯住房，其中新区北部滨海欣嘉园片区，一期平均售价为 6530 元／平方米左右；新区中部的散货物流片区，一期平均售价 6500 元／平方米左右；新区南部的轻纺新城片区，一期平均售价 6500 元／平方米左右，其配套设施、日常生活设施设备齐全，幼儿园、中小学齐备。项目全装修交房，依据政府定价及结合地区区域价格，并综合考虑"成本法"定价模式，综合指导价格与建议价格，确定最终的销售价格为 7200 元／平方米。

项目的销售过程历经三个阶段。项目初期，委托天津开发区纳川实业公司作为销售代理。项目中期，2014 年恰逢经济形势变化和房地产限购政策出台，客户普遍持观望态度，周边商品房的价格低于佳宁苑试点项目的价格，导致营销困难。纳川公司综合考虑后，单方退出销售代理。2014 年，新区规划和国土资源管理局试行共有产权模式，为佳宁苑销售工作突破奠定基础，共出售共有产权模式 50 套，占总售出套数的 30%。项目后期，着重分析未来销售工作的难度以及评估交房前劝退的风险，进入 2015 年，营销工作由住房投资公司内部销售和代理销售共同推进。2013 年 12 月启动销售，到 2015 年 8 月，共销售 219 套，其中高层去化率 94%，总去化率 75%。虽然没有能够达到更理想的程度，但在同期竞争项目中较为突出。佳宁苑试点项目在销售工作中，利用地理位置、房型产品、交房标准、销售优惠、创新购买政策（共有产权模式）等优势，对各种可控的营销因素加以优化组合、综合利用，以期高效率、最经济地实现销售目标。

（4）佳宁苑试点项目的竣工、验收及入住。

在做好建设收尾工作的同时，提前开始物业公司招标工作。经过公开招标，宏阳物业公司中标确认。佳宁苑试点项目工程完工后，做好竣工验收和入住准备。对于容易出问题的装修工程，公司要求全体员工深入每一户，按照《天津市住宅装饰装修工程技术标准》等规范的标准进行复验，发现问题后及时通知施工单位，组织人员整改。由于在申请电力时相关报批材料考虑不周，上报时间偏晚，协调难度较大，致使项目 2015 年 2 月 10 日通电，造成竣工和交付使用时间

Public Housing—The Pilot Project of First Full Furnished Order-oriented Price-restricted Commercial Housing: Jianingyuan

居者有其屋——滨海新区首个全装修定单式限价商品住房佳宁苑试点项目

紧张。经过努力，在两个月时间内，完成了现场验收、规划、档案、环保、消防、工程竣工备案、面积实测及各配套合格证手续，最终取得项目"天津市新建住房商品房准许使用证"。项目 2015 年 5 月 6 日竣工，6 月 11 日完成竣工验收备案，6 月 25 日取得新建商品房入住许可证，6 月 27 日按时顺利交房。目前，已经交房 199 套，售后工作有序、合理开展，未发生业主投诉事件。

三、佳宁苑规划设计开发建设的目标和创新点

佳宁苑试点项目总的目标是为中等收入家庭营造良好且经济上能够负担的住房和居住环境，提高保障房建设的水平，在合理造价的控制下，达到一般商品房的建造水平。这需要进行一些改革，佳宁苑试点项目创新的原则是不突破现行规范下，进行小规模的改善提升。

1. 规划设计部分

（1）佳宁苑试点项目的规划布局：

佳宁苑的规划设计首先要满足整个区域的用地规划要求，"窄马路、密路网、小街廓"，社区配套集中，形成社区中心、邻里中心，街坊内只配置为物业和业主委员会使用的用房，而沿生活性道路建筑首层都设置商业。临港社区城市设计指导着佳宁苑试点项目的规划布局。佳宁苑试点项目规划以满足客户群体的物质和精神需求为目标，根据销售对象人群生活习性，安排街坊功能，组织安全便利交通流线，营造有利于身心健康、便于交往的生活空间，适应并满足居民现代生活的要求。同时，与传统居住区规划不同的是，需要多地更考虑外部城市空间的打造。

佳宁苑试点项目采用半围合空间和局部地上车库兼做景观平台的规划布局，这是一个折中的方案，获得各方面的平衡。按照区域城市设计，沿东侧生活性道路平行布置，一、二层为商业和业主委员会、物业管理用房，形成完整的城市界面，商业店面提升城市街道活力，完善配套，方便生活。虽然建筑朝向东偏南40%，主要向东，但面对 2 万平方米社区公园，有良好的景观视线，品质不低。其他三面为交通性道路，南侧和西侧道路红线外规划有绿化带，因此建筑并非沿用地红线、平行道路布置，而是采用习惯的正南北布置点式小高层住宅，外围以步行连廊、围墙及绿化形成城市界面。建筑高度从东向西由 7 层、11 层、18 层逐步升高，而且最高不超过 18 层、50 米。街坊的主入口位于西侧交通性道路上，也是城市支路。为了降低造价，没有采用地下停车库的方法，全部为地面停车。为了满足停车指标和绿地率要求，采用局部集中停车库的方式，车库屋顶作为屋顶绿化和活动平台。在街坊内布置了基本连续的风雨廊。在处理东侧沿街建筑底层公建与城市道路的临界面时特别取消了台阶踏步，自然过渡，避免生硬呆板。同时，充分考虑沿街停车的不同方式，方便停车，激活商业，又不影响道路交通。

整个规划以现行规范为基础，有少许创新的尝试：一是地面上的集中停车库建筑面积不计入容积率；二是小区围墙、风雨廊和停车库占用 3 ～ 5 米或 8 ～ 10 米的道路绿带，由项目单位建设维护，基本上不影响绿化功能，减少政府美护的费用。

天津滨海新区首个全装修定单式限价商品住房佳宁苑试点项目
The Pilot Project of First Full Furnished
Order-oriented Price-restricted Commercial Housing —Jianingyuan,
Binhai New Area, Tianjin

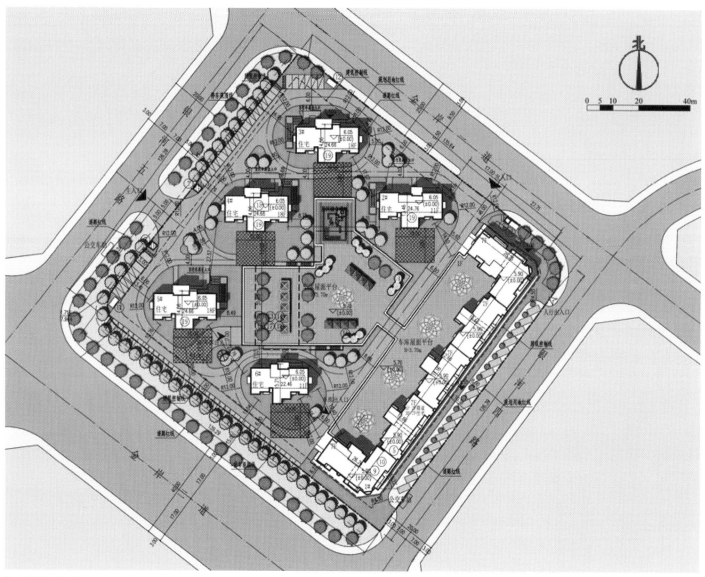

佳宁苑试点项目总平面图

Public Housing—The Pilot Project of First Full Furnished Order-oriented Price-restricted Commercial Housing: Jianingyuan

居者有其屋—— 滨海新区首个全装修定单式限价商品住房佳宁苑试点项目

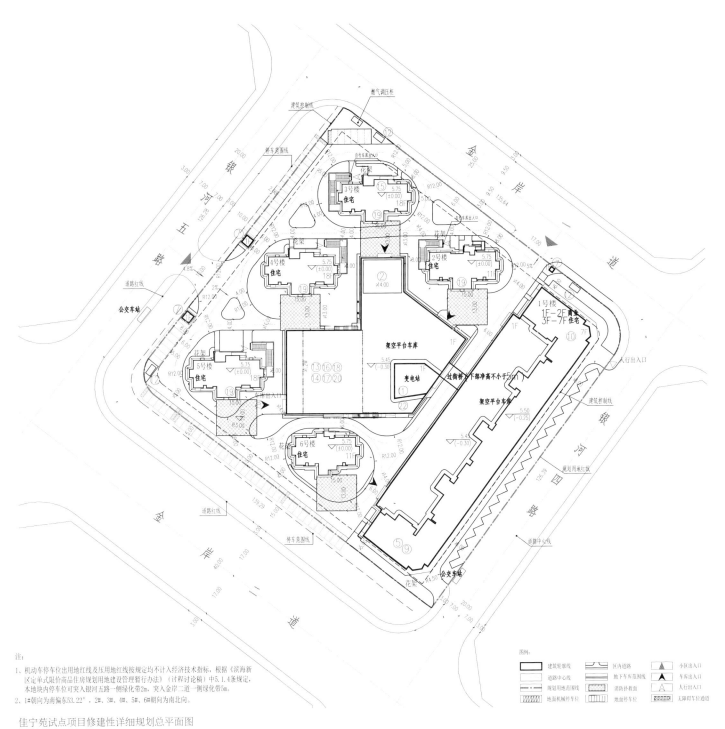

注：
1、机动车停车位出用地红线及压用地红线按规定均不计入经济技术指标，根据《滨海新区定单式限价商品住房规划用地建设管理暂行办法》（讨程讨论稿）中5.1.4条规定，本地块内停车位可突入银河五路一侧绿化带2m，突入金岸二道一侧绿化带5m。

2、1#朝向为南偏东53.22°，2#、3#、4#、5#、6#朝向为南北向。

佳宁苑试点项目修建性详细规划总平面图

Public Housing
居 者 有 其 屋

天津滨海新区首个全装修定单式限价商品住房佳宁苑试点项目
The Pilot Project of First Full Furnished
Order-oriented Price-restricted Commercial Housing — Jianingyuan,
Binhai New Area, Tianjin

（2）佳宁苑试点项目的户型设计和建筑设计：

作为政策性保障住房，政府应给予补贴资助，这涉及公平问题，因此，必须确定标准，包括人均和户均面积和套型标准。对于量大面广的住宅建筑，应提高规划设计建造水平，实现工业化、部品化、标准化。

改革开放前，我国非常重视住宅人均面积标准的研究控制，一直比较低，典型家庭住宅建筑面积55平方米，人均18平方米左右。也一直进行标准图和预制工业化尝试探索。改革开放后，特别是2000年后，住宅商品化快速发展，住宅的类型变得多种多样，户均面积不断增加，从55平方米、65平方米到75平方米。今天，90平方米成为主导户型。虽然面积越来越大，户型越来越丰富，但每次都重新设计，在有限的时间内，不可能做到完美无瑕，因此造成许多设计和质量问题，工业化、部品化不发达。

针对以上问题，借鉴新加坡等国家经验，结合滨海新区的实际，我们开展了滨海新区定单式限价商品住房指导房型研究。经过深化研究，样板间检验，完善设计，形成了具有滨海新区特色、高品质的公共住房第一代指导房型2.0版。佳宁苑试点项目住宅户型就是《滨海新区定单式限价商品住房指导房型2.0版》中的指导房型，目的是进行实际的批量生产和用户使用检验，总结经验，以进一步提高指导房型的水平。

滨海新区定单式限价商品住房指导房型体现了舒适性、适用性、文化性和经济性。户型设计结合地域特色和时代特点，符合人体工效，可形成良好的起居习惯，体现丰富的居住文化，具备起居、餐食、洗浴、就寝、工作学习和储藏等六大基本功能，保证各功能、特别是厨房、卫生间合理的面积标准；户型设计注重合理的功能分区、公私分区、动静分区、洁污分区，以形成和谐的空间关系。厨房、餐厅、起居室作为主要活动区集中布置，卧室、卫生间、洗衣房等空间相对集中布置，流线清晰，互不交叉干扰；户型设计具有较高的舒适度与便捷性，起居室、至少一个卧室朝阳布置，厨房、卫生间全明，晾晒阳台享受太阳直射；巧妙设置玄关过渡空间，客厅阳台与晾晒阳台分设，全整修，避免二次拆改的浪费和污染。

佳宁苑试点项目的住宅户型主要有四种：一是65平方米的一室两厅一卫，占10%；二是75～88平方米的标准两室两厅一卫，占30%；三是93～103平方米的小三室（大两室）两厅一卫，占30%；四是128平方米的三室两厅两卫，占30%。在户型面积上，以实际设计结果为准，没有机械地规定"不能超过90平方米、120平方米"。楼高不一样，公摊面积也有所不同。18层为两部电梯，每梯三户；11层一部电梯，每梯三户；7层一部电梯，每梯两户。电梯间有自然采光和通风。户型设计做到全明，甚至卫生间都有自然采光和通风。入口设计玄关。厨房和卫生间尽可能标准化设计。卫生间配备南向洗衣用阳台，避免传统客厅阳台作为晾晒阳台而形成干湿交叉，从而对起居环境造成不利影响。同时，考虑潜伏设计，满足家庭人口变化和老龄化需求。

佳宁苑试点项目效果图

天津滨海新区首个全装修定单式限价商品住房佳宁苑试点项目
The Pilot Project of First Full Furnished
Order-oriented Price-restricted Commercial Housing —Jianingyuan,
Binhai New Area, Tianjin

三室两厅一卫 约 99 平方米

两室两厅一卫 约 83 平方米

三室两厅两卫 约 128 平方米

一室两厅一卫 约 65 平方米

佳宁苑试点项目房型图

Public Housing—The Pilot Project of First Full Furnished Order-oriented Price-restricted Commercial Housing: Jianingyuan

居者有其屋—— 滨海新区首个全装修定单式限价商品住房佳宁苑试点项目

（3）佳宁苑试点项目的全装修：

项目在建设初期已经明确了全装修交房标准，这符合国家鼓励的方向，可减少拆改浪费和环境污染，也真正解决了新区中等收入员工工作繁忙的实际困难。装修后，房屋价格增加10%左右，由于是批量装修，可以降低材料、设备等价格，保证质量。此外，装修纳入总房款，等于可以分期付款，可减轻客户初期购房的经济压力。

项目全装修交房标准对设计提出新的要求。在建筑设计初期，装修设计需要介入，对户型方案、水电点位、材料等提出意见并进行优化，使土建与装修和谐统一，避免二次拆改，更好地实现住宅的实用性和舒适性。天津市天友建筑设计股份有限公司负责建筑设计，天津彦邦人文环境艺术设计有限公司负责室内装修设计，两个公司在建筑设计阶段紧密配合。装修标准经过研究，确定为700元/平方米，相当于市场价格1000元/平米。装修设计在造价控制、材料和部品选择上，重视性能价格比，尽可能选择质量好、价格适中的国产品牌，体现保障性住房的特色，具有示范意义和可推广性。

2. 项目定价和销售部分

定单式限价商品住房的核心是合理的价格和合理的房屋质量，即达到合理房价下最优的房屋性能价格比。因此，首先，确定合理的房价；其次，在成本控制上做文章，政府尽可能地给予政策支持，保证做到市场化运作。

（1）房价收入比（Price to Income Ratio，简称PIR）：

房价收入比是单套住宅价格与居民家庭收入的比值，通常用于考察一个地区居民的购房承受能力和房地产市场的

健康程度。我国的住房制度应该是以为中等收入家庭提供合理房价收入比的公共政策住房为最终目标。滨海新区保障性住房制度改革、创新定单式限价商品住房类型的目标即是如此。为此，2011年，我们组织开展了滨海新区房价收入比研究。从学习世界各国和我国房价收入比情况入手，通过对新区人口构成、居住标准和收入情况的多样性及差异性进行分析，提出适合新区特点的房价收入比计算方法，为测算新区"十二五"住房建设规模及制定政策性住房销售指导价格提供理论依据。

国际上，一般用单套住房价格的中位数除以居民家庭收入的中位数计算房价收入比。世界银行1992年出版的《中国：城镇住房改革的问题与方案》中提出，从发达国家走过的历史看，平均房价与平均家庭收入之比应低于6，在5左右比较合理，超过该比例，有效需求会下降，房地产市场难以持续繁荣。2001年，世界银行在《世界发展指标》中公布了1998年全球96个国家和地区房价收入比的调查情况，其中家庭平均年收入1万美元以下的国家（地区）房价收入比为5.6。根据美国普查局网站公布的房屋交易价格和家庭年收入计算，2000年至2010年，美国的房价收入比基本维持在4～5之间，平均值为4.61。用同样的方法计算，2000年至2005年新加坡中等收入家庭购买五房式政府组屋（相当我们的三室两厅住房）的房价收入比在4.4～5.3之间，平均值为4.75。作为解决居民住房问题比较好的两个发达国家，美国和新加坡房价收入比均维持在较低的水平。

因中值数据采集困难，国内计算方法多采用单立面积平

天津滨海新区首个全装修定单式限价商品住房佳宁苑试点项目
The Pilot Project of First Full Furnished
Order-oriented Price-restricted Commercial Housing —Jianingyuan,
Binhai New Area, Tianjin

客厅装修效果图

卧室装修效果图

卫生间装修效果图

厨房装修效果图

Public Housing—The Pilot Project of First Full Furnished Order-oriented Price-restricted Commercial Housing: Jianingyuan

居者有其屋—— 滨海新区首个全装修定单式限价商品住房佳宁苑试点项目

均房价、城镇居民人均居住面积和城镇居民人均可支配收入数据计算房价收入比。上海易居房地产研究院按照该方法对1996年至2010年全国房价收入比的平均情况进行了计算分析，按照分析结果，2003年以前我国房价收入比相对合理，为6.12 ~ 6.39。到2004年，由于房地产热持续升温，房价收入比不断攀升。虽然2008年受亚洲金融危机影响有一定下降，但2009年在政策刺激下又急剧反弹，达到8.03的历史高位，直到2010年随着调控政策的出台，房价收入比开始回落。上述分析与我国房地产市场发展演变情况基本适应。

根据现有数据，按照以上公式计算，得出新区2010年房价收入比达到22.4，与实际情况不符。考虑到新区经济社会发展的特殊性，对新区人口增长、居民收入、住房情况进行分析，对新区房价收入比计算方法进行改进。调整后，以不同收入人群组对应的住房总价除以该组平均家庭年收入，得出目前新区平均年收入少于2.25万元的低收入家庭房价收入比为10，平均年收入4.13万元的少于中低收入家庭房价收入比为8.26，平均年收入少于6.50万元的中等收入家庭房价收入比为6.73，平均年收入大于11.69万元的高收入家庭房价收入比为5.27。以上各组加权平均后，得出新区2010年房价收入比为7.77，高于5.6的合理水平。由于中低收入家庭和中等收入家庭占绝大多数，因此，新区保障性住房改革的总体思路是：在确保户籍人口中低收入住房困难家庭"应保尽保"的基础上，重点解决外来常住人口和户籍人口中中低和中等收入家庭，所谓"夹心层"的住房问题，以市场化为主，做到"低端有保障、中端有供给、高端有市场"，构建具有滨海新区特色且政府主导、市场引领、多层次、多渠道、科学合理的住房体系，率先实现小康社会的居住目标。

根据各类购房人群的收入和需求情况，对应不同的选址、面积等标准，按照合理房价收入比，计算单套住房总价，结合单套住房面积标准，确定销售指导价格。现阶段，新区核心区一般限价商品住房，住房销售单价7400元／平方米左右；位于新片区的定单式限价商品住房，住房销售单价7000元／平方米左右；普通商品住房，住房销售单价8500元／平方米左右；高档商品住房，住房销售单价20 000元／每平方米左右。通过逐步加大定单式限价商品住房在整个房地产市场中的比例，发挥政府对房价和房地产市场的调控作用。

（2）佳宁苑试点项目的销售价格分析：

项目首先参照保障性住房主管部门依据"房价收入比法"提出的定单式限价商品住房区域指导价格，这保证了项目价格对周边产业区内的目标人群来说是可接受的。同时，以成本价格为基础，上浮5%的利润后作为建议价格。土地楼面价1800元／平方米,建安造价根据设计也基本确定,经过测算，住宅平均售价7400元。除去全装修的700 ~ 1000元／平方米，实际价格6500 ~ 6800元／平方米，已经低于2011年研究确定的7000元／平方米的标准。但是，当时周边商品房毛坯房售价6800元。为了提高项目竞争力，则采用综合平衡的方法，确定高层住宅建筑最终的销售价格为7200元／平方米，东侧邻近花园7层住宅售价8200元／平方米。底商售价20 000元／平方米。按照当时的市场，多层住宅和底商，特别是二层，定价有些高。

（3）营销模式：

针对定单式限价商品住房的销售，除采用常用的销售模式外，我们还探索尝试了其他销售模式。定单式商品住房建设的初衷是满足项目区域及周边企业员工的住房需求，因此我们采用企业宣讲的销售模式，走访周边企业，结合佳宁苑

天津滨海新区首个全装修定单式限价商品住房佳宁苑试点项目

The Pilot Project of First Full Furnished
Order-oriented Price-restricted Commercial Housing —Jianingyuan,
Binhai New Area, Tianjin

佳宁苑交房现场

住宅实景

Public Housing
居 者 有 其 屋

天津滨海新区首个全装修定单式限价商品住房佳宁苑试点项目
The Pilot Project of First Full Furnished
Order-oriented Price-restricted Commercial Housing —Jianingyuan,
Binhai New Area, Tianjin

试点项目宣传保障房政策，取得了一定的效果。但是，由于国家 2013 年限购政策，整个房地产市场的低迷，周边商品房价格下降，项目价格不占优势，也没有降价空间，因此销售一度遇到困难。

（4）佳宁苑试点项目的共有产权试验：

在项目策划和定价时，我们已经预见到今后可能出现销售压力问题。因此，2012 年开始，我们借鉴重庆等城市在公租房、经济适用房上使用的共有产权方法，组织共有产权模式的政策研究。经过两年多的摸索和研讨，滨海新区规划和国土资源管理局制定了《天津市滨海新区定单式限价商品住房共有产权模式指导意见（试行）》，首先在佳宁苑试点项目中试行共有产权方式，进行检验。共有产权模式的实施减少了业主购房的首付，降低了其购买压力，释放了整体购房需求，从佳宁苑及滨海市场其他项目的销售效果看，这种模式大大增加了定单式限价商品住房的销售量。

第一、《天津市滨海新区定单式现价商品住房共有产权模式指导意见（试行）》明确了共有产权模式的定义。滨海新区定单式限价商品住房项目在销售时，购房人通过支付首付及办理贷款的方式先行购买八成产权，剩余两成产权由开发企业暂时保管并由购房人按照协议约定在一定期限内回购的销售方式。第二、该文件明确了共有产权的形式。通过研讨共有产权人的类型，明确了房屋产权共有人为项目开发企业和购房人；以市场为导向，减轻了政府作为共有权人的财政资金负担。第三、该文件明确了共有产权的具体操作方法，即确定购买人准入资格；购房人缴纳首付，并与项目开发企业签订《天津市限价商品住房买卖合同》及《共有产权模式补充合同》，明确各方出资比例、债权清偿、产权比例、权利责任、贷款条款、监管规定等事项；取得房屋所有权预告

登记后，购房人与银行签订公积金借款合同（或按揭贷款合同）及抵押合同；购房人与项目开发企业约定期限内，分期回购剩余房屋两成产权。第四、该文件明确了共有产权的登记制度。共有产权人通过在产权登记部门办理房屋所有权预告登记，签订《共有产权模式补充合同》及银行的房屋他项权登记，确认购房人，项目开发企业和银行三者权益。第五、该文件明确了共有产权的回购与退出。购房人在与开发企业双方约定期限内必须偿清两成房款企业债权完成共有产权的回购；若不能在约定期限内完成回购，明确违约责任；按期完成回购的购房人，购房人取得房屋产权证，完成共有产权阶段的退出。

3. 开发和工程建设部分

项目没有采用代建和总承包，而是由滨海新区住房投资有限公司自行组织建设，目的是通过项目实施，了解保障房开发建设的全过程，发现可以改善的地方和存在的问题。这是新区住房投资有限公司的第一个开发项目，面临房地产开发建设经验不足以及对相关专业知识、法律法规及审批流程比较陌生的实际困难，公司全体领导员工边学习边办理，全程管理，总体来看项目建设是成功的。

在项目实施之初，公司制订了管理制度和既定目标，即打造新区保障房精品工程，并向施工单位阐明公司的管理理念，提升管理标准，科学制定施工方案，落实管理制度，按期交付优良的工程项目。项目建设管理中，努力做好各项工作，包括设计交底、工程手续办理、施工组织、进度安排、工程质量、成本控制、文明安全施工等方面。工程建设管理以合同和图纸为依据，以制度、规范为标准，以法律法规为准绳，对参建单位立好规矩，控制质量，保证进度，确保安全文明施工，做新区保障房精品工程。项目建设实行样板引

路，以点带面，提前发现问题，及时调整，减少变更，控制建设成本。项目获得"天津市市级文明示范工地"荣誉，2号和6号楼获得天津市建筑工程"结构海河杯"荣誉。

为了更好地使保障房政策惠及新区百姓，我们认真学习中央、天津市和新区保障房的相关政策法规，及时掌握政府房地产动态信息，充分利用融资、建设、配套减免等优惠政策，节约建设成本，降低房价。经过努力，新区有关定单式限价商品住房的优惠政策均得以落实。

4. 物业管理部分

项目的物业管理从思路上首先明确了业主作为物业产权人在物业管理服务市场的主导地位，在物业公司招标等方面主动接受业主监督、协助、建议，努力推动业主与物业管理公司之间的良性互动、相互理解，不断提高项目物业管理服务水平。

根据佳宁苑地理位置及周边配套设施，我们具体分析了项目物业管理的特点，作为中部新城的示范项目，以超过开发建设单位要求的二级标准提供管理服务，按照《天津市普通住宅小区物业管理服务和指导价格一级服务标准》进行管理，使物业管理达到天津市物业管理达标住宅小区标准；采用精细化的服务管理模式，总结为"三公开、三设立"，即：在服务管理中做到管理服务内容公开、管理服务目标公开、管理服务制度公开，同时设立客户服务中心、客户家居生活档案以及软性延伸的细节服务细则。

四、佳宁苑试点项目规划设计开发建设经验总结

项目的开发建设基本上达到了预期的目标。当然，无论在规划设计前期还是开发建设过程中都存在一些问题，我们进行总结反思，以期做得更好。其次，作为面向中等收入的保障房，如何进一步在合理造价的情况下，进一步提高标准和水平，也是总结思考的重要方面。项目建成后，我们邀请清华大学建筑学院周燕珉教授住宅工作室对房型进行进一步分析，查找规划设计存在的问题。新区住房投资公司也从价格、销售、客户人群构成分析等方面进行总结。

1. 规划布局经验总结

从建成效果看，项目基本上达到预期目标，住宅建筑大部分正南北朝向，同时获得较完整的内部空间和街面效果。当然，也存在一些问题。东侧7层的建筑设计存在几个问题：一是形体比例不好，110米长、24米高，立面应该进一步断开处理，形成良好比例，并有变化；二是建筑两端虽然做了转角建筑，但与南北围墙和街坊内住宅过渡缺少处理，显得突兀。作为小街廓，建筑应该更多地沿街布置，起码三面，如本区域内万科的项目效果比较好，则应减少一部分正南北朝向的建筑。鉴于地块面积有限，街坊内部应该不设车型道路，但为了满足消防和停车要求，街坊内还布置了环形车行道，包括扑救面的设置，使建筑更加后退于用地红线，造成街道上建筑之间距离过远，缺乏围合感。当然，这主要是由整个区域控规沿主次道路设置绿线造成的。小区内部空间环境仍有需要完善之处，步行连廊没有完全连接楼栋入口，停车外侧连廊使用率不高。小区场地中间，地上车库兼做景观平台，这是小区业主使用频率较高的地方，也是生活休闲之所。设计应该更具人性化和舒适性，全面考虑老人、儿童等不同人群的需求，加强无障碍设施的配置。平台侧面立面的设计处理得太简单，感觉不好。做平台，是为了减少造价，不做地下室，但由于各种原因以及设计时间的限制，平台下面还是做了少部分地下室。

通过项目实践，我们深刻体会到合理的规划设计是提

Public Housing
居者有其屋

天津滨海新区首个全装修定单式限价商品住房佳宁苑试点项目
The Pilot Project of First Full Furnished
Order-oriented Price-restricted Commercial Housing —Jianingyuan,
Binhai New Area, Tianjin

升街坊品质的前提，不应只重视住宅建筑设计而忽略街区的规划，应加强细节的考虑。要想真正做到"窄马路、密路网、小街廓"，还有许多内容和细节需要探讨。从滨海新区的其他小区看，住宅建筑朝向和停车方式是深入研究和取舍的两个主要问题。作为北方城市，住宅建筑朝向很重要。由于海河等海流和海岸线的走向，新区许多地区主要道路走向不是正南北的。要实现"窄马路、密路网、小街廓"布局，建筑应该沿道路平行布置，损失部分甚至大部分住宅建筑朝向，这需要各方观念的改变，有相当的难度。找到折中的方法，或许是形成社会共识的方法。佳宁苑试点项目的规划布局就是按照这种想法进行的。随着私人小汽车进一步普及，停车的问题越来越突出。全地下停车，对于滨海新区这样软地基、地下水位高的城市，投资比较高。全高架或全部半高架，不计入建筑容积率，开发区和中新天津生态城做了尝试，造价比全地下便宜。项目规划也曾使地面一层全部架空，作为停车库的设计方案，但消防要求30吨消防车要上平台，同时，住宅一层面积很多，由于结构限制，无法停车用，面积有些浪费，造成造价过高，所以最后采用局部地面集中车库的方案。停车方面尚需研究，消防方面也应该有所创新。

2. 房型和建筑设计经验总结

项目建成后，我们邀请清华大学建筑学院周燕珉教授住宅工作室师生对公共部位和房型进行进一步分析，查找问题，涉及配套设施、楼栋公共空间、套型内部等三方面。配套设施方面，位于东侧7层建筑一、二层的配套设施和商业建筑设计不够细致。业主委员会和物业管理用房缺少具体设计，无法形成街坊社区管理的中心。二层商业难以存活，向街

坊内开门带来管理上的麻烦，造成社区内外混杂、商住矛盾。这个问题具有普遍性，应深入研究，细化设计。项目采用剪力墙结构，为节省造价，没有进行结构转换，造成底层商业空间凌乱，不便使用。综合来看，应该进行结构转换。楼栋公共空间方面，公共部位人性化考虑不足，入单元门台阶、铺装设置不好，不利通行。信报箱底部的信箱不方便老人使用。将配电箱放在公告栏下方，不方便，且存在安全忧患。电梯间空间虽然有自然采光，但缺少设计感。套型内部方面，存在空间划分、家具、门窗、点位和设施设备五方面的问题。各位专家研究后，就以上问题提出了改进意见，有一些问题可以在交房前整改，其他问题将在今后的项目中予以避免。

随着社会发展形势和人们对住房品质要求的不断提高，定单式限价商品住房的指导房型也应结合发展形势，不断改进并完善既有户型，适应新形势和技术的进步，形成版本演进的制度。比如，90多平方米的小三室户型是主导户型，可以满足一对夫妇和一个孩子较高水平的居住需求，有独立的书房和餐食空间，而且考虑家庭成员不同时期的需求，如父母帮助照看小孩等。目前，两孩政策全面放开，因此，主导房型也必须充分考虑。90多平方米的小三室能部分满足两个孩子家庭的需求，但不是十分理想，还需要随着家庭收入水平的提高而进一步完善。同时，加强以下方面的持续研究，形成产学研体系：一是结合部品尺寸、人体工学、加强住房空间尺寸的标准化研究；二是加强室内部品及点位的人性化研究，包括门窗布置、强弱电点位、厨卫部品和家具设计；三是加强保障房的全生命周期研究，以更好地指导新区保障房建设实践，提高水平。

Public Housing—The Pilot Project of First Full Furnished Order-oriented Price-restricted Commercial Housing: Jianingyuan

居者有其屋—— 滨海新区首个全装修定单式限价商品住房佳宁苑试点项目

3. 全装修经验总结

佳宁苑试点项目作为新区首个全装修定单房项目，从初期的市场需求调研，到确定装修标准和装修风格，选择材料部品，我们对每个环节都很用心，努力为住房者打造高品质的住宅，但因缺乏经验，还有许多需要改进和完善的地方，问题有几个方面。一是精装和土建的配合不顺畅；二是部品的选择不够系统；三是施工质量方面，业主对供热问题投诉较多。这需要我们学习借鉴国外先进经验，探索适合定单式限价商品住房的装修管理模式。

全装修交房，相比毛坯房交房，会带来许多新问题，而没有新增加的利润，因此，住房投资公司的同仁们自然而然产生想法，是否可以毛坯房交房，这样问题少，而且房价低，更具市场竞争力。但是，毛坯房交房后所产生的浪费和环境污染问题更多，包括用户的精力、时间的投入等，所以，作为面向广大中等收入家庭的保障房，还应该坚持全装修。

与理想和高标准相比，佳宁苑试点项目还没有做到装修标准的可选择，也没有实现最初预想的定单式装修。体现差别化和多样性，应该有不同的标准，如 700 元／平方米是基础，可以有两到三种风格；适度高标准的也应有所选择，如 1000 元／平方米。今后，应该充分利用互联网的优势，与柔性生产相结合，发展菜单式装修、定制式装修，满足家庭整修的个性需求。另外，我们学习参观了完全采用日本技术的北京项目，完全装配式，其高昂的造价使保障房"望尘莫及"，但这是未来的方向。

4. 销售价格定价、工程造价控制和企业利润经验总结

商品住房的销售定价十分关键，但有很大的调整空间。一般的限价商品住房，由于要求定价比周围商品房平均价格低 20%，而且对购买限价商品住房的家庭有住房套数和收入的限制，这样的家庭只能购买一定总价的限价商品住房，所以限价商品住房本身的价格不高，价格调整的空间很小。与一般的限价商品住房不同，定单式限价商品住房面向未来务工人员，只限制购买一套，对家庭收入无限制。但是，受家庭实际收入的影响，根据房价收入比，房屋上涨的空间也不是很大。目前，新区定单式限价商品住房的定价基本上是合理的，但由于区位的影响，几年来房价售价几乎没有上涨。如果在是中心的位置提供定单式限价商品住房，即使超过房价收入比的合理水平，或只比一般同一位置的商品房便宜 20%，这个吸引力一定是很大的。所以，下一步的问题是在市中心位置提供定单式限价商品住房，并形成更加合理的定价机制。

销售价格确定后，建设成本的控制直接关系到投资开发项目的经济效益。先规划、后建设，先设计、后施工是基本前提。在开发项目动工前，应充分论证设计方案，认真审查施工图纸，避免边设计、边施工、边优化，以及施工中变更、签证和增项等负面因素的影响，给成本控制带来困难。其次，做好招投标工作，熟悉图纸、工程技术标准规范，招标文件和合同条款的编制应非常严谨，严格控制来自施工方的工程变更、材料代用、额外用工及各种预算外费用。由于是小项目，即便是大型施工企业，也难以做到十分严密。在佳宁苑试点项目中，注重新工艺新材料的推广和使用，新型材料性能好且价格便宜，可以降低造价。作为小街廓的地块开发，也许规范的小企业更加适合进行非批量的柔性生产。

佳宁苑试点项目总投资 25 934.5 万元，其中土地款 5779.7 万元，占 22.3%；工程款合计 12 335.8 万元，占

Public Housing

居者有其屋

天津滨海新区首个全装修定单式限价商品住房佳宁苑试点项目
The Pilot Project of First Full Furnished
Order-oriented Price-restricted Commercial Housing —Jianingyuan,
Binhai New Area, Tianjin

47.6%，包括桩基工程 828.3 万元，主体工程 10 872 万元（含精装修），室外工程 635.2 万元；其他费用 7768.96 万元，占 30%，包括开发前期准备费用 679.06 万元，配套工程费用 2322.54 万元，销售与宣传费用 1435.93 万元税费 1772.43 万元，财务费用 1500 万元，开发间接费用 59 万元。项目成本 7130 元／平方米，按照 5% 利润计算，销售均价 7400 元。但是，由于还有 25% 的住房和 2000 平方米商业空间尚未销售，还需不停地偿还银行利息，因此，无法获得实际利润。从项目建成效果看，如果再增加一些投入，如装修标准、外檐设计和材料的标准可以再高一点，最终效果一定会更好。因此，也不能一味地以房价收入比来定价，应综合考虑各种因素。

定单式限价商品住房管理办法规定开发企业只能有 5% 的利润。房价总体比较低，利润总量也不多。而且，要实现这个 5% 的利润，项目必须做到短期内基本清盘。如果定单多，产品供不应求，可以实现，但在定单不确定时，房地产作为高风险行业，5% 的利润难以抗衡风险。

5. 策划和销售经验总结——共有产权

佳宁苑试点项目是为了试验定单式限价商品住房的政策、规划设计的创新，同时也为了推动散货物流搬迁。从实际效果看，对搬迁的推动力不明显。散货物流搬迁没有按照原计划进度实施，造成整个区域开发环境比较差，煤污染严重，道路交通和市政基础设施不完善，缺乏教育、医疗设施，有许多空地，没有形成区域开发态势，居住环境不完善，反而影响了销售情况。整体上，定单式限价商品住房选址在新的开发区域都不太成功，即便有一定的价格优势。

2011 年，在国家实施最严格的限购政策后，房地产市场态势整体下滑，定单式限价商品住房的价格优势也不复存在，销售更加困难。结合佳宁苑试点项目，滨海新区 2012 年开始共有产权模式的政策研究，经过两年的摸索和研讨，制定了《滨海新区定单式限价商品住房共有产权模式指导意见》，于 2014 年在佳宁苑试点项目中试行，效果比较理想。购房人只需首付一成，即可以办理 70% 的房贷，促进了有效需求释放和房屋销售，回收资金。但是，公司持有 20% 的房产，等于增加了企业的财务费用。虽然对防范风险做了很多准备，但对房屋销售价格适度调整、覆盖财务成本考虑不足。

另一方面，从实际销售情况分析，120 平方米大户型，由于单价高、房屋总价也高，超过百万，造成销售不畅，说明近一时期的刚需家庭，即使按揭的情况下，确实只能负担 90 平方米、60 ～ 70 万元的房价。项目策划时应考虑房屋总价这个关键因素。未来一定的时期内，可以考虑 120 平方米的大户型。

6. 购房人群分析、社区自治和物业管理经验总结

定单式限价商品住房主要的客户对象是外来务工人员中有一定技术、收入中等的家庭，从已经销售的 219 套住房购房家庭的分析看，外来人口占总户数的 69%，高于新区商品房总体 30% 一倍以上。经过分析，购房人群还具有如下特点：年龄 20 ～ 40 岁的占 92%，其中 95% 有工作，只有少数个体工商户和退休人员。目前，居民入住还不到一年，社区业主委员会还没有成立，物业费目前仍然处在由企业负担的第一年，还不能反映物业费的收缴率。这应该在未来两到三年认真总结分析。当然，由于街坊尺度比较小，只有 288 户，

800 多人，而且 50% 是外来人口，教育就业水平比较高，理论上，相比动辄几千人的大小区，在社区自治和物业管理上有优势，应该做得更好。

五、定单式限价商品住房目前存在的主要问题和解决方案

　　佳宁苑试点项目的历程反映了定单式限价商品住房改革在实践中遇到的问题。新区《天津市滨海新区住房建设"十二五"规划》指出，滨海新区从 2011 年开始到 2015 年拟新建住房 3179 万平方米，其中新建定单式限价商品住房 977 万平方米，11.50 万套，占住宅总量的 30%，年均建设量约 190 万平方米，主要规划建设四个新城组团，分别为中新天津生态城、滨海欣嘉园、中部新城和轻纺生活区。从实际实施的效果看，五年共建设定单式限价商品住房 160 万平方米，完成计划任务的 20%，虽然解决了部分职工的住房问题，起到了部分限制房价过快上涨的作用，但总体不理想。造成定单式限价商品住房发展缓慢的原因是多方面的，主要是外来人口增长缓慢。新区城市总体规划预测 2020 年新区人口达到 600 万，2015 年应该达到 400 万，实际只有 300 万，造成需求不足。除人口因素外，还有以下几个方面原因：定单式限价商品住房区位相对不好，性价比优势不明显，没有很好地落实定单，没有形成两个独立的市场等。

1. 定单式限价商品住房区位不好，缺少竞争力

　　新区政府不完全掌握土地，2010 年以来出让的普通商品房用地比较多，商品房市场存量比较大，区位一般比定单式限价商品住房要好，配套更完善。定单式限价商品住房区位都比较偏，交通和配套建设慢，缺少竞争力。典型的是开发区生活区商品房与滨海欣嘉园定单式限价商品住房的对比。开发区 12 平方千米的生活区本来是为开发区企业员工提供住宅等配套服务的。随着配套完善，开发区生活区住宅房价飞涨，2000 年 2000 ～ 3000 元／平方米，2006 年涨到 1 万元以上。开发区领导呼吁新区建设保障性住房，说新区房价飞涨，影响了新区的投资环境，产业个人买不起住房，包括丰田等大企业的骨干，由于买不起住房导致队伍不稳定。因此，2010 年新区政府成立后，迅速在欣嘉园建设定单式限价商品住房，房价 6500 元／平方米，房价收入比合理。但从最后的效果看，这些大企业的员工并没有购买欣嘉园建设定单式限价商品住房，而是购买了生态城的商品房。同时，开发区生活区建设了少量只用于出租的政府公屋，排队的年轻人很多。如果在开发区生活区拿出一定的土地建设定单式限价商品住房，一定会是另外一番景象。

　　解决办法是从城市总体规划升始，区分各类居住用地，改变过去所谓"规划用地划分标准"中单纯按居住形态的一、二、三类居住用地划分，形成与政策相关的居住用地划分，包括公租房、定单式限价商品住房和高档商品住房等三种基本居住用地。定单式限价商品住房用地是主导的住宅用地；明确定单式限价商品住房用地在各个分区的比例，特别是在城市中心比较成熟的区位，在控规中细化住宅用地布局，具体落位。为了平衡由于增加定单式限价商品住房用地政府土地出让金收入减少，在规划中可以增加高档住宅用地，在土地价格最高的区位给予明确，如公园、水体周围和大型风景区、郊野公园周围等，可以建设独立或联排住宅，鼓励住宅的多样性。

Public Housing
居者有其屋

天津滨海新区首个全装修定单式限价商品住房佳宁苑试点项目
The Pilot Project of First Full Furnished
Order-oriented Price-restricted Commercial Housing—Jianingyuan,
Binhai New Area, Tianjin

另外，可以考虑特殊类型居住用地纳入定单式限价商品住房用地，包括老年住宅用地等。随着经济发展和社会进步，会出现许多新的居住需求，这些需求应配合不同的配套服务设施，并有不同的策略予以回应。如老年住宅，随着我国老龄化社会的快速到来，老年住宅是必须提前考虑的大问题。老年住宅必须在医疗设施周边进行选址，或坐落于风景区或疗养设施周边。总之，居住用地的划分和配套政策，特别是在规划、控制性详细规划中将各种居住用地予以落位是保证住房改革创新的前提，也是深化住房制度改革的保证。

2. 定单式限价商品住房性价比还待提高

除区位、生活配套完善这些主要因素外，提高定单式限价商品住房的性价比是下一步重点解决的问题。从项目建成的实际效果看，无论室内外，以目前的房价收入比和住房性能，满足中低收入家庭一定时期的住房需求应该是相当不错的，但作为面向未来、广大中等收入家庭的住房，感觉还有不足。也许，目前可以满足现实要求，但随着住房技术的发展，很快会落伍。新加坡政府组屋不断完善、提高标准的做法给我们很好的启示。2012 年，新加坡政府为改善政府组屋的形象，在市中心拿出宝贵的土地，建设智慧型、面向 21 世纪的政府组屋，高 50 层，由世界著名设计公司设计。当然，这是一个特例，但为我们指明了方向和目标。新加坡建屋局政府组屋指导房型的样板间，水平非常高，其房型设计、装修材料部品、细部装饰不亚于我国大城市商品房的样板间，让大家有期许感。

面向广大中等收入家庭的定单式限价商品住房，若想吸引市民在新区落户生活，应具有更好的建设水平。要想提高性价比，则需相应地增加投入。在土地价格、政府优惠税收政策固定的情况下，提高建安和装修部分的投资是最合理的途径。这也许会增加销售价格，但通过共有产权等方式可以解决。以佳宁苑试点项目为例，如果建筑高度、结构不做大的改变，只是对建筑外檐、门窗和公共部位、电梯等进行提升，投入不大，产出效果明显。住宅室内装修，应采用更好的材料、部品，运用更新的技术手段，顺应未来发展的趋势。设想再增加 1000 元／平方米的综合投入，加上规划设计的改进，项目效果一定会更好。

由于我国目前有大量水平较低的存量住房需要改造，因此，新建的住房，无论公租房，还是定单式限价商品住房，都应该是高水平的，适当增加投入、获得更高的性价比比单纯降低造价更重要。即使不能全部这样做，也应该做一些样板项目，引领未来的发展方向。

3. 提升定单式限价商品住房的规划标准

目前，全国都面临居住用地容积率过高的问题，而且趋势愈发严重，包括城市外围地区，住宅用地的容积率都在 2 左右，全都是高层居住小区。由于保障房建设数量大，政府要以优惠价格提供土地，因此，一般情况下，保障房居住社区开发强度大，人口密集。这不仅降低了社区的品质，还带来了严重的社会管理问题，这一点大家逐步形成共识。

佳宁苑试点项目在规划时即考虑适当降低建筑开发强度和高度，地块规划容积率 1.8，建筑高度不高于 50 米，以 11 和 18 层小高层为主，希望把亲切宜人尺度和居住建筑多元化的优良传统延续下去。住宅类型的多样性与开发强度有很大的关系。过去，以多层为主、少量高层的居住区的毛容积率为 0.8 ~ 0.9。目前，联排花园住宅小区容积率可以做到 1.0，以多层为主、少量高层的住宅区容积率可以做到

1.3 ～ 1.5，以小高层为主、少量多层的住宅区容积率可以做到 1.6 ～ 1.8。严格限制居住用地容积率超过 2 或 2 以上，这对街坊内的居住品质非常重要。有人片面地讲，中国人多地少，要节约土地，因此，容积率越高越好，这不仅仅是认识上的"片面"，还是在为开发商摇旗呐喊。又有人借用国外目前流行的口号，鼓吹"紧凑城市"，实际上，紧凑城市是针对美国城市的蔓延发展而产生的概念，而我们的问题是城市已经过度密集，应该适当疏解，以达到合理的密度。讲TOD 的概念，以公交为导向的城市区域，公共交通的经济效益，也是需要合理的密度，但不能过度聚集，否则会导致服务水平下降。随着商业服务业和交通方式的快速发展，居住的聚集程度已经不是影响配套水平的主要问题，特别是在大城市边缘的城市区域，商业服务业和社会事业并非影响社区发展的主要问题。合理的密度、良好的环境则越来越重要。

在合理控制开发强度的情况下，应改革创新，全面提高社区整体的规划环境水平；推广"窄马路、密路网、小街廓"的规划布局，减小城市道路宽度，一般道路取消城市绿线、建筑退线和道路绿地率等指标控制，建筑沿生活性道路布置，形成完整且充满活力的城市街道广场空间。在街道两侧，广场周边，尽可能布置商业和办公等建筑，在方便居民生活的同时，扩大就业。职住平衡看似是一件小事，但实际上是影响城市规划乃至市民生活的一个大问题。因此，应集中布置建设社区中心、邻里中心，集中设置社区、邻里公园绿地、体育活动空间。实事求是，修改居住用地 40% 的绿地率指标。目前，虽然经济社会快速发展，人们的生活水平和居住条件有极大的改善，但项目设计对社区规划的考虑还远远不够。探索具有中国和地方特色的居住空间、居住建筑形态和新型

社区邻里关系，形成新型社区邻里治理机制，保持中国传统居住建筑和"远亲不如近邻"的文化传承，意义重大。

4. 加强有效供给，释放有效需求，真正做到定单式

定单式限价商品住房，不同于传统的限价商品住房，主要是定单化管理，依定单建设，可以提高效率，释放有效需求，降低库存，降低财务和营销费用，包实惠留给购房居民。更重要的是，通过定单，为公众提供参与规划的机会。近年来，在各方面的努力下，滨海新区定单式限价商品住房建设取得了一定成绩，发挥了很好的作用。但是，与预期相比，还有很大差距，其中一个主要问题是没有很好地落实定单，这是一个主要问题，形成部分库存，没有形成依定单建设、竞相购买、需通过排队摇号才能获得购房机会的态势。佳宁苑试点项目从侧面证明这个问题相当严重。由于定单式限价商品住房的客户没有明确，因此，在房屋销售前规划设计无法真正做到广泛听取居民意见。

造成这一状况的原因是上面提到的两个方面，一是定单式限价商品住房建设的区位比较偏，二是定单式限价商品住房性价比不是很高，所建设的定单式限价商品住房并非最急需的产品。要改变这一状况，关键是按照供给侧改革的要求，提供有效供给，即大家愿意购买的定单式限价商品住房产品，释放有效需求。新区政府、各功能区应该拿出一部分区位良好的用地，作为定单式限价商品住房用地。同时，在今后的工作中，进一步做好保障性住房制度改革公众参与工作，采用各种新的手段，如政务网、微信公众号等，广泛征求市民意见和建议，更具体、更快地了解客户需求，真正做到定单式。

城市规划应体现全体居民的共同意志和愿景，住房与居民关系最密切。居民需要什么样的住房，喜欢什么样的住房

Public Housing
居者有其屋

天津滨海新区首个全装修定单式限价商品住房佳宁苑试点项目
The Pilot Project of First Full Furnished
Order-oriented Price-restricted Commercial Housing —Jianingyuan,
Binhai New Area, Tianjin

形式，应广泛地听取居民意见。我们应该做到：进一步做好公众参与工作，新区各项保障性住房规划在编制过程均利用报刊、网站、规划展览馆等方式，对公众进行公示，听取公众意见，让大家了解城市规划和建设，并参与其中，发扬"人民城市人民建"的优良传统。定单式限价商品住房可以有更好的名称，如康居住房或康居房等，也可以采用公开征集名称的方式，让广大市民更多地参与到保障性住房制度改革中。发挥政府、社会、市民三大主体的积极性，尽最大可能推动政府、社会、市民同心同向行动，使政府有形之手、市场无形之手、市民勤劳之手同向发力。同时，创新城市治理方式，加强城市精细化管理，尊重市民对城市发展决策的知情权、参与权、监督权，鼓励企业和市民通过各种方式参与城市建设、管理，真正实现城市共治共管、共建共享，真正解决居者有其屋的课题。

5. 形成两个独立的市场，避免对商品房市场的过度冲击

加大定单式限价商品住房的有效供给，势必影响新区普通商品房市场，这个问题应进行深入研究。我国住房制度改革 30 多年来，取得了巨大的成绩，商品房解决了我国 13 亿人口的住房问题，推动了经济发展和城市建设，功不可没的步伐，但今天，我国房地产面临严重的问题和危机。按照中央经济和城市工作的总体部署，住房制度应深化改革，房地产应库存、去产能、调结构，实施供给侧改革。总体的改革方向是，坚持市场化改革方向，改变单纯住房商品化的方案，建立现代住房制度，即政府保证广大中等收入群体的基本住房需求供给，释放有效需求，正如滨海新区住房制度改革提出的"低端有保障，中端有供给，高端有市场"。

滨海新区建设定单式限价商品住房，目的是做到"中端

有供给"，但由于这几年没有提供好的定单式限价商品住房产品，没有提供有效供给，也没有释放有效需求。面对新区目前人口增长放缓、商品房库存大的问题，加大定单式限价商品住房的建设是改革的唯一正确出路。通过有效供给，释放有效需求，特别是作为招商引资的优势条件，成为新区吸引企业、人才落户的一个杀手铜。对于一些区位好、品质满足要求的商品房，企业愿意降低价格，进入定单式限价商品住房系统，政府欢迎，可以考虑给予部分税收的优惠，起到消化库存的作用。

为了避免对商品房市场过度的冲击，学习新加坡的经验，建立独立的定单式限价商品住房市场。作为政策性的公共住房，定单式限价商品住房的商品属性不变，抵押贷款，保值增值，交易流通。改变目前定单式限价商品住房五年后可以上市流通规定，定单式限价商品住房可以在定单式限价商品住房市场中随意流通。定单式限价商品住房市场和商品房市场两个独立的市场，有利于建立新区"低端有保障，中端有供给，高端有市场"的完善的保障房体系，并保证新区房地产市场健康持续发展。

6. 进一步建立和完善保障性住房的法律法规

住房制度深化改革、房地产业结构调整，需要法律法规的支撑。近年来，滨海新区保障性住房制度改革，在学习先进国家和地区经验的基础上，结合滨海新区实际情况，依据国家、天津市及滨海新区相关规定和政策，先后制定了《滨海新区深化保障性住房制度改革实施方案》《滨海新区深化保障性住房制度改革实施意见》《天津市滨海新区保障性住房建设与管理暂行规定》《天津市滨海新区蓝白领公寓规划建设管理办法》《天津市滨海新区定单式限价商品住房管理

暂行办法》等规范性文件，对推进实际工作发挥了重要作用。下一步，结合深化住房制度深化改革、房地产进行结构调整，修订完善现有规范性文件，同时，尝试制定新区住房保障完整的管理规定，为天津市和国家制定住房保障的法律法规先行先试，积累经验。

六、滨海新区保障性住房改革和房地产业的未来展望

住房是特殊的商品，居者有其屋是政府职能所在。新加坡在住房保障方面的成功经验表明，政府应该而且能够在这方面有所建树。有人说，新加坡地少人稀，不足为凭。实际上，道理是相同的。我国改革开放３０多年来住房制度改革的成功经验也说明，国家是可以在公共住房制度方面发挥重要的市场调节和引导作用。国家公共政策关注社会公平和社会和谐，提倡建构节约型社会，营造适宜的人居环境，构建多层次住房保障体系，这是人的基本生存条件。目前，我国基本上解决了住房短缺的问题。随着经济的进一步发展和社会的不断进步，根据马斯洛人的需求层次理论，人的基本温饱需求满足后，则需要更高层次的社会交往和精神需求。因此，可以负担的高品质住宅、住宅的多元化、居住环境的美化和交往空间的创造、生活配套设施的完善和社区的民主管理等是我国住宅建设当前主要考虑的问题。合理的聚集程度、完善的社会配套服务、良好的环境和合理多样的居住形式，如城市公寓住宅、合院住宅、联排住宅、花园洋房，包括独立住宅等，适宜的居住条件是提高生活质量的重要因素和必备条件。同时，住房区位、质量、配套设施是影响居住条件的三个相互交织的因素，也使住房的选择成为一个人、一个家庭至关重要的问题，在不同的阶段会对三个因素有不同的次序要求。个人的需求最终形成复杂的社会需求和问题，应该给予足够的重视。因此，我国的住房制度深化改革应考虑时代性，与解决房地产市场的实际问题相结合。

住宅是文化，是人居环境，不只是"居住的机器"。住宅类型的多元化是提高居住水平和生活质量的要求，也是城市文化发展的要求。日本著名建筑师隈研吾在其著作《十宅论》中将日本住宅分为十类，认为住宅是日本文化的组成部分。中国传统民居的多种多样，造就了各具特色的城市和地区，也成为地方文化的重要代表。许多城市具有住宅建筑类型的多样性，既有中国传统的院落式住宅，又有从西方引入的独立住宅、联排住宅、花园住宅、公寓住宅等多种形式。但是，随着房地产的发展和房价的快速上升，开发商的影响力不断加大，住宅用地的容积率不断升高。目前，在市场的带动下，我国住宅建筑采用简单划一的建筑类型，都成为30层、100米高的塔式或板式高层，20～30栋高层住宅堆积在一起，形成典型的居住社区，特色缺失，造成全国城市的千篇一律和整个人居环境品质的下降，这种状况必须改变。当然，中国人口众多，土地资源紧张，住宅建设要考虑节约土地是事实，但无论城市还是郊区，抑或农村，是否均需盖高层住宅，是我们必须认真思考的问题。中国香港、新加坡采用高层高密度住宅，因为它们都是城市地区或国家，土地狭小。即使在日本，目前，仍然有45%左右的是独立住宅。事实上，通过合理的规划设计，在一定的密度条件下，我们可以创造丰富多样的居住建筑类型并营造宜人的居住环境。如何进一步提高社区和住宅质量，规划设计可以发挥更大的作用。只有好的规划设计，才能形成高品质的城市和环境，

Public Housing
居者有其屋

天津滨海新区首个全装修定单式限价商品住房佳宁苑试点项目
The Pilot Project of First Full Furnished
Order-oriented Price-restricted Commercial Housing — Jianingyuan,
Binhai New Area, Tianjin

进而促进思想解放，加快科技创新，使城市更加繁荣，广大人民群众栖居在诗情画意般的土地上。

世人称道的"美国梦"，由洋房、汽车和体面的工作构成，引导美国社会高水平发展了近百年，形成了目前美国的城市和区域形态以及美国人的生活方式。英国人大部分住在公寓住宅（Council House）中，以公共交通为主要出行工具，不失绅士的生活方式，恬淡宁静。在英国出生成长的彼得·霍尔教授，经过美国加州伯克利十年的工作生活，认为客观地比较，英国中产阶层的生活质量不如美国中产阶层的生活质量高。当然，美国人的生活也面临许多困惑，如经济危机周而复始、医疗保险覆盖不足、城市生活不方便（所谓"买一只牙膏都需要开车"），以及"人均汽油消耗量是欧洲的三倍"的困境。但是，美国和英国的城市建设表明，住宅规划设计可以在改变人的生活方式和决定人居环境的生活质量上发挥很大的作用。

佳宁苑试点项目很小、很平凡，是一个街坊，在城市规划构成中是不能再小的构成单位，可谓"沧海一粟"。然而，这"沧海一粟"，是我国 600 多座城市、1600 多座县城、40 000 多个乡镇街道的一份子，涉及近 8 亿城镇化人口以及住房的方方面面。我们一直坚持在保障性住房规划设计、建筑设计及街道交通、市政配套、公共服务、社会管理等多方面进行改革，不断尝试并深入研究，为日后系统的改革积累经验。回顾佳宁苑试点项目的建设历程，一千个日日夜夜，构成了新区保障房规划建设实施的全过程。项目虽小，但比较全面地涵盖了滨海新区保障房改革的主要方面和改革创新的重点内容；项目虽然平凡，但凝聚了新区仕房投资有限公司全体员工的心血和汗水。新区住房投资有限公司成立于 2010 年，是一支非常年轻的队伍，平均年龄 35 岁，朝气蓬勃。他们以"心之所安，既是保障"为己任，积极参与新区保障性住房制度改革，对我国住房制度改革和房地产业发展进行深入的思考。深化改革，转变经济增长方式，在住房保障和房地产领域更加迫切，它不仅关系到房地产业的软着陆和健康转型，更关系到人民生活水平的进一步提高、城市化的质量和水平，以及我国社会经济的健康、可持续发展，时不我待。佳宁苑试点项目是针对上述现实状况所做的一个回应。本书对佳宁苑试点项目进行总结分析，旨为下一步再起步打好基础，并为全国其他新区提供借鉴。

2016 年，是"十三五"规划实施的开局之年，是实现第一个百年奋斗目标的攻坚之年，是去产能、去库存、去杠杆、降成本、补短板和调结构、转方式、实施供给侧改革的关键之年。目前，我国经济正在步入一个"新常态"，力求实现由速度向质量的转变。总体来看，经过十年的努力奋斗，滨海新区经济社会发展和城市规划建设取得了显著的成绩。但是，与国内外先进城市相比，滨海新区目前仍然处在发展的初期，未来的任务还很艰巨，还有许多问题需要解决，特别是在提升人民生活质量和促进房地产业健康发展方面。未来五年，滨海新区核心区、海河两岸环境景观会得到根本转变，城市文化、教育、医疗、体育、旅游等功能进一步提升，公共交通体系初步建成，环境质量和水平显著改善，新区实现了从大工地向宜居城区的转变，其中住房制度改革和房地产的转型升级、持续健康发展是重要保障。在国家新型城镇化和京津冀协同发展国家战略的背景下，滨海新区应进一步以深化住房制度改革和供给侧改革为引领，实现房地产的转型升级，同时用高水平的规划引导城市社区规划建设管理的转型升级，为建设宜居生态城区提供坚实的规划保障。要实现这样的目标，任务艰巨，唯有改革创新。滨海新区最大的优势就是改革创新，作为综合配套改革试验区，进行了许多改革创新的尝试，比如，住房制度改革。相比深圳当年的做法，新区的改革创新也许没有那么轰轰烈烈，深层次问题的改革的确需要时日，要持之以恒。居者有其屋，是城市规划设计师和管理者建设者的历史使命，我们将不断深化改革，坚持以市场为导向，探索有效的途径，让人民群众生活得更方便、更舒心、更美好，为全面建成小康社会、实现中华民族的伟大复兴做出贡献。

第一部分

佳宁苑定单式限价商品住房试点项目

Part 1 Order-oriented Price-restricted Commercial Housing of Jianingyuan Pilot Project

Public Housing
居者有其屋
天津滨海新区首个全装修定单式限价商品住房佳宁苑试点项目
The Pilot Project of First Full Furnished
Order-oriented Price-restricted Commercial Housing —Jianingyuan,
Binhai New Area, Tianjin

第一章　滨海新区保障性住房制度改革

一、目的和意义

滨海新区是新型工业城市和移民城市，外来人口多。外来人口中，年轻的产业工人占大多数，未来高学历和具有专业技术技能的新毕业大学生将成为新区外来人口的重要组成部分。在滨海新区由工业区向综合型人居新城转型的过程中，完善住房供应机制、优化城市功能、提升居住品质是打造现代宜居新区的必然选择。城市是人类文明的标志，是人们经济、政治和社会生活的中心。在城市发展中，人是主体、是关键，经济社会发展的最终目标也是为了人。城市发展要在以人为本的原则下，找到经济发展与生活幸福的平衡点。回顾世界各国保障性住房发展历史，保障性住房不仅仅为低收入家庭提供服务，还与创造就业岗位、发展区域经济有着非常密切的关系。同时，保障性住房也是构建社会公平保障体系的重要环节。社会公平是社会和谐的基础，没有社会公平，经济发展得再好、再快，也不可能有真正的社会和谐，反而会带来诸多民生问题，住房问题便是其中之一。

自 2010 年滨海新区政府成立以来，区委区政府始终将保障性住房工作视为最急迫、最直接的民生问题来抓，给予高度重视，将其分别列为"五大改革"和"十大改革"之一。结合滨海新区人口结构和经济发展，着力于政策完善和方式创新，在确保户籍人口低收入人群"应保尽保"的基础上，重点解决外来常住人口的住房问题，全力打造政府主导、市场引领，多层次、多渠道、科学普惠的住房供应体系，率先实现小康社会的居住目标。

二、主要内容

1. 政策指导

保障性住房制度改革是滨海新区"十大改革"之一，滨海新区充分发挥先行先试的政策优势，结合新区新型工业和移民城市特点，重点解决外来务工人员和住房困难居民、户籍人口中"夹心层"的居住问题，力争在关键政策环节上取得突破，从而实现构建滨海新区多层次、多渠道、科学普惠住房体系的既定目标，努力成为深入贯彻科学发展的排头兵，为天津市及区域发展提供经验和示范。

2010 年至 2012 年，在天津市住房保障政策的整体框架下，根据滨海新区的实际情况及特点，先后制定了《天津市滨海新区保障性住房建设与管理暂行规定》《滨海新区深化保障性住房制度改革实施方案》《天津市滨海新区蓝白领公寓规划建设管理办法》等规范性文件，进一步完善和创新滨海新区住房保障制度。通过发放"两种补贴"，建设两种保障性住房、两种政策性住房，在确保户籍人口中低收入住房困难人群"应保尽保"的同时，重点解决外来常住人口住房困难问题，形成"低端有保障、中端有供给、高端有市场"的房地产市场健康新模式，逐步健全政府主导、市场引领、多层次、多渠道、科学普惠的住房体系。

2. 规划先行

滨海新区区委区政府成立后，高度重视滨海新区保障性住房规划与建设工作，将其作为最现实、最急迫的民生问题来抓，着力解决新区非农业户口、低收入住房困难家庭和来

中共天津市滨海新区委员会

津滨党发〔2011〕25 号

———————————— ★ ————————————

关于印发《滨海新区深化保障性住房
制度改革的意见》的通知

塘沽、汉沽、大港工委、管委会，各功能区管委会党组、滨海高新区工委、管委会，区委各部委，区级国家机关各党组（党委），新区市属国有企业党委，各有关单位党组织：

《滨海新区深化保障性住房制度改革的意见》已经区委、区政府研究同意，现印发给你们，请认真贯彻执行。

中共天津市滨海新区委员会办公室

津滨党办发〔2011〕64 号

———————————— ★ ————————————

关于转发《滨海新区深化保障性住房
制度改革实施方案》的通知

塘沽、汉沽、大港工委、管委会，各功能区管委会党组、滨海高新区工委、管委会，区委各部委，区级国家机关各党组（党委），新区市属国有企业党委，各有关单位党组织：

《滨海新区深化保障性住房制度改革实施方案》已经区委、区政府研究同意，现转发给你们，请认真贯彻执行。

相关政府文件

Public Housing
居者有其屋

天津滨海新区首个全装修定单式限价商品住房佳宁苑试点项目
The Pilot Project of First Full Furnished
Order-oriented Price-restricted Commercial Housing —Jianingyuan,
Binhai New Area, Tianjin

新区务工、创业人员的住房问题。滨海新区作为中国经济增长第三极，其保障性住房的规划建设要充分体现新区特色并有所创新，通过高品质的保障房规划设计、良好的宜居生活环境吸引更多人才到新区就业创业。

滨海新区住房建设"十二五"规划是配合滨海新区"十大改革"之一的住房制度改革，按照新区总体工作部署编制，结合规划目标、住房体系、房价收入比研究、规划建设规模预测、年度建设计划等方面研究成果，形成的"十二五"期间规划建设指导方案，分为发展回顾、体系构建、规划布局及建设保障四部分内容。

保障性住房重点建设片区主要包括滨海欣嘉园、中部新城北组团（和谐新城）、中部新城南组团三个新区保障房重点建设地区。特别是通过对中部新城北组团的研究，探索新区的保障性住房社区模式，针对人口的不同需求，提出多种住房类型产品混合的布局方案，通过提出公共服务设施集中布局的创新理念，对滨海新区建设高质量、人性化的保障性住房社区开展有益的探索。

3. 建设为本

住房问题关系国计民生。推进保障性住房建设，有效解决社会各收入阶层的住房问题，既惠民生、顺民意，又有利于扩内需、促发展、调结构，是实现社会公平、维护社会稳定、构建和谐社会的重要内容，是一举多得的重大民生工程。滨海新区将保障性住房建设作为每年政府民心工程的首要任务，不断加大投入，加快各类保障性住房建设，充分发挥了保障性住房的社会效能。新区须继续推进保障性住房建设，把这项民心工程做好、做到位。

在建设面向户籍人口的公共租赁住房、限价商品住房（经济适用住房），全面惠及新区住房困难人群的同时，针对新区特点，建设蓝白领公寓、定单式限价商品住房，满足外来务工人员的住房需求。"十二五"期间滨海新区保障性住房项目累计开工建设面积约 993.88 万平方米，11.75 万套，满足了各类不同人群的住房需求。其中：蓝白领公寓（含公共租赁住房）约 324.1 万平方米，4.84 万套，占保障性住房总建设量的 41.2%，为 30 余万人提供过渡性住房；经济适用住房约 455.55 万平方米，4.61 万套，占保障性住房总建设量的 39.2%；限价商品住房约 60 万平方米，0.7 万套，占保障性住房总建设量的 6%；定单式限价商品住房约 153.2 万平方米，1.6 万套，占保障性住房总建设量的 13.6%，为 3.1 万企业员工解决住房问题。同时，保障性住房的建设对滨海新区房地产市场的健康发展起到很好的调控作用。

4. 科研支撑

保障性住房规划建设管理工作是一个集社会、经济、技术、文化等方面于一体的综合性课题。为提升滨海新区保障性住房规划建设的水平，切实解决民生问题，新区规国局组织开展了若干项专题研究。

《滨海新区房价收入比研究》以房价收入比为切入点，通过案例学习，提出适合新区特点的房价收入比计算方法；《滨海新区保障性住房人群特点与定居意愿研究》对滨海新区潜在的住房保障人群类型与定居意愿进行详尽的分析；《滨海新区定单式限价商品住房房型研究》则根据住房保障人群刚需、改善型等不同阶段的住房需求，提出具有针对性、多样化的户型设计方案；《滨海新区和谐新城居住社区规划方案研究》特聘请美国新都市主义运动的发起人之一、美国旧金山住宅设计专家丹尼尔·索罗门（Daniel Solomon）先生，对滨海新区中部新城北组团开展了以"窄马路、密路网、小街阔"为重点的城市设计研究，在遵守现有住区日照规范的前提下，通过巧妙构思在斜向街道上开展围合式保障房社区布局设计，为城市营造更丰富、宜居的理想居住空间。

此外，新区规划和国土资源管理局还邀请国内优秀专家和国际知名学者针对专题研究召开了专家研讨会。专家们的肯定一方面印证了滨海新区保障性住房规划建设的喜人成绩，另一方面也为我局不断丰富完善先进规划理念、学习提高自身规划水平提出了切实可行的路径与思路。

三、主要政策创新

2013 年，历经两年研究修订的《天津市滨海新区定单式限价商品住房管理暂行办法》正式出台，共 11 章 45 条，并附《滨海新区定单式限价商品住房规划设计相关技术标准》附件。《天津市滨海新区定单式现价商品住房管理暂行办法》结合滨海新区实际情况，进行了多方面尝试性创新。

1. 保障对象的创新

定单式限价商品住房是指政府主导，市场运作，限定价格，定制户型，面向滨海新区职工和住房困难居民，以定单方式建设、销售的政策性住房。定单式限价商品住房是在我

市住房保障政策整体框架下，结合新区人口特点，对我市限价商品住房政策进行补充和延伸，在解决中低收入住房困难家庭住房问题的基础上，集中满足新区职工和住房困难居民住房需求，从而实现新区保障性住房覆盖面达到 60% 的既定目标，突出定单式限价商品住房政策的普惠性。

2. 总体规划布局的创新

《天津市滨海新区定单式现价商品住房管理暂行办法》中提出定单式限价商品住房规划是新区新城规划的重要组成部分，占新区住房总供应量的 30% ～ 50%。主要集中在中部新城、滨海欣嘉园和中新天津生态城等地区规划建设。理由有两点：一是按照新区总体规划，为推动招商引资，提升城市竞争力，借鉴新加坡经验，向外来就业职工提供定单式限价商品住房，与蓝白领公寓、公共租赁住房相结合，形成互补、多样的保障性住房供应体系，实现保障性住房覆盖面达到 60% 的既定目标；二是根据新区城市总体规划和新城规划，定单式限价商品住房主要采取集中紧凑型规划布局，既利于集中设置较完善的生活服务设施和市政工程设施，又可节省建设投资成本，形成功能齐备、易于管理的独立社区。同时，结合功能区产业布局，集中在中部新城、滨海欣嘉园和中新生态城等三个区域规划建设，形成南一北二的定单式限价商品住房规划布局。

3. 规划与配套设计标准的创新

定单式限价商品住房规划设计遵循统一规划、分步实施的原则，充分考虑居民就业、就医、就学、出行等需要，加快完善公共交通体系，同步配套建设生活服务设施。突出完

Public Housing
居者有其屋

天津滨海新区首个全装修定单式限价商品住房佳宁苑试点项目
The Pilot Project of First Full Furnished
Order-oriented Price-restricted Commercial Housing —Jianingyuan,
Binhai New Area, Tianjin

善、创新、绿色、宜居等特点，高标准、高水平开展设计，打造具有滨海新区特色的定单式限价商品住房"示范社区"。根据滨海新区社会管理创新方案，结合人口规模，对社区体系做了进一步调整和创新，与原天津市住区分级结构体系保持基本一致，仍为三级体系，具体规划为社区级、邻里级和街坊级。同时，将社区级、邻里级部分公共服务设施集中设置，形成社区中心和邻里中心，社区中心约 6500 平方米，邻里中心约 2000 平方米，从而发挥设施的集合效应，方便居民使用，为进一步健全社区服务体系、创新社区管理提供了硬件支撑。

4. 户型、套型与装修标准的创新

定单式限价商品住房户型设计坚持面积小、功能齐、配套好、质量高、安全可靠的原则。以小康住宅为目标，以起居、卧室、餐厅、厨房、卫生间等基本功能为核心，辅以书房、洗衣晾晒、整理储藏、门厅等辅助功能。套型建筑面积原则上控制在 90 平方米以下，考虑到我国全面放开二胎生育政策的实施，四口之家家庭逐渐增多的趋势，以及随着生活水平的逐步提高，居民对住房条件改善需求逐步增加的状况，在户型设计中，《天津市滨海新区定单式现价商品住房管理暂行办法》规定可根据定单需求适当调整套型建筑面积上限，最高不得超过 120 平方米（含 120 平方米），所占比重不得超过 30%。同时，定单式限价商品住房鼓励采取可选择菜单式精装修设计，厨房和卫生间的基本设备全部一次性安装完成，住房内部所有功能空间全部一次性装修到位，适应不同家庭人口构成的需求。

5. 定价机制和各项优惠条款的创新

销售价格是定单式限价商品住房的重点。当时，国家对房地产市场调控不断深入，商品住房销售价格有所回落。简单地按周边楼市价格制定定单式限价商品住房价格已不符合当时的总体市场形势，导致开发商无法得到合理利润，降低了定单式限价商品住房建设的积极性，社会资金投入也明显减少。为适应当时房地产市场的发展趋势，建立一套科学可行的定价机制势在必行。定单式限价商品住房应在考虑土地价格、级差地租和居民收入房价比等多方面因素的基础上，采用成本核算法测算销售价格比较科学，既保证开发商拥有合理的利润空间，又切实突出保障性住房的市场调控作用，促使区域房地产市场价格的合理稳定。同时，《天津市滨海新区定单式现价商品住房管理暂行办法》中尝试制定定单式限价商品住房建设可享受的优惠政策，一方面提升社会资本投入的积极性，另一方面给老百姓带来价格实惠，符合"惠民生"精神，同时也是滨海新区保障性住房制度改革创新点之一。其中包括：①免交铁路建设费；②土地出让成本中不再收取增列的市政基础设施建设费和市容环境管理维护费；③防空地下室易地建设费收费标准，按照新城、建制镇甲类6级标准执行；④市政公用基础设施大配套工程费，住宅及地上非经营性建筑按照收费面积的 70% 缴纳；⑤半地下车库（含用于停车的架空平台）及风雨廊等建筑面积不计入项目用地容积率，免收土地出让金，免缴各项行政事业性收费；⑥达到《天津市绿色建筑评价标准》星级评定标准的定单式限价商品住房项目，经主管部门批准，对开发企业给予利润

上限提高 3% 的奖励；⑦为了减轻财政负担、降低土地整理配套成本，鼓励社会资金投入邻里中心建设，《天津市滨海新区定单式现价商品住房管理暂行办法》中规定，定单式限价商品住房配套的邻里中心，以划拨方式提供土地，可由社会资金同步建设，建成后公益、管理用房移交相关部门，其他用房由企业自主经营。

6. 准入政策的创新

定单式限价商品住房准入政策主要包括以下三个层面：一是主要解决大多数外地工作人员在新区无房问题，满足其定居新区的需求，体现定单式限价商品住房政策的针对性和保障性。准入条件一：在滨海新区工作，所在单位须在新区注册；准入条件二：滨海新区范围内无住房。二是针对在滨海新区工作的天津市户籍（非新区户籍）职工，定单式限价商品住房主要解决其通勤问题，减少通勤压力，同时为建设节能减排、绿色环保宜居城市提供支持。准入条件一：在滨海新区工作，所在单位须在新区注册。准入条件二：滨海新区范围内无住房。三是针对在滨海新区工作的滨海新区户籍职工和住房困难新区户籍居民家庭，考虑到大多数家庭有赡养、抚养、结婚、改善等住房需求，结合"限购令"相关规定，对天津市限价商品住房政策进行了补充和延伸。准入条件为滨海新区范围内不超过一套住房。

7. 退出政策的创新

定单式限价商品住房退出政策在参考我市限价房规定的基础上，进行了创新和延伸，采取上市交易与内部循环相结合的退出机制，旨为打造健康有序的市场体系。即：定单式限价商品住房购买人交纳契税满五年的，可上市转让（继承除外）。定单式限价商品住房购买人交纳契税不足五年，确需转让的，只能转让给符合定单式限价商品住房准入条件的购房人。

《天津市滨海新区定单式现价商品住房管理暂行办法》的出台实施，一方面对当时有效遏制房价、维护房地产市场的健康发展起到推动作用，另一方面对招商引资环境的优化和各地人才的引进起到辅助作用。

四、近年来的发展状况

2014 年，在 2013 年工作基础上，滨海新区同时开展了定单式限价商品住房准入条件修订、公共租赁住房政策研究、共有产权试点等工作。

1. 定单式限价商品住房准入条件修订

按照《天津市关于进一步促进我市房地产市场平稳健康发展的实施意见》和市国土房管局专题会精神，根据《天津市滨海新区定单式现价商品住房管理暂行办法》第二十九条关于"定单式限价商品住房准入标准，由房屋管理行政主管部门结合滨海新区实际，适时进行调整确定，定期向社会公布"的规定，经滨海新区规划和国土资源管理局 2014 年 20 次业务会（2014 年 10 月）批准，将定单式限价商品住房准入条件调整为："在滨海新区工作，签订劳动合同，滨海新区范围内无住房的家庭或个人可申请购买定单式限价商品住房"，并发布执行。

Public Housing
居者有其屋

天津滨海新区首个全装修定单式限价商品住房佳宁苑试点项目
The Pilot Project of First Full Furnished
Order-oriented Price-restricted Commercial Housing —Jianingyuan,
Binhai New Area, Tianjin

2. 公共租赁住房政策研究

根据《天津市公共租赁住房管理办法》第二条关于"本市市内六区、环城四区公共租赁住房的规划建设、申请准入、经营管理、使用退出和监督管理等工作，适用本办法"和第四十二条关于"滨海新区、武清区、宝坻区、蓟县、静海县、宁河县人民政府可以参照本办法制定本区县公共租赁住房管理办法，报市国土房管局备案"的规定，滨海新区未在《天津市公共租赁住房管理办法》适用范围之内。为完善新区保障性住房政策体系，规范公共租赁住房管理，滨海新区规国局以课题形式开展了滨海新区公共租赁住房政策的研究工作，截至2014年底形成研究成果。其创新点体现在以下几个方面：

（1）公共租赁住房构成的创新：

结合滨海新区公共租赁住房构成现状和发展状况，新区公共租赁住房包括社会公共租赁住房、人才公共租赁住房（含"租赁型政府公屋"）和蓝白领公寓。其中，社会公共租赁住房是指按照我市现行准入政策执行，主要面向领取"两种补贴"及滨海新区户籍中低收入住房困难家庭出租的公共租赁住房；人才公共租赁住房（含"租赁型政府公屋"）是指结合滨海新区招商引资、招揽人才工作特点，面向来新区工作的各类人才（已婚家庭）提供的定向型公共租赁住房；蓝白领公寓是指面向来新区就业的各类人员（单身）提供的集体宿舍型公共租赁住房。通过三种面向不同人群的公共租赁住房构成模式，再配合"两种补贴"和定单式限价商品住房等模式，不仅可满足新区户籍中低收入住房困难群体住房需求，同时还面向外来工作者（人才）实现了从单身创业到安家立户、从租房到买房的一套完整的住房保障链，基本形成了滨海新区多层次全覆盖的住房保障体系。

（2）建设面积标准的创新：

社会公共租赁住房套型建筑面积最高不超过60平方米。人才公共租赁住房套型建筑面积可结合滨海新区人才政策及管委会招商引资需求适当调整，最高不得超过120平方米。其中，前面提到社会公共租赁住房主要面向领取"两种补贴"及滨海新区户籍中低收入住房困难家庭，准入政策与我市现行政策完全保持一致，套型建筑面积也应按照我市规定控制在60平方米以下，满足其基本居住需求；人才公共租赁住房是与新区招商引资相配套的住房保障模式，需面向低、中、高等不同等级人才，60平方米显然无法满足其居住需求，适当扩大建设面积标准才能与之相匹配，但面积不宜过大，不可超出保障性住房的范畴。公共租赁住房最大面积定在120平方米以下，与定单式限价商品住房最高标准相同，一方面可基本满足各层次人才需求，另一方面便于各类保障房之间灵活转换，有效利用住房资源。

（3）准入条件的创新：

申请人按照属地管理的原则申请公共租赁住房。符合下列条件之一的，可以申请公共租赁住房。

①具有滨海新区非农业户籍，符合廉租住房租房补贴或者经济租赁房租房补贴条件且尚未租赁住房的家庭，以及已领取廉租住房租房补贴或者经济租赁房租房补贴且房屋租赁期限符合规定条件的家庭。

②具有滨海新区非农业户籍（含居住证），上年人均年收入 3 万元（含）以下、人均财产 11 万元（含）以下、人均住房建筑面积 12 平方米（含）以下且尚未享受其他住房保障政策的家庭（包括年满 18 周岁以上单人户）。

③非滨海新区户籍人员应符合以下条件：

大学本科及以上学历或同等职称，在滨海新区工作签订劳动合同满三年；大专学历及高级职业技术资格，或者技师及以上职业技术资格，在滨海新区工作签订劳动合同满五年。

申请人已婚并与配偶（及未成年子女）共同居住；申请人离异与未成年子女共同居住。

上年人均年收入 5 万元以下（含 5 万元）。

申请家庭在滨海新区无住房。各管委会自行建设的人才公共租赁住房，可根据本区域招商引资需求，自行制定准入条件，报市国土房管局及区规划与国土资源管理局备案后执行。

其中，第①项和第②项规定完全按照我市现行规定制定，主要适用于社会公共租赁住房；第③项参照了《天津经济技术开发区政府公屋管理暂行办法》的部分内容，可适用社会公共租赁住房，也可适用人才公共租赁住房，即社会保障性住房房源充裕的情况下，剩余住房可面向第③项人群出租。同时，人才公共租赁住房准入条件也不是一成不变的，各管委会自行建设的人才公共租赁住房，可根据本区域招商引资需求，自行制定准入条件，报市国土房管局及区规国局备案后执行。这样可在保持政策原则性的同时，又赋予政策在一定范围内的灵活性，各功能区可根据发展的不同阶段和不同

需求，定向定制准入条件，可一定程度上避免房屋闲置而造成的资源浪费。

（4）退出条件的创新：

承租人在租赁五年期满后，可选择申请购买居住的公共租赁住房。行政主管部门应结合公共租赁住房市场供求情况进行审核，不予批准的应书面告知申请人。公共租赁住房出售价格由区物价部门会同区住房保障部门研究确定，定期向社会公布。目前，困扰全国公共租赁住房市场的最大难题是资金回笼问题，为保证公共租赁住房市场健康发展，本条规定公共租赁住房可以出售，但需在"应保尽保"、供大于求的情况下予以批准出售，如当时市场需求大于供给，该申请不宜批准，该房应继续作为公共租赁住房出租。

3. 共有产权制度创新

2014 年，滨海新区佳宁苑定单式限价商品房项目进行共有产权模式试点实践，通过一年的项目营销，效果显著。一是房屋销售数量增长明显，佳宁苑定单式限价商品房项目实施共有产权模式前后的销售数据显示，共有产权模式有效促进了佳宁苑项目的销售工作。二是实现资金快速回笼，采用共有产权的可促进销售进度，业主购房积极性高，在缴纳各种税费及办理贷款时减少了拖欠，提高了个贷的银行放款工作效率，资金回笼速度也同步加快。三是共有产权政策作用凸显，共有产权模式是对滨海新区特色的住房体系的有益补充，对于滨海新区的刚需刚改家庭，特别是工作时间短、积蓄少的年轻家庭来说，降低了购房门槛，在扩大项目的销售范围的同时，满足了年轻人在新区置业落户的需求。

Public Housing
居者有其屋

天津滨海新区首个全装修定单式限价商品住房佳宁苑试点项目
The Pilot Project of First Full Furnished
Order-oriented Price-restricted Commercial Housing —Jianingyuan,
Binhai New Area, Tianjin

第二章　滨海新区住房建设"十二五"规划

为配合"十大战役",实施滨海新区"十大改革"之一的住房制度改革,发挥滨海新区"先行先试"的优势,按照新区总体工作部署,结合规划目标、住房体系、房价收入比研究、规划建设规模预测、年度建设计划等方面研究成果,借鉴国内外保障性住房经验,组织编制了《天津市滨海新区住房建设"十二五"规划》。

规划针对住房市场出现的新情况、新问题,做出调整策略,坚持以人为本,将保增长与扩内需、调结构、促改革、惠民生相结合。一方面,积极采取双向调控措施,促进房地产市场的健康平稳发展;另一方面,进一步完善住房保障体系,扩大住房保障覆盖范围,针对滨海新区人口特点与住房发展现状,构建了符合新区人口发展特色的滨海新区住房体系,明确了各类保障性住房的空间布局。同时,针对住房建设中的政策、规划实施、居住用地规模、社区管理、户型设计与施工建设、社区生态绿地的建设原则与措施、老年社区建设与财政支持保障等内容提出相关建议。

一、新区住房规划目标

(1) 新区内符合天津市保障性住房政策的人群三年内实现"应保尽保"。

(2) 外来务工人员及刚毕业大学生的住房需求主要通过蓝白领公寓、政府公屋等住房满足。

(3) 向建筑工人、环卫工人提供建设者之家等定向型的职工之家,并参照蓝白领公寓管理。

(4) 向随企业入驻滨海新区的各类人才及通勤人口提供定单式限价商品住房,满足其居住需求。

(5) 商品住房主要面对上年总收入高于新区人均劳动报酬 2.4 倍的家庭,高端需求和投资性需求通过高档商品住房满足。

二、新区住房建设发展回顾

新区购房需求人群主要由三部分组成:一部分是经济基础较好、收入较高的中高收入人群;一部分是包括外来务工人员和刚毕业的大学生在内的经济基础薄弱的中低收入人群;还有一部分是具有一定经济基础的中低收入人群,由于结婚或抚养子女等问题产生改善型需求。

新区作为新兴移民地区,外来人口众多。大部分常住外来人口和跨区域通勤人口购房时难以享受保障政策。同时,新区经济适用房建设量较少,廉租房建设更是处于空白状态,大量低收入居民的居住条件亟待改善。

自 2010 年新区政府成立以来 , 滨海新区开工建设各类保障性住房项目 44 个,共计 680 万平方米。户籍人口人均住房指标与住房条件不断提高。符合廉租住房租房补贴及经济租赁住房租房补贴的家庭已全部享受到优惠政策,实际租房率达到 99.2%。另一方面，考虑到新区特殊的人口构成，为逐步扩大住房保障范围，各功能区组织建设了多元化的蓝白领公寓、政府公屋、建设者之家等保障性住房，以解决外来务工人员的住房问题。

三、住房建设发展评估

1. 现状分析

（1）人口概况：

2011 年滨海新区常住人口 240.8 万，其中外来人口 127 万，占总人口的 53%，同时有通勤人口在 20 万以上。

（2）用地概况：

2010 年新区居住用地面积约 80 平方千米，常住人口人均居住用地面积约 36.04 平方米。

滨海新区人口概况

人口类型			人口规模 / 万		人口比例 / %	
2011年常住人口	户籍人口	农业人口	208	1138	864	47
		城镇户籍人口	93		3862	
	外来人口		127		53	
	总计		2408		100	

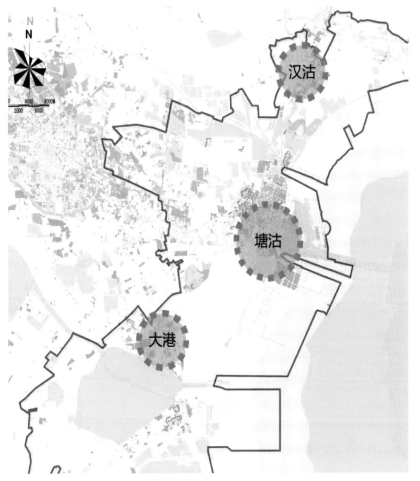

用地分布图

Public Housing
居者有其屋

天津滨海新区首个全装修定单式限价商品住房佳宁苑试点项目
The Pilot Project of First Full Furnished
Order-oriented Price-restricted Commercial Housing —Jianingyuan,
Binhai New Area, Tianjin

（3）住房存量概况：

2010 年新区行政辖区范围内，住房存量共约 6237 万平方米。常住人口人均住房建筑面积约 24.6 平方米，略低于全市 30.5 平方米的平均水平。但是，以户籍人口统计人均住房建筑面积，则远高于天津市平均水平。

（4）人口居住分类分析：

从人口居住类型来看，新区人口可分为非农业户籍人口、农业户籍人口和外来人口。各类人口特点如下：

非农业户籍人口：收入相对较高，拥有自己的住房，人均居住面积较大；投资性购房或为子女准备，自己不住，短期内用来出租；新区现有 2600 户领取租房补贴，3189 户申请限价商品住房，低保家庭及危陋平房住户住房条件较差(约 100 万平方米)。

农业户籍人口：新区农业人口过去以自有宅基地、村集体集资等方式解决住房需求，目前农业户籍人口住房面临更新等问题，在统一规划下，通过示范小城镇、农村城市化等形式解决。

外来人口：目前新区外来人口的居住形式可分为以下四种。第一种为集中居住，居住者多为产业工人，集中居住在工业园区集居公寓（蓝领公寓、建设者公寓）或集体租住房（企业组织合租）。第二种为自发聚居，居住者多就职于传统服务业，自发地形成"村落型"聚居，属于城中村性质。由于租金便宜、交通便捷或紧临外来务工人员的工作场所而受到欢迎。第三种为分散居住，居住者多为传统服务业就业人员，或散租民用房，或租赁居委会、市民临时搭建的简易房。第四种为来新区就学的人员，多以宿舍、市民出租房解决居住需求。

（5）住房建设、住房价格发展概况：

2011 年商品住房销售 202 万平方米，住房均价 8903 元／平方米。2012 年，新区住房销售 302.14 万平方米，住房均价 8697 元／平方米，住房价格有所回落。

（6）住房建设发展成就：

随着户籍人口人均住房指标与住房条件不断提高，符合廉租住房租房补贴及经济租赁住房租房补贴的家庭已全部享受到优惠政策，实际租房率达到 99.2%。蓝白领公寓、政府公屋、建设者之家等保障性住房的建设实施，大大解决了外来务工人员的住房问题。

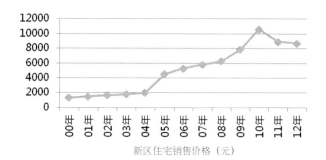
新区住宅销售价格（元）

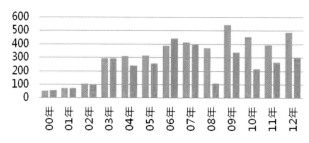
新区住宅竣工面积与销售面积对比

（7）保障性住房建设情况：

新区政府成立后，塘沽、汉沽、大港地区及各功能区分别开工建设各类保障性住房项目44个，共680万平方米。

2010 年保障性住房建设项目分布

（8）村镇住房建设概况：

新区农业人口约 26 万。农民住房问题主要通过示范小城镇、农村城市化模式解决。

（9）房价收入比研究：

根据调研，房价收入比的合理值应为 1.9 ～ 5.6，新区平均房价收入比合理值经研究定为 5.6。

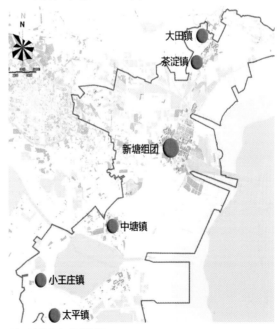

新区村镇住房建设情况

Public Housing
居者有其屋

天津滨海新区首个全装修定单式限价商品住房佳宁苑试点项目
The Pilot Project of First Full Furnished
Order-oriented Price-restricted Commercial Housing —Jianingyuan,
Binhai New Area, Tianjin

2. 问题分析

新区住房发展主要面临以下四个问题：

（1）房价快速上涨，由市场主导的住房体系相对脆弱。2010年新区住房均价为10 600元／平方米，在近5年内增长了近5倍，较2009年增长35%，高于全市平均22%的增长幅度。若以房价收入比作为衡量购买能力的主要指标，以2010年新区平均家庭收入计，平均房价收入比约为7.77，大部分超过5.6的适宜区间，可见新区多数家庭购房压力较大。

（2）低收入与住房困难家庭居住条件需要改善。新区现有2600户领取租房补贴，3189户申请限价商品住房，并有约100万平方米危陋房屋。

（3）住房保障对象需要调整。包括高新技术人才、产业工人、农民工、外来务工人员在内的"夹心层"群体并未被我市现行保障体系涵盖。

（4）职住空间分离。由于目前主要产业集聚区居住与配套设施不健全，造成大量通勤人口往返于工作与居住地之间，职住失衡现象突出。

四、住房规划工作目标

2010年新区GDP 5030亿，2011年达到6206.9亿。同时，滨海新区"十二五"规划提出2015年新区GDP将达到10 000亿。经济发展需要相应的人口规模作为支撑，人口的增加需要住房作为保障。因此，合理的政策引导、充裕适宜的住房，将成为实现新区经济飞跃的关键。

滨海新区住房规划工作有如下目标：

（1）新区内符合天津市保障性住房政策的人群三年内实现"应保尽保"。

（2）外来务工人员及刚毕业大学生的住房需求主要通过蓝白领公寓、政府公屋等住房满足。

（3）向建筑工人、环卫工人提供建设者之家等定向型的职工之家，并参照蓝白领公寓管理。

（4）向随企业入驻滨海新区的各类人才及通勤人口提供定单式限价商品住房，满足其居住需求。

（5）商品住房主要面对上年总收入高于新区人均劳动报酬2.4倍的家庭，高端需求和投资性需求通过高档商品住房满足。

五、住房体系与建设规模

"十二五"新区发展定位与特征是成为生态文明示范区、改革开放先进区、和谐社会首善区。为了吸引包含投资者及各类高科技型人才在内的各类人才，进行住房制度改革，建立多层次、多渠道、科学普惠的住房体系是满足新区发展的必要条件。

至2015年规划期末，新区常住人口320～400万，新区人口结构将呈现年轻化、家庭结构小型化的特点。在新区人口发展趋势的基础上，滨海新区住房体系特色与原则体现在以下几个方面：

（1）保障满足新区多数人口住房需求，形成多层次的住房供应体系，实现"应保尽保"。

（2）营造良好的投资环境，为外来人口、通勤人口、企业和人才入住新区提供住房支持。

（3）增强对住房市场的调控作用。定单式限价商品住房作为政府主导、市场运作的保障性住房，对稳定房价具有一定作用，但该体系在国内尚无先例，存在不可预知因素，具有一定的风险性，仍需要不断总结完善。

在新区住房体系特色与原则的指导下，构建滨海新区住房体系、规划布局与建设保障建议。

1. 滨海新区住房体系

在现有天津市保障性住房体系的基础上，形成包含保障性住房、政策性住房、商品住房在内的滨海新区住房体系。

与原体系相比，该体系增加了保障形式，放宽了保障准入条件，保障对象由户籍人口调整为包括外来人口在内的常住人口，保障范围大大提高。

目前滨海新区的住房体系包含两种保障性住房和两种政策性住房。其中，保障性住房包括：①公共租赁住房，即家庭人均年收入3万元以下、人均居住面积12平方米以下的家庭，政府提供公共租赁住房，租金价格相当于市场价格的70%；②限价商品住房，家庭人均年收入3万元以下、住房面积60平方米以下的家庭，政府提供限价商品住房。

新区住房体系与对应的需求人群

人口类型	需求类型	住房类型						
		公共租赁住房	限价商品住房	白领公寓	蓝领公寓	定单式限价商品住房	普通商品住房	高档商品住房
户籍非农人口	保障性需求	√	√					
	婚房等新增需求					√	√	
	改善需求					√	√	√
	人才引进			√		√	√	
	投资							√
外来人口	自住					√	√	
	高新技术人员			√		√	√	
	产业工人	√		√	√	√		
	农民工				√			
	投资							√
农民	宅基地置换							
	农村城市化						√	
通勤人口	自住					√	√	

Public Housing
居者有其屋

天津滨海新区首个全装修定单式限价商品住房佳宁苑试点项目
The Pilot Project of First Full Furnished
Order-oriented Price-restricted Commercial Housing —Jianingyuan,
Binhai New Area, Tianjin

定单式限价商品住房的规划配套与以往住区开发模式相比有所创新。

（1）定单式限价商品住房的人口配置规模：

定单式限价商品住房的人口配置规模

（2）定单式限价商品住房的用地与开发规模：

对应定单式限价商品住房的人口配置规模，其用地与开发规模为1个街坊2～4公顷，容积率1.5～1.8，建筑面积3～6万平方米。

（3）定单式限价商品住房的配套要求：

定单式限价商品住房的配套设施逐级设置，中小学、生鲜超市、物业用房配置齐全，以社区中心、邻里中心为中心，创建示范型社区的新模式。

通过构建多层次的住房体系，满足各类人群的住房需求；通过增加住房保障供应量，有效遏制商品住房价格过快上涨，使新区房地产市场健康发展。

2. 保障性住房规划布局

"十二五"期间，计划建设公共租赁住房共540～675万平方米，可满足32.4～40.5万人的居住需求。针对户籍中等收入者建设的限价商品住房共36～45万平方米，可满足2.16～2.7万人的住房需求。

蓝白领公寓定单式限价商品住房分布

蓝白领公寓定单式限价商品住房分布

3. 保障性住房建设保障

（1）政策管理保障：

在我国现行住房政策条件下，住房供给主要涉及三个方面：通过商品房解决高收入者的住房需求；通过经济适用住房政策解决中低收入者家庭的住房需求；通过廉租住房政策解决没有购买能力的低收入者的居住需求。为此，各地逐步建立起了以经济适用住房制度、廉租住房制度和住房公积金制度为主要内容的住房保障政策的基本框架，解决了部分中低收入者的住房问题。但是，由于我国住房保障制度启动较晚，相应的财政和金融措施配套不健全，仍存在一些问题。

作为综合配套改革试验区，国家允许天津市滨海新区进行土地管理制度和金融制度等一系列改革，滨海新区可以在新一轮大规模土地开发利用和管理过程中进行研究探索，为国内其他地区的改革开放与经济发展提供经验和保证。

首先，政府应发挥"市场缺什么，政府补什么"的市场调节者作用和监督管理者作用；运用税收、金融等差别化政策，支持居民自住性和改善性住房消费；积极贯彻国家有关规定，在对现有的信贷和税收政策进行梳理的基础上，结合本市实际情况，有针对性地对首次购房、第二次购房中的改善性购房和投资投机性购房制定并实行差别化的信贷、税收政策，认真贯彻执行国家关于个人购买普通住房、非普通住房的税收政策，支持和引导合理的住房消费，抑制投资投机性购房；逐步完善住房税收体制，在合理增加住房保有阶段的税赋的同时，相应减少流通环节税赋。

其次，随着国家政策调整而适时调整，建议在房地产市场得到有效控制后，在普通商品住房仍限购的前提下，适当考虑取消对高档商品住房、酒店式公寓等的限购，以满足多层次的市场需求。

第三，加强市场监管、维护市场秩序，应进一步强化商品住房项目跟踪调查制度，切实掌握商品住房项目的建设进度，督促开发企业加快项目建设和上市销售，确保市场的正常供应。同时，加大销售现场和合同网上备案的监测力度，进一步规范商品住房销售行为。在试点基础上，加快实施新建商品住房预售和存量住房交易资金监管，切实保护购房人的权益；探索建立将企业违法违规信用与其法定代表人、责任人个人信用关联纳入征信系统的制度，进一步加大对房地产企业违法违规行为的查处力度。作为一项改革制度，滨海新区的住房建设需要不断总结和完善，使住房市场长久良性发展。

（2）规划实施的保障：

建立规划实施的动态监控机制，完善住房建设规划的公共参与机制，加强规划效能监察。规划实施一段时间后，围绕规划提出的主要目标、重点任务和政策措施，组织开展规划评估，全面分析检查规划的实施效果及各项政策措施落实情况，推动规划有效实施，并为动态调整和修订规划提供依据。

发挥年度计划的指导作用。住房建设规划应把目标初步分解到各年，在具体落实中，根据目标完成实际情况以及经济社会发展和住房供需情况的动态监测，适时适度地进行调整，制订年度住房建设计划。同时，年度住房建设计划作为项目审核、规划许可和土地出让的具体依据，各级政府、各相关部门应严格执行。

（3）居住用地规模保障：

随着新区产业快速发展，新区人口将持续高速聚集，而年轻化的外来人口的消费与生活方式对生活质量和居住提出

Public Housing
居者有其屋

天津滨海新区首个全装修定单式限价商品住房佳宁苑试点项目
The Pilot Project of First Full Furnished
Order-oriented Price-restricted Commercial Housing —Jianingyuan,
Binhai New Area, Tianjin

了较高的要求，同时居住用地的建设也存在一些问题。

①部分组团规划功能较单一，发展后劲不足。如欣嘉园、生态城等新兴组团，以居住功能为主，缺乏产业基础，且生活配套与公共交通发展滞后，就业通勤距离较长，导致区域新引力低，缺乏人气。

②部分地区居住未按规划实施。双城之间的居住建设滞后，由于西片区原有规划居住与生活服务设施带尚未建设，就业人口居住需依托中心城区与塘沽解决，给津汉公路带来大量通勤交通压力。

③居住与产业交叉现象依然突出。大港油田生活区与南港工业区存在交叉分布，随着石化项目逐步集聚，生活区污染问题将日益突显。

居住用地能否健康发展，取决于居住用地布局相关问题能否得到有效解决。同时，居住用地规模能否满足居住人群需求也是确保居住用地良好发展的关键。因此，应先确保保障性住房和普通商品住房土地供应，制订居住用地开发时序和开发计划，以"规划—定制—开发"的顺序为指导，有序开发，同时，加大中小套型普通商品住房土地供应力度。

（4）社区管理保障：

深入推进社会管理创新，是中央从战略高度做出的科学决策，对于维护重要战略机遇期社会稳定、促进经济社会持续快速发展具有十分重要的意义。社会管理归根结底是对人的管理与服务，管理的对象是人，管理的主体也是人。因此，有必要针对不同人群采取不同措施，多管齐下、多方联动，努力营造和谐稳定的社会环境。同时，针对特殊人群重点在"管"字上下功夫，争取做到管好、管住。充分发挥社区"兜底"作用，启动实施就业、教育、卫生、救助、扶残"五大

爱心工程"，全面加大对辖区残困低保等弱势群体的帮扶救助力。

社区管理组织形式应多样化，以街道党工委和办事处为主，其他政府职能机构的派出机构为辅。在此基础上，逐步实现网络化社区管理，促进社区管理创新。管理上实现社区服务中心、社区服务站的管理层次。在文化设施上，建设中心公园、老年公寓、青少年空间、图书室等，增进居民邻里间的了解，增强社区组织的掌控能力。以"党委领导、政府负责、社会协同、公众参与"为管理格局，提高社区管理的科学化水平，确保人民安居乐业、社会和谐稳定。

（5）户型设计与施工建设要求：

在中国社会结构转型、城市化进程加速及住宅建设可持续发展等宏观背景下，能否解决好"数量型需求向质量型需求"转化这一过程，是我国住宅建设能否健康、可持续发展的关键所在。因此，当前最重要的问题是构思并推广符合国家政策的中小户型设计方案，促进住房结构调整，提升住宅品质。

户型设计应明确住房特点，结合使用人群充分考虑住宅的舒适性、适用性、文化性和经济性；真正做到从人性化使用的角度出发，对功能设计不断深入研究，完善户型设计指导意见；探索预制式与部件式等新技术的应用，增加环保节能技术材料的应用，逐步形成标准化的精细加工；科学实施监管，保证施工建设质量。

户型设计应遵循以下原则：

①舒适性：居住舒适、功能合理是户型设计首先需要考虑的内容。

②适用性：注重住宅的地域性和时代特征，考虑外来常

住人口家庭结构的发展趋势，户型设计要适应多种住户的居住需求，根据具体需求户型进行相应调整。

③文化性：户型方案的"精细设计"和"深度设计"，归根结底是住宅功能设计的提升。科学合理的户型设计成为低碳环保、邻里交往及建筑造型等建筑文化体现的载体。

④经济性：房间避免大而不当，合理减少户内交通空间面积和公摊面积，在考虑建造的经济性的同时考虑运营的经济性。

（6）社区生态绿地的建设原则与措施：

社区绿地不仅能满足城市绿化的外在形象与美观要求，同时也是城市生态系统的核心，绿地环境能有效协调社区居民与环境的关系。因此，社区绿化应贯彻生态优先准则，在项目规划和建设过程中考虑绿地的形式与布局，而不是在工程建设后期补漏和修饰。

在社区规划中，尽量保留原有的自然和人文景观，把社区建设对生态环境的干扰和破坏降到最低程度；根据城市气候效应特征和居民生存环境质量要求，搞好社区绿化布局并进行社区绿地系统设计，提出社区绿地面积分配、品种配置、种群或群落类型方案。

同时，运用先进的规划理念和技术手段改变原有社区生态绿地发展中的瓶颈，达到事半功倍的效果。

①提高社区内的绿地率。

②采用雨水利用和净水系统，尽量减少混凝土覆盖面积，采用自然排水系统，以利于雨水的渗透。

③通过空调系统、照明、白昼光利用、太阳能利用等途径节约能源。

④应用绿色消费技术和绿色生产技术，逐步改变能源结构，加速再生能源对化石能源的替代，运用水能、风能、生物能、太阳能等绿色能源。

（7）老年社区建设保障：

中国已经逐步迈入老龄化社会，但更严重的问题是"老年空巢"问题。在当今社会，独生子女的弊病已开始显现，因子女在外地工作不在身边的家庭比例占60%以上，老龄化问题成为社会关注的焦点。

因此，在住房建设规划中应结合社区医院、经适房、公租房以及大型社区的建设，将空置的经适房及部分公租房集中打造成老年社区，不断完善老年服务设施以及成熟的社会民间组织的管理，探索介于社区居家养老服务与家庭自行养老之间的另一种养老模式。通过规模效应，集中配置生活、医疗、休闲、娱乐等服务老年人的设施资源，把居家养老、全护理养老院、老年痴呆病医院的功能都融入老年社区内，从而提高为老年人服务的专业化水平，提高居家养老的生活质量。

①老年社区以"置换"为核心，与以房（租）养老相结合。老年人及其家属可以通过置换的方式，将现有的住房出售或出租，向政府换取老年社区住房的购买权或租赁权，使老人获得新的适居环境以及高质量的养老服务。这种房屋置换方式，可由政府搭建服务平台，既能降低老年人养老成本，提高养老质量，同时政府还可获得"公租房"新的来源。

②制定鼓励政策，促进老年社区发展。学习新加坡和日本等国的方法，通过制定一系列鼓励政策，推进老年社区的发展。

第一，将经适房和公租房优先提供给符合条件的与父母同住的已婚子女，并给予其一定的优惠。如允许较长的偿还期、具有优先购买和租赁权等。

Public Housing
居者有其屋

天津滨海新区首个全装修定单式限价商品住房佳宁苑试点项目
The Pilot Project of First Full Furnished
Order-oriented Price-restricted Commercial Housing —Jianingyuan,
Binhai New Area, Tianjin

第二，设计和建造适合多代同堂的住房。独立的生活空间可满足年轻人的需求，同时方便家庭中的年轻人照顾老人，也可研发建造同居分住型、邻居合住型等"两代居"形态的亲子家庭住房，从而保障以家庭照顾为核心的养老服务事业的发展。

第三，鼓励子女与父母相邻而住。在（已婚）子女和父母分别申请经适房和公租房时，给予两家人住在隔壁或同一栋楼的相当程度的便利。

滨海新区结合以上经验提出了相应的老年社区保障策略。首先，适应新区老龄化需求，制定相应的住宅建设和供应政策，鼓励多代同居和互助，优化家庭居住模式，完善传统的家庭养老环境。其次，更新改造老旧住宅使之适应家庭结构变化和老年人心理变化产生的特殊需求，改进居住单元的组合形式、社区空间环境以及硬件设施，打造老年人可以终生依存的安定的生活环境。

（8）财政支持保障：

在政府财政支持方面，有些国家为我们提供了宝贵的经验和教训。在美国，财政支持一方面主要是对购买自有住房实行税收减免；对使用抵押贷款购买公共住房的中等收入者，按照每月归还贷款的数额，核减一定比例的税款，并免缴财产增值税，以鼓励私人购房。另一方面是住房租金补贴。家庭收入为居住地的中等收入80%以下者均可申请住房租金补贴，享受补贴的家庭拿出总收入的25%支付租金，其余由政府发放的住房券支付。在住房金融方面，由联邦全国抵押协会、政府全国抵押贷款协会和联邦住宅抵押协会为中低收入家庭提供购房贷款。同时，由政府出面对符合条件的中低收入家庭购房进行担保，如果居民无力偿还银行贷款，政府可为其安排廉租房，并将原来的住房出售，归还贷款，以避免银行出现贷款风险。新加坡之所以在短短数十年内成功解决了住房短缺的问题，并且完成了住房由量到质的提升，主要归功于新加坡以住房公积金制度和"居者有其屋"计划为两大支柱的福利型住房制度。新加坡住房保障制度有两大特色：一是制订长远规划，政府出资建房。1960年成立了房屋发展局，专门负责住宅建设的计划安排、施工建设和使用管理。在其主持下，新加坡每五年制订一个建屋计划。为确保计划的顺利实施，新加坡政府除了专门拨出国有土地和适当征用私人土地以供房屋发展局建房之用外，还提供低息贷款形式，给予房屋发展局资金支持。二是实行住房公积金保障制度。允许动用公积金存款作为购房的首期付款，不足部分由每月交纳的公积金分期支付。该规定只用于最低收入家庭，对解决住房筹资问题起到决定性的作用。

滨海新区在借鉴国外先进经验的同时，通过发展产业使政府财政摆脱对土地收入的依赖，降低土地收入在政府财政中的份额，有效补充政府财政；建立完善的公积金制度和税收制度；倡导住房理性消费，发挥存量房市场作用，促进普通商品住房的内部流转。政府将从商品住房市场尤其是高档商品住房中获得利润，如征收保障房基金、房地产税等，然后将这部分利润用于保障性住房建设，实现"以房养房"。

第三章　滨海新区定单式限价商品住房

一、定单式限价商品住房

1. 定单式限价商品住房概念解读

定单式限价商品住房是在一般限价房的基础上结合滨海新区特点设计的。一般限价商品住房是指政府采用招标、拍卖、挂牌方式出让商品住房用地时，提出限制销售价格、住房套型面积和销售对象等要求，由建设单位通过公开竞争方式取得土地，进行开发建设和定向销售的普通商品住房，是具有"保障性质"的住房产品。限价商品住房政策于 2006 年首次提出，具有政府控制土地价格、对销售价格和套型面积进行限定、限定销售对象的特征，因此兼具社会保障性和商品性的特征。但是，由于一般限价房对家庭收入、现住房面积及户籍等要求比较严格，大部分"夹心层"人群、外来务工人员、通勤人口无法涵盖其中，因此滨海新区结合自身实际创造性地推出了定单式限价商品住房。

定单式限价商品住房是政府主导，市场运作，限定价格，定制户型，面向滨海新区职工和住房困难居民，以定单方式建设、销售的政策性住房。服务对象为：非天津市户籍，在新区工作，新区范围内无住房的家庭和个人；具有天津市城镇户籍（非新区户籍），在新区工作，新区范围内无住房的家庭；具有新区户籍，新区范围内不超过一套住房的家庭。

与一般限价商品房相比，定单式限价商品住房的特色除体现在"定单"上外，还有两个方面：一是保障性住房从面向户籍人口转为面向在城市有工作且缴纳社保金的外来常住人口；二是改变了保障性住房只面对中低收入群体且住房质量不高的现状，将定单式限价商品住房作为满足广大中等收入家庭住房刚性需求的高水平小康住房。

2. 定单式限价商品住房的意义

（1）滨海新区作为国家级新区和综合配套改革试验区，保障性住房制度改革是十大改革之一。定单式限价商品住房是新区保障性住房制度改革的支撑点，它是针对新区未来大量外来常住人口的住房需求，为解决在新区就业且签订劳动合同的企业职工、机关事业单位职工以及具有新区户籍中等收入家庭住房改善问题而设定的满足房价收入比的政策性商品住房，与普通商品住房、高档商品住房共同构成新区住房市场的主体。通过定单式限价商品住房的推出，有效遏制了新区商品住房价格上涨过快等问题，使广大中等收入职工可以买得起房，有合适的住房产品，使新区房地产市场健康发展。

（2）为吸引企业和各类人才入住新区提供了住房保障。

（3）对促进和谐社会建设和经济建设提供了支持和保障。

（4）实现新区又好又快的发展。

3. 定单式限价商品住房的特点

定单式限价商品住房是滨海新区保障性住房制度改革的重点内容，既有所创新又符合新区实际，同时科学、合理、具有操作性。

（1）定单式限价商品住房面向在新区就业，签订劳动合同的企业职工、机关事业单位职工和具有新区户籍的家庭，以享受一次为标准，避免投资行为。

Public Housing
居者有其屋

天津滨海新区首个全装修定单式限价商品住房佳宁苑试点项目
The Pilot Project of First Full Furnished
Order-oriented Price-restricted Commercial Housing —Jianingyuan,
Binhai New Area, Tianjin

（2）定单式限价商品住房户型、套型与装修标准有严格规定，户型设计坚持面积不大、功能齐全、设施完备的原则，考虑未来 20 年发展不落后，住房内部装修一次到位，适应不同家庭人口构成的需求。

（3）定单式限价商品住房规划与配套设计标准有严格规定，保证住房高水平。

（4）定单式限价商品住房的销售价格综合考虑土地价格、级差地租因素，采取居民收入与房价比和成本法测算，每年定期公布指导价格。定单式限价商品住房建设可享受一系列配套费优惠政策。

（5）定单式限价商品住房的建设用地采取挂牌或招标方式公开出让。其中，挂牌方式规定项目用地采用天津市限价商品住房"限房价、竞地价"的竞买方式。招标方式规定以定单式限价商品住房销售价格不变为基础，将土地使用权竞买价格、工期保证、企业资质、注册资本、业绩信誉等赋予不同的权重，用评分的方法评出中标人。

（6）定单式限价商品住房采取"定单式"建设方式。定单式限价商品住房按照以需定产的原则，各功能区和原塘沽、汉沽、大港管委会根据本辖区定单式限价商品住房需求，与行政主管部门签订定制协议并交纳售房总价款 2% 的定金。

（7）购买定单式限价商品住房的非本市户籍家庭和个人，可凭定单式限价商品住房权属证明申请办理"天津市滨海新区居住证"，享受新区医疗、教育、就业、高考、社会保险、劳动保险等同等权益。

二、定单式限价商品住房项目建设情况

根据滨海新区总体规划和住房建设"十二五"规划，按照就近选址、集中建设的原则，共规划三个定单式限价商品住房集中建设片区。一是新区北部的滨海欣嘉园片区，对应服务开发区、保税区、高新区和东疆保税港区职工需求，规划面积 3 平方千米，居住人口约 10 万人。二是新区中部新城北组团，对应服务临港经济区、中心商务区和天津港，一期规划面积 1.7 平方千米，居住人口 4.3 万人。三是新区中部新城南组团，对应服务轻纺经济区、南港经济区和天津石化公司。一期规划面积 3 平方千米，居住人口 6.5 万人。目前这三个片区均在建设之中。另外，中新天津生态城的生态城政府公屋也纳入定单式限价商品住房体系，服务于生态城、旅游区及中心渔港等功能区。除此之外，还有少量独立项目依据功能区需求分散布置。

（1）滨海新区最早建设定单式限价商品住房是在万科空港新里程，该项目位于天津市空港经济区空港东七道和景和路交口，2009 年开工，共建设 1240 套，建筑面积 14.6 万平方米，同年 10 月，在空港新里程北侧，位于空港中心大道的名居花园开工，共建设 1494 套，建筑面积 16.5 万平方米。这两个项目都是精装修，面向空港内企业员工发售。

（2）滨海欣嘉园项目坐落于滨海新区黄港休闲居住区，东临西中环快速路，西临黄港大道，南临京津高速北塘站，北临黄港二库，是滨海新区范围内规划面积最大的限价商品住房项目，项目规划总用地 100.6 公顷，总建筑面积 150 万平方米，其中住宅 135 万平方米，公建 15 万平方米，建筑密度 15%，绿地率 40%，项目分为 10 个地块，规划建设三所幼儿园和两所小学。该项目由天津滨海建设投资集团投资，由其下属的全资子公司天津滨海黄港实业有限公司开发建设，2010 年开工建设，2012 年首批居民入住。

（3）中新生态城共建设定单式限价商品住房 93.6 ～ 116.9 万平方米，占地面积约 73 公顷。2012 年已开工建设生态城公屋二期，占地面积约 6.65 公顷，建筑面积约 12.46 万平方米。

（4）中建幸福城项目位于塘汉路以西、港城大道以南，占地面积
24.72 公顷，总建筑面积 39.56 万平方米。由中建六局兴渤海公司开发
建设，2013 年动工，2015 年开始陆续入住。

以上几个定单式限价商品住房项目，由于开发建设得比较早，规划
设计还是采用了传统的居住小区的规划模式，为控制成本、降低价格，
还仍然是毛坯住房。

中建幸福城项目：

总体鸟瞰图

总平面图

天津滨海新区首个全装修定单式限价商品住房佳宁苑试点项目
The Pilot Project of First Full Furnished
Order-oriented Price-restricted Commercial Housing —Jianingyuan,
Binhai New Area, Tianjin

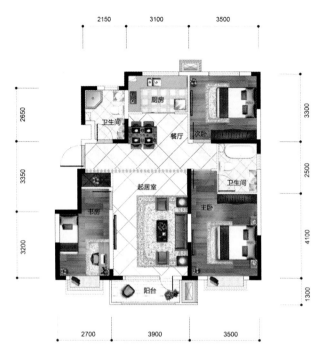

电梯洋房户型 3室2厅2卫 约115平方米

高层正立面效果图

小高层户型 2室2厅1卫 约85平方米

高层背立面效果图

多层住宅正立面效果图

多层住宅背立面效果图

高层住宅实景图

多层住宅实景图

Public Housing

居 者 有 其 屋

天津滨海新区首个全装修定单式限价商品住房佳宁苑试点项目

The Pilot Project of First Full Furnished
Order-oriented Price-restricted Commercial Housing —Jianingyuan,
Binhai New Area, Tianjin

多层住宅立面实景图

欣嘉园项目：

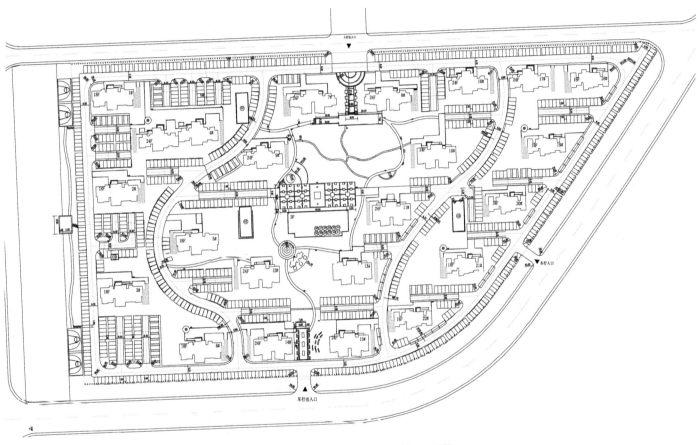

9 号地总平面图

9 号地鸟瞰图

天津滨海新区首个全装修定单式限价商品住房佳宁苑试点项目
The Pilot Project of First Full Furnished
Order-oriented Price-restricted Commercial Housing —Jianingyuan,
Binhai New Area, Tianjin

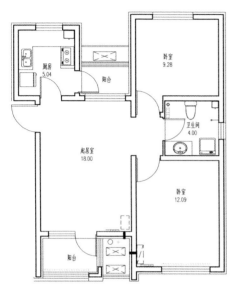

高层户型 1　2室1厅1卫 约79平方米

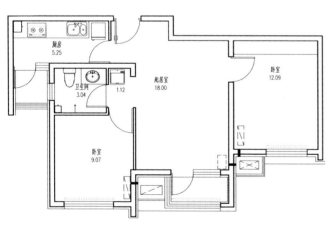

高层户型 2　2室1厅1卫 约80平方米

外檐效果图 1

外檐效果图 2

欣嘉园实景

Public Housing

居者有其屋

天津滨海新区首个全装修定单式限价商品住房佳宁苑试点项目
The Pilot Project of First Full Furnished
Order-oriented Price-restricted Commercial Housing —Jianingyuan,
Binhai New Area, Tianjin

三、《天津市滨海新区定单式限价商品住房管理暂行办法》解读

深化滨海新区住房制度改革是一项长期性、系统性的工作。为了保证改革的顺利推进，应该将科学的方法指导和完备的管理办法作为执行依据。为了保证定单式限价商品住房改革顺利实施，2013 年滨海新区政府依据国家、天津市及滨海新区相关规定和政策法规，制定实施了《天津市滨海新区定单式限价商品住房管理暂行办法》。

《暂行办法》明确滨海新区规划和国土资源管理局（滨海新区房屋管理局）是定单式限价商品住房的行政主管部门，负责制定定单式限价商品住房中长期规划和年度建设计划，制定相关政策，协调定单式限价商品住房项目规划建设相关问题，指导监督定单式限价商品住房年度建设计划的实施。滨海新区保障性住房管理中心负责拟定定单式限价商品住房中长期规划和年度建设计划，落实并监督定单式限价商品住房年度建设计划的实施，配合行政主管部门协调定单式限价商品住房项目规划、供地和建设等相关问题。

1. 定单式限价商品住房的建设计划与定单管理

定单式限价商品住房建设实施统一规划与计划管理，在滨海新区城市总体规划和住房规划整体框架下，制订定单式限价商品住房建设规划和年度建设计划，保证布局合理和区域供需平衡。

定单式限价商品住房建设结合新城总体规划实施，结合滨海新区产业功能区布局，主要集中在中部新城、滨海欣嘉园和中新天津生态城等地区规划建设。定单式限价商品住房的建设用地采用"限房价、竞地价"的办法，以招拍挂方式公开出让，由滨海新区土地行政主管部门和滨海新区土地整理部门优先安排土地。

定单式限价商品住房实施定单式建设。各功能区指定所属部门负责实时统计本区域人口及住房需求状况，实行半年统报制度，调查成果报行政主管部门。行政主管部门结合人口增长、定单需求、土地供应和房地产市场情况等因素，按照适当超前原则研究制订年度计划，报滨海新区政府批准后实施。定单式限价商品住房项目在确定年度建设计划前，应就项目社区管理的权属和责任单位征求相关管委会意见，未取得相关管委会意见的项目，不得纳入当年年度建设计划。依据滨海新区保障性住房年度建设计划，滨海新区保障性住房管理中心组织定单式限价商品住房项目修建性详细规划和建筑设计方案设计，报规划行政主管部门审核。

2. 定单式限价商品住房房型设计与装修指导

为提升定单式限价商品住房设计标准化、工业化、部品化水平，提高住房质量，规划行政主管部门根据滨海新区发展形势，在综合考虑居住对象、收入水平、住房水平和发展空间等因素的基础上，坚持合理、科学、实用的原则，以面积小、功能齐、配套好、质量高的设计理念确定定单式限价商品住房指导房型。原则上每五年公布一次，并适时修改。坚持面积小、功能齐、配套好、质量高、安全可靠的原则。

定单式限价商品住房套型建筑面积原则上控制在 90 平方米以下（含 90 平方米）。根据定单需求可适当调整套型

建筑面积上限，最高不得超过 120 平方米（含 120 平方米），所占比重不得超过 30%（含 30%）。考虑到定单式限价商品住房的特点，鼓励以多层（24 米以下）为主，高度原则上控制在 60 米（18 层）以下，为塑造丰富的城市天际线，局部可在 100 米以下。

鼓励采取可选择菜单式成品装修设计，厨房、卫生间的基本设备全部一次性安装完成，住房内部所有功能空间全部一次性装修到位。装修要贯彻简洁大方、方便使用的原则和节能、节水、节材的环保方针，按照国家、天津市相关规定执行。

3. 定单式限价商品住房价格管理

定单式限价商品住房的销售价格实行政府指导价管理，采用成本法公式确定。在综合考虑土地整理成本、建设标准、建筑安装成本、配套成本、绿建成本、2‰项目管理费用和5%利润等因素基础上测定销售价格，纳入土地出让方案和合同。

为体现定单式限价商品住房的价格优势、有效降低购房压力，《天津市滨海新区定单式限价商品住房管理暂行办法》中也提出了多条优惠政策。

（1）免交铁路建设费。

（2）土地出让成本中不再收取增列的市政基础设施建设费和市容环境管理维护费。

（3）防空地下室易地建设费收费标准，按照新城、建制镇甲类六级标准执行。

（4）市政公用基础设施大配套工程费：住宅及地上非经营性建筑按照收费面积的 70% 缴纳。

（5）半地下车库（含用于停车的架空平台）及风雨廊等建筑面积不计入项目用地容积率，免收土地出让金，免缴各项行政事业性收费。

（6）满足天津市绿色建筑评价标准的定单式限价商品住房项目，按照国家、天津市相关规定给予奖励。

（7）供水、供电、供暖、供气等行业管理部门要优先保证定单式限价商品住房项目的配套施工。工程造价由审计部门审计，做到合理收费。

（8）定单式限价商品住房项目开发建设涉及的各项行政事业性收费，不得超过物价主管部门核定的收费标准的50%，不得分解收费，定期由审计部门审计、公示。

4. 土地供应管理

滨海新区土地行政主管部门和滨海新区土地整理部门优先安排土地，以"限房价、竞地价"的办法，以招拍挂方式公开出让。作为定单式限价商品住房配套的邻里中心，以划拨方式提供土地。

在定单式限价商品住房《国有土地使用权出让合同》中，明确各项限定条件。限定条件由行政主管部门委托滨海新区保障性住房管理中心制定，包括建设标准、销售价格、销售对象和销售方式等内容，保证了项目价格的合理与透明性。

四、《滨海新区定单式限价商品住房规划设计技术标准》解读

为支持和保证定单式限价商品住房的建设，结合滨海新区推动"窄马路，密路网，小街廓"规划，在制定《天津市滨海新区定单式限价商品住房管理暂行办法》的同时编制了

Public Housing

居者有其屋

天津滨海新区首个全装修定单式限价商品住房佳宁苑试点项目

The Pilot Project of First Full Furnished
Order-oriented Price-restricted Commercial Housing —Jianingyuan,
Binhai New Area, Tianjin

《天津市滨海新区定单式限价商品住房规划设计技术标准》，在现行居住区规划设计规范、公共设施配套的相关指标基础上进行了一些调整。

1. 定单式限价商品住房社区管理

定单式限价商品住房住区的规划设计与滨海新区社会管理创新相结合，采取相应的分级管理体系和相对集中配置的社区管理及公建配套体系，以各级人口规模及服务半径等要求进行合理的集中配置，与传统的居住区、居住小区及居住组团不同，按照新区社会管理创新方案分为社区、邻里、街坊三级。为了避免目前一般社区设计存在的大尺度街廓、封闭式开发的问题，在满足社区安全管理的前提下，定单式限价商品住房集中地区采取窄街廓、密路网的规划体系。街坊用地规模为 2～4 公顷，原则上 5～10 个街坊组成一个邻里，10 个邻里组成一个社区。公共服务设施的分级结构，与居住人口规模相对应，即一个街道 10 万人口对应一个社区，设一个社区中心；一个居委会 1 万人口对应一个邻里及一个邻里中心；一个业主委员会 2000 人左右对应一个街坊。《天津市滨海新区定单式现价商品住房规划设计技术标准》明确了公共服务设施按使用性质划分为七大类，即教育、医疗卫生、文化体育绿地、社区服务、行政管理、商业服务金融、市政公用；对各级配套设施包含内容及标准都做了明确的要求，并与现行标准做了详细对比，指明调整内容和理由。

2. 定单式限价商品住房住区规划设计指导

配合"窄马路，密路网，小街廓"式布局，《天津市滨海新区定单式现价商品住房规划设计技术标准》在道路宽度、退线、停车等方面提出了相应的管理办法调整。

除城市主次干道外，住区道路系统宜按"窄马路，密路网，小街廓"组织，道路红线宽度不宜超过 20 米，分为生活性街道和交通性街道。除特殊设计外，一般不再设置绿线。依据街道类型对周边建筑进行布局，综合考虑生活性街道的围合感和交往空间，沿街宜设置商业，并规定建筑贴线率宜达到 60% 以上。生活性街道的建筑退线，有城市设计导则的，按照城市设计导则进行控制；无城市设计导则的，有绿线的退让绿线距离不得小于 3 米，无绿线的退让红线距离不得小于 5 米。交通性街道退线按照《天津市城市规划管理技术规定》进行控制。如地块可用地面积小于 3 公顷，且在满足管线铺设及道路交通相关要求的前提下，地面车位可与城市道路防护绿带结合设置：占用城市次干道防护绿带宽度不得大于 3 米，占用城市主干道防护绿带宽度不得大于 5 米。

为提高定单式限价商品住房土地使用效率、降低开发成本，建议在项目中使用架空平台，平台下为停车使用，平台上为绿化景观及公共活动区域。架空平台停车部分及建筑之间起连接作用的风雨廊不计入容积率与建筑密度。在满足当地植物绿化覆土要求、居民休闲活动需要且方便居民出入并做好安全措施的前提下，架空平台可以计入定单式限价商品住房绿地率。

第四章　滨海新区定单式限价商品住房指导房型（2.0版）研究

定单式限价商品住房作为新区住房改革中政策性住房的一种形式，主要满足来新区就业的外来常住人口的住房需求，是新区营造良好招商引资环境、提升整体竞争力的重要举措。为实现定单式限价商品住房高水平规划建设，确保户型设计科学合理、功能设计针对性强，体现高品质的建筑文化，我们借鉴新加坡、日本、中国香港等国家和地区的经验，于 2011 年对定单式限价商品住房房型进行了专门研究，确定了滨海新区定单式限价商品住房指导房型。

本课题研究的目的在于通过长期的研究和实践建立一套完善的住房设计体系，通过对该体系的不断优化完善，满足不断变化的使用需求，增强住宅设计的科学性，提高住宅设计的效率，缩短住宅规划设计建设周期，降低住宅建设的资源消耗，为提高住房设计和建造水平奠定坚实的基础。2012 年，在滨海新区保障性住房研发展示中心开发建设之际，我们对指导房型进行了深化研究，与装修设计相结合，听取了专家意见，在研发展示中心建造了实体样板间；通过实际检验和完善，形成了滨海新区定单式限价商品住房指导房型(2.0版)。

一、指导房型研究的基本原则和方向

（1）住宅建筑设计满足最基本的设计要求，如符合居住行为规律，功能空间设置合理，空间紧凑，交通便捷，设备设施布置得当等；在满足国标《住宅设计规范》(GB 50096—2011)、地标《天津市住宅设计标准》（DB 29—22—2013）的基础上，对入户玄关、储藏室、洗晒阳台、厨房和卫生间的标准化设计以及全生命周期居住空间等方面进行创新。

（2）住宅建筑设计体现住房文化。住房不仅是居住的机器，而且是日常生活的重要组成部分。住房内在的空间结构及其外在形象是住房文化的重要载体和组成部分。

（3）住宅建筑设计与社区设计和城市设计相融合。住房建筑不是孤立的，是城市中最基本的建筑形态，住宅类型组成特征社区，是提升城市品质的重要手段。

（4）住宅绿色生态、工业化、全装修和部品化、全生命周期设计。

二、国内外案例研究

我们重点学习借鉴新加坡、日本、中国香港地区的政府公共住房的设计，以总结适合自身特点和发展阶段要求的公共住房体系和政府指导房型。

1. 新加坡组屋模式

新加坡是一个人口密度较高的城市型国家，自 1960 年以来，经过 50 年的发展形成了"组屋"式的保障房体系，其高福利性、高计划性的特点保证了 80% 以上的人口享受到政府提供的住房福利。新加坡组屋是新加坡政府利用公积金制度，通过统一规划、设计和建造，向中低收入人群提供的可租可售的保障性住房。组屋按照房型面积分为一房式、二房式、三房式、四房式及四房式以上，其中三房式及以上

Public Housing
居 者 有 其 屋

天津滨海新区首个全装修定单式限价商品住房佳宁苑试点项目
The Pilot Project of First Full Furnished
Order-oriented Price-restricted Commercial Housing —Jianingyuan,
Binhai New Area, Tianjin

房型只能购买不能租售。严格的分配制度对购房者的公民身份、房产情况、收入、家庭结构有着严格规定；封闭的组屋市场交易模式也确保商品房市场与保障房市场供应与价格互不干扰。

政府组屋完全是市场化运作，与私人住宅市场分离，但保证了社会不同阶层的住房需求的满足和不动产合理保值增值。新加坡组屋的房型设计50年来经过不断深化，目前已经取得突破，其最新组屋的设计和建造等水平不低于城市中大部分中高档商品住房。

（1）20世纪50年代以来政府组屋的主要房型：

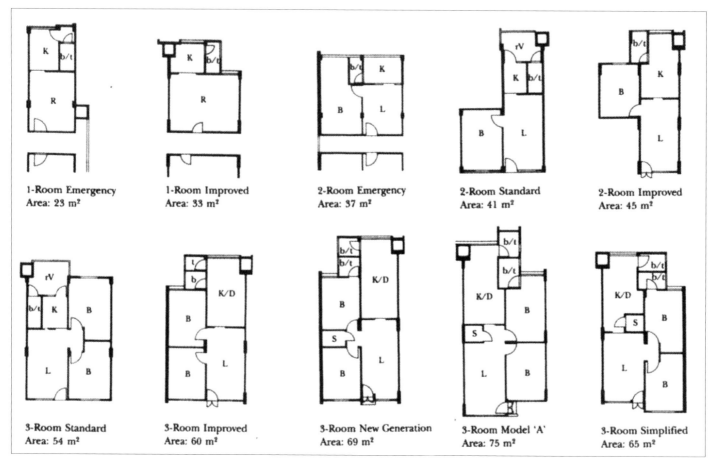

1-Room Emergency
Area: 23 m²

1-Room Improved
Area: 33 m²

2-Room Emergency
Area: 37 m²

2-Room Standard
Area: 41 m²

2-Room Improved
Area: 45 m²

3-Room Standard
Area: 54 m²

3-Room Improved
Area: 60 m²

3-Room New Generation
Area: 69 m²

3-Room Model 'A'
Area: 75 m²

3-Room Simplified
Area: 65 m²

新加坡政府组屋的主要房型

资料来源：沙永杰．新加坡公共住宅的发展历程和设计理念[J]．时代建筑，2011、4

图中房间名称：R—Room（房间）、L—Living room（起居室）、B—Bedroom（卧室）、K—Kitchen（厨房）、D—Dining room（餐厅）、S—Store（储物间）、Rv—Rear balcony（阳台）、b—Bath（淋浴间）、t—W.C.（洗手间）

（2）20世纪以来典型组屋户型分析：

套内面积：45平方米（新加坡只计算套内面积）。

基本空间：起居室（餐厅）、厨房、卫生间、卧室、储藏间、阳台。卫生间和厨房毗邻设置，便于设备管线的集中布设以及厨卫的标准化设计、生产和施工。

流线组织：入户即为客厅和储藏室，节省了交通空间。卫生间可以向卧室和厨房开门，极大地缩小了小户型交通面积。

两屋房型1　　　　　　　两屋房型2

套内面积：65平方米。

基本空间：起居室（餐厅）、厨房、储藏间、卫生间、卧室、阳台。

流线组织：入户即可达厨房、卧室、卫生间等私密空间与公共空间的流线是独立的。

三屋房型1　　　　　　　三屋房型2

新加坡政府组屋的典型户型

Public Housing
居者有其屋

天津滨海新区首个全装修定单式限价商品住房佳宁苑试点项目
The Pilot Project of First Full Furnished
Order-oriented Price-restricted Commercial Housing　Jianingyuan,
Binhai New Area, Tianjin

套内面积：90平方米。

基本空间：起居室（餐厅）、厨房、储藏间、卫生间、卧室、阳台。

流线组织：入户即可达厨房、卧室、卫生间等私密空间与公共空间的流线是独立的。

空间特点：不考虑南向阳台设置，但较注重北侧服务阳台的设置。

四屋房型1　　　　　　　　　　　　　四屋房型2

新加坡政府组屋的典型户型

（3）小结：

新加坡公共住房目前看比较成功，其主要特点是：政府指导，通过对封闭市场的运作，解决了80%人口的住房问题，保证房价收入比保持在合理水平以及房屋保值增值，同时住房设计建造水平和物业水平都比较高。在公共住房户型设计上既多样化又标准化，房型变化适应发展，主力房型套内面积为90平方米，占总量近40%，在设计上精益求精，体现在以下几个方面：

①基本功能完善，生活需求可以得到满足。

②功能分区明确，公共空间与私密空间之间少有穿插。

③入户门临近厨房，清洁且便捷。

④厅和卧室的阳台都很大，可以使房间较大幅度地向外延伸。

⑤厨卫相邻布置，便于组织竖向管线。厨卫的全明设计，采光通风好，厨房设服务阳台。

⑥安全室设计（储藏室兼具防空壕功能）。

⑦立面外檐设计。

（4）与我国或我国北方住宅户型的差别，体现在以下几个方面：

①由于气候特点，住宅注重通风而不注重朝向。

②厨房面积颇大，在两房式房型中，厨房的面积和厅的面积相差不多。

③防空壕是经过特别加固设计的民防建筑单元，可用于防空，是不能有任何改动的，包括门、墙、通风孔，平时可用于储藏。

④水管和电线都不做暗埋处理，便于维修。

⑤设计和建造水平高。

2. 日本住宅模式

在日本公共住宅体系中，有公营住宅、公团住宅、公库住宅三种方式，针对不同收入阶层采取不同的对策。目前，日本集合住宅由政府"住宅公团"及开发商进行开发，多为租赁形式。由于建设量与需求量比较小，采用等候等形式，只解决了30%人口的住房问题。除市中心的部分高层住宅外，以低层和多层为主，呈现低层高密度的特征。住宅住户的基本家庭结构为二至三口人的核心家庭模式，因此，三室户是目前集合住宅的主流户型。

（1）日本住宅主要户型介绍：

第一个阶段代表房型为1951年的公营住宅标准设计51C型，是住宅标准设计的胎生期，划时代的特征是实现"食寝分离"，即扩大厨房面积、设置兼用餐的餐厨合用间（DK）。51C型是战后贫困期的产物，建筑面积只有40平方米，因有两室及餐厨间（DK），又被称为2DK。

第二个阶段为日本住宅标准设计的成长期，于1953年左右提出LDK型方案，之后在理论科技方面迅速发展，于1963年实现标准设计的系列化。

日本住宅的主要户型

Public Housing
居者有其屋

天津滨海新区首个全装修定单式限价商品住房佳宁苑试点项目
The Pilot Project of First Full Furnished
Order-oriented Price-restricted Commercial Housing — Jianingyuan,
Binhai New Area, Tianjin

（2）日本住宅典型户型分析：

在总体布局上，普遍采用大进深、小开间、单面外廊、公用电梯楼梯的布局，建筑层高控制为 2.6 ~ 2.8 米，大进深、小开间带来套内自然采光、通风不好的问题。

在平面布局上，户型平面多呈"十"字形，即：户型中间为走廊，入户后是玄关，顺道往前，卧室靠近住宅入口玄关附近，沿走廊两侧布置，住宅中部一般为卫浴空间和厨房，餐起空间位于最南端。

在空间布局上，餐厨相连，餐起相通，卫浴空间分区设置，储藏空间灵活分布，具有实用化、人性化、细分化、灵活化的特点。

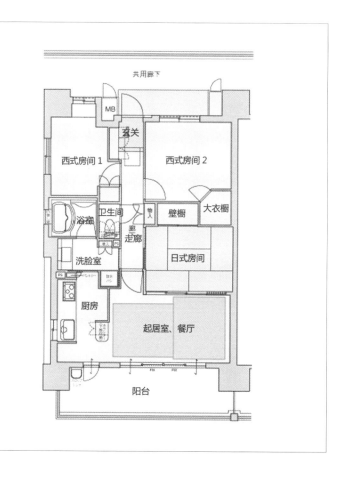

日本住宅的典型户型

日本住宅通过 LDK 型方案的逐步演化和发展以及老年人住宅和标准化设计的发展形成了以下几个独特的空间特点：

①重视空间的流动性和视线的贯通性，使室内空间更加丰富。

②厨房与餐厅位于套内核心部位，是主要的套内公共空间。

③卫生间常按使用功能分为洗浴区、化妆区、如厕区三个独立的空间。

④储藏空间丰富，且设置位置考虑周到，分类明确。

⑤厨房和卫生间可无自然采光。

值得借鉴的设计方法如下所述：

①室内空间采用模数设计，空间规整，设计有针对性。

②极少的交通空间，以玄关作为过渡，提高空间利用率。

③大进深户型，利于节约土地。

（3）小结：

日本公共住房历史悠久，发展比较成熟，但供应量一直小于需求。日本住宅的突出特点是产业化水平高、质量好、建筑设备和部品达到较高水平；另一个突出特点是住宅户型设计上充分体现日本传统居住文化，保留合室玄关，居室设计结合生活习惯。户型设计的特点如下所述：

①住宅大进深、小开间的矩形平面节地效果显著。

②在空间上，餐厨相连、餐起相通、卫浴空间分区设置、储藏空间灵活分布。

③交通空间少，空间利用率很高。

④采用模数化设计，产业化程度很高。

（4）与我国或我国北方地区住宅户型的差别体现在以下几个方面：

①厨房位于套型中部，不必对外开窗。

②卫生间在日本被细分为洗浴区、洗面区、如厕区三个独立的功能空间，同时可供多人共用。

③日本的住宅多采用框架结构，室内轻质隔墙、推拉门与壁柜等储藏空间结合设置，使空间得到灵活且充分的利用。

④据了解，日本的建筑法规规定 1.4 平方米以下房间不算建筑面积，这样的空间不能进人，但是可以作为储物间，致使日本住宅储藏空间丰富，做到分类储藏。

3. 中国香港地区公屋模式

公营房屋（简称公屋）是中国香港保障性房屋的总称，包括用于出租的公屋和用于出售的居屋。

经过 50 余年的探索、发展、完善，香港公屋制度取得了长足的进步和显著的成绩，但总体看总量比较少，只解决了 30% 人口的住房，造成等候时间过长等问题。公屋的发展在其设计演进中得到了集中的体现，从房屋单元演进上看，大致经历了从非自足单位到自足单位、自足单位的面积和房间数不断增加、设施和装修标准不断提高、形成多种系列的标准设计几个阶段：

（1）中国香港地区公屋户型平面的发展：

中国香港公屋从 20 世纪 70 年代开始不断发展，与自身相比有很大进步，但总体看问题也比较突出，一是供应量少，二是因住宅用地少的局限，户型面积过小，走廊式的设计也导致住户之间相互干扰。

Public Housing

居者有其屋

天津滨海新区首个全装修定单式限价商品住房佳宁苑试点项目
The Pilot Project of First Full Furnished
Order-oriented Price-restricted Commercial Housing —Jianingyuan,
Binhai New Area, Tianjin

① 20 世纪 70 年代中期以前的出租公屋"廉租屋"的演变，经历了由第一形至第六形的发展。

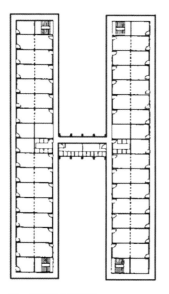

第一形 7 层大厦平面

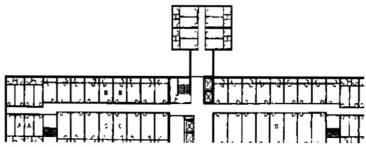

第三形 8 层大厦平面

第五形 15 层大厦平面

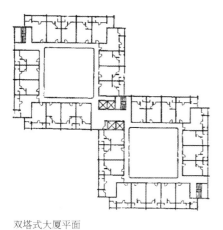

双塔式大厦平面

② 20 世纪七八十年代"居屋"的演变，经历了双塔式、新 H 形、新长形、Y 形、"十"字形、新塔式、新"十"字形等若干形式，单位面积和设施都逐步有所改进，建筑层数也向高层发展到 34 至 35 层。

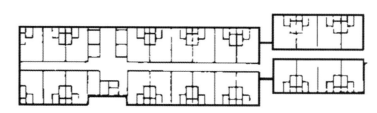

新长形大厦平面

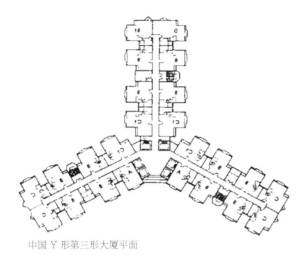

中国 Y 形第三形大厦平面

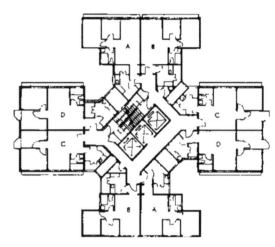

"十"字形第三形大厦平面

（2）中国香港地区公屋户型分析：

　　和谐式公屋是以"模块"作为组织住宅空间的基本单位，拥有四种基本模块，包括一个"核模块"和三个附加模块，通过这些模块的不同组合，可以形成系列化、多样化的套型。

　　康和式公屋是在和谐式公屋的基础上改进的结果，保持标准化、模式化的特点，在建造中大量使用预制构件，在面积标准上有所提高，只有两居室套型（使用面积 46 平方米）和三居室套型（使用面积 60 平方米），所有三居室套型都设附属主卧室的卫生间。在套型布局上，空间动静分区，功能合理配置。

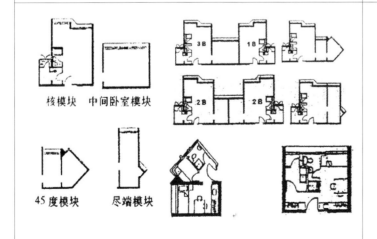

中国香港地区的公屋户型

Public Housing
居 者 有 其 屋

天津滨海新区首个全装修定单式限价商品住房佳宁苑试点项目
The Pilot Project of First Full Furnished
Order-oriented Price-restricted Commercial Housing —Jianingyuan,
Binhai New Area, Tianjin

（3）小结：

①户型具有标准化、模式化的特点，利于工业化建造和建筑品质的控制。

②在香港93平方米就被称为"千尺豪宅"，户型面积较小，有"麻雀虽小、五脏俱全"的特点。

③普遍层数较高，不是很重视建筑立面的设计。

④单体平面组合多样化，通过基本套型的不同组合，产生形式多样化的建筑单体平面。

⑤套型重视景观而非朝向。

（4）与北方地区住宅户型的差别体现在以下几个方面：

①由于经济、风俗习惯、城市环境等因素，户型居室的面积有很大差别，香港住宅两室、三室面积为70～85平方米，而天津地区两室户型面积为90～100平方米，沈阳地区两室两厅房型面积为90～110平方米。

②我国北方由于气候条件的限制以及居住观念的沿承，强调"坐北朝南"，主卧和起居室最好南向；而香港住宅户型不强调南朝向。

③香港住宅单体平面组合多样化，外形复杂，凸凹口较多，不同于我国北方对冬季保暖节能的考虑，对建筑的体形系数有所控制。

三、指导房型设计研究原则

1. 舒适性

居住功能的舒适性是户型设计首先需要考虑的，在设计中应避免单纯为了追求减小建筑面宽、加大进深而丧失使用的舒适性。

2. 适用性

注重住宅的地域性和时代特征，应对自然环境、生活习惯和使用者的心理感受等方面予以考虑。考虑外来常住人口家庭结构的发展趋势，户型设计要适应不同家庭结构的住户居住需求，从一口之家、两口之家到三口之家、四口之家等都要有相应考虑。另外，一居室、两居室、三居室套型的比例应合理，户型可进行相应调整。

3. 文化性

人创造环境，同时环境也塑造人，促进良好居住行为的养成。住宅文化在户型设计上一方面体现为户型方案的"精细设计"和"深度设计"，提升住宅功能；另一方面则体现于居住文化，包括运用绿色生态材料、打造邻里交往空间、构建具有文化底蕴的建筑造型。

4. 经济性

户型设计不仅考虑建造的经济性，更注重运营的经济性。房间面积应合理，避免大而不当，合理缩小户内交通空间面积和户型公摊面积，既不奢华浪费也不简陋粗糙。

四、指导房型功能设计

户型功能设计的主要方向即结合地方特征和时代特点，符合人体工效和起居习惯，形成住宅居住文化。

1. 功能设计要求

住宅具备的六大基本功能，即起居、餐食、洗浴、就寝、工作学习、储藏，对各功能所需面积提出指导意见。

2. 合理的功能分区和相互关系

公私分区、动静分区、洁污分区。

3. 较高的便利性及舒适度

起居室要朝阳设计、厨卫的全明设计、洗衣晾晒要朝阳设计、入口玄关的过渡时间、合理的储藏空间等。

4. 住宅文化

入口玄关过渡空间；最好有专用书房、餐厅；访问先进入客厅而不是餐厅；所购食品直接进入厨房；主人在厨房可兼顾玄关和客厅，方便交流；洗衣阳台的设置、垃圾集中收集的可能性；精装修避免二次拆改浪费的行为等。

五、指导房型面积设计

根据建筑面积将定单式限价商品住房分为四类：60 平方米以下、75 平方米以下、90 平方米以下、120 平方米以下，数量比为 1：2：6：1，根据定单需求可适当调整套型建筑面积上限，最高不超过 120 平方米，所占比重不得超过 30%，并考虑隔代居和小户型合并的可能。

指导房型的功能设置

空间	面积			
	60 平方米	75 平方米	90 平方米	120 平方米
主卧	✓	✓	✓	✓
次卧	○	✓	✓	✓
客厅	✓	✓	✓	✓
厨房	✓	✓	✓	✓
卫生间	✓	✓	✓	✓
专用卫生间	–	–	–	○
餐厅	–	○	○	✓
生活阳台	✓	✓	✓	✓
书房	–	○	○	✓
储藏	○	✓	✓	✓
玄关	✓	✓	✓	✓
洗衣、晾晒阳台	✓	✓	✓	✓

注：✓为必须具备，○为尽量具备，－为少数房间合并设置，如餐厅与起居室合并、厨房与餐厅合并、书房与餐厅共用、书房与卧室共用等。

Public Housing
居者有其屋

天津滨海新区首个全装修定单式限价商品住房佳宁苑试点项目
The Pilot Project of First Full Furnished
Order-oriented Price-restricted Commercial Housing —Jianingyuan,
Binhai New Area, Tianjin

六、指导房型户型设计

家庭规模大小和成员间关系决定了不同类型的户型空间要求，统筹考虑居住需求并分析归纳，将定单式限价商品住房分为一居室、小两居室、大两居室、三居室四类户型，并提出户型设计方案。

一居室户型的特点是面积小、功能布置紧凑，在小面积的前提下，尽量实现玄关、储藏、起居、餐厅、卫生间、晾衣阳台等体现居住品质的功能设计；厨房和卫生间进行了标准化设计。不足之处是玄关空间略显局促，整套房型由于面积小，缺少工作学习的独立空间。这个户型适合两口之家，但对于刚成家的年轻夫妇来说，比较难适应即将到来的家庭结构变化所产生的使用需求的变化，为此，尽量设置"卫生间＋晾晒阳台"。

小两居室户型面临的问题有玄关空间不够独立和完整，勉强实现室内外过渡空间的功能；起居室餐起合并设置，但可以通过空间的软分隔布置餐厅和起居室，起居室面积较小，不能放置长度过大的沙发；卧室采用小套型住宅模式，卧室的复合功能得以体现，大卧室兼具休息和储藏功能，小卧室兼具休息和工作学习功能；厨房冰箱布置其中，根据洗、切、烹的流程进行厨具布置，合理设置储物、置物、操作等空间；可以巧妙地设置"卫生间＋晾晒阳台"。

大两居、小三居室（建筑面积90平方米左右）的玄关空间独立、完整，很好地实现了室内外过渡空间的功能，并可与厨房相连；起居室房间尺度舒适合理，使起居室的起居和待客功能得到很好的发挥；卧室包括两个卧室和一可变房间，大卧室兼具休息和储藏功能，小卧室兼具休息和工作学习功能；厨房、卫生间进行了标准化设计，设置"卫生间＋晾晒阳台"。优点是适宜二至五口人居住，可供不同结构的家庭根据各自的需求灵活使用。不足之处是当居住人数增加时，一个卫生间需承担便溺、洗浴、盥洗、家务的种种功能，使用率大大增加，在一定程度上降低了舒适度。

大三居室（建筑面积120平方米左右）的玄关空间独立、完整，很好地实现了室内外过渡空间的功能，并可与厨房相连；起居室和餐厅空间灵活，可根据不同需求进行可变设计；卧室包括两个卧室和书房，可根据不同的家庭结构形成不同的居住模式，灵活性和适用性较高。厨房的面积有所增大，卫生间的设计理念与其他户型一致。三居室的优点是适宜二至六口人居住，可供不同结构的家庭根据各自的需求灵活使用；厨房和卫生间进行了标准化设计；主卧有专用卫生间，提升了舒适度。

七、滨海新区定单式限价商品住房指导房型（1.0 版）

一居室户型平面图

0　1　2　3

小两居室户型平面图

0　1　2　3

大两居室户型平面图

0　1　2　3

三居室户型平面图

0　1　2　3

指导户型平面图

天津滨海新区首个全装修定单式限价商品住房佳宁苑试点项目
The Pilot Project of First Full Furnished
Order-oriented Price-restricted Commercial Housing —Jianingyuan,
Binhai New Area, Tianjin

中信样板间

八、滨海新区定单式限价商品住房指导房型（2.0 版）

1. 一居室户型，建筑面积约 60 平方米

户型说明：

（1）玄关空间的设置虽增加一些交通面积，但对视线的遮挡和空间的营造起到积极的作用。

（2）小户型餐起合并设置，又相对独立。

（3）卫生间和厨房进行标准化设计，并设置独立的洗衣空间，即"晾晒阳台"。

指导户型平面图

Public Housing
居者有其屋

天津滨海新区首个全装修定单式限价商品住房佳宁苑试点项目
The Pilot Project of First Full Furnished
Order-oriented Price-restricted Commercial Housing —Jianingyuan,
Binhai New Area, Tianjin

2. 小两居室户型，建筑面积约 75 平方米

户型说明：

（1）玄关空间的设置虽增加一些交通面积，但对视线的遮挡和空间的营造起到积极的作用。

（2）餐起合并设置，有效扩大小户型空间感。

（3）卫生间和厨房进行标准化设计，并设置一个全新的空间，即"卫生间+晾晒阳台"。

指导户型平面图

1:100

0 1 2 3

3. 小三居室户型，建筑面积约 90 平方米

户型说明：

（1）玄关空间独立、完整，很好地实现了室内外空间的过渡，并可方便地与厨房联系。

（2）"两个卧室 + 一个可变房间"，每个卧室均设置工作学习的功能，可变房间根据家庭结构设置为餐厅、书房或临时卧室。

（3）卫生间和厨房均进行标准化设计，并设置一个全新的空间，即"卫生间 + 晾晒阳台"。

指导户型平面图

Public Housing

居者有其屋

天津滨海新区首个全装修定单式限价商品住房佳宁苑试点项目
The Pilot Project of First Full Furnished
Order-oriented Price-restricted Commercial Housing — Jianingyuan,
Binhai New Area, Tianjin

4. 三居室户型，建筑面积约 120 平方米

户型说明：

（1）每个房间均为全明设计，大大提升了居住品质。

（2）玄关空间独立、完整，很好地实现了室内外空间的过渡。

（3）"两个卧室＋书房"，可根据不同的家庭结构形成不同的居住模式，灵活性和适用性较高。

（4）在大面积户型中考虑无障碍套型设计。

（5）南向洗晒阳台和观景阳台分设，使功能分区、洁污分区更明确。

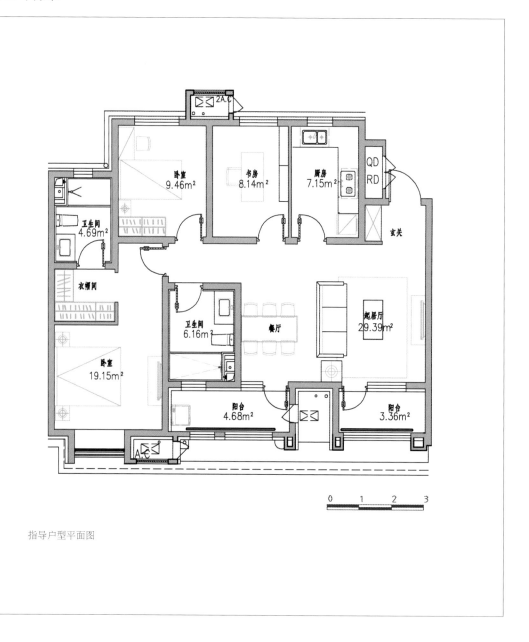

指导户型平面图

九、套型各空间细部设计要点

1. 卧室、起居室、餐厅、玄关设计

根据生活习惯，确定卧室、起居室、餐厅、玄关等功能设计；套内各功能空间应根据主要家具、设备、设施和人体生活居住活动等有机组合，共同确定各房间的尺度和尺寸。

（1）主卧，主要满足睡眠休息（1500 毫米 ×2000 毫米的床）、储物（不小于 600 毫米 ×1800 毫米的储物柜）、学习娱乐（至少能布置 600 毫米 ×900 毫米的小书桌）和梳妆等功能。

主卧平面布置示意图

小三居室平面示意图

（2）次卧或书房，模糊次卧和书房的概念，即保证房间开窗和开门位置适合多种家具布置方式。

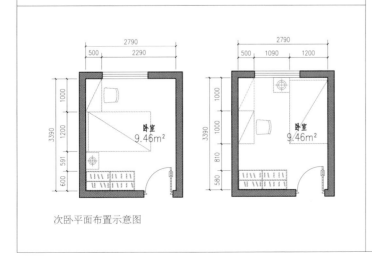

次卧平面布置示意图

三居室平面示意图

Public Housing

居者有其屋

天津滨海新区首个全装修定单式限价商品住房佳宁苑试点项目
The Pilot Project of First Full Furnished
Order-oriented Price-restricted Commercial Housing —Jianingyuan,
Binhai New Area, Tianjin

（3）起居室，主要功能是满足家庭公共活动，应尽量减少开向起居室的房间门，使空间完整。起居室的平面尺寸应综合考虑面积、形状、门窗位置、家具尺寸及使用特点等因素。

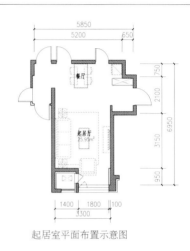

起居室平面布置示意图

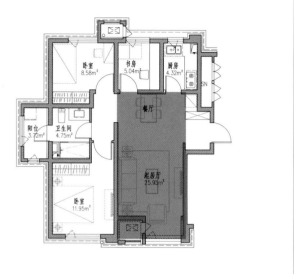

小三居室平面示意图

（4）餐厅，主要功能是进餐，在户型设计中应很好地和其他空间融合设计，如餐起融合、餐厨空间合一、用餐空间和学习空间融合。

餐厅平面布置示意图

三居室平面示意图

（5）玄关，即使很小，但对居住品质的塑造有很大贡献，同时玄关也可起到分隔的效果，既阻挡了视线，又是室内外的过渡空间。可以利用其他房间中多余的空间设置玄关。

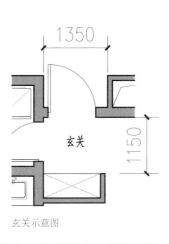

玄关示意图

两居室平面示意图

（6）储藏空间，无论大户型还是小户型，储藏空间都是非常重要的，除衣物外还可储藏一些平时用不到的物品，如有条件，也可设置独立的储藏室。

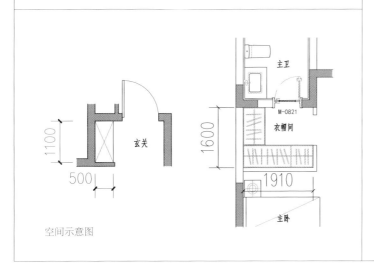

空间示意图

三居室平面示意图

Public Housing
居 者 有 其 屋

天津滨海新区首个全装修定单式限价商品住房佳宁苑试点项目
The Pilot Project of First Full Furnished
Order-oriented Price-restricted Commercial Housing　Jianingyuan,
Binhai New Area, Tianjin

2. 公共交通核设计

分类及相关规范如下所述：

7 至 11 层为一类：设置开敞的楼梯间和一部担架电梯。

12 至 18 层为一类：设置封闭楼梯间和两部电梯，其中一部消防电梯，一部担架电梯。

公共交通核空间涉及消防、疏散、无障碍、设备管井等问题，需经过仔细推敲整合设计满足规范要求的紧凑空间，以减少套型的公摊面积。

3. 厨房和卫生间的精细化设计

（1）厨房设计指导如下所述：

①为实现住宅的工业化生产，厨房采用标准化整体设计。

②提高空间的利用率和使用者的舒适度。

③厨房涉及的给水管、水表、电表、热量表均布置在户外集中管道井内，只考虑燃气表置于厨房内。

④各种管道（排水立管、燃气管、排烟道）协调统一，尽量集中布置。

⑤炉灶不能布置在冰箱旁边，距离冰箱 ≥ 600 毫米。

⑥热水系统（燃气热水或电热水）。

⑦各种管线接口实现定线定位。

⑧燃气管宜靠近外墙设置，并应考虑煤气表设置位置。

⑨排水立管宜靠近水盆设置，保证其他橱柜的完整性，并考虑管道的固定和后期封装。

小三居室厨房设计 1∶100

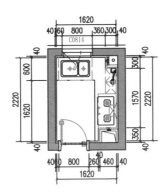

小三居室厨房设计平面图 1∶100

说明：

①厨房采用标准化整体设计。

②管线接口实现定线定位。

③厨房内各种设施准确定位。

小三居室户型平面图 1∶100

厨房设计 1∶100

厨房设计平面图 1∶100

说明：

①厨房采用标准化整体设计。

② L 形长向厨房满足人体操作空间的需要。

③各种管道协调统一，尽量集中布置。

④窗的开启高度要考虑水龙头的高度。

⑤利用上部空间，尽量多布置储物吊柜。

⑥各种管线接口实现定线定位。

户型平面图 1∶100

Public Housing
居 者 有 其 屋

天津滨海新区首个全装修定单式限价商品住房佳宁苑试点项目
The Pilot Project of First Full Furnished
Order-oriented Price-restricted Commercial Housing —Jianingyuan,
Binhai New Area, Tianjin

（2）卫生间设计指导如下所述：

①为实现住宅的工业化生产，卫生间采用标准化整体设计。

②提高空间的利用率和使用者的舒适度。

③给水管、中水管和热水管均埋设于装饰面层以下的水泥砂浆结合层内和墙体内，暗装、分配到各用水点，各用水点处均加阀门控制。

④现在，常见的卫生间属于集中式卫生间，涵盖了盥洗、便溺、洗浴、洗衣及化妆等多项活动内容。将来卫生间研究的其中一个方向即是将卫生间的多项功能分设，如洗浴和便溺布置在内间，盥洗布置在卫生间前室，洗衣机布置在洗晒阳台，这样就将小户型卫生间个数少、使用冲突的问题予以较好的解决。

⑤卫生间内涉及的设备管线包括上下水、热水、风道、电气管线，若厨房设置燃气热水器，在套型设计时应考虑将卫生间和厨房相邻设置。

小三居室卫生间设计　1：100

小三居室卫生间设计平面图 1：100

说明：

①卫生间采用标准化整体设计。

②设置西晒阳台并布置好相关设施。

③提高空间的利用率和使用者的舒适度。

④功能布局完善全面。

小三居室户型平面图 1：100

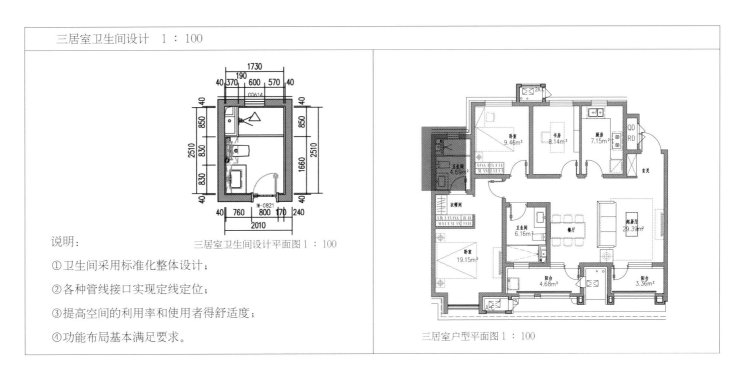

三居室卫生间设计　1：100

说明：

① 卫生间采用标准化整体设计；

② 各种管线接口实现定线定位；

③ 提高空间的利用率和使用者得舒适度；

④ 功能布局基本满足要求。

三居室卫生间设计平面图 1：100

三居室户型平面图 1：100

十、小结

为了落实深化滨海新区保障性住房制度改革，我们学习借鉴新加坡等国家的经验，结合滨海新区的实际，开展滨海新区定单式限价商品住房指导房型研究。研究目的是通过长期的研究和实践建立一套完善的住房设计体系，通过对该体系的不断优化完善以满足不断变化的使用需求，增强住宅设计的科学性，提高住宅设计的效率，缩短住宅建设周期，降低住宅建设的资源消耗，为提高住房规划设计和建造水平奠定坚实的基础。

滨海新区定单式限价商品住房指导房型力求体现舒适性、适用性、文化性和经济性原则。在户型功能设计上，结合地域特色和时代特点，符合人体工效，倡导人们养成良好的起居习惯，彰显居住文化，具备起居、餐食、洗浴、就寝、工作学习和储藏等六大基本功能，保证各功能特别是厨房、

卫生间合理的面积标准；实现合理的功能分区、和谐的空间关系，做到公私分区、动静分区、洁污分区，厨房、餐厅、起居室作为主要活动区集中布置，卧室、卫生间、洗衣房等功能空间相对集中布置，流线清晰，互不交叉干扰；具有较好的舒适度与便捷性，起居室、至少一个卧室朝阳布置，厨房卫生间全明，晾晒阳台可以享受太阳直射；体现住宅的文化性，设计入口玄关的过渡空间，客厅阳台与晾晒阳台分设，采用全整修，避免二次拆改的浪费和污染行为。

经过深化研究和实践检验，不断完善设计，我们最终确定了具有滨海新区特色的高品质公共住房第一代指导房型（2.0版）。佳宁苑试点项目住宅户型就是指导房型（2.0版）中的示范房型，旨在为后期的批量生产提供范本，并为用户提供使用体验；同时，我们将不断总结经验教训，以进一步提高指导房型的设计水平。

Public Housing
居者有其屋

天津滨海新区首个全装修定单式限价商品住房佳宁苑试点项目
The Pilot Project of First Full Furnished
Order-oriented Price-restricted Commercial Housing —Jianingyuan,
Binhai New Area, Tianjin

第五章　滨海新区房价收入比与住房需求研究

一、研究目的

房价收入比（Price to Income Ratio，简称PIR）是单套住宅价格与居民家庭年收入的比值，通常用于考查一个地区居民的购房承受能力和房地产市场的健康程度。本研究从介绍世界和我国房价收入比情况入手，通过对新区人口构成、居住标准和收入情况的多样性及差异性进行分析，提出适合新区特点的房价收入比计算方法，为测算新区"十二五"期间住房建设规模以及制定政策性住房销售指导价格提供理论依据。

二、世界各国房价收入比情况

国际上，一般用单套住房价格的中位数除以居民家庭年收入的中位数来计算房价收入比。

1. 观点

世界银行：从发达国家走过的历史来看，平均房价与平均家庭收入的比应低于6，在5左右比较合理。联合国人居署：房价收入比为3～5属于正常水平。

世界各国（地区）房价收入比情况（1998年）

家庭收入／美元	样本数	PIR 平均值	PIR 中位数	标准偏差	最大值	最小值
0～999	11	13.2	13.3	6.2	30.0	6.3
1000～1999	25	9.7	6.9	6.8	28.0	3.4
2000～2999	12	8.9	5.0	7.6	29.3	3.4
3000～3999	12	9.0	8.1	5.4	20.0	2.1
4000～5999	12	5.4	4.5	2.4	12.5	3.4
6000～9999	9	5.9	5.8	2.3	8.8	1.7
≥ 10 000	15	5.6	5.3	2.9	12.3	0.8
所有	96	8.4	6.4	5.9	30.0	0.8

（数据来源：World Bank Group，World Development Indicators 2001）

2. 案例研究

美国和新加坡房价收入比情况如下：

美国房价收入比情况

年份	2000	2001	2002	2003	2004	2005	2006	2007	2008	2009	2010
房价中位数	16.9	17.52	18.76	19.5	22.1	24.09	24.65	24.79	23.21	21.67	22.19
家庭收入中位数	4.20	4.22	4.24	4.33	4.43	4.63	4.82	5.02	5.03	4.98	4.94
PIR	4.0	4.1	4.4	4.5	5.0	5.2	5.1	4.9	4.6	4.4	4.5

新加坡组屋房价收入比情况

年份	2000	2001	2002	2003	2004	2005
中等家庭年收入	4.33	4.61	4.30	4.28	4.40	4.60
四房式组屋价格	13.68	13.05	13.24	13.93	15.26	17.22
PIR	3.2	2.8	3.1	3.3	3.5	3.7
五房式组屋价格	22.96	21.89	20.82	19.88	20.40	20.35
PIR	5.3	4.8	4.8	4.6	4.6	4.4

(数据来源：Singapore Department of Statistics，Singapore Housing and Development Board)

三、我国房价收入比情况

国内多采用单位面积平均房价、城镇居民人均居住面积和城镇居民人均可支配收入数据计算房价收入比，即：

$$PIR = \frac{住宅销售单位面积价格 \times 城镇人均居住面积}{城镇居民年人均可支配收入}$$

Public Housing
居者有其屋

天津滨海新区首个全装修定单式限价商品住房佳宁苑试点项目
The Pilot Project of First Full Furnished
Order-oriented Price-restricted Commercial Housing —Jianingyuan,
Binhai New Area, Tianjin

1. 引用

国内并无官方数据，此处引用上海易居房地产研究院的分析结果：

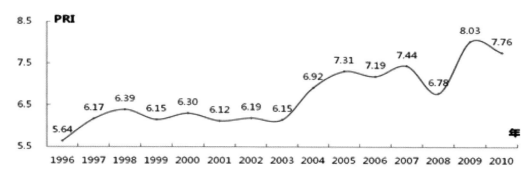

我国房价收入比情况

（数据来源：《2009 年 4 月专题报告》《2011 年 3 月专题报告》，上海易居房地产研究院）

2. 应用

天津市房地产市场和房价收入比情况大致如下：

天津市房地产市场情况

年份	2006	2007	2008	2009	2010
城市居民人均可支配收入／元	14 283	16 357	19 423	21 430	23 937
城镇人均住房建筑面积／（平方米／人）	26.05	27.09	28.53	29.89	31
商品住宅年度成交均价 ／（元／平方米）	4808	6079	6928	7414	9735

（数据来源：《天津市国民经济和社会发展统计公报》，天津市统计局；《天津房地产市场研究报告》，中国房地产信息集团）

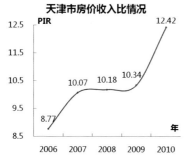

（注：按照同样的方法计算，2010 年北京和上海的 PIR 分别达到 21.17 和 27.26，均达到极高的水平，需要采取必要的调控措施。）

天津市房价收入比情况

四、天津滨海新区房价收入比分析

天津滨海新区房地产市场情况如下：

天津滨海新区房地产市场情况

年份	2009	2010
城镇居民人均可支配收入／元	24 226	26 800
城镇人均住房建筑面积／（平方米／人）	53.51	56.53
商品房年度成交均价／（元／平方米）	9690	10 600

（数据来源：《天津滨海新区统计年鉴》，天津滨海新区统计局）

PIR	
2009 年	21.4
2010 年	22.4

1. 分析

2010 年 GDP 为 5030 亿元，2015 年 GDP 近 10 000 亿元，经济增长以人口增长作为支撑，人口增长情况如右图所示：

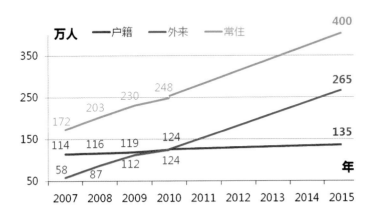

人口增长情况

（数据来源：《天津滨海新区统计年鉴》《国民经济和社会发展第十二个五年规划纲要》，天津滨海新区统计局）

Public Housing
居 者 有 其 屋

天津滨海新区首个全装修定单式限价商品住房佳宁苑试点项目
The Pilot Project of First Full Furnished
Order-oriented Price-restricted Commercial Housing —Jianingyuan,
Binhai New Area, Tianjin

由人口增长情况的趋势可以看出：户籍人口增长缓慢；外来人口快速增长，将成为新区人口结构主体。

结合住房存量及两类人口的发展情况可以得出：户籍人口的人均建筑面积较高，外来人口的人均建筑面积较低。

人均建筑面积

年份	2009	2010
住房存量／万平方米	4936	5540
按户籍人口计算／（平方米／人）	53.51	56.53
按常住人口计算／（平方米／人）	24.22	27.56

（数据来源：《天津滨海新区统计年鉴》，天津滨海新区统计局）

由柱形图可以看出：户籍人口的住房刚性需求较小，以改善和投资需求为主；外来人口的住房刚性需求强烈，将成为未来新区住房需求的主体。

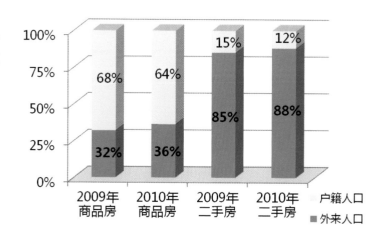

户籍和外来人口购房面积比例

（数据来源：《滨海新区 2010 年房地产市场分析报告》，天津滨海新区 规划和国土资源管理局）

用人均收入难以代表整体情况，应分组考虑；可支配收入未统计补贴、福利等收入，应予以调整。

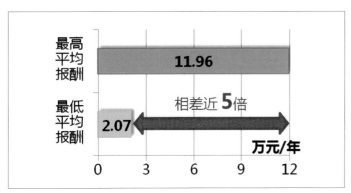

分区域分行业年平均劳动报酬

（数据来源：2010 年数据，天津滨海新区统计局）

不同区域的住房均价有所区别，同时，不同类型住房面积标准差距明显，单套住房总价差别巨大，应区分对待）。

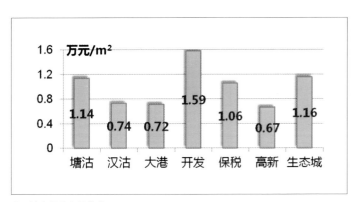

分区域商品房交易均价

（数据来源：2010 年数据，天津滨海新区规划和国土资源管理局）

Public Housing
居者有其屋

天津滨海新区首个全装修定单式限价商品住房佳宁苑试点项目
The Pilot Project of First Full Furnished
Order-oriented Price-restricted Commercial Housing —Jianingyuan,
Binhai New Area, Tianjin

由此可以得出结论: 前述 PIR 计算方法不适应新区特点，应结合收入水平、购房意愿等多样化情况，从家庭收入和住房总价两方面进行改进，通过确定合理的 PIR 标准，分组考查不同群体的 PIR 情况。

2. 改进

（1）收入分组及调整：

按照保障房收入准入条件和劳动报酬及人口集中情况，对从业人员按收入水平进行分组；考虑统计数据偏差，增加收入调整系数。

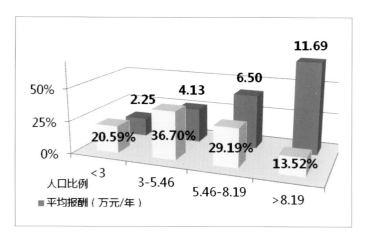

单位从业人员年平均劳动报酬分组情况

（数据来源：2010 年数据，天津滨海新区统计局）

（2）住房分组：

综合考虑不同的住房类型面积、区位房屋价格，对单套住房总价进行分组。

住房分组情况

类型	总价/万元
高档商品房	160
改善型住房	105
基本型住房	75
保障性住房	45

3. 公式

结合以上分析，按照分组考查的原则对计算公式进行调整：

$$PIR = \frac{单套住房总价}{人均劳动报酬 \times 收入调整系数 \times 户均从业人数}$$

4. 标准

按照购房年均支出不超过年收入 30% 安全线的原则，选择还贷负担最小的方式，反算 PIR 考核标准：

PIR 考核标准计算方法

考虑收入增长因素 PIR 可适当放宽。另外，本着构建和谐社会首善之区、利用住房配套优势吸引人才的目的，同时考虑新区人均 GDP 的高水平，选取世行所统计的高收入国家 PIR 平均值 5.6 作为考核标准。

5. 结论

结论如下：

群体代号	收入分组	平均收入／（万元／年）	调整系数	住房总价／（万元／套）	PIR
A	<3	2.25	1	45	10.00
B	3 ~ 5.46	4.13	1.1	75	8.26
C	5.46 ~ 8.19	6.50	1.2	105	6.73
D	>8.19	11.69	1.3	160	5.27

注：整体 PIR 加权平均值：7.77>5.6

A 群体的人：受高房价和低收入影响，该组内的低端已不具有真正意义上的购房能力，对户籍人口结合住房情况提供补贴和公租房，对外来人口提供公寓和公屋；
　　　　　　对组内收入较高且有购房意愿的群体提供限价房和定单房（含共有产权方式）。

B 群体的人：购房压力极大，且游离在保障体系之外，无法满足刚性需求，需要提供政策性住房补充完善保障体系。

C 群体的人：购房压力大，改善需求受抑制，应结合其住房情况，提供政策性住房以释放需求，同时也可达到平抑房价的目的。

D 群体的人：具有很强的支付能力，在收取保障房建设费的基础上，适当建设高档房，提供多样化、差异化选择，吸引投资和高端人才，同时平衡政府土地收益。
　　　　　　由上述分析可以得出住房体系的构建方向。

Public Housing
居者有其屋
天津滨海新区首个全装修定单式限价商品住房佳宁苑试点项目
The Pilot Project of First Full Furnished
Order-oriented Price-restricted Commercial Housing —Jianingyuan,
Binhai New Area, Tianjin

五、房价收入比研究应用

1. "十二五"期间住房建设量测算

"十二五"期间住房建设量如下：

"十二五"期间住房建设量

收入群体	住房类型	建设规模／万平方米
低收入群体 新就业群体	公共租赁住房 （含政府公屋）	166
	蓝领公寓 （含建设者之家等）	262
	白领公寓	132
中低收入群体	限价商品住房 （含经济适用住房）	499
中等收入群体	定单式限价商品住房	1400
中高收入群体	普通商品住房	1363
高收入群体	高档商品住房	538
合计		4360

（1）方法：

按照新区的住房体系，以PIR确定不同收入群组的购房需求（能力）及各自的人口比例，结合相应的面积标准，测算"十二五"期间新增住房建设规模。

（2）比较：

该方法相对于采用估算人均建筑面积增幅乘以人口的方法更加科学和准确。

2. 政策性住房销售指导价格

（1）分布：

按照新区总体规划和产业功能区布局，在"十二五"期间定单式限价商品住房主要集中在中新生态城、滨海欣嘉园和中部新城南北起步区，对应服务相应功能区。

（2）原则：

根据不同区位、不同地价分别测算定单式限价商品住房指导价格。

（3）方法：

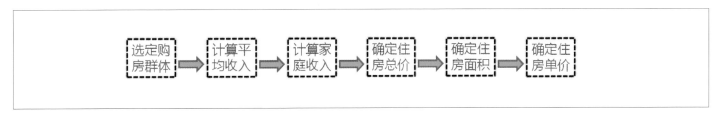

定单式限价商品住房指导价格测算方法

（4）举例：

定单式限价商品住房指导价格测算

收入分组 /［万元／（人·年）］	平均收入 /［万元／（人·年）］	收入调整 系数	家庭收入 /［万元／（户·年）］	PIR	单套住房总价 /万元	套面积 /平方米	单价 /（元／平方米）
3～8.19	5.18	1.1	11.39	5.6	63.8	88	7250

（5）结论：

根据 PIR 方法测算 2011 年新区定单式限价商品住房合理的销售价格应在 7250 元以下，而 2010 年开发区商品住房均价 1.6 万元，生态城、塘沽和保税区均价 1.1 万元，远远超过居民购房承受能力。

（6）配套：

为了确保定单式限价商品住房的销售价格在指导价格之内，采用成本法计算具体开发项目的销售价格。

住房价格由土地费用、建设费用、相关税费和开发利润组成，在建设费用和相关税费一定的情况下，限定开发利润，

政府控制的土地出让价格决定了住房销售价格，起到控制成本的作用。

（7）延伸：

在房地产市场过热时，运用 PIR 测算政策性住房指导价格，将房价与居民收入挂钩，既有效解决居民住房刚性需求，起到平抑房价的作用，又确保住房价格的保值、增值，维护购房者利益；在房地产市场低迷时，通过共有产权模式，可以吸引购房群体，树立开发企业信心，保证房地产市场平稳、健康发展。

Public Housing
居者有其屋

天津滨海新区首个全装修定单式限价商品住房佳宁苑试点项目
The Pilot Project of First Full Furnished
Order-oriented Price-restricted Commercial Housing —Jianingyuan,
Binhai New Area, Tianjin

第六章　佳宁苑定单式限价商品住房试点项目

一、佳宁苑定单式限价商品住房试点项目建设背景

为了提高定单式限价商品住房的规划设计水平和建设质量，验证滨海新区保障性住房改革创新的有关政策，同时推动天津港散货物流区向南港搬迁，在前期大量研究工作的基础上，我们以佳宁苑作为滨海新区首个全装修的定单式限价商品住房试点项目。2012 年 10 月，经新区区委区政府同意，由滨海新区房屋管理局住房保障中心下属的住房投资有限公司（住保公司）实施建设，项目列入新区"十大民生工程"的保障性住房类项目。

1. 佳宁苑试点项目的基本情况

佳宁苑是一个方形的街坊，占地 1.73 公顷，容积率 1.8，总建筑面积 3.10 万平方米，其中住宅建筑 2.81 万平方米，商业空间 0.22 万平方米，街坊配套设施 0.07 万平方米，只有 288 套住房，全部为定单式限价商品住房。

2. 佳宁苑试点项目的区位和周边情况

佳宁苑项目位于滨海新区核心区的南部片区，中部新城北起步区，北部跨越大沽河与新区中心商务区为邻，东侧跨越海滨大道临近临港经济区，现状为盐田和天津港散货物流区，规划面积 50 平方千米，人口 50 万，是滨海新区核心区的组成部分，以居住功能为主，为中心商务区和临港经济区提供居住及生活配套服务。

天津港散货物流区始建于 20 世纪 90 年代末，是为解决天津港北港区煤炭等散货堆场散落、对塘沽和开发区的污染和严重影响交通的问题，由滨海委组织、天津港实施的"北煤南集"工程。在大沽排污河南岸盐田上建设占地 13 平方千米的天津港散货物流区，将原散落的煤炭、矿石等堆场集中迁入散货物流区。项目实施后取得了良好的效果。

2006 年，滨海新区被纳入国家发展战略，规划建设于家堡金融区、响螺湾商务区和中心商务区，天津港散货物流区临近中心商务区，成为城市的污染源。按照 2008 年天津市空间发展战略"双城双港"规划，天津港散货物流区向南港搬迁。2010 年，新区区委区政府启动散货物流搬迁，计划三年完成。

佳宁苑试点项目位于天津港散货物流区北段的生活服务区，也是散货物流搬迁的启动区。该区占地面积 1.2 平方千米，规划形成定单式限价商品住房、公租房、普通商品房和老年住宅等多种住宅类型融合的居住社区。规划总人口 3 万人，形成三个居委会，规划集中建设三个邻里中心，集中配套居委会、商业、幼儿园和中小学等设施。规划布局采用"窄街道、密路网、小街廓"的模式，佳宁苑是其中一个街坊，位于中央绿轴的西北，面向已经建成、占地 2 万平方米的泰成公园。

二、佳宁苑试点项目的建设意义和市场分析

1. 佳宁苑试点项目的建设意义

与一般保障性住房项目（如滨海新区欣嘉园、中建幸福城 40 ~ 50 万平方米）的规模相比，佳宁苑试点项目 3 万多

平方米的规模实在是太小。然而，项目虽小，"五脏"俱全。我们试图通过对这样一个小项目的精细化实施进一步提高新区定单式限价商品住房规划建设的水平；同时，通过解剖麻雀的方式，及时分析并发现问题、解决问题，进一步推动滨海新区保障性住房制度的改革创新。

佳宁苑试点项目的总体目标是为中等收入家庭创造良好、舒适且能够负担的小康住房和居住环境。总的思路是按照市场化的原则，政府主要从政策和规章方面给予支持。具体做法是在现行规范不进行大的突破的情况下，从以下几个方面进行试点探索。首先，按照"窄街道、密路网、小街廓"的布局模式建设保障房，让城市环境更加和谐。考虑到整个区域道路有较大的角度，提出以大部分住宅建筑南北朝向为主、兼顾城市界面的规划要求；同时，考虑如何更好更经济地解决停车和绿地率等问题。其次，按照国家住建部意见，在新区尝试定单式限价商品住房全装修交房；同时，通过实际批量的建设和市场接受程度的验证，进一步完善新区定单式限价商品住房指导房型，提升定单式限价商品住房的设计建造水平。第三，通过佳宁苑项目操作，实际分析定单式限价商品房的价格构成，验证规定开发企业5%利润的合理性，以及进一步减少政府可以给予的政策支持。另外，还包括提升保障房水平相关方面的初步研究，如工业化、绿建等。基于以上考虑，佳宁苑试点项目从规划设计、房型建筑设计、装修设计、销售定价、共有产权试点、物业管理、项目结算分析等方面进行了全面系统的改革尝试。

佳宁苑试点项目作为滨海新区首个全装修定单式限价商品住房试点项目，从项目建设的目标和创新点看，建设是非常必要和有意义的。当然，作为一个实际市场化运作的项目，也按照要求进行了项目建设的必要性和可行性分析论证。

2. 佳宁苑试点项目的必要性分析

（1）符合滨海新区社会经济发展的客观要求。

滨海新区的开发开放被纳入国家发展战略，要实现经济更快、更好的发展，大量吸引人才和劳动力资源是重中之重，而有力的住房保障是吸引人才的重要举措，符合房价收入比的合理价格和宜居的环境是住房保证的关键。

滨海新区定单式限价商品住房，在保障对象、销售价格、房屋面积标准等方面，均介于限价商品住房与商品住房之间，是新区结合自身实际、为满足广大外来务工人员创造的保障房类型。通过政府主导、市场运作，提供价格合理、质量上乘的住房产品，使在新区就业的广大职工能够买到称心如意的住房。通过安心置业，将有技术能力、有意愿定居的外来人口转化为新区常住人口，有效解决大量在新区工作的外来人员因购房压力大而导致的人心不稳、流动性大、影响现有企业正常生产等问题，必将对新区经济社会的又好又快发展起到促进作用。佳宁苑试点项目位于新区核心区，项目建设可以为滨海核心区就业的职工提供住房保障，同时作为吸引项目和人才的条件之一，是中心商务区和临港经济区经济社会快速发展的保障和重要支撑。

（2）符合滨海新区保障性住房改革和住房规划要求。

滨海新区保障性住房改革的总体目标是进一步完善和创新住房保障方式，构建新区多层次、多渠道、科学普惠的住房供应体系；做到"低端有保障、中端有供给、高端有市场"，向不同收入人群提供不同性质的住房；紧紧抓住完善保障性住房配套政策和运营管理机制这条主线，在创新住房保障体系和政策制定上下功夫，在提高规划的科学性和引领作用上做文章；完善保障性住房的供地方式，创新定价机制，规范申请、退出条件，建立长效投资运营机制，扩大保障性住房的受益人群。

《天津市滨海新区住房建设"十二五"规划》确定了新区深化保障房制度改革、完善住房体系、加快保障房建设的总体方向。规划预测：滨海新区 2011 年至 2015 年新建定单式限价商品住房 977 万平方米，11.50 万套，年均建设量约 190 万平方米，主要规划建设四个新城组团，分别为中新天津生态城、滨海欣嘉园、中部新城和轻纺生活区。佳宁苑试点项目位于中部新城起步区，为定单式限价商品住房，符合新区住房规划的要求，同时，其作为建设实施的首个全装修定单式限价商品住房项目，对提升定单式限价商品住房规划建设水平具有重要的示范作用。

（3）推动散货物流搬迁并促进区域地产市场健康发展。

佳宁苑试点项目位于天津港散货物流区北段的生活服务区，是政府主导的保障房建设项目。该项目的率先建设有利于鼓励其他企业积极参与该区域的开发，加快散货物流搬迁启动区的建设，推动整个天津港散货物流区尽快实现搬迁。

建设定单式限价商品住房是为解决外来务工人员和没有列入保障范围的中等收入家庭（即所谓"夹心层"）的购房问题。由于规定该类住房中 70% 以上户型套型的面积原则上控制在 90 平方米以下，最大不超过 120 平方米，可以满足大众基本的住房需求，而高收入群体一般不会购买。保证定单式限价商品住房与商品住房错位建设，避免对房地产市场造成过大冲击，并在一定程度上有效遏制周边商品住房价格过快上涨，是新区房地产市场做到可控且健康发展的重要举措。

3. 佳宁苑试点项目的市场分析和可行性论证

经过分析，佳宁苑试点项目具有较好的市场前景和可行性。

首先，项目目标客户群体定位清晰，有良好的市场前景。根据有关部门的调查资料，目前，滨海新区有居住需求的人群集中在外来务工人员，数量庞大的外来人才和外来务工人员成为滨海新区住房需求的主要群体。据统计，滨海新区 137.5 万从业人员中，外来务工人员占了 44.78 万人，占从业人员总数的 32.6%。目前，相关部门对定单式限价商品住房需求进行了调查，根据数据统计汇总结果表明，截至目前，新区共有 8538 套定单式限价商品住房需求。12 个功能区总计住房需求 4899 套，大港油田、天津石化、渤海石油等重点企业共计需求 3639 套。而且，根据滨海新区人口发展趋势和规模预测，今后几年外来人口还将持续大规模增长。到 2020 年，新区常住人口将达到 600 万人（其中外来常住人口 448 万，户籍常住人口 152 万）。该项目共计 288 套定单房，主要客户群体为：在新区工作、缴纳社会保险的非天津户籍职工且在天津市无住房的人群；天津市户籍职工在本市只有一套住房且还需购置一套的人群；新区户籍婚后无房家庭者。客户服务也比较广泛。

其次，滨海新区保障性住房政策对该项目是重要的支持。为深化保障性住房制度改革，滨海新区出台了《天津市滨海新区深化保障性住房制度改革实施方案》，明确了改革的总体目标、保障方式、主要措施等内容，明确了定单式限价商品住房作为政策性住房，通过政府主导、市场运作的方式给予保障。据了解，从 2011 年开始新区有关部门正在陆续制定关于定单式限价商品住房规划建设管理办法，对定单式限价商品住房建设在规划、税费等方面给予一定的优惠政策。

第三，项目建设具有良好的社会效益。该项目可增加劳动就业。项目实施过程中，需进行约 20 个月的基本建设，可为社会提供 1500 多人的就业机会；工程完工投入使用后，需要开展社区的服务和商业活动，可为社会增加约 120 人的就业机会。项目建设可带动相关产业发展，使用本地建筑材料。同时，作为政府大力推进的保障房项目，可极大地缓解散货物流区域内住房价高、房少的问题，健全住房保障制度，满足刚性需求，引导居民理性消费和市场价格向价值的回归。另外，与商品住房错位建设，避免对房地产市场造成过大冲击；在房地产市场低迷时，起到托底稳市的作用，促进房地产市场平稳、有序、健康发展。

三、佳宁苑试点项目的建设过程

1. 佳宁苑试点项目的前期策划、规划设计及审批

为了验证新区定单式限价商品住房改革创新政策的合理性，同时推动天津港散货物流区向南港搬迁，2012 年 10 月，经新区区委区政府同意，由住保公司实施佳宁苑试点项目。

佳宁苑试点项目的规划设计始终围绕如何体现定单式限价商品住房高品质的特点来进行。规划设计策划前期工作由天友公司负责。总图规划就平衡住宅朝向和空间围合、节约投资，降低造价和销售价格进行多方案比较，形成半围合方案，既满足城市设计要求，又充分考虑朝向的市场接受度。景观设计由天友公司同步进行。配套按照集中考虑，街坊内的配套主要是业主委员会和物业用房。停车问题作为重点，既满足配建指标和消防要求，又减少造价，进行多方案比较分析，最后采用地上平台方案，作为改革尝试，车库面积不计入容积率。住宅房型设计以滨海新区定单式限价商品住房指导房型为基础，具体结合佳宁苑试点项目，完善设计，深化研究。装修设计同时进行。总体看，佳宁苑试点项目规划和建筑设计以满足客户群体的物质和精神需求为目标，根据入住人群生活习性、安排社区功能，组织安全、便利的交通流线，营造有利于身心健康、便于交往的生活空间。

佳宁苑试点项目在被列入 2012 年保障性住房建设计划后，各项前期手续抓紧办理。其修建性详细规划于 2012 年 6 月审批通过，9 月建筑方案审批通过，并于 12 月取得工程规划许可证。由于佳宁苑试点项目是《管理办法》实施后建

Public Housing
居者有其屋

天津滨海新区首个全装修定单式限价商品住房佳宁苑试点项目
The Pilot Project of First Full Furnished
Order-oriented Price-restricted Commercial Housing —Jianingyuan,
Binhai New Area, Tianjin

设的首个项目，所以各项规划手续的办理既是和有关审批部门沟通的过程，也是对《天津市滨海新区定单式限价商品住房管理暂行办法》的检验过程，因此审批周期也长于一般项目，遇到的问题也比较多。但是，本着保障民生和突破创新的原则，各单位及部门及时沟通，共同配合，将这些疑问逐步解决，大家对各项标准也逐步取得共识。在之后其他项目的审批过程中，效率明显提升。与此同时，土地转让、银行贷款、环评能评等配套手续同步推进，保证项目顺利开工。

2. 佳宁苑试点项目的建设

前期工作完成后，2012年底启动建设程序。按照公开、公平、公正的原则，规范运作，工程全部采用正规招标程序公开招标确定各部分施工单位。前期该项目土地所有权为天津港泰成置业有限公司所有，泰成公司已经于2012年2月7日完成项目桩基的招标，天津宇达建筑工程公司中标。为实现土地转让和加快进度，2013年3月15日开始桩基施工。2012年11月1日土地转让完成，2013年4月主体工程招标(包括装修)，天津五建建筑工程公司中标，2013年5月30日开始主体施工；2014年1月对精装修工程进行二次公开招标，天津美图装饰设计工程有限公司中标；2014年2月进行室外工程（市政和景观）的公开招标工作，天津云祥市政工程有限公司中标。2014年4月20日主体竣工进行验收，同日，精装修单位进场；2014年8月28日室外景观道路进场施工；2014年9月15日市政配套进场施工。

3. 佳宁苑试点项目的销售

佳宁苑项目的定价首先参照保障性住房主管部门依据"房价收入比"提出的定单式限价商品住房区域指导价格，这就保证了项目价格对周边产业区内的目标人群来说是可接受的。同时，以成本价格为基础，上浮5%的利润后作为建议价格。调查资料显示，目前滨海新区计划的三区域建设定单式限价商品毛坯住房，其中新区北部滨海欣嘉园片区，一期平均售价为6800元／平方米左右；新区中部的散货物流片区，一期平均售价6800元／平方米左右；新区南部的轻纺新城片区，一期平均售价6500元／平方米左右。该项目作为全装修交房，依据政府定价及结合地区区域价格，并综合考虑"成本法"定价模式，综合指导价格与建议价格，确定最终的销售价格为7200元／平方米。

项目2013年12月启动销售，到2015年8月，共销售219套，其中高层去化率94%，总去化率75%。虽然没能达到更理想的程度，但在同期竞争项目中较突出。

佳宁苑试点项目在销售中，利用地理位置、房型产品、交房标准、销售优惠、创新购买政策(共有产权模式)等优势，对各种可控的营销因素加以优化组合、综合利用，以期高效率、最经济地实现销售目标。整个销售过程经历三个阶段。项目初期，委托天津开发区纳川实业公司作为销售代理，通过采取派单、大企业走访及拓展活动等营销手段，首秀成功，开盘推出一栋楼，54套房源，开盘当天订购了39套。此外，

第二部分
佳宁苑试点项目规划设计过程

Part 2 Planning and Design for
Jianingyuan Pilot Project

Public Housing
居者有其屋

天津滨海新区首个全装修定单式限价商品住房佳宁苑试点项目
The Pilot Project of First Full Furnished
Order-oriented Price-restricted Commercial Housing —Jianingyuan,
Binhai New Area, Tianjin

第一章　佳宁苑试点项目规划设计的目标

滨海新区保障性住房制度改革，不仅在住房政策上进行系统的改革创新，而且十分重视提高保障性住房的性价比和规划设计上的改革创新。佳宁苑试点项目，作为滨海新区首个全装修定单式限价商品房项目，总目标是为中等收入家庭打造经济上可负担且具有小康水准的高品质商品住房和居住环境，在合理造价的控制下，提高保障房规划设计建设的水平，达到一般商品房的建造水准。同时，在规划设计上，力求在"窄马路、密路网、小街廓"的原则下，打造宜人的城市环境和适于交往的邻里空间。要实现这一目标，需要改变一些传统做法。项目在总图规划设计、住宅户型设计、建筑设计、室内装修设计以及绿建、BIM 应用等方面进行了有益的探索，在不突破现行规范的前提下，进行行之有效的改善和创新。

一、我国传统居住区的规划设计和保障性住房的规划设计

1. 居住区规划的演变

我国有悠久的人居传统，历史上形成的全国各地因地制宜、丰富多样的民居构成灿烂的人居文化。进入近现代，西方的住宅概念和技术引入中国。新中国成立后，前苏联的居住区规划理论构成我国现代住区规划的理论和方法基础。经过半个多世纪的发展，到今天，我国的住区规划建设取得了巨大的成就，居住区规划设计发挥了重要作用，规划设计的

理论和方法不断发展。

我国住区规划理论方法的演变发展历程大体可以分为三个阶段。

1949 年至 1978 年是邻里单位理论和居住小区理论的引入和早期实践时期。邻里单位理论和居住小区理论于 20 世纪 30 年代引入我国。新中国成立后，许多城市配合工业区的发展建设工人新村等住房，由于受标准等限制，主要以多层标准化住宅的行列式布局为主，也有一些采用邻里中心理论的规划设计，如天津五大道的一些住区，与古老的城市肌理完美融合。总体看，到改革开放前，我国一直实施计划经济的福利分配住房制度，规划设计也是学习前苏联的居住区规划和住宅标准图设计。居住区规划设计规范和住宅设计规范相对也比较完善。在计划经济思想的指导下，考虑分房的平均主义和日照间距等因素，居住小区规划布局以行列式为主；生活服务按照居住区配套千人指标设置；住宅满足基本的功能需求，平面设计采用标准图，建筑外形简洁、千篇一律。

1978 年至 1998 年是居住区规划设计理论方法进一步发展成熟和小康住宅实验的高潮期。改革开放后，随着住房制度改革，对居住区规划和住宅建筑设计提出新的要求。高校和设计院所一直进行居住区规划设计和住宅设计理论及技术的研究教学。各地也在进行新的探索。建设部于 1986 年开始抓城市住宅小区建设试点。天津、济南、无锡的三个小区是第一批试点。以后，在全国范围内开展了试点工作，第

二、三、四批试点共有 78 个小区。为把全国城市住宅建设总体质量水平提高到一个新的高度，在数量和质量上全面实现 20 世纪末我国人民达到居住小康目标，政府决定在继续直接抓一部分全国性试点的同时，由各省、自治区、直辖市参照全国试点的做法，开展扩大省级试点工作。政府提出 1997 年有 10%、2001 年有 25% 的新建住宅小区达到或接近试点小区的水平。据统计，至 1997 年年底，全国有部级和省级试点小区 381 个。为了解决城市住房问题和实现建成小康社会的目标，政府先后提出"安居示范小区"和"康居示范小区"标准。城市住宅小区建设试点对丰富和提升居住区规划和住宅建筑设计发挥了很好的作用，这是靠各级领导重视、专家和规划设计单位认真负责、开发企业积极参与来推动的。

1999 年至今是我国住房使用制度改革和房地产发展的新时期。2000 年以后，形势发生变化，住宅建设规模急剧扩大，城市住宅小区建设试点这种以政府主导的传统方法已经无法适应市场化为主的房地产开发的新形势。房地产开发企业成为主体，通过招拍挂获得居住用地，主导规划设计和建设销售。实事求是地说，这段时期的城市规划工作大大加强。基本所有城市都编制了城市总体规划，提高了控制性详细规划的覆盖率。同时，为应对房地产开发，很快形成了一套成熟的规划管理机制。城市规划编制单位编制控制性详细规划，居住区控规主要还是以居住区规划设计规范和相应规定为依据；城市规划管理部门依靠批准后的控制性详细规划和居住区规划设计规范以及相应日照、间距、停车等规定核提土地出让的规划设计条件；土地管理部门对土地进行整理，使用权出让。房地产开发企业通过招拍挂获得土地后，委托规划和建筑设计单位按照土地出让合同、控制性详细规划和居住区规划设计规范、住宅建筑设计规范等各种规范和国家标准，编制修建型详细规划和建筑设计方案，获得批准后组织实施。建筑设计单位按照批准的规划，进行建筑方案设计和施工图设计，按时完成设计，以保证项目开工销售为主要目标。在进行修建型详细规划和建筑设计方案审查和审批时，城市规划管理部门只能依靠控制性详细规划、土地出让合同、规划设计条件和建筑管理技术规定等进行居住区修建型详细规划和住宅设计的审批管理，没有其他成熟应对的规划管理办法，更多的发言权可能是对建筑的立面提出意见。居住区规划设计理论没有在根本上从适应市场经济的角度进行创新。

2. 保障性住房的规划设计

我国保障性住房的建设经历了几个高峰。新中国成立后，配合工业项目的建设，规划建设了一批工人新村等住宅。可以说，这是第一次政府主导住宅建设的高峰。改革开放后，为解决住房建设的历史欠账问题，各级政府通过各种渠道解决住房短缺问题。成片的经济适用房建设是主要方式之一，如天津的华苑、万松等大型居住区，北京著名的回龙观居住区等。第三次高峰是 2013 年，为应对金融危机，解决房价

Public Housing
居者有其屋

天津滨海新区首个全装修定单式限价商品住房佳宁苑试点项目
The Pilot Project of First Full Furnished
Order-oriented Price-restricted Commercial Housing —Jianingyuan,
Binhai New Area, Tianjin

上涨过快问题，国家决定加大公租房建设，计划三年内建成3000万套。由于数量大，大多数城市也采用大规模居住小区的开发方式。

2000年以来，滨海新区为解决外来务工人员的住房问题，开始大规模的保障房建设。由于时间紧，建设量大，也都是采用传统的居住区规划设计方法。如滨海新区主要的定单式限价商品房区域——滨海欣嘉园，占地1平方千米，建筑面积150万平方米。虽然有意加密了路网，但每个地块的面积在6公顷左右，建筑面积12万平方米，1200多户。绝大部分是高层住宅，90平方米以下户型占绝大多数，少量120平方米以下户型，均为毛坯房。另外，滨海新区主要的定单式限价商品房项目——中建幸福城，占地20公顷，建筑面积40多万平方米，4000多套住宅，90平方米以下户型占绝大多数，少量120平方米以下户型，均为毛坯房，建筑上多层与高层相结合，规划的也是一个封闭的小区。

3. 保障性住房规划设计的主要特点和存在的问题

在布局形态方面，规划设计有两个共同特点，一是超大封闭的街廓尺度，一是南北向行列式的绝对主导地位。这些特点都有着深层的社会原因，简而言之，前者满足了人们对人车分流、安静住区的基本生活期盼；后者则可以使居住单元获得良好的通风、采光等卫生条件，更重要的是符合快速向居民提供住房的建设速度要求。然而，这样的布局对城市居住者考虑不足，对城市的贡献只有"围墙"。

在过去二十年间，中国的住房建设以惊人的速度不断发展，以至规划的基础原型与建筑形态都采用简单且可快速复制的形态：不断重复的行列式建筑、极宽的街道、漠视行人

与自行车交通的超大封闭街廓，这成为中国住区建设甚至城市建设的主流都市形态。

在这种机制下，经过长时期的建设发展，一方面，我国城市建设取得巨大的成绩，城市快速扩展，日新月异。另一方面，除住房价格高于居民家庭实际收入等问题外，也导致严重的城市问题。由于商品住房用地完全采用招拍挂方式，价高者得，这使得区位好的土地价格快速提高，直接导致市中心住房价格高涨。开发商以利益最大化为目标，为了卖好价钱，保证项目投入，一方面提高单体建筑和房型的建筑设计和建设质量水平；一方面追求规模效益，超大楼盘、高楼林立、保安把守的封闭小区成为主流。大量不合实际、铺天盖地的广告充斥于市场和人们的脑海中。为了营销，有的小区内部建造得像盆景花园一样，环境很漂亮，也满足千人指标的要求，但配套设施不完善，"围墙"是对城市的唯一贡献。在城市边缘，由于配套不完善，虽然土地价格便宜，但房价难以上涨，而各种税费与高档房无区别。因此，开发商为了获得利润，严格控制成本，造成新建小区配套不完善，建筑质量不高等问题。同时，房地产开发与教育、卫生、民政等配套设施建设一般不同步，开发商主导的居住区建设也没有形成集中的邻里或社区中心，商业也没有发展的空间，造成居民实际生活不方便。另外，由于开发商只负责开发销售，入住后管理由物业公司负责，缺少完善的衔接和社区管理机制，建成的小区，无论保障房还是商品房，缺乏邻里交往和社会治理空间，许多面临市政配套不完善、电梯发生故障、停车难、卫生差等严重的物业管理问题，量大面广，影响深远，同时造成城市交通拥挤、环境污染、城市空间丢失、

特色缺失等"城市病"。

不可否认的是，导致这些问题的一个重要原因是房地产开发企业主导的城市社区规划设计存在缺陷，不合理的社区规划设计是造成"城市病"的主要原因之一。虽然目前中国城镇人均住房建筑面积达到36平方米，居于世界较高水平，但与面积标准不相适应的是，住宅社区的规划设计和住宅的功能质量与发达国家相比还有较大差距。居住区规划理论研究不深入，停滞不前，国家居住区规划设计规范几十年没有根本改变，没有考虑市场经济发展的多样性，缺少城市设计以人为本、强调城市空间、住宅多样性、城市丰富性的思想和方法，不重视城市街道、广场空间的设计，缺少系统的理论研究指导。居住区规划设计简单化，对城市整体功能环境考虑不够，不能从城市整体的角度来考虑居住区的交通、环境、绿化、配套服务和社区管理等问题，居住区规划管理不着要点等。

当然，造成这样的结果不仅仅是城市规划管理的问题，原因是多方面的，包括政府经营城市的方式粗放，各行业管理部门缺乏综合协调等，如土地部门片面强调中国人多地少，因此应提高土地使用强度。当然，这样做政府可以提高土地出让收益，配套相对容易，也正符合开发商的意愿。城市道路规划建设管理职责不是很清晰，城市道路、市政、交通和交管部门缺少统筹，事前参与规划的力度不够。开发商要求取消城市支路，领导一般也支持，这样一可以减少土地出让的次数，二可以减少道路建设开支和日常维护开支。因此，普遍造成小区规模大、城市道路密度越来越小的问题。为应对不断增加的汽车拥有量，交管部门提出居住区配建停车位

的指标。为了建设园林城市和生态城市，园林绿化部门提出居住区绿地率要达到40%以上，片面强调绿化指标。由于容积率高，按照日照和建筑间距，以及停车、绿地率的要求，无论在大城市还是小城市，抑或一些偏远郊区和农村，居住小区形成住宅高楼林立的局面。小区地下开挖用于停车，地下车库屋顶用于绿化，实际很难真正种植比较高大的树木。这样的模式开发商喜欢，建筑师喜欢，建筑施工企业喜欢，银行也喜欢。道理很简单，因为高层住宅建筑标准层多，设计和施工相对容易，节省时间，提高效率，效率就是金钱。另外，教育、卫生、民政部门前期参与开发审批管理少，现在规划部门在审查规划时也邀请各相关部门参与，但没有真正形成合力。住区规划则呈现出以高层住宅为主的多样性布局特征。

健康的住宅是健康城市的基础，日常生活中每天感受到的点滴幸福就是城市整体幸福感的源泉。当今，中国的大量现代居住小区可基本满足日照、通风等空间需求，人们却开始怀念起看似拥挤嘈杂却热闹亲切的传统生活，无论北方的四合院、胡同还是南方的三间两廊与小巷，都曾给居住者带来愉悦的社区生活体验。我们相信，在一个理想的社区中，物质空间的基本功能只是第一步，情感品质更需要设计者的精心考量。佳宁苑试点项目尝试通过缩小街廓尺度、组织安全便利的交通流线、采用围合式的布局方式，以及进行精致的户型设计、改革和创新社会管理等，营造富有魅力的庭院生活、街道生活、城市生活，让居民在此真正获得生活的安心与快乐。

Public Housing
居者有其屋

天津滨海新区首个全装修定单式限价商品住房佳宁苑试点项目
The Pilot Project of First Full Furnished
Order-oriented Price-restricted Commercial Housing —Jianingyuan,
Binhai New Area, Tianjin

二、滨海新区住区规划和佳宁苑周边规划的思路

佳宁苑试点项目位于滨海新区核心区的中部新城北起步区的临港示范社区（散货物流生活区），也是散货物流搬迁的启动区。

1. 中部新城北起步区概况

中部新城占地 5200 公顷，北临于家堡中央商务区，东临临港经济区，南临南港经济区，西临西部生态城区。区域内除居住功能外，还布置了三大产业区：中心服务区、都市工业区、社区产业区。

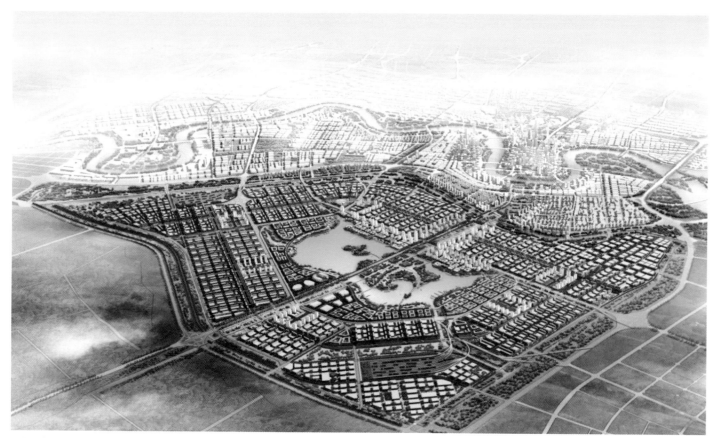

北组团鸟瞰图

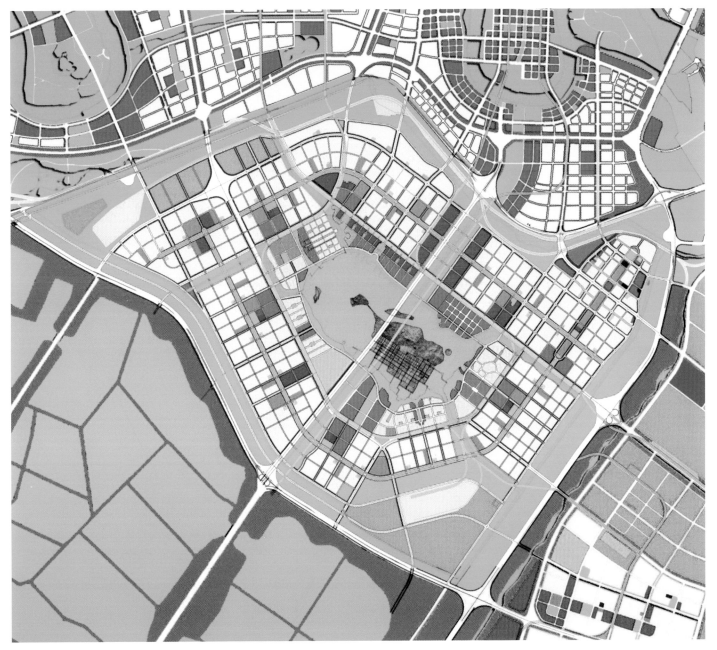

北组团控规图

Public Housing
居者有其屋

天津滨海新区首个全装修定单式限价商品住房佳宁苑试点项目
The Pilot Project of First Full Furnished
Order-oriented Price-restricted Commercial Housing —Jianingyuan,
Binhai New Area, Tianjin

2. 中部新城北起步区规划简介

北起步区位于中部新城的东北部，占地 292.95 公顷。规划用地四至范围：东至海滨大道，南至北环路（规划），西至银河七路（规划），北至大沽排污河。采用"窄马路、密路网、小街廓"的规划布局，佳宁苑是其中一个街坊，位于中央绿轴的西北角。

北起步区位置图

北起步区鸟瞰图

　　北起步区的整体规划思想参照"新城市主义"的城市规划理念——营造城镇生活氛围，打造紧凑的多功能社区和适合步行的街区等。北起步区整体规划具有"窄马路、密路网、小街廓"、点式加围合的特点。道路系统采用开放式的棋盘网格局，街廓尺度为130～200米，提倡围合与半围合街坊布局。道路性质分交通型街道和商业生活型街道，沿商业型道路设置沿街商业，沿交通型道路不得设置沿街商业；集中设置公共开放空间和社区服务配套，包括社区公园、社区中心、邻里中心、教育设施等。住宅体系分级为：社区级—邻

里级—邻街坊级，对应常用的"居住区—邻居住小区—邻组团"住宅体系分级概念。

　　散货物流生活区是搬迁的起步区，整体规划思想参照"新城市主义"的城市规划理念，整体规划具有小街廓、密路网、地块建筑围合的特点，营造城镇生活氛围，打造紧凑的多功能社区和适合步行的街区等。道路系统采用开放式的棋盘网格局，街廓尺度为130～200米。道路性质分交通型街道和商业生活型街道，沿商业型道路设置沿街商业，沿交通型道路不得设置沿街商业；集中设置公共开放空间和社区服务配

Public Housing
居者有其屋
天津滨海新区首个全装修定单式限价商品住房佳宁苑试点项目
The Pilot Project of First Full Furnished
Order-oriented Price-restricted Commercial Housing —Jianingyuan,
Binhai New Area, Tianjin

套，包括社区公园、社区中心、邻里中心、教育设施等。住宅体系分级为：社区级—邻里级—邻街坊级，对应常用的"居住区—邻居住小区—邻组团"住宅体系分级概念。得益于合适的街坊尺度，每个地块内部居民的凝聚力大大增强。

散货物流生活区的控制性详细规划于 2009 年编制完成，严格按照相关规定，对"六线"进行控制，包括道路红线、轨道黑线、绿化绿线、市政黄线、河流蓝线以及文物保护紫线。同时，重点对保障城市公共利益、涉及国计民生的公共设施进行预留控制，包括教育、文化、体育、医疗卫生、社会福利、社区服务、菜市场及公交站、停车场和市政设施等，保证规划布局均衡便捷、建设标准与配套水平适度超前。

为了提升建设管理水平，我们要求天津港散货物流公司委托规划院编制 1 平方千米生活区的城市设计，把城市设计作为提升规划设计水平和管理水平的主要抓手。城市设计提倡围合与半围合街坊布局，不仅规定开发地块的开发强度、建筑高度和密度等，而且确定建筑的体量位置、贴线率、建筑风格、色彩等要求，包括街道景观家具的设置等内容，作为区域规划管理和建筑设计审批的依据。实践证明，与控制性详细规划相比，城市设计导则在规划管理方面可更准确地指导建筑设计，保证规划、建筑设计和景观设计的统一，塑造高水准的城市形象，营造舒适宜人的建成环境。

北起步区整体规划具有如下特点：

（1）道路系统采用开放式的棋盘网格局，街廓尺度为 130～200 米，提倡围合与半围合式街坊布局。

（2）道路性质分交通型街道和商业生活型街道，沿商业型道路设置沿街商业，沿交通型道路不得设置沿街商业。

（3）集中设置公共开放空间和社区服务配套，包括社区公园、社区中心、邻里中心、教育设施等。住宅体系分级为：

社区级—邻里级—街坊级，对应常用的"居住区—居住小区—组团"住宅体系分级概念。

（4）每个地块内部居民的凝聚力大大增强，居民可享受完善的配套设施服务和丰富的社区生活。

3. 佳宁苑项目规划配套设施

中部新城北起步区路网间距为 130～200 米，住宅地块按容积率 1.6～2.0 的规划条件，每个住宅地块建设规模是一个组团级规模，即"街坊"。

配套设置的基本原则是：不拘泥于固有规范的指标限制，从保障性住房项目实际出发，以方便居民日常生活为宗旨。

三、佳宁苑试点项目规划设计的目标

佳宁苑试点项目建设的目的，一方面是验证滨海新区保障性住房制度改革的主要内容、相关政策方面创新，如房屋价格的检验，另一方面是探索如何进一步提高保障房的规划设计水平，改变"传统的保障房是低档房"的概念，使保障房成为我国全面建设小康社会的高品质主流住房。为了实现这一目标，我们努力做好以下几个方面的工作：

1. 佳宁苑试点项目的规划布局

佳宁苑位于临港社区，通过对"窄马路、密路网、小街廓"新型社区的规划，探索住房社区规划设计的高品质，营造宜居的城市环境和建筑肌理。

临港社区城市设计可指导佳宁苑试点项目的规划布局，与传统居住区规划不同的是，更考虑外部城市空间的塑造。佳宁苑试点项目的规划设计首先满足整个地区的要求，小街廓、密路网、社区配套集中，形成社区中心、邻里中心，街坊内只配置物业和业主委员会的用房。按照区域城市设计，佳宁苑应采用围合式空间布局，沿东侧生活性道路平行布置，

一、二层为商业和业主委员会、物业管理用房，形成完整的城市界面，商业店面提升城市街道活力，完善配套，方便生活。同时，根据销售对象人群生活习性，安排街坊内部功能，组织安全、便利的交通流线，营造有利于身心健康、便于交往的生活空间，适应和引导居民的现代生活。整个规划以现行规范为基础，有少许变化的尝试。如局部地上车库可兼做景观平台，不记入容积率和建筑密度；车库屋顶可上人绿化平台，记入绿地率。

2. 佳宁苑试点项目的户型设计和建筑设计

为改善城市住宅特别是保障性住房的品质，我们学习借鉴新加坡、日本等国的先进经验，开展政府主导的滨海新区定单式限价商品住房指导房型研究，同时建立滨海新区保障性住房研发展示中心，将定单式限价商品房政府指导房型建成样板间，进行实物展示，供公众提出意见、建议。通过指导房型的研究，强调住房功能和建设的高质量、高水平。2011 年 12 月和 2014 年 5 月，滨海新区规划和国土资源管理局分别主办了第一、二届新区住房规划与建设专家研讨会，邀请国内住房方面的顶尖专家对新区住房制度改革政策、"十二五"规划、社区规划以及政府指导房型进行研讨。会上国内外建筑专家对滨海新区住房制度改革和规划给予了肯定，同时也提出了中肯的意见。他们对指导房型提出了非常详细、深刻的意见，使我们获益匪浅。房型研究目的在于通过长期的研究和实践建立一套完善的住房设计体系，通过对该体系的不断优化完善以满足不断变化的使用需求，增强住宅设计的科学性，提高住宅设计的效率，缩短住宅建设周期，降低住宅建设的资源消耗，为提高住房设计和建造水平奠定坚实的基础。

作为政策性保障住房，政府应给予补贴资助，这涉及公平问题，因此，必须确定标准，包括人均和户均面积以及套型标准。对于量大面广的住宅建筑，应提高规划设计建造水平，实现工业化、部品化、标准化。改革开放前，我国的家庭住宅建筑面积平均 55 平方米，人均约 18 平方米；政府非常重视住宅人均面积标准的研究控制，并一直进行标准图和预制工业化尝试探索。改革开放后，特别是 2000 年后，住宅商品化快速发展，住宅的类型变得多种多样，户均面积不断增加，从 55 平方米、65 平方米到 75 平方米，今天，90 平方米成为主导户型。虽然面积越来越大，户型越来越丰富，但每次都重新设计，在有限的时间内，不可能做到完美无瑕，因此造成许多设计和质量问题，工业化、部品化不发达。

针对以上问题，借鉴新加坡、日本等国的先进经验，结合滨海新区的实际，我们开展了滨海新区定单式限价商品住房指导房型研究，经过深化研究、样板间检验、完善设计，形成了具有滨海新区特色、高品质的公共住房第一代指导房型（2.0 版）。佳宁苑试点项目住宅户型就是《滨海新区定单式限价商品住房指导房型（2.0 版）》中的指导房型，旨在为今后的批量生产提供指导，为用户提供使用体验，并不断总结经验，进一步提高指导房型的设计水平。

滨海新区定单式限价商品住房指导房型具有舒适性、适用性、文化性和经济性原则。户型功能设计结合地域特征和时代特点，符合人体工效，促使人们养成良好的起居习惯，体现丰富的居住文化，具备起居、餐食、洗浴、就寝、工作学习和储藏等六大基本功能，保证各功能特别是厨房、卫生间合理的面积标准；户型设计注重合理的功能分区和和谐的空间关系，做到公私分区、动静分区、洁污分区。厨房、餐厅、起居室作为主要活动区集中布置，卧室、卫生间、洗衣房等房间相对集中布置，流线清晰，互不交叉干扰。空间具

Public Housing
居 者 有 其 屋

天津滨海新区首个全装修定单式限价商品住房佳宁苑试点项目
The Pilot Project of First Full Furnished
Order-oriented Price-restricted Commercial Housing — Jianingyuan,
Binhai New Area, Tianjin

有较好的舒适度与便捷性，起居室、至少一个卧室朝阳布置，厨房、卫生间全明，晾晒阳台享受太阳直射。设计入口玄关的过渡空间，客厅阳台与晾晒阳台分设，采用全整修，避免二次拆改的浪费和污染行为。

佳宁苑试点项目住宅户型主要有四种：一是 65 平方米的一室两厅一卫，占 10%；二是 75 ~ 88 平方米的标准两室两厅一卫，占 30%；三是 93 ~ 103 平方米的小三室（大两室）两厅一卫，占 30%；四是 128 平方米的三室两厅两卫，占 30%。在户型面积上，以实际设计结果为准，没有机械地规定"不能超过 90 平方米、120 平方米"。由于楼高不一样，公摊面积也有所不同。18 层为两部电梯，每梯 3 户；11 层一部电梯，每梯三户；7 层一部电梯，每梯两户。电梯间要求有自然采光和通风。户型设计做到全明，所有房间均可享受自然采光和通风。入口处设置玄关。厨房和卫生间尽可能标准化设计。卫生间配南向洗衣用阳台，避免传统的客厅阳台作为晾晒阳台而形成干湿交叉，从而对起居环境造成不利影响。同时，考虑潜伏设计，满足家庭人口变化和老龄化需求。

3. 佳宁苑试点项目的全装修

项目在建设初期，已经明确佳宁苑项目是全装修交房标准，这符合国家鼓励的方向，可减少拆改浪费和环境污染，也真正解决了新区中等收入员工工作繁忙的实际困难。装修后房屋价格增加 10% 左右，由于是批量装修，可以降低材料、设备等价格，保证质量。装修纳入总房款，等于可以分期付款，可减轻客户初期购房的经济压力。

佳宁苑试点项目的全装修交房标准，对设计提出了新的要求，在建筑设计初期，装修设计需要介入，对户型方案、水电点位、材料等提出意见，进行优化，使土建与装修和谐统一，避免二次拆改，更好地实现住宅的实用性和舒适性。装修标准经过研究，确定为 700 元／平方米，相当于市场价格 1000 元／平方米。装修设计在造价控制、材料和部品选择上，重视性能价格比，尽可能选择质量好、价格适中的国产品牌产品，体现保障性住房的特色，具有示范意义和可推广性。

4. 绿建、工业化和 BIM 应用

量大面广的定单式限价商品住宅建筑，通过指导房型的设计可以逐步实现标准化，为实现工业化、部品化提供条件，并为提高住宅建筑的规划设计建造水平提供保障。BIM 技术可为提高规划设计水平和效率提供强有力的保障；同时，通过绿建规划设计，可以提高社区的可持续发展水平，降低运营能耗和成本。

第二章　佳宁苑试点项目规划设计

佳宁苑是滨海新区首个全装修定单式限价商品住房试点项目，为了使规划设计达到高水平，项目建设方、政府相关管理部门与规划设计单位进行规划布局的多方案比较，就一些问题的解决方案和一些设计细节反复论证。规划设计在符合国家和天津市相关政策标准规范的基础上，争取有所提升和创新，为普通大众提供高品质的保障性小康住房，为滨海新区住房制度改革积累经验，在天津乃至全国起到示范和引领作用。

一、项目位置及周边用地环境

佳宁苑定单式限价商品住房试点项目位于散货1.2平方千米生活区，即临港示范社区内，东至银河四路，南至金岸二道，西至银河五路，北至金岸一道。项目用地为空地，四周道路已建成。项目东侧为规划的公共服务轴，公共服务轴沿线是一系列公共场所，包括公园、学校、公交广场等。目前，泰成公园已建成；听涛苑基本完工，即将入住；万科金域国际正在建设和销售。邻里中心包括幼儿园、居委会、超市等，即将启动。佳宁苑试点项目周边皆为即将开工的居住项目。

二、规划理念

如何使定单式限价商品住房在限制造价的情况下达到小康水平，既是规划设计的出发点，也是落脚点。居住社区规划设计的宗旨是从居住者的角度出发，体现城市和社区"以人为本"的情怀。保障性住房的社区规划设计除满足客户群

起步区鸟瞰

体的基本居住物质需求外，还应以满足住户的精神需求为目标，根据入住人群的生活习性，安排社区功能，合理布置住宅建筑的朝向位置，组织安全、便利的交通流线，营造有利于身心健康、便于交往的生活空间，适应和引导居民的现代生活。同时，积极融入城市、社区生活。

佳宁苑试点项目作为一个面积1.73公顷的街坊，其规

Public Housing
居者有其屋

天津滨海新区首个全装修定单式限价商品住房佳宁苑试点项目
The Pilot Project of First Full Furnished
Order-oriented Price-restricted Commercial Housing —Jianingyuan,
Binhai New Area, Tianjin

划布局遵循上位规划，按照"新城市主义"的城市规划理念，塑造紧凑的多功能社区、适合步行的街区，并营造城镇生活氛围，实现社区和谐的目标。

三、规划布局

佳宁苑试点项目的规划布局考虑城市活力空间的塑造，在使居民获得丰富的社区生活、提升街道活力的同时，也充分考虑住宅建筑的朝向及街坊内部环境的塑造，合理安排停车和配套，每个街坊内部的凝聚力也得以加强。要真正做到这一点，首先要充分理解上位规划设计理念和要求，并将其延展深入、落在实处。同时，必须理清几个问题。

1. 明确采用小高层为主的半围合式规划布局

(1) 开发强度与建筑高度。

目前，我国的保障性住房为降低地价和成本，容积率一般在2.0以上，有时为2.5甚至更高，造成保障房小区都是由24层到33层(100米楼高内最多层数)的住宅建筑组成的。不仅社区感受不佳，使用不便，而且为今后运营管理埋下难题。同时，作为"窄马路、密路网、小街廓"社区，塑造适宜的空间和街道尺度，建筑应以多层为主。综合考虑地价、城市发展等因素，滨海新区在中部新城规划中提出住宅以小高层为主的思路，地块容积率为1.6～1.8。

佳宁苑容积率1.8，适中略高。规划布局的策略是：板塔结合、高容低密、高绿地率、舒适宜居。提高容积率最简单的方法是增加楼层数，但层数过高，无论是外部空间还是一层多户的住宅单元户型模式，都会给人们使用不便和不舒适的心理感受。同时，超过18层的住宅在楼梯、电梯、防火、排烟等设施方面的建造和维护成本都比18层以下住

宅有大幅增加。佳宁苑规划方案中将最高楼层数控制在18层，整个街坊由性价比较合理的7层、11层、18层的楼栋组成。

(2) 住宅建筑朝向与围合空间。

目前，天津等北方城市的住房开发规划中，受市场影响，住宅建筑主要采用南北向行列式布局，无论条形的多层住宅还是以点式为主的高层住宅均如此。这样布局，街坊与城市道路相接形成的边界空间，均以住宅山墙或街坊围墙面对城市街道，街道缺少活力。

按照"窄街道、密路网、小街廓"的规划布局，建筑平行建设、沿路布置。佳宁苑所在临港示范社区路网为南偏东30°，考虑到住宅建筑的日照和市场需求，确保本次试点住宅以南北向为主布置。

佳宁苑地块东南方向紧邻生活性道路(银河四路)，且道路对面为泰成公园与邻里中心及配套商业。规划设计从生活便利性、景观、朝向等方面都支持沿街布置街墙式多层建筑的构思。规划延续上位规划，尝试采用半围合布局，在生活性道路一侧建筑形成连续的城市空间界面，商业也保持了延续。获得完整的城市街道和街坊内部空间的同时，提升了街道的活力。街坊其他沿街界面建筑没有完全围合布局，而是以点式建筑界定半围合空间，沿街设置绿化带，以林荫道的形式出现，这样的半围合布局是一种折中的围合布局方式实验。

(3) 地面停车与绿地率。

佳宁苑用地较小，布局紧凑，其停车方式无论是采用地下停车还是地面停车对街坊的规划布局均会有较大影响：若只采用地面停车，则会降低绿地率；若全部采用地面机械停

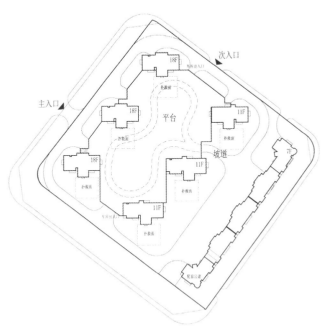

规划方案演变过程一

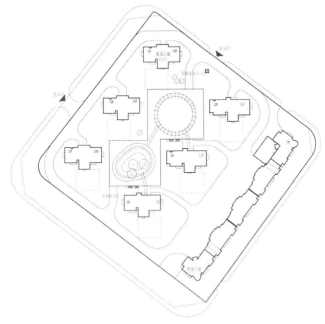

规划方案演变过程二

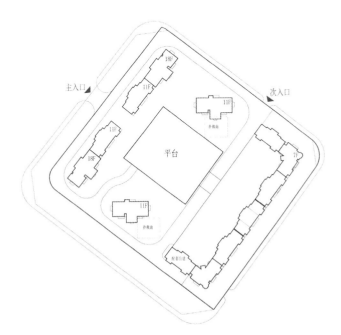

规划方案演变过程三

最终定稿方案

Public Housing

居者有其屋

天津滨海新区首个全装修定单式限价商品住房佳宁苑试点项目
The Pilot Project of First Full Furnished
Order-oriented Price-restricted Commercial Housing —Jianingyuan,
Binhai New Area, Tianjin

车或全地下停车则造价偏高。由于地下车库面积较小，设置车库坡道会明显降低车库的使用效率和经济性，需要采用更合适的停车方式。经过比较，总的思路是采用地面停车，使用停车绿化平台来解决绿化率的问题。

2. 规划方案设计演进过程

以上有关建筑高度、半围合布局和停车的原则确定后，就具体规划布局形式又进行了多轮比较。

（1）初始布局以首层架空车库形成的整体底盘连接各高层住宅楼。这种布局的车库利用率较高，不利之处是首层无法作为住宅，降低了地上建筑的利用率；楼体数量过多导致建筑拥挤且无法形成开敞的中心庭院；更重要的是，消防审批部门要求必须设置消防车通向车库屋面平台的坡道，以满足高层住宅的消防扑救要求，这需要平台承受更大的荷载，含钢量的增加提升了建造成本；由于街坊地块较小，设置坡道会减少车库的有效面积。

（2）后续将车库体量收缩与住宅分开，使每栋住宅都能布置各自的消防扑救场地，满足消防要求，但车库布局十分局促，无法满足停车数量要求。后续又减少了一栋楼，将面积放在 7 层住宅的两个转角，在面积不变的情况下尽可能扩大停车层和绿化平台面积，集中设置在用地中部；楼体布局虽有围合，但建筑群体缺少秩序感，多数住宅无法拥有最佳朝向。

（3）最终的定稿规划方案，沿地界周边布置 1 栋 7 层、2 栋 11 层、3 栋 18 层住宅。高层住宅单体南北向布置，7 层住宅顺应街道走向布置。高层住宅有环形消防车道，并且南面设置消防扑救场地。住宅沿路边布置，街坊中央形成相对集中的停车库，车库屋顶作为绿化景观活动场地。此布局既兼顾了住宅建筑的日照、朝向和通风，满足了消防审批要求，又考虑了城市街道空间效果，形成了围合又通透的街坊空间。

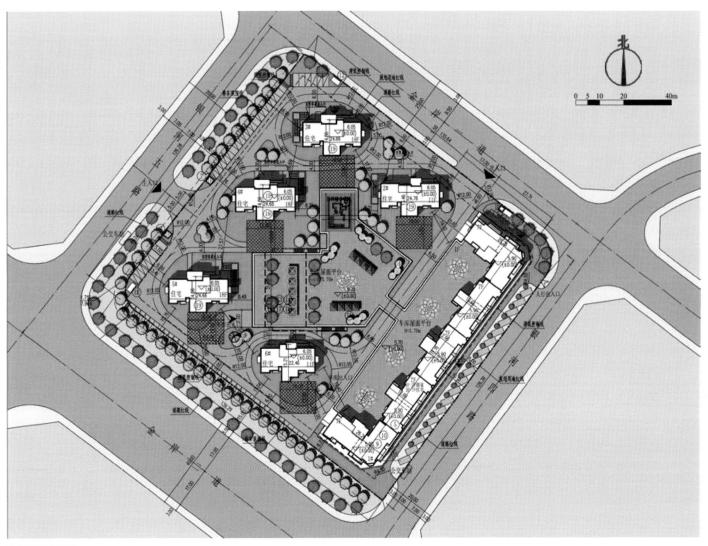

佳宁苑总平面图

Public Housing
居者有其屋

天津滨海新区首个全装修定单式限价商品住房佳宁苑试点项目
The Pilot Project of First Full Furnished
Order-oriented Price-restricted Commercial Housing — Jianingyuan,
Binhai New Area, Tianjin

佳宁苑鸟瞰效果图 1

佳宁苑鸟瞰效果图 2

Public Housing

居者有其屋

天津滨海新区首个全装修定单式限价商品住房佳宁苑试点项目
The Pilot Project of First Full Furnished
Order-oriented Price-restricted Commercial Housing —— Jianingyuan,
Binhai New Area, Tianjin

3. 规划布局和主要指标

规划设计秉承以人为本、建筑与生态并重的设计理念，注重整体结构与功能和环境的协调，力求营造一个生活环境与生态环境协调共生的宜居社区。

片区结合城市道路布置商住建筑，力求营造具有浓厚街道氛围的商业空间；片区内布置相对独立的景观核心，形成强烈的组团感；利用景观广场等景观规划技巧，将各组团景观核心整合成一个统一规整的景观系统，加强各片区的联系和整体结构的完整性。

通过居住区内外两部分复合功能的有机组合，凭借多元互动与创新发展提供持续活力，在功能上彼此互动、在空间上留有余地、在景观上相互支撑，使居住区具备强大的可持续能力与环境承载力，形成魅力十足的活力社区。

（1）功能布局：

地块地形规整，住宅及商业沿地块四周布置，使基地整体具有围合感和界限感。沿银河四路布置的商住楼丰富了建筑沿街效果，点式高层打破了封闭沿街界面，将风流引入组团内部，改善了组团内的小气候，同时形成了动静分离的内外两种空间效果。

规划布局空间关系

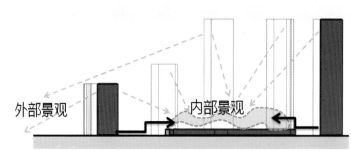

外部景观　　内部景观

佳宁苑街坊空间示意图

（2）道路交通组织：

小区避让两条城市主干道，设置两个出入口，满足日常通行和使用要求。在银河五路上开设一个主入口，在金岸一道开设一个次入口。

组团内道路分为两级，由组团路和宅间小路（兼消防车道）组成。组团路为 6 米，宅间小路为 4.0 米。其中组团路形成外环车行系统，宅间小路为步行道路兼做消防道路，串联各个住宅。

居民停车分为地面停车和车库停车两部分，地面机动车位均沿小区路环路布置，不进入小区内部；小区中心设置停车库，直接与小区路环路连接，方便停车的同时尽量减少对组团内部的干扰和环境污染。居民的自行车停放设在住宅的地下室。小区金岸二道一侧停车位布置超出规划用地红线占用绿带 5 米，银河五路一侧停车位布置超出规划用地红线占用绿带 2 米，此两处占用的绿地权属仍归国有，不归小区业主所有，由小区物业负责公共绿地占用部分的养护。

住宅出入口设置无障碍坡道，地面停车场设置无障碍停车位，满足障碍人士的通行及停车要求。

（3）绿地景观：

组团内部绿地系统由中心景观绿地、景观节点组成。中心景观绿化设置在车库屋面平台上，结合居民健身场地布置、步道联系中心景观硬质铺地、景观节点布置建筑小品等方式，丰富多变，别有一番情趣。城市级景观绿地和组团内部景观

相结合，形成完整的景观系统，自然和谐、参与感强。

（4）市政配套：

市政设施的设计以统筹依托、综合完善为原则，充分利用、协调发展、同步建设、保护环境、节约投资。完善市政配套设施功能，满足小区建设和居民生活水平的需求，达到经济、社会和环境效益统一的要求。

4. 完善街坊配套设施

（1）生活配套设施：

滨海新区结合社会制度改革将居住区分为社区、邻里、街坊三级，对应常用的"居住区、居住小区、组团"住宅体系分级概念，并集中设置社区服务配套和公共开放空间，包括社区中心、邻里中心等。

佳宁苑的建设规模是街坊级，按照《滨海新区定单式限价商品住房规划设计技术标准》和该区域控制性详细规划，居委会、幼儿园、社区服务点、社区警务室合并集中设置，避免重复建设和配套不到位，提高使用效率。目前，临港示范社区听涛苑邻里中心已建成，可为居民提供服务。便利店、早点铺、业主委员会用房、物业管理用房则每个街坊分别设置。项目配置了相应的生活配套设施，将其布置在沿街 7 层建筑的底下两层。同时，将便利店、早点铺布置在首层，便于使用；将业主委员会用房、物业管理用房布置在二层，以利于首层商业用房价值最大化。沿街底层设置的小型商铺，为居民的日常生活提供便利的条件。此外，还可以优惠的价格租售给社区居民，促进小区内居民就近就业。

Public Housing

居者有其屋

天津滨海新区首个全装修定单式限价商品住房佳宁苑试点项目
The Pilot Project of First Full Furnished
Order-oriented Price-restricted Commercial Housing—Jianingyuan,
Binhai New Area, Tianjin

（2）车辆停放：

停车始终是保障性住房规划建设面临的主要问题，定单式商品住房属于保障性住房的范围，以地下的方式解决停车问题，由于地下停车库造价高，造成房价上行，有悖于定单式限价商品住房的原则；受到绿地率指标的限制并根据街坊内环境质量的要求，又不能在地面停放过多车辆。为此，借鉴开发区、中新生态城等区域的成功经验做法，滨海新区在规划管理规定方面尝试对架空机动车库的形式给予政策支持。《滨海新区定单式限价商品住房规划设计技术标准》中明确，架空车库的屋面如果能达到覆土绿化要求，建筑面积可不计入用地容积率指标，其屋顶绿化面积可以计入绿地率指标。

佳宁苑项目共有 288 户，按照 60 ～ 90 平方米户型每户 0.7 个车位、120 平方米以上户型每户 1.5 个车位以及配套设施停车标准计算，共需停车位 246 个，其中一部分设置在架空车库内。架空车库分为两部分：用地中部设置主要的停车库，沿街 7 层建筑的背面设置小部分停车库，两部分以连廊连通，建筑面积约 3200 平方米，共设置停车位 117 个。车库屋顶设计成居民活动场地。此外，沿街坊内部的环路设置 135 个机动车位。这样，机动车全部停放在街坊外环路以及架空车库内，形成相对的人车分流。非机动车库布置在高层住宅的地下一层，既合理利用了高层建筑的地下空间，又保证了街坊内部的环境品质。

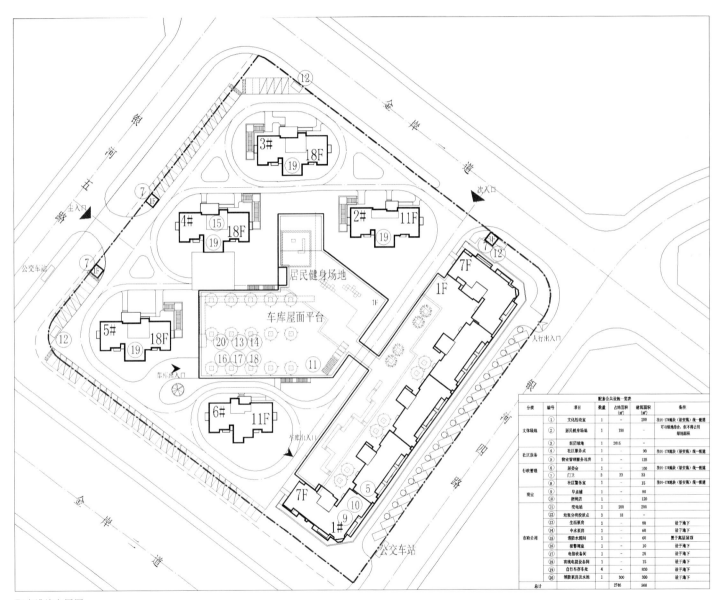

配套设施布局图

天津滨海新区首个全装修定单式限价商品住房佳宁苑试点项目
The Pilot Project of First Full Furnished
Order-oriented Price-restricted Commercial Housing —Jianingyuan,
Binhai New Area, Tianjin

架空车库局部

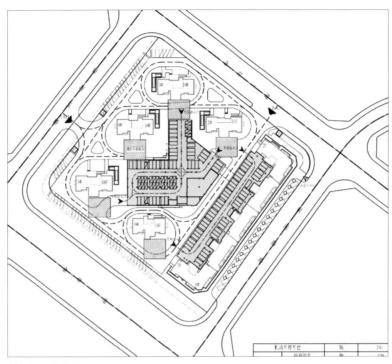

架空车库平面图

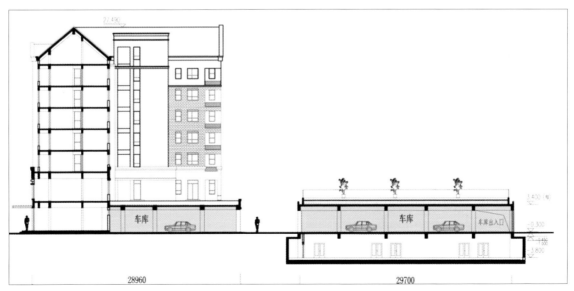

架空车库剖面图

Public Housing
居者有其屋

天津滨海新区首个全装修定单式限价商品住房佳宁苑试点项目
The Pilot Project of First Full Furnished
Order-oriented Price-restricted Commercial Housing —Jianingyuan,
Binhai New Area, Tianjin

（3）居民活动场地。

将居民主要活动场地布置在架空车库屋顶平台上。这是被建筑围合形成的内聚型空间，是整个街坊的核心，居民的日常室外休闲活动汇集于此，需要同时满足儿童、老人等各类人群的需求。平台做了功能划分，包括居民健身场地、儿童活动场地、绿化种植区。平台覆土最小处厚 600 毫米，满足了最小绿化要求，局部采用种植池，增加了覆土厚度。

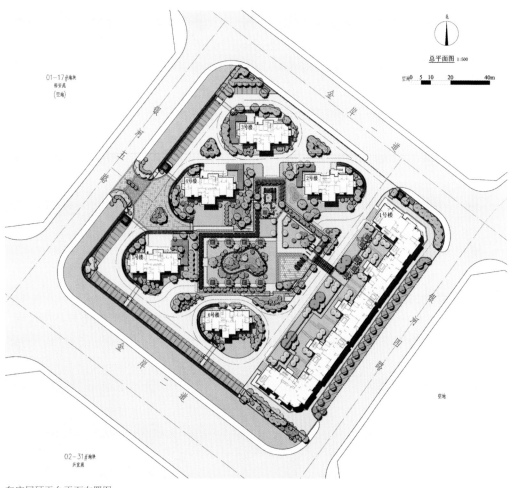

车库屋顶平台平面布置图

车库屋顶平台鸟瞰图

儿童活动场地效果图

居民活动场地效果图

（4）风雨连廊。

风雨廊连接街坊外部的公交站、街坊主入口、街坊内部停车位、住宅楼入口门厅、高架平台活动场地等，让人行交通便捷独立，避免雨雪带来不便，并在高层建筑群内部营造了温馨的近人尺度感。

街坊入口风雨廊

停车位风雨廊

风雨连廊

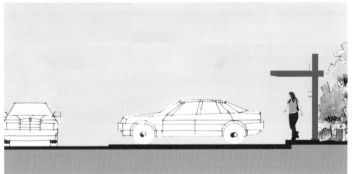

停车位风雨廊

（5）市政设备用房。

　　将配套设备用房置于架空车库的局部地下空间，包括水泵房、消防水池、报警阀室等，有效利用地下空间，提高地上空间的使用率，同时减少设备用房对住户和街坊内部环境的干扰。

街坊内部剖面示意图

Public Housing
居者有其屋

天津滨海新区首个全装修定单式限价商品住房佳宁苑试点项目
The Pilot Project of First Full Furnished
Order-oriented Price-restricted Commercial Housing —Jianingyuan,
Binhai New Area, Tianjin

四、佳宁苑规划设计的创新尝试

佳宁苑试点项目规划设计的创新首先体现在思想观念上，即提高保障房规划建设水平，必须改变传统的保障房是低档房的观念，把定单式限价商品住房等保障房作为我国全面建设小康社会的高品质主流住房；改变保障性住房大规模封闭小区的做法，在规划设计上通过"窄马路、密路网、小街廓"的高品质规划，探索住房社区规划设计的高品质，创造宜居的城市环境和肌理，活跃城市生活，让社会更加和谐美好。

佳宁苑试点项目总的目标是为中等和中低收入家庭创造温馨、良好且经济上能够负担的居住条件和环境。在合理造价的控制下，提高保障房建设标准，达到一般商品房的建造水平。这需要一些改革创新，佳宁苑项目创新的原则是在不突破现行规划设计及建筑设计规范的情况下，通过小的改善和创新，达到预期目标，且具有现实可行性。

佳宁苑作为一个占地只有1.7万平方米的小地块，规划设计首先要满足整个地区规划的"窄马路、密路网、小街廓"要求。佳宁苑试点项目规划以满足客户群体的物质和精神需求为目标，根据销售人群的生活习性，安排街坊内配套功能，组织安全、便利的交通流线，营造有利于身心健康、便于交往的生活空间，满足居民现代生活的需求。与传统居住区规划不同的是，佳宁苑试点项目规划布局不仅考虑街坊内部空间的营造，更注重外部城市空间的塑造。

佳宁苑试点项目采用以小高层住宅建筑为主的半围合空间布局和局部地上车库兼做景观平台的规划设计，这是一个折中的方案，以期获得各方面的平衡。按照区域城市设计，沿东侧生活性道路平行布置，一、二层为商业和业主委员会、物业管理用房，形成完整的城市界面，提升城市街道活力，

完善配套设施，方便日常生活。虽然建筑朝向东偏南40%，主要向东，但面朝2万平方米的社区公园，有良好的景观视野，品质不低。

其他三面为交通性道路，南侧和西侧道路红线外规划有绿化带，因此建筑没有沿用地红线、平行道路布置，而是采用常规的正南北布置点式小高层住宅，以更好地满足自然采光、通风要求，符合市场需求。外围以步行连廊、围墙及绿化形成城市界面。住宅建筑高度从东向西由7层、11层、18层逐步升高，而且最高不超过18层、50米，以减少填土面积，有效节约成本，缓解高层建筑对周围环境造成的压迫感。街坊的主入口位于西侧交通性道路上，也是城市支路，方便出行。停车标准为平均每户0.70个车位，为降低造价，没有采用地下停车库的方式，全部为地面停车。为满足绿地率要求，规划设计采用局部集中停车库的方式，车库屋顶作为屋顶绿化和活动平台。借鉴新加坡的住房建设经验，在街坊内布置基本连续的风雨廊，方便居民雨雪天出行。在处理东侧沿街建筑底层公建与城市道路的临界面时特意取消了传统的四步（60厘米高差）台阶踏步，形成自然过渡，方便商业经营，避免生硬呆板。采用多种沿街停车，方便停车，有利于激活商业，又不影响道路交通。

可以说，佳宁苑试点项目规划布局的创新以现行规范为基础，更多地考虑人使用时的便捷性；尽可能降低造价，形成较好的居住环境，注重细节设计。佳宁苑试点项目的规划布局，按照《滨海新区定单式限价商品住房管理暂行规定》技术标准，在各个方面达到示范标准。有少许的变化尝试：一是明确住宅地面的集中停车库建筑面积不计入容积率；二是小区围墙、风雨廊和停车占用3～5米的绿带。规划设计对现行规范改动有限，具有更好的可操作性。

第三章　佳宁苑试点项目景观设计

一、设计理念

（1）结合项目"新城市主义"规划理念，秉承"自然、生态、健康、公众参与"思路，营造丰富多彩的生态宜居社区景观。

（2）在建筑围合限定的空间基础上，营造居民易于接受且舒适多元的场所环境。

二、设计目标

以宜人的空间尺度、绿色生态的宜居环境及多样的活动空间营造温馨熟悉的生活感受和归属感。

三、设计意向

（1）切合项目实际情况、经济适用、不奢华、不造作；既控制初期投资，又兼顾项目后期维护。

（2）在控制成本的前提下，体现项目自身特色。景观设计巧妙利用规划及建筑设计阶段提出的创新点，例如车库平台、风雨廊等，达到功能与形式的协调统一；在景观设计上探索创新，提升住区品质，力求对保障性住房项目起到指导作用。

佳宁苑试点项目的景观设计，与规划设计和建筑设计紧密结合。景观设计师充分领会项目整体规划意图，极富创造性地提出景观设计意向及效果建议。

四、设计特色

（1）车库屋顶平台绿化是整个场地的核心，是居民日常室外休闲活动的主要场所，也是每户住宅景观视线的交会点，应使其在俯瞰视角及现场亲临感受上都成为街坊内的亮点。平台呈不规则形状，景观设计因地制宜地将平台整合设计成不同功能区，满足不同的活动需求，包括居民健身活动区、儿童活动区、平台种植区。1号住宅楼在二层位置与平台场地相连，并通过一座小桥连通屋顶平台主活动区。沿车库外侧墙面设置垂直绿化，以绿化的方式弱化车库的体量感，使其更好地与环境相融合。

天津滨海新区首个全装修定单式限价商品住房佳宁苑试点项目
The Pilot Project of First Full Furnished
Order-oriented Price-restricted Commercial Housing —Jianingyuan,
Binhai New Area, Tianjin

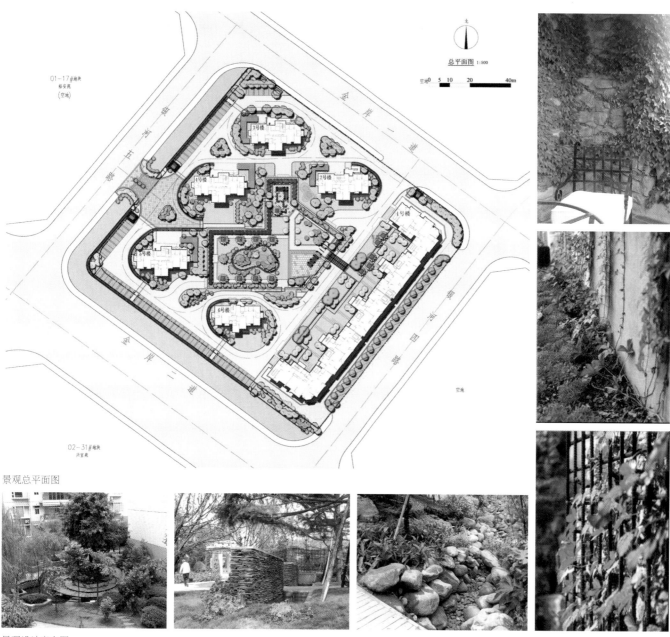

景观总平面图

景观设计意向图

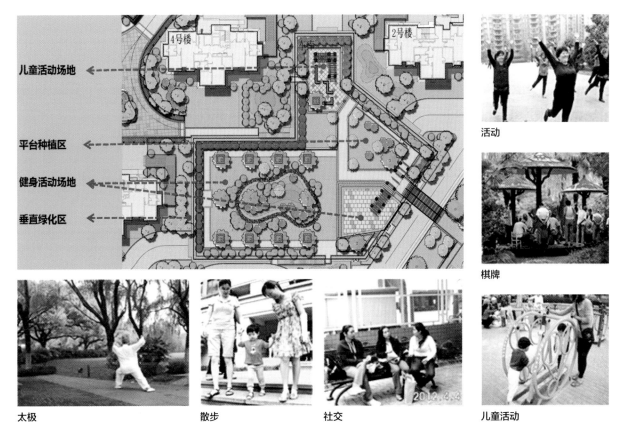

儿童活动场地 ←

平台种植区 ←

健身活动场地 ←

垂直绿化区 ←

活动

棋牌

太极　　　　　　散步　　　　　　社交　　　　　　儿童活动

活动场地分区及场地功能意向图

（2）为了使居民的户外活动免受天气干扰，我们借鉴新加坡的住房建设经验，尝试设置风雨廊。风雨廊连接主入口、街坊环路停车位、住宅楼首层入口门厅，顺着住户停车后行走的回家之路进行道路铺装；与地面上的风雨廊相呼应，在屋顶平台设置廊架，拓展恶劣天气下的公共活动空间，增加温馨的归属感。

（3）小区内交通路线设计原则为人车分流，车辆行驶停靠集中在地面。居民活动集中在二层车库平台，通过风雨廊、楼梯及天桥紧密联系，从1号住宅楼二层出入口可直接进入车库平台庭院。机动车可停泊在街坊内设置的外环路停车位，也可以停放在架空车库内；自行车停放于地下车库中，以减少对街坊内居民活动的干扰，使街坊内的步行活动更加便捷、畅快。

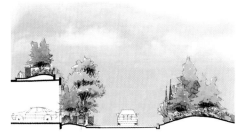

场地剖面示意图

Public Housing
居者有其屋

天津滨海新区首个全装修定单式限价商品住房佳宁苑试点项目
The Pilot Project of First Full Furnished
Order-oriented Price-restricted Commercial Housing —Jianingyuan,
Binhai New Area, Tianjin

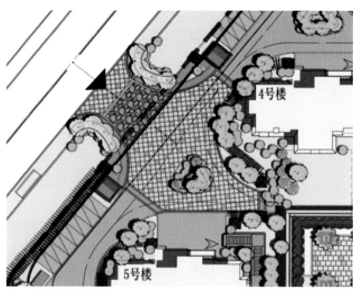

入口景观设计

健身活动场地平面布局

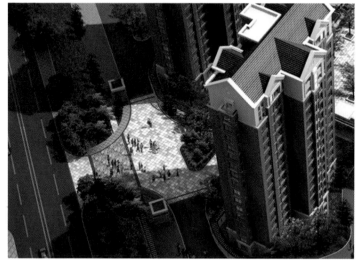

入口局部鸟瞰图

健身活动场地鸟瞰图

（4）主入口作为街坊的"门面"，具有较好的识别性，其形式要与小区的规模和风格相匹配。该方案的入口简洁轻盈，以铺地材质的变化实现内外空间的过渡。风雨廊架结合地面铺装不仅提供明确的方向指引，也保证交通的安全性。出于车辆尤其是消防车转弯半径的要求，为使车辆顺利转向左右两旁的内部道路，街坊主入口处留出宽敞的空间，但现场有种空旷感，今后需在满足相关规范的前提下增加景观层次的处理。

（5）屋顶平台活动场地通过多种地面铺装材质划分出不同的功能区：种植区以草皮和灌木为主，其间设置汀步和透水砖铺装甬路，使种植区既可观赏又可进入；健身活动区以透水砖铺装为主，结合廊架及大台阶，既可活动也可休息；儿童活动区位于相对独立的一角，以多彩塑胶地面铺装保证孩子们的舒适、安全，并设置廊架和座椅，陪同的家长们可在此休息交流。

儿童活动场地效果图

五、植物设计原则

（1）功能性：以本土树种为绿化骨架和主体树种，既体现地域特色，又提升成活率；适当引用外来名优植物树种作为点景植物，提升项目品质。树种的合理布局，利于抵御冬季风和夏季风的导入。

（2）观赏性：将植物本身的形态、色彩和质感以及特质群落的美感有效组合，形成丰富的植物空间，体现植物的季相性和生态性。欣赏景色主要以四季常绿、三季开花植物为主。

（3）种植人性化：针对街坊用地较小、活动空间有限、人流量大的特点，选择无毒、无刺、无污染、无刺激性气味的植物品种，同时考虑遮阴、隔离等实际功能。架空车库平台的景观，以大型常绿乔木为骨架，结合周边自由种植池形成场地的合理分割。宅间区以灌木密植为主，增加层次感。

（4）成本合理化：严格控制绿化成本，并减少后期维护费用（经实际测算佳宁苑景观养护费用为8万元／年），多选用乡土树种，以及抗病虫害能力强、易成活、易管养的植物品种。在社区主入口、中心绿地等重点区域选用大规格的树种；宅间非重点区域选用相对低成本的树种；临时区域则选用价格便宜且移栽容易成活的植物品种。

植物品种

Public Housing

居者有其屋

天津滨海新区首个全装修定单式限价商品住房佳宁苑试点项目
The Pilot Project of First Full Furnished
Order-oriented Price-restricted Commercial Housing —Jianingyuan,
Binhai New Area, Tianjin

六、细部设计

（1）景观家具小品：体现人性化、经济性与文化艺术性；依据建筑景观的整体风格，选择实用、美观、经济的家具小品。

景观小品

　　（2）铺装：铺装以混凝透水土砖、植草格为主，生态自然，增加雨水下渗，减少积水；重要节点设置木铺装和塑胶垫。主要交通以沥青混凝土路为主。在色彩方面，结合建筑的主色调，主要采用暖色，使街坊内氛围更加温馨。

木铺装　　　　嵌草砖　　　　塑胶垫　　　　混凝土砖　　　　沥青路

道路铺装设计意向图

　　（3）垂直绿化：车库墙面垂直绿化及车库平台边缘内侧，采用低造价的藤本种植，可选用爬山虎和五叶地锦混播，丰富立面视觉效果。

垂直绿化设计意向图

Public Housing
居者有其屋

天津滨海新区首个全装修定单式限价商品住房佳宁苑试点项目
The Pilot Project of First Full Furnished
Order-oriented Price-restricted Commercial Housing —Jianingyuan,
Binhai New Area, Tianjin

第四章　佳宁苑试点项目建筑设计

佳宁苑试点项目建筑设计以街坊式总图规划设计为基础，在滨海新区定单式限价商品住房指导房型研究的基础上，经过单元设计、户型设计及立面造型设计过程，期间与装修相结合，力求设计达到高水平。

一、住宅类型与分布

1. 户型分类

佳宁苑试点项目户型设计根据客户群的家庭组成模式及其需求，将面积标准确定为四种类型。按照《天津市滨海新区定单式限价商品住房管理暂行办法》规定，其套型建筑面积原则上控制在 90 平方米以下，根据定单需求，可适当调整套型建筑面积上限，最高不超过 120 平方米，且所占比例不得超过 20%。

2. 户型分布

在街坊规划设计时，已经确定了各住宅楼的单元组成形式：高层住宅为一层三户，两个端户布置90平方米左右套型，中间布置 90 平方米以下套型；7 层住宅的中间单元为一层二户、两端转角单元是一层三户，均布置 115 平方米及以上套型。建筑设计阶段延续规划理念并使其变成现实。

（1）120 平方米户型布置在 1 号住宅楼中，面对泰成公园；单元形式为一梯两户和一梯三户，户型出房率高，室内功能完善，厨房及卫生间均满足无障碍使用要求，主要满足多人口家庭及改善型住宅需求。

（2）60 平方米户型布置在 6 号住宅楼的中间单元，面积较小，更容易满足单身及新婚夫妇的起步要求。

（3）80 平方米以下两室和 90 平方米左右小三室均匀布置在 2 号、3 号、4 号、5 号住宅楼中，可满足三口之家和三代居使用要求，以及老人照顾孩子的过渡需求，营造温馨和谐的家庭氛围。

3. 建筑楼数和基本情况

佳宁苑共有6栋住宅，包括1栋7层洋房、2栋11层住宅、3栋18层住宅。

佳宁苑试点项目户型设计

类型／平方米	户室组成	目标客户	需求数量	比例／(%)
60	一室一厅	小两口家庭	少量	5
80	二室一厅	三口家庭	少量／主力户型	25
90	小三室一厅	三口家庭或三代居，可满足老人照顾孩子的需求	主力户型	55
120	三室一厅	针对多代居住和改善型住宅需求	少量	15

二、住宅平面设计

佳宁苑试点项目住宅建筑设计在滨海新区定单式限价商品住房指导户型的基础上，重点为单元平面及户型细化设计，经过多稿推敲优化。

1. 优化高层住宅公共部位

公共交通空间是室外与户内空间的过渡区域，是室内空间的延伸，其形式与面积是影响出房率的主要因素之一。以往在设计中为了增加户型出房率而尽量压缩公共交通空间的面积，但是以损害其采光和通风为前提。佳宁苑高层住宅单元平面设计力求在公共交通空间的面积大小之间权衡，提高公共部位的品位；保证舒适性和经济性，将交通核设计成直接采光、通风的内走道且控制在最小面积，电梯门、楼梯间门及各户入户门前空间适当，门开启流畅，每户有充足的空间；尝试多种交通核布置方式，其中下文中过程二的公共部位（包括交通核、设备管井）面积为 55.2 平方米，过程三的公共部位面积为 51.3 平方米。最终实施方案的公共部位布局规整平直、面积紧凑并拥有充足的采光和通风。

2. 完善功能空间

功能性是住宅的首要特性，合理完备的功能是形成良好空间感的前提，因此要充分考虑居民的功能需求。随着生活用品的不断增加，一般较有生活经验的人都会关心家里的收纳空间是否够用。对此，项目在户型设计上增加了玄关，在分隔室内外空间的同时增加了大量的储物空间。另一个关注点即一些私密功能的设置，如晾晒空间。一般做法是利用客厅阳台晾晒衣物，但流线的穿越影响了客厅的完整性，降低了客厅使用的舒适度。对此，项目规划了与卫生间相连的晾晒阳台，实现了这一目标。

Public Housing

居 者 有 其 屋

天津滨海新区首个全装修定单式限价商品住房佳宁苑试点项目

The Pilot Project of First Full Furnished
Order-oriented Price-restricted Commercial Housing — Jianingyuan,
Binhai New Area, Tianjin

3.1 号住宅楼方案设计过程

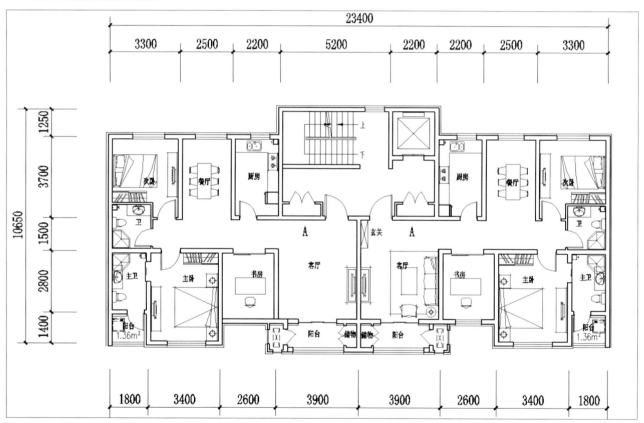

1 号住宅楼单元平面设计过程一

（1）方正的公共空间，拥有充足的采光、通风。

（2）三室两厅户型，总面积较大，但厨房、卫生间面积与小三室相似。

（3）外轮廓规整，便于拼接组合。

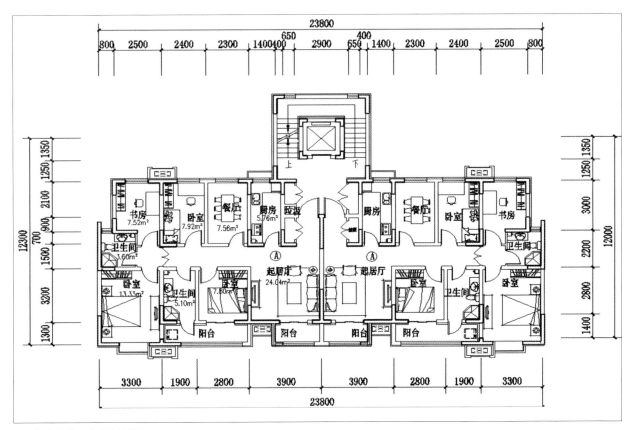

1 号住宅楼单元平面设计过程二

(1) 为减少公共空间面积，交通核集中布置，楼梯环绕电梯，增加疏散距离。

(2) 四室两厅户型，增加书房，但各房间面积进一步减小，舒适度降低。

(3) 主卫分离出来，与晾晒阳台相结合。

天津滨海新区首个全装修定单式限价商品住房佳宁苑试点项目
The Pilot Project of First Full Furnished
Order-oriented Price-restricted Commercial Housing —Jianingyuan,
Binhai New Area, Tianjin

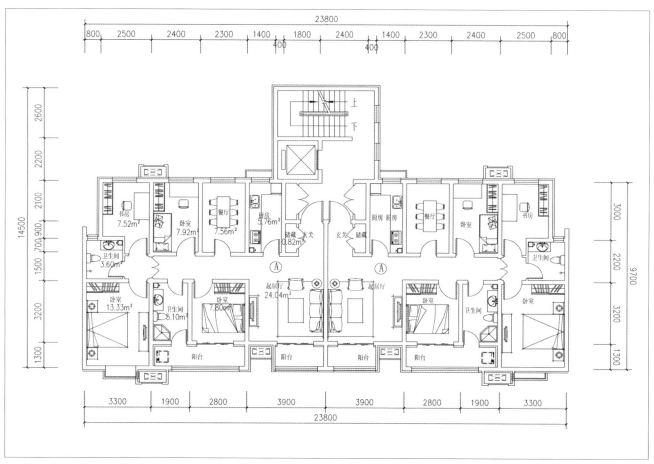

1号住宅楼单元平面设计过程三

（1）公共空间恢复为并列排布，前室面积小，节约了空间，拥有充足的采风、通光。

（2）仍为四室两厅户型，功能增加，但舒适度降低。

（3）主卫分离出来，与晾晒阳台相结合。

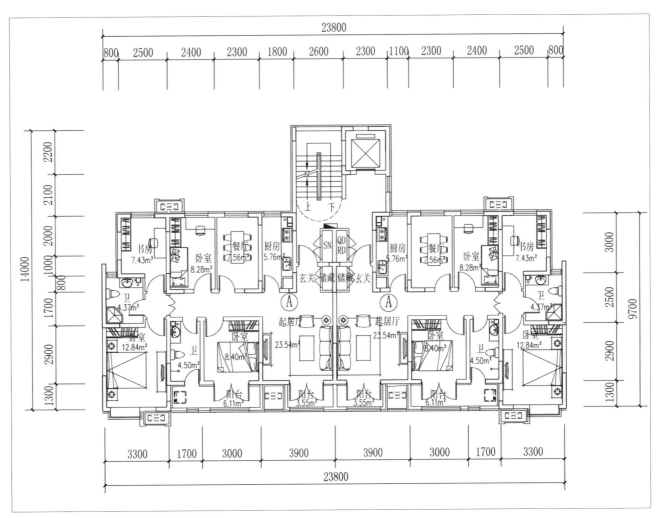

1号住宅楼单元平面设计过程四

（1）公共空间垂直于前室布置，但入户门前空间略显局促，拥有充足的采风、通光。

（2）主卧包含卧室、书房、卫生间，功能完备，但受限于面积较小。

天津滨海新区首个全装修定单式限价商品住房佳宁苑试点项目
The Pilot Project of First Full Furnished
Order-oriented Price-restricted Commercial Housing —Jianingyuan,
Binhai New Area, Tianjin

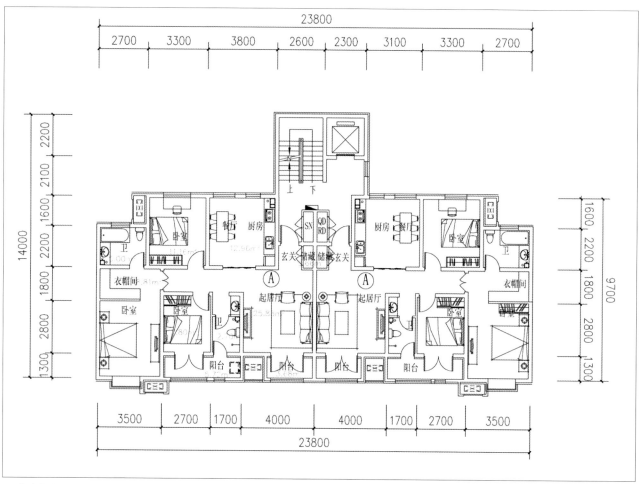

1号住宅楼单元平面设计过程五

（1）公共空间恢复为并列排布，前室面积小、节约了空间，拥有充足的采风、通光。

（2）调整为三室两厅户型，各房间面积增加，舒适性提高。厨房与餐厅合并使用。

（3）在实现干湿分离的同时，满足晾晒阳台的要求。

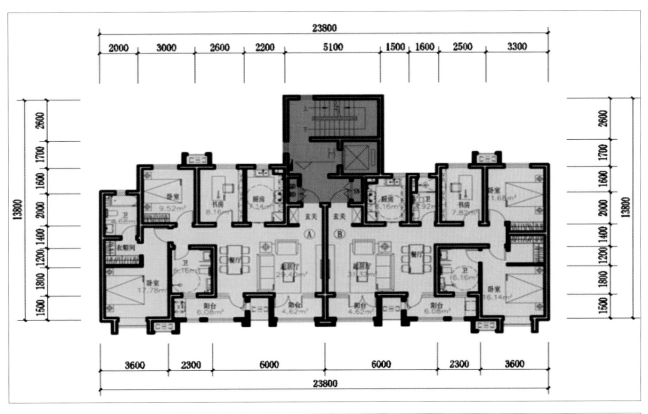

户型	类型	套内使用面积(㎡)	套型建筑面积(㎡)	阳台建筑面积(㎡)	本层总建筑面积(㎡)
A	三室两厅两卫	82.84	115.27	5.35	241.74
B	三室两厅两卫	83.20	115.77	5.35	（阳台按一半面积计算）

1号住宅楼中间单元平面定稿方案

优化多层住宅公共空间：1号住宅楼是7层住宅，需要设置电梯。单元平面设计中，由电梯和楼梯组成的交通核布置同样影响户型平面：主要影响套型入口处的布局。我们尝试将交通核凸出在楼体外侧，以减小电梯对户内的干扰，增加单元内部的实际可用面积，由于不受交通核的影响，更加有利于户型设计，各户入口处均布置入口玄关空间。交通核中，电梯厅拥有充足的采光、通风。

Public Housing

居者有其屋

天津滨海新区首个全装修定单式限价商品住房佳宁苑试点项目
The Pilot Project of First Full Furnished
Order-oriented Price-restricted Commercial Housing —Jianingyuan,
Binhai New Area, Tianjin

4.2 号住宅楼方案设计过程

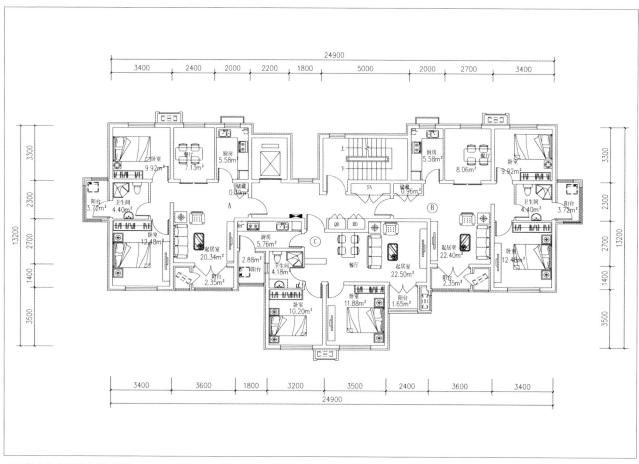

2 号住宅楼单元平面设计过程

（1）公共空间横向布置，拥有充足的采光、通风，但建筑体型系数有所增加。

（2）C 户型两个卧室并列布置，分区明确，但核心区域位置较偏。

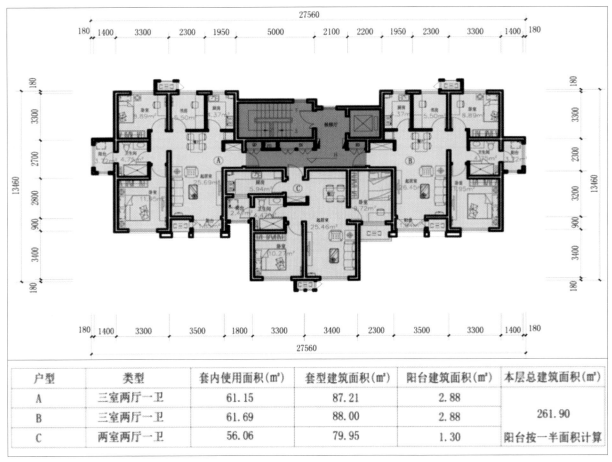

户型	类型	套内使用面积(㎡)	套型建筑面积(㎡)	阳台建筑面积(㎡)	本层总建筑面积(㎡)
A	三室两厅一卫	61.15	87.21	2.88	
B	三室两厅一卫	61.69	88.00	2.88	261.90
C	两室两厅一卫	56.06	79.95	1.30	阳台按一半面积计算

2 号住宅楼单元平面定稿方案

定稿方案注重公共空间的合理性，同时考虑建筑整体形态的优化；压缩公共空间，增加套内面积，
提高空间利用率；C 户型功能划分更加合理，突出核心功能。

Public Housing

居 者 有 其 屋

天津滨海新区首个全装修定单式限价商品住房佳宁苑试点项目

The Pilot Project of First Full Furnished
Order-oriented Price-restricted Commercial Housing —Jianingyuan,
Binhai New Area, Tianjin

5.3 号、4 号、5 号住宅楼方案设计过程

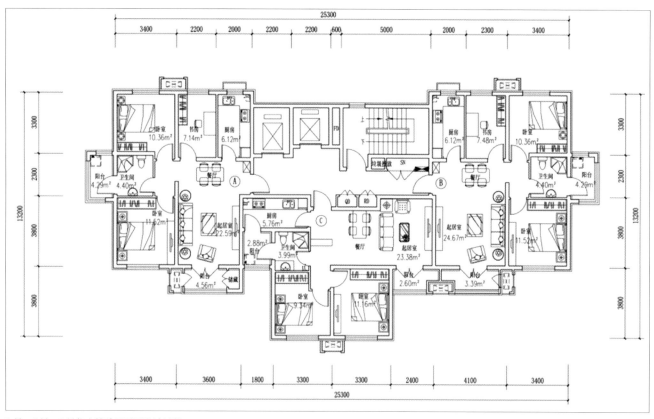

3 号、4 号、5 号住宅楼单元平面设计过程一

（1）公共空间外檐整齐，但内部没有充足的采光、通风。

（2）A、B 户型设置书房，餐厅与客厅相连。

（3）C 户型晾晒阳台同时向厨房及卫生间敞开。

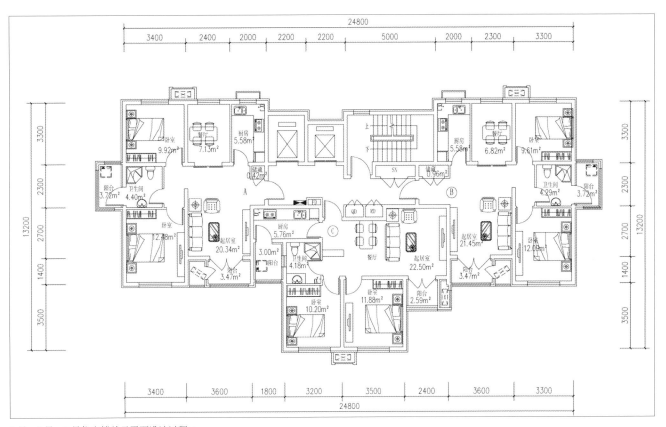

3 号、4 号、5 号住宅楼单元平面设计过程二

（1）公共空间布置紧凑，但没有充足的采光、通风。

（2）A、B 户型书房调整为餐厅，客厅空间相对开敞，适宜三口之家；B 户型入户门外移，以扩展玄关柜，增加储物空间。

（3）C 户型晾晒阳台单向连接厨房，两个卧室并列南向布置。

Public Housing
居者有其屋

天津滨海新区首个全装修定单式限价商品住房佳宁苑试点项目
The Pilot Project of First Full Furnished
Order-oriented Price-restricted Commercial Housing —Jianingyuan,
Binhai New Area, Tianjin

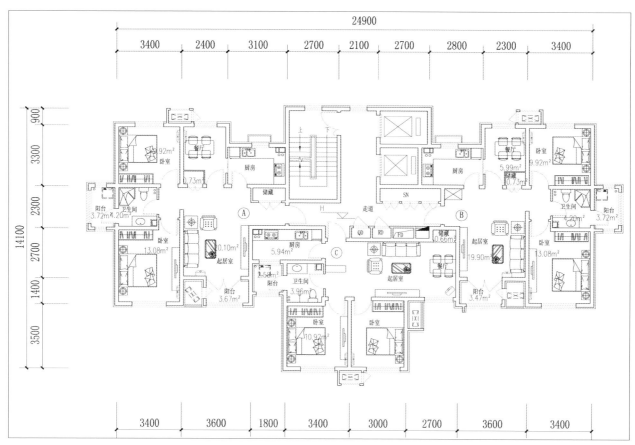

3号、4号、5号住宅楼单元平面设计过程三

（1）公共空间调整较大，电梯与楼梯分列于走道两侧，拥有充足的采光、通风，缩短面宽，增大进深，对楼间距计算有一定影响。

（2）A、B 户型厨房与餐厅为顺应公共空间而加以调整，以加强厨房与餐厅之间的联系。

（3）C 户型晾晒阳台单向连接卫生间，使用更加便捷。

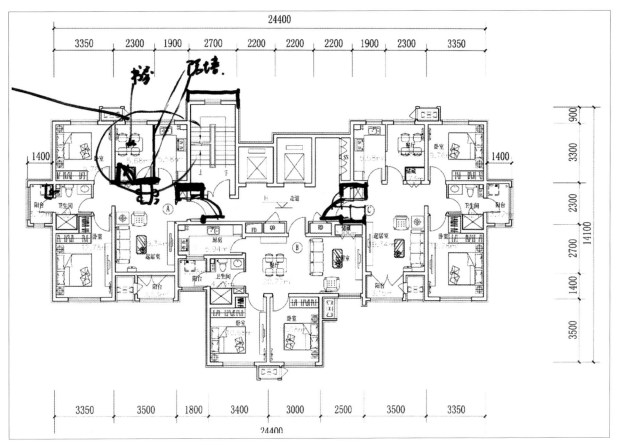

3 号、4 号、5 号住宅楼单元平面设计过程四

（1）电梯与楼梯调整于一侧，拥有充足的采光、通风，公共空间的整体性得以加强。

（2）A、B 户型入户门外移，以增加内部储物空间，提高空间利用率。

（3）调整 C 户型入户门位置，餐厅与客厅相对独立。

Public Housing

居者有其屋

天津滨海新区首个全装修定单式限价商品住房佳宁苑试点项目
The Pilot Project of First Full Furnished
Order-oriented Price-restricted Commercial Housing —Jianingyuan,
Binhai New Area, Tianjin

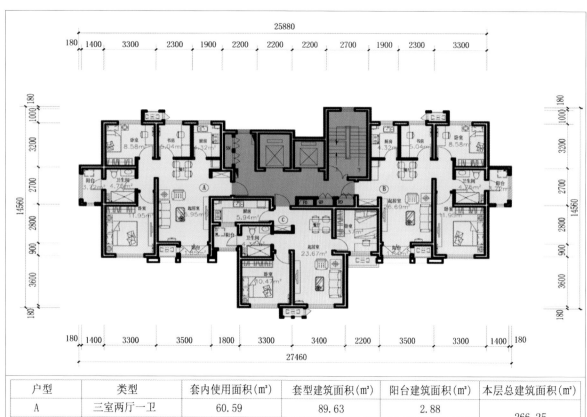

户型	类型	套内使用面积(m²)	套型建筑面积(m²)	阳台建筑面积(m²)	本层总建筑面积(m²)
A	三室两厅一卫	60.59	89.63	2.88	266.25 阳台按一半面积计算
B	三室两厅一卫	61.67	91.23	2.88	
C	两室两厅一卫	53.02	78.43	1.30	

3号、4号、5号住宅楼单元平面定稿方案

多轮优化调整后，公共空间拥有充足的采光、通风；交通设施紧凑布置，节约空间；A、B户型书房（餐厅）采用潜伏设计，可根据业主需求进行转换；C户型次卧和客厅位置互换，突出了家庭起居的核心功能。

6.6 号住宅楼方案设计

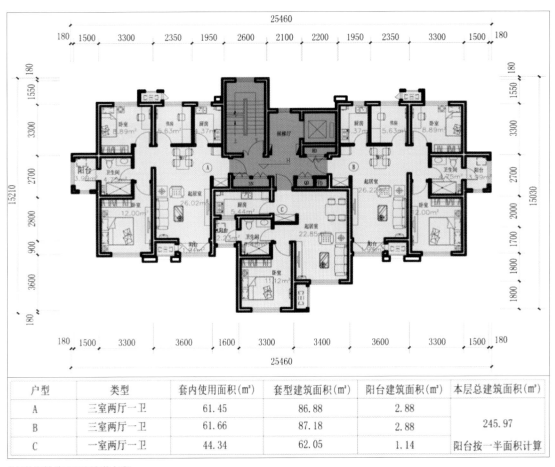

户型	类型	套内使用面积(m²)	套型建筑面积(m²)	阳台建筑面积(m²)	本层总建筑面积(m²)
A	三室两厅一卫	61.45	86.88	2.88	
B	三室两厅一卫	61.66	87.18	2.88	245.97
C	一室两厅一卫	44.34	62.05	1.14	阳台按一半面积计算

6 号住宅楼单元平面定稿方案

Public Housing

居者有其屋

天津滨海新区首个全装修定单式限价商品住房佳宁苑试点项目
The Pilot Project of First Full Furnished
Order-oriented Price-restricted Commercial Housing —Jianingyuan,
Binhai New Area, Tianjin

三、户型精细化设计

定单式限价房是保障性住房，紧凑的面积和深入的细节设计有利于满足使用者的要求，并符合保障性住房建设的初衷。

佳宁苑试点项目户型精细化设计

项目	内容
平面紧凑，空间复合	满足合理的基本尺寸，控制户型面积；起居室与餐厅相结合，卫生间与晾晒阳台相结合，提高空间使用率
入口玄关	入口玄关处是杂物、鞋子等的集成空间
储藏空间	储藏空间是居室空间的主要组成部分，紧凑的户型对于储存空间的设置更加重要；在房间边角处设置多样的储藏空间
厨卫设计标准化	厨卫模块化设计，简化厨房操作流线，统一卫生间洁具布置，利于厨卫部品化生产安装
家装简洁、实用、集成化	进行精装修，提高空间使用率，避免二次装修、拆改浪费；厨卫采用标准化布局；内装修设计与建筑设计及施工紧密结合
交通核与户型入口空间细化设计	不同楼层数与不同户数组合的标准楼层单元，其交通核细化设计对每户入口空间产生不同的影响

户型设计的每一点创新，最终都以空间的实际感受为评判标准。为了验证户型创新设计的实际效果，并为用户提供舒适的空间体验，在户型设计的后期，我们将几个有代表性的户型按实际比例建造了精装修的样板间，并布置了日常家具、家电。

下面以主要户型为例，阐述户型精细化设计的相关要点。

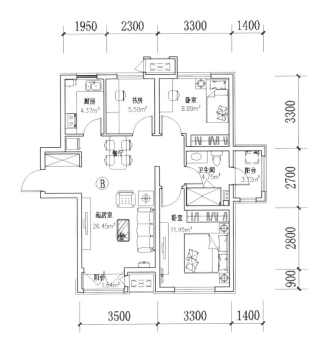

2 号住宅楼 B 户型设计

1. 入口空间

当前，在住宅设计中，注重减少交通核公摊面积，交通核内楼梯、电梯、设备管道井对入户空间影响很大，此处需协调各专业（包括土建、设备、精装）并反复调整。B 户型设计中，将电梯井凸出的角部空间设计成入户玄关复合空间，集置物、换鞋、储藏功能于一体，并巧妙地设置了一个标准的冰箱位置（700 毫米宽 ×750 毫米深），使冰箱既靠近厨房又临近餐厅和起居厅，便于使用。如此布局，室内空间更加完整。

玄关实景一　　　　玄关实景二

Public Housing

居者有其屋

天津滨海新区首个全装修定单式限价商品住房佳宁苑试点项目
The Pilot Project of First Full Furnished
Order-oriented Price-restricted Commercial Housing —Jianingyuan,
Binhai New Area, Tianjin

2. 起居室、餐厅复合空间

　　将起居室与餐厅合并成一个复合空间，以提高户内空间的使用率，并适应年轻白领客户群的生活习性。

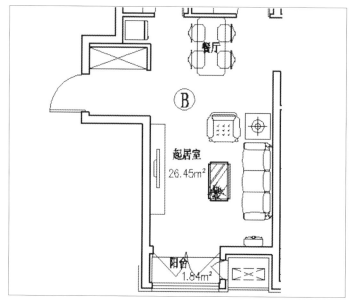

起居室平面图

起居室实景一

起居室实景二

3. 卫生间 + 洗衣晾晒阳台

卫生间内布置了洁具三件套，淋浴空间 1500 毫米 ×900 毫米。卫生间外带有一个可接收日照的阳台，在这里布置洗衣、晾晒、熨烫空间，以方便家务料理，并减少对其他空间的干扰。

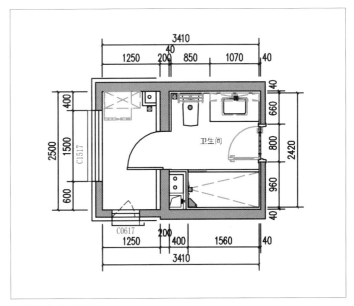

卫生间、阳台平面图

卫生间效果图

卫生间实景

晾晒阳台实景

Public Housing
居者有其屋

天津滨海新区首个全装修定单式限价商品住房佳宁苑试点项目
The Pilot Project of First Full Furnished
Order-oriented Price-restricted Commercial Housing —Jianingyuan,
Binhai New Area, Tianjin

4. 主卧

主卧进深方向布置双人大床家具套件，并放置标准尺寸的衣柜（衣柜门宜采用推拉门）；建议采用挂墙式平板电视，以节省空间。

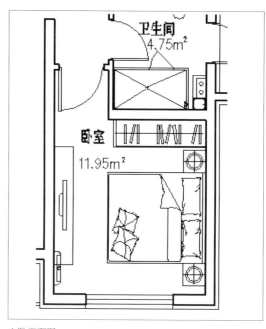

主卧平面图

卧室实景一

卧室实景二

卧室实景三

5. 厨房

（1）厨房采用 L 形布局，操作流线为：水盆—料理台—灶台。水盆靠窗布置，采光效果好；窗扇下部为固定扇，上部开启，不影响水盆的使用。冰箱布置在厨房外，使橱柜有更多的操作面。

（2）风道和上下水管道集中布置在墙角处，以增加操作台的连续性。此处是橱柜的转角，不便使用，正好集中布置管道。

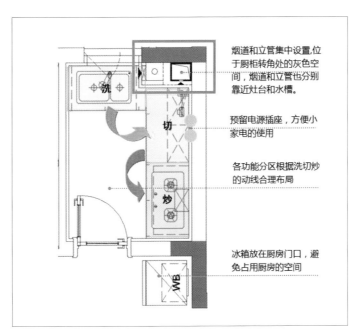

厨房布置

厨房实景

Public Housing
居者有其屋

天津滨海新区首个全装修定单式限价商品住房佳宁苑试点项目
The Pilot Project of First Full Furnished
Order-oriented Price-restricted Commercial Housing — Jianingyuan,
Binhai New Area, Tianjin

6. 利用阳台，扩展室内空间

卫生间附带晾晒阳台，起居室的阳台被解放出来，与起居室相连通，扩展了室内空间。

起居室阳台实景一

起居室阳台实景二

7. 户型灵活可变

此90平方米紧凑型三室户型还可以按舒适型两室进行装修改造，满足居住者不同的家庭模式及生活习惯，增加房型的适应性，形成一个复合型餐厨空间。

复合型餐厨空间效果图

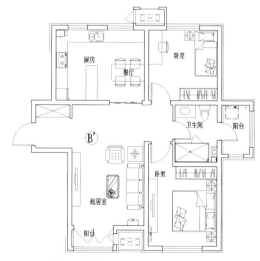

户型可变装修平面

四、其他主要户型及特点

1. 6 号住宅楼 C 户型和 2 号住宅楼 C 户型

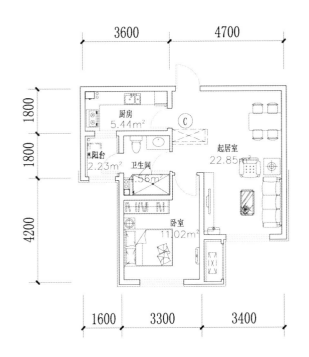

6 号住宅楼 C 户型

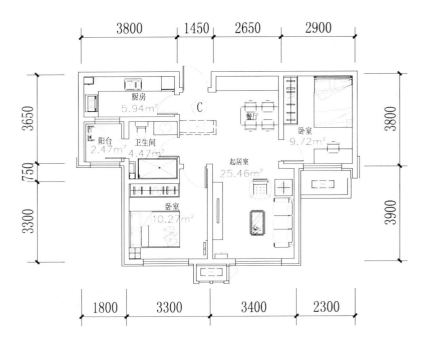

2 号住宅楼 C 户型

Public Housing
居者有其屋

天津滨海新区首个全装修定单式限价商品住房佳宁苑试点项目
The Pilot Project of First Full Furnished
Order-oriented Price-restricted Commercial Housing——Jianingyuan,
Binhai New Area, Tianjin

（1）入口空间：

入户处预留设置玄关柜位置。

（2）起居室、餐厅复合空间：

将餐厅与起居厅合并形成一个复合空间。

（3）卫生间＋洗衣晾晒阳台：

卫生间内布置洁具三件套，淋浴空间 1500 毫米 ×900 毫米。卫生间外带有一个可接收日照的阳台，布置洗衣、晾晒、熨烫空间。

（4）厨房：

①厨房为 L 形布局的长方形，这种布局最适合面积紧凑的中小户型厨房。厨房操作流线：水盆——料理台——灶台。冰箱布置在厨房入口靠墙外，与水盆之间有操作台面；水盆两侧都留有放置物品的台面，便于使用；灶台在靠里的位置，减少对其他使用空间的影响，且靠近阳台内窗，既有充足的采光，又避免风吹到火焰。

②风道与水管道集中布置在墙角处，增加了操作台的连续性。

③厨房与卫生间邻近布置，利于管道集中设置。

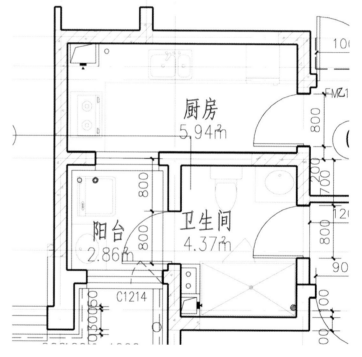

厨房、卫生间＋阳台集中布置

2.1 号住宅楼 A 户型

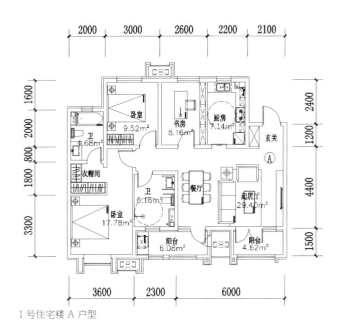

1 号住宅楼 A 户型

（1）入口空间：入户处设置玄关复合空间，集置物、换鞋、储藏功能于一体。

（2）起居室、餐厅复合空间：将餐厅与起居厅合并形成一个复合空间。

（3）专用的洗衣晾晒阳台：南向生活阳台，布置洗衣、晾晒、熨烫空间。

（4）厨房：采用简洁的 L 形标准化布局。

（5）主卧室附带衣帽间与卫生间。

（6）厨房及卫生间均符合无障碍使用要求，便于老年人使用。

五、立面设计

佳宁苑试点项目是保障性住房，立面以简洁大方的形式为主基调。整体造型分为简洁的三段式，体型端庄大方，顶部装饰为山花造型。屋顶为暗红色块瓦，住宅主体墙面采用砖红色外墙涂料，并点缀白色装饰线角，基座部分喷涂深棕色仿面砖质感涂料。

营造温馨的街道生活也是本项目的任务之一，这也是上位规划的总体要求。因此，在沿街 1 号住宅楼设计中，力求打造近人尺度的多元空间，从造型、材质甚至店招等多方面进行考虑。为了使设计与建设更好地结合。

在商业立面设计的同时开展业态规划和招商工作，结合准业主的细节要求，使设计成果更多地体现人性化，并避免大量的二次立面装修改造。

为了更好地活跃街道空间，营造温馨的商业氛围，我们特别对底层配套商业的立面效果做了多方案比选。

最终定稿的实施方案采用具有天津地方特色的外檐效果，面砖与涂料饰面相结合，造型丰富，尺度亲切近人；店铺统一设置招牌广告位，成品雨篷突出商业特点。底层转角处在首层装饰落地玻璃橱窗；在二层装饰圆弧形镂空图案铝板，以增添现代商业气息。

Public Housing
居者有其屋

天津滨海新区首个全装修定单式限价商品住房佳宁苑试点项目

The Pilot Project of First Full Furnished
Order-oriented Price-restricted Commercial Housing — Jianingyuan,
Binhai New Area, Tianjin

初稿立面方案

底层商业立面方案比选过程一

底层商业立面方案比选过程二

底层商业立面方案比选过程三

天津滨海新区首个全装修定单式限价商品住房佳宁苑试点项目
The Pilot Project of First Full Furnished
Order-oriented Price-restricted Commercial Housing —Jianingyuan,
Binhai New Area, Tianjin

定稿立面方案

11 层住宅南立面

11 层住宅北立面

天津滨海新区首个全装修定单式限价商品住房佳宁苑试点项目

The Pilot Project of First Full Furnished
Order-oriented Price-restricted Commercial Housing —Jianingyuan,
Binhai New Area, Tianjin

18 层住宅南立面

18 层住宅北立面

第五章　佳宁苑试点项目全装修设计

一、概况

随着中国经济的发展和人们生活水平的提高，毛坯房已经无法满足人们对生活品质的追求。装修行业悄然出现并迅速壮大，与此同时也伴随着很多问题的产生。中国建筑装饰协会行业发展部测算，住宅装饰装修平均一户可能产生两吨垃圾，其中有 85% 是可以回收再利用的资源，全年如果有 2000 万户进行装修改造，一年有 4000 万吨垃圾污染环境，造成资源的极大浪费与环境污染。二次装修问题，是我国建筑能耗高于国际平均水平的一个重要因素。

我国早在 2002 年出台的《商品住宅装修一次到位实施细则》中明确提出全装修的概念：即指房屋交钥匙前，所有功能空间的固定面全部铺装或粉刷完毕，厨房与卫生间的基本设备全部安装完成。住宅装修与土建安装必须进行一体化设计。一些市场规范指出：房地产开发商将住宅交付最终用户前，住宅内所有功能空间及固定面、管线全部作业完成，套内水、电、卫生间等日常基石配套设备部品完备，消费者可入住的住宅叫全装修住宅。其主要影响因素包括：设计一体化，配套化部品，专业化施工，系统化管理，网络化服务。

推行装修一次到位的根本目的在于：逐步取消毛坯房，直接向消费者提供全装修成品房；规范装修市场，促使住宅装修生产从无序走向有序；坚持技术创新和可持续发展的原则，贯彻节能、节水、节材和环保方针，鼓励开发住宅装修新材料、新部品，带动相关产业发展，提高效率，缩短工期，保证质量，降低造价；坚持住宅产业现代化的技术路线，积极推行住宅装修工业化生产，提高现场装配化程度，减少手工作业，开发和推广新技术，使之成为工业化住宅建筑体系的重要组成部分。

全装修住宅的核心是采用套餐式和集成化，实现住宅生产的工业化和现代化。住宅产业化是利用现代科学技术，先进的管理方法和工业化的生产方式，全面改造传统的住宅产业，使住宅建筑生产和技术符合时代的发展要求。

传统装修方式和全装修实施对比

装修流程	传统装修做法	全装修	实施提示
装修时间	时间在毛坯房或初装修房交房后由个人入住时间而定，容易对周围购房者形成干扰	由住宅开发单位统一组织，时间在土建完成以后、购房者入住之前，不对购房者形成干扰	住宅开发单位应通过大量的市场调查确定装修标准

Public Housing

居 者 有 其 屋

天津滨海新区首个全装修定单式限价商品住房佳宁苑试点项目
The Pilot Project of First Full Furnished
Order-oriented Price-restricted Commercial Housing —Jianingyuan,
Binhai New Area, Tianjin

续　传统装修方式和全装修实施对比

装修流程	传统装修做法	全装修	实施提示
装修设计	装修和装饰同时进行；装修设计和土建设计脱节，装修设计经常改变管线和隔墙位置	统一对装修设计进行招标，对装修设计资质严格把关，进行多方案比较并与土建设计相衔接和协调，将装修设计的意见及时反馈给土建设计，注意运用标准化、模数化和通用化，为住宅装修的工业化生产创造条件	将装修和装饰分开为两个阶段，装修风格简洁、大方、实用，着重解决功能问题；装修设计造价应和住宅本身的定位相适应；装修设计的提前介入对土建设计提出更高的要求，促使土建设计更趋合理
装修施工组织	多由规模较小的装修企业甚至马路游击队进行施工，无法对施工资质进行把关，与购房者之间缺少稳定的合同关系	住宅开发单位组织对装修施工进行招标，对装修施工企业资质严格把关，优选信誉好、水平高和具有工业化生产住宅部品的企业完成施工	装修施工企业应择优选择一家总包单位
装修材料和部品采购	购房者到装饰市场采购装修材料和部品，因为对装修产品不熟悉，所以无法保证产品的品质和环保要求	由住宅开发单位统一组织对装修材料和部品进行招标，企业有责任避免选用对人体有危害的材料	集团采购可大幅度降低装修材料和部品成本
质量验收	购房者自行组织装修和对装修质量进行验收，推迟了购房者实际入住时间	建造全装修住宅，将土建与装修紧密衔接，并由住宅开发单位对质量首先进行验收；购房者可以对照样板间对所购住房的装修标准和质量进行验收	样板间作为装修质量的衡量标准，用于购房者参照验收，在购房者入住之前不宜拆除
保修、保险和维护	多数无法得到正常的保修和维护，无保险	由住宅开发单位和选定的装修公司对所有购房者实行统一的质量保证和保修制度，并可和物业公司协商维护；全装修住宅为保险制度在住宅装修中的引入创造了条件	合理界定住宅开发单位和购房者间的责任

国外工业化住宅的起源，无论是欧洲、日本抑或美国，其原因不外乎两个。

第一，工业革命。工业革命后，大批农民向城市集中，导致城市化运动急速发展。居住情况到了令人发指的地步。基本上是人满为患，空间小到躺不下，只能一排一排地坐着，在每一排人的胸前拉一根绳子，大家趴在绳子上睡觉。

第二，二战后城市住宅需求量的剧增。同时战争的破坏，导致住宅存量减少，因为军人大批复员，住宅供需矛盾更加激化。工业化影响的一批现代派建筑大师开始考虑以工业化的方式生产住宅。

反观国内，中国停止福利分房以后，住宅需求一直持续膨胀。这主要因为：城市居民改善居住条件的需求巨大；中国的城市化进程正在加速，越来越多的农民涌向城市。这些情况和西方国家建设工业化住宅时的背景有些相似，催生了中国的工业化住宅。

佳宁苑试点项目位于滨海新区。滨海新区是一个新型工业城市和移民城市，外来人口多。年轻的产业工人占大多数，未来高学历和具有专业技术技能的新毕业大学生将成为新区外来人口的重要组成部分，新区人口结构将呈现年轻化、家庭结构小型化的特点。因此，针对此特点，佳宁苑试点项目运用"以需求定设计"的理念，打造全装修住房，让外来人口拎包入住，并以饱满的热情投入到工作中。整体式全方位的设计理念，还可以通过大批量采购，降低装修成本，提高设计效率和质量，使业主省时省力的同时，减轻因购房后面临装修的资金压力。最后也是最重要的一点，是保证业主的安全。

佳宁苑为现代简约的设计风格，造型上选取简单的线条为装饰。例如，顶面选用简单的一圈石膏线条作为吊顶造型，地面选用易打理的米色和深咖啡色做对比。色彩上以暖色调为主，明快的线条、简洁的处理手法使整个空间的气氛活泼、温馨。整体上现代感、空间感较强。现代简约风格不仅注重居室的实用性，而且还体现出了现代社会生活的精致与个性，符合现代人的生活品位。简洁和实用让人感觉舒适和恬静，使人在空间中得到精神和身体上的放松，并紧跟时代发展的潮流，营造温馨、健康的家庭环境！

二、佳宁苑试点项目的全装修设计的特点

1. 室内空间的美化

（1）造型艺术处理：

例如，吊顶上简单的石膏线条。

吊顶石膏线条

Public Housing

居者有其屋

天津滨海新区首个全装修定单式限价商品住房佳宁苑试点项目
The Pilot Project of First Full Furnished
Order-oriented Price-restricted Commercial Housing —Jianingyuan,
Binhai New Area, Tianjin

（2）照明艺术处理：

用灯光变换居室色调，然后结合空间和家具、各种房间功能需求、灯光明暗色调的相互搭配等，进行精心设计安排。门厅是进入室内后给人最初印象的地方，因此要明亮——灯具的位置考虑设在进门处和深入室内的交界处，既可避免在访者脸上出现阴影，又显得豁亮。卧室和餐厅选用低色温的光源。客厅正中装一只暖色调的灯，再加上一个造型美观的乳白色半透明玻璃罩，透出的光线温暖、明朗、平和、恬静，给人以高雅清新的感觉。

餐厅局部照明采用悬挂式灯具，以突出餐桌，使整个房间有一定的明亮度，尽显清洁感。卫生间内照明灯具开关频繁，所以选用 LED 灯做光源较适宜。厕所内的照明灯具应安装在坐便器和洗手盆的前上方，方便操作，避免阴影。

客厅照明效果

餐厅照明效果

居室装饰有三种照明，即集中式光源、辅助式光源、普照式光源，缺一不可，而且应该交叉组合运用，其亮度比例大约为 5：3：1。这套"5：3：1 灯的黄金定律"，"5"是指光亮度最强的集中性光线，如投射灯；"3"是指带给人柔和感觉的辅助式光源；"1"则是指提供整个房间最基本照明的光源。此外，灯具对比也有着很好的诠释，例如，厨房操作空间的冷色筒灯、卫生间的防雾筒灯为集中式光源，床头灯和书房的台灯、沙发边的落地灯则为辅助式光源，而每个空间的吊灯则为基本照明的光源。

（3）材料的色彩和质感：

例如：以中间系的暖色调为基底，再在基底上选用深褐色的窗帘和白色的柜子，使空间温馨明亮且充满层次感。

书房照明效果

Public Housing

居者有其屋

天津滨海新区首个全装修定单式限价商品住房佳宁苑试点项目
The Pilot Project of First Full Furnished
Order-oriented Price-restricted Commercial Housing —Jianingyuan,
Binhai New Area, Tianjin

2. 室内空间的利用和再塑

（1）空间的竖向分隔：

例如，玄关区域的划分，利用玄关柜和隔断墙将此区域空间很好地分隔开来，方便穿换衣服、鞋帽。合理的划分鞋柜空间，可区分为女士长筒靴区域、短靴区域、常穿的鞋子区域和拖鞋区域。此外，还有包包存放格，特设一个抽屉，便于存放钥匙和零钱，方便业主小额付费。空间的使用不在于大，而在于布局合理。

玄关柜的设计一　　　　　　　玄关柜的设计二　　　　　　　玄关柜的设计三　　　　起居空间效果

卧室在搭建建筑墙体时预留衣柜空间，家具安置后，正好与建筑墙体齐平，在充分利用空间的基础上保证空间的完整性。超大的组合柜，将被褥和换季衣服与当季的衣服统统收纳的同时又起到很好的分隔作用，方便使用。

（2）空间的水平分隔：

例如，利用家具的摆放，巧妙地把客厅与餐厅分割出来。

（3）空间的有效使用：

例如，将敞开式的空间放在一起，既满足各个空间的要求，也很好地拓宽了过道的空间范围。餐厅紧临厨房和客厅，让烹饪和就餐更加便利，同时增加客厅区域家人之间的互动，方便照顾孩子。在装饰手法上，单独设置的艺术吊灯可渲染就餐气氛。

如何提高空间的使用率和操作效率，厨房和卫生间是很好的案例。

厨房的作业流程设计：食品储藏—准备—洗涤—调理—烹饪—配餐，因此，对应的厨房家具及用品为冰箱→台面（米面储藏）—洗槽—菜台（调味器具）—炊具调理—餐具（抹布）。厨房采用标准化整体设计：鉴于厨房空间紧凑，暂考虑地采暖设计；平面布置须考虑冰箱、洗菜盆、燃气炉灶、抽油烟机四大件，消毒碗柜、微波炉适当考虑预留空间；须考虑置物平台，布置时应考虑开窗取物的可行性；厨房涉及的给水管、水表、电表、热量表均布置在户外集中管道井内，只考虑燃气表置于厨房内；各种管道（排水立管、燃气管、排烟道）协调统一，尽量集中布置；炉灶不能布置在电冰箱旁边，距离冰箱≥600毫米；热水供应系统根据热源形式采用电热水器；各种管线接口实现定线定位；燃气管宜靠近外墙设置，煤气表设立单独的柜子安放从不影响其他柜子的使用；排水立管宜靠近水盆设置，保证其他橱柜的完整性。在厨房的视觉效果方面，吊地柜分色的处理，打破了原有概念中的沉闷。抽屉可用来提升空间的功能性。

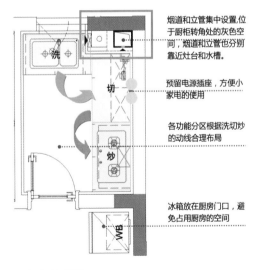

烟道和立管集中设置，位于厨柜转角处的灰色空间，烟道和立管也分别靠近灶台和水槽。

预留电源插座，方便小家电的使用

各功能分区根据洗切炒的动线合理布局

冰箱放在厨房门口，避免占用厨房的空间

厨房平面布置图

厨房实景

厨房效果图

Public Housing
居者有其屋

天津滨海新区首个全装修定单式限价商品住房佳宁苑试点项目
The Pilot Project of First Full Furnished
Order-oriented Price-restricted Commercial Housing —Jianingyuan,
Binhai New Area, Tianjin

卫生间镜箱有助于丰富卫生间的储藏功能。卫生间的人体活动流程设计：梳妆、整衣、洗脸、便溺、洗脚净身、淋浴等，空间除了洁具的尺寸外，还有根据人体工效学确定的人体活动空间。

镜箱的设计可增加卫生间收纳的空间，业主可在这里照镜子。浴室柜侧边设置空格，可放置报纸、杂志和卫生纸。

浴室柜示意

浴巾架	镜箱
镜箱	预留剃须\吹风机插座
人造石台面	人造石台面
PVC贴皮门板	柜体侧隔板

卫生间浴室柜功能设计

（4）室内外空间的相互渗透：

例如，合理利用生活阳台空间，增加客厅的使用面积和进深。

客厅实景

晾晒阳台

每个户型另配有晾晒阳台，将洗衣机放置在阳台上，更便于洗衣后直接晾晒，在阳台上预留给排水点位，安装手盆柜，方便手洗小物件，手盆下面方便存储洗衣用品。阳台升降式晾衣架既美观又节省了大量空间。

3. 结构及设备的隐蔽功能

（1）土建饰面层的保护。

（2）水暖电管线及设备的隐蔽和保护。

（3）防渗防潮的措施。

4. 住宅物理性能的提高

（1）提高保温、隔热、隔声、防尘性能。

（2）提高防火、防跌、防滑、防晒性能。

（3）延长住宅的使用寿命。

防火设计是住宅装修设计安全因素的首要因素。

佳宁苑试点项目住宅内部使用装修材料燃烧性能等级划分应符合一定的要求。

佳宁苑试点项目内部使用装修材料燃烧性能等级划分

玄关、客厅		材料要求标准
		符合《建筑内部装修设计防火规范》（GB 50222—1995）的相关防火规定
装饰标准	地面 瓷砖＋波导线	石材、地砖其燃烧性能为 A 级、石材放射性符合 A 类标准。石材的厚度不小于 20 毫米，石材均应进行六面防护处理
	墙面 PVC 踢脚线＋乳胶漆	所刷乳胶漆其燃烧性能为 B1 级，需木作部分依据防火规范刷防火漆，胶合板内表面涂覆一级装饰型防火涂料，可作为 B2 级防火材料
	顶面 局部石膏板吊顶＋石膏角线＋乳胶漆＋筒灯	燃烧性能为 B1 级；需木作部分依据防火规范刷防火漆。外形平整，棱角清晰，切口不允许有影响使用的毛刺和变形。石膏板：天花板采用 9.5 厘米普通纸面石膏板，产品技术性能符合相关规范
	其他 人造石窗台板	石材、地砖其燃烧性能为 A 级、石材放射性符合 A 类标准

Public Housing
居者有其屋

天津滨海新区首个全装修定单式限价商品住房佳宁苑试点项目
The Pilot Project of First Full Furnished
Order-oriented Price-restricted Commercial Housing —Jianingyuan,
Binhai New Area, Tianjin

续　佳宁苑试点项目内部使用装修材料燃烧性能等级划分

卧室			
装饰标准	地面	强化地板 + 成品踢脚板 + 地板收边条	地板燃烧性能为 B2 级； 地板厚度为 12 毫米（板背应贴 3 毫米厚防潮垫）； 木地板纹路、颜色一致，不能有明显色差； 甲醛释放量符合《室内装饰材料人造板及其制品中甲醛释放量限量》（GB 18580—2001）中 E1 类标准； 木地板与墙体需留 10 毫米左右伸缩缝
	墙面	PVC 踢脚线 + 乳胶漆	所刷乳胶漆其燃烧性能为 B1 级，需木作部分依据防火规范刷防火漆，胶合板内表面涂覆一级装饰型防火涂料，可作为 B2 级防火材料
	顶面	石膏角线 + 乳胶漆	燃烧性能为 B1 级：需木作部分依据防火规范刷防火漆
	其他	人造石窗台板	石材、地砖其燃烧性能为 A 级； 石材放射性符合 A 类标准
卫生间			
装饰标准	地面	地砖、非可见面水泥砂浆找平、象牙米黄石材、防水防霉填缝剂	石材、地砖其燃烧性能为 A 级。 水泥：强度等级 32.5 以上普通硅酸盐水泥或矿渣硅酸盐水泥，有出厂证明。白水泥：强度等级 32.5 硅酸盐白水泥。砂：中砂，用时过筛，含泥量不大于 3%
	墙面	墙砖、非可见面水泥砂浆找平、防水防霉填缝剂	所铺设瓷砖其燃烧性能为 A 级
	顶面	PVC 吊顶（150 毫米宽）+ 吸顶灯 + 浴霸	燃烧性能为 B1 级：需木作部分依据防火规范刷防火漆

续　佳宁苑试点项目内部使用装修材料燃烧性能等级划分

厨房			
装饰标准	地面	地砖、非可见面水泥砂浆找平、石材门槛石、防水防霉填缝剂	石材、地砖其燃烧性能为 A 级。 水泥：强度等级 32.5 以上普通硅酸盐水泥或矿渣硅酸盐水泥，有出厂证明。白水泥：强度等级 32.5 硅酸盐白水泥。砂：中砂，用时过筛，含泥量不大于 3%
	墙面	墙砖、非可见面水泥砂浆找平、防水防霉填缝剂	所铺设瓷砖其燃烧性能为 A 级
	顶面	PVC 吊顶（150 毫米宽）+ 吸顶灯	燃烧性能为 B1 级：需木作部分依据防火规范刷防火漆。护面纸与石膏芯黏结良好，按规定方法测量时，石膏芯不裸露。耐水纸面石膏板的吸水率应不大于 5%，板材的表面吸水量不大于 160 克／平方米

洗衣阳台			
装饰标准	地面	地砖 +PVC 踢脚线	石材、地砖其燃烧性能为 A 级。 水泥：强度等级 32.5 以上普通硅酸盐水泥或矿渣硅酸盐水泥，有出厂证明。白水泥：强度等级 32.5 硅酸盐白水泥。砂：中砂，用时过筛，含泥量不大于 3%
	墙面	乳胶漆	所刷乳胶漆其燃烧性能为 B1 级，需木作部分依据防火规范刷防火漆，胶合板内表面涂覆一级装饰型防火涂料，可作为 B2 级防火材料
	顶面	PVC 吊顶（150 毫米宽）+ 吸顶灯	燃烧性能为 B1 级：需木作部分依据防火规范刷防火漆

Public Housing
居者有其屋

天津滨海新区首个全装修定单式限价商品住房佳宁苑试点项目
The Pilot Project of First Full Furnished
Order-oriented Price-restricted Commercial Housing —Jianingyuan,
Binhai New Area, Tianjin

三、佳宁苑试点项目室内装修的选材和施工用料

在室内装修方面，我们坚持以下几个原则：

（1）节约资源。

①使用可重复使用、可循环使用、可再生使用的材料。

②选用良好的密封材料，改进装修节点。例如，人造石窗台板节点。

③选用先进的地采暖设备。

④选用高效节能的光源及照明新技术。

⑤节约用水，选用大品牌马桶。

（2）减少室内空气污染。

①选用多乐士净味漆，尽可能减少对空气和环境的污染。

②选择无毒、无害、不污染环境、有益于人体健康的材料和部品，宜采用取得国家环境标志的材料和部品。

③选择大品牌的合作厂家，严格把控板材的甲醛含量，防止成品家具对室内造成的污染。

在改善空间方面，我们采取以下措施：

（1）改善室内热环境的措施：

①装修设计考虑散热器的位置及散热效果。采用地采暖的方式，使室内地表温度均匀，室温由下而上逐渐递减，给人脚温、头凉的良好感觉。同时，地采暖是热效率最高的采暖方式，热稳定性好，节约空间、美化环境。

②采用双层中空玻璃，其具有良好的隔热、隔声效果，既美观又实用。

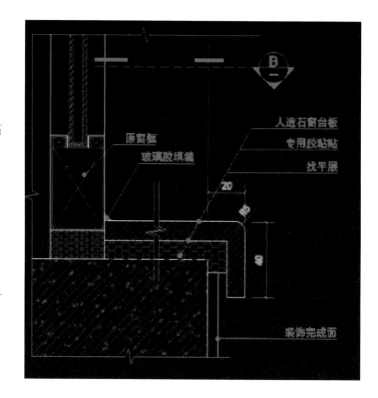

（2）改善室内声环境的措施：

采用隔声优良的门、窗和分室隔墙。

（3）改善室内光环境的措施：

①采用浅色及低反射系数的材料，以提高室内亮度，同时避免阳光过强而影响购房者的工作、休息。

②通过窗帘的设置，将直射光线变为漫射光线，改善透光系数，调节室内的明亮程度。

③人工照明应选择恰当的光源及灯具。

佳宁苑功能空间设备配置

标准空间	电视与网络插口 /个	电话与网络 /个	安防、手报 /个	空调专用线 /个	电热水器专用线 /个	电源插座 /组
主卧室	1	1	1	✓	—	4
次卧室	—	1	1	✓	—	4
起居室	1	1	1	✓	—	5
厨房	—	—	1			6
卫生间／阳台	—	—	1	—	✓	3
餐厅	—	—	—	✓		2

　　水电点位的设计，根据家具摆放的位置（尽可能满足两种家具摆放的可能）来安放插座。除了必备的插座，每个空间预留一至两个插座作为备用。例如，餐厅区域留有两个插座，在客厅留出常用电器的插座之后，在沙发边上预留两个插座。根据使用情况来设置插座的高度，例如，在卧室床头的两个插座，考虑到床头柜的位置，将插座位置调高到600毫米。床头两边的插座间距至少有2200毫米，避免床头遮

挡插座。在厨房预留常用家用电器的插座，例如，除冰箱插座、抽油烟机插座、厨宝插座、微波炉插座等固定插座之外，预留两个插座，作为家庭备用插座。台面上插座高度为1.2米，方便烧水和烹饪。卫生间中，在手盆边预留吹风机插座和剃须刀插座，方便使用。如此，在严格控制成本的同时，最大限度地提高空间使用率，使空间既便利又舒适。

水电点位

图　　例	图　例　名　称	安　装　要　求
热水 冷水 左热右冷	淋浴花洒给水点	H=0.85 m
热水 冷水 左热右冷	手盆给水点	H=0.5 m
中水	中水	H=0.22 m
冷水	洗衣机给水点	H=1.2 m（洗衣机上方）　H=0.6 m（地柜内）
热水 冷水	热水器给水点（电热水器）	H=1.8 m
冷水	厨房水槽给水电	H=0.6 m
普通地漏、淋浴区地漏、洗衣机地漏	卫生间或洗衣机位置地面
洗手盆及水槽排水	卫生间或厨房地面
坐便排水	卫生间或洗衣机位置地面
集分水器	安装高度需符合建筑规范

水点定位图及图例

Public Housing
居者有其屋

天津滨海新区首个全装修定单式限价商品住房佳宁苑试点项目
The Pilot Project of First Full Furnished
Order-oriented Price-restricted Commercial Housing —Jianingyuan,
Binhai New Area, Tianjin

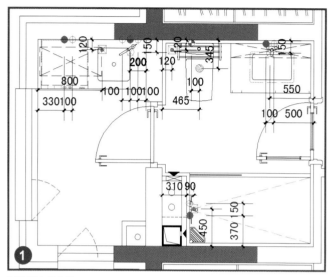

卫生间水点定位

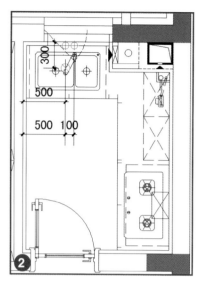

厨房水点定位

强弱电、安防定位

强电定位图及图例

图例	说明	安装高度
▬▬▬	照明配电箱　WHD=400x300	H=1.6m
⏚	单相五孔插座	H=0.3m带安全门
⏚K	单相三孔插座(壁挂空调)250V　16A	H=2.3m
⏚Q	单相三孔插座(立式空调)250V　16A	H=0.3m带安全门
⏚B	单相三孔插座(冰箱)250V　10A	H=0.5m带安全门
⏚C	单相五孔插座(厨房)250V　10A	H=1.2m带安全门
⏚P	单相三孔插座(抽油烟机)250V　10A	H=2.15m
⏚XD	单相五孔插座(消毒柜)250V　10A	H=0.5m带安全门
⏚W1	带开关单相三孔插座(微波炉)250V　10A	H=1.8m(冰箱上方)
⏚W2	带开关单相三孔插座(微波炉)250V　10A	H=0.5m(地柜内)
⏚CB	带开关单相五孔插座(厨宝预留)250V　10A	H=0.35m
⏚S	防溅单相五孔插座(剃须插座)250V　10A	H=1.45m带安全门
⏚Z	防溅单相五孔插座(坐便)250V　10A	H=0.35m带安全门
⏚R	防溅单相三孔插座(电热水器预留)250V　16A	H=2.1m
⏚R1	防溅单相三孔插座(位于湿区及门上方热水器)250V　16A	H=2.3m
⏚	防溅单相三孔插座(卫生间)250V　10A	H=0.3m
⏚X1	带开关防溅单相五孔插座(洗衣机)250V　10A	H=1.2m
⏚X2	带开关防溅单相五孔插座(洗衣机)250V　10A	H=0.6m(柜内)
▣	辅助等电位	H=0.3m

强弱电点位效果图

Public Housing
居者有其屋

天津滨海新区首个全装修定单式限价商品住房佳宁苑试点项目
The Pilot Project of First Full Furnished
Order-oriented Price-restricted Commercial Housing —Jianingyuan,
Binhai New Area, Tianjin

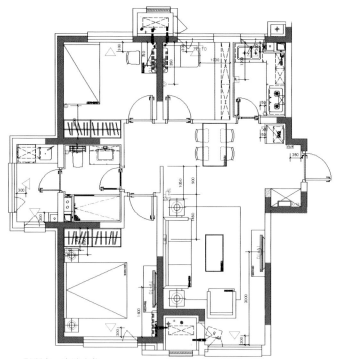

强弱电、安防定位

RB	弱电成箱WHD=300*250*120	H=0.3m
TV+TO	电视出线口	H=0.3m
TP	电话出线口	H=0.3m
TO	网络出线口	H=0.3m
TP+TO	电话网络集成面板	H=0.3m
	对讲安防分机	H=1.3m
△	幕帘探测器（仅出现在一层、二层及顶层）	窗中线吸顶安装
◎	紧急报警按钮	H=1.3m 卧室、卫生间H=0.7m
	煤气报警器	吸顶安装
	红外/微波双鉴探测器	H=2.2m

弱电定位图及图例

四、佳宁苑试点项目全装修的设计细节

根据家庭成员的变化，将柜子进行个性化组装。一体化的定制有助于功能空间的加工、制作以及改进施工工艺、提高生产周期等。为满足不同客群的需求，我们根据项目定位、客群定位、成本等各方面的不同情况，进行合理化的配置，通过个性化组装来完成。例如，对于一对没有孩子的夫妇，

下图中的这个组合是夫妇的储藏柜，并可收纳卧室内的电视设备；对于一对有孩子的夫妇，这个组合是夫妻的衣帽柜和小孩的收纳柜；对于有两个孩子的夫妇，这个组合则是孩子的卧室中的两个桌子和一个衣帽柜。等孩子们长大独立后，这个空间又可以独立为一个书房。

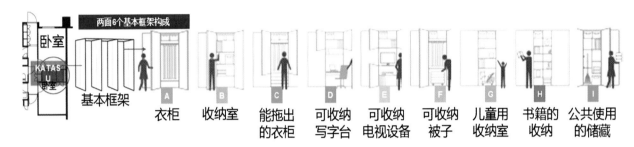

卧室家具组合方案示意
随着将来家庭成员的变化，可以组拆和移动。

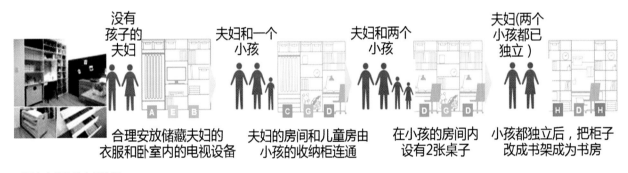

不同家庭结构的家具选择

五、佳宁苑试点项目的精装流程

1. 制定精装修流程表的目的

（1）明确精装修各个阶段的工作顺序，更好地进行精装修的管理操作。

精装修不同于以往的普通装修，需要从建筑户型初始阶段就融入室内设计的思路，在整个项目的实施过程中，涉及建筑、室内、甲方、施工方、材料厂家等多方人员，如何通过室内、建筑及施工的完美配合实现最终目标，需要有一个工作流程来规范和指导各个方面及各个专业人员每一步的工作。

（2）明确各阶段各单位的工作范围，高效配合及协作，共同努力，以呈现最佳设计方案。

不同的阶段涉及的各个专业、各个部门之间的工作内容也有所不同，每个专业和部门的工作范围以及如何配合是实现最终结果的关键所在，因此制定一套完整的工作流程、明确各部门的工作范围是精装修项目落成的重要条件。

Public Housing
居者有其屋

天津滨海新区首个全装修定单式限价商品住房佳宁苑试点项目
The Pilot Project of First Full Furnished
Order-oriented Price-restricted Commercial Housing —Jianingyuan,
Binhai New Area, Tianjin

2. 精装修流程表的两个类型

（1）非标准化项目流程：

非标准化项目流程是指项目从户型平面开始进行全新的设计，在此过程中需要甲方、室内、建筑、施工图单位、部品材料厂家等各个环节的沟通和协调。

（2）标准化项目流程：

标准化项目流程是指已确定的标准化项目，在房型、水暖电优化、方案、材料部品已经确定的情况下，可直接进行项目施工图纸的制作,省去确认定位、方案、材料的过程。

3. 非标准化项目流程的三个部分

（1）房型及水暖电优化阶段流程：与建筑设计院和甲方配合将水暖电的定位落实到建筑施工图中，指导土建施工，避免精装施工时二次拆改的浪费。

（2）方案设计阶段流程：与甲方、厂家配合确定最终的项目方案、部品、成本，制作样板间施工图。

（3）样板间施工阶段流程：与厂家、施工单位、甲方配合呈现最终方案样板间。

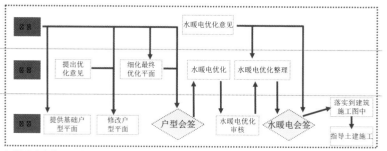

房型及水电优化流程示意

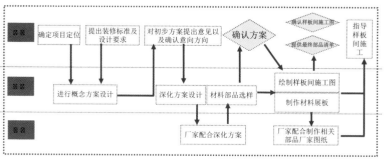

方案设计流程示意

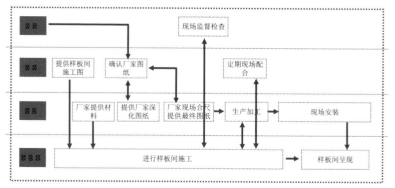

样板间施工流程示意

4. 标准化项目流程

此流程适用于房型及水暖电优化，以及方案、材料、部品已经确定的前提下。

（1）施工图纸绘制阶段：由于是标准化项目，前期的户型和水电定位以及方案已经全部有了标准化的要求，可直接进行标准化施工图的制作，这期间只要有厂家配合就可。

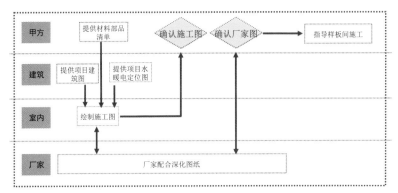

施工图设计流程示意

（2）项目施工阶段：这个阶段主要是项目的实际实施过程。

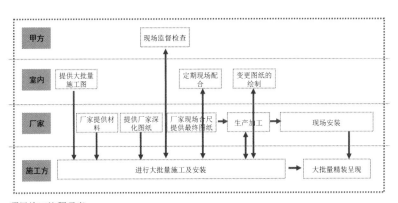

项目施工流程示意

Public Housing
居者有其屋

天津滨海新区首个全装修定单式限价商品住房佳宁苑试点项目
The Pilot Project of First Full Furnished
Order-oriented Price-restricted Commercial Housing —Jianingyuan,
Binhai New Area, Tianjin

5. 佳宁苑的成本控制

（1）材料部品控制思路：主要部品及主要材料采取甲控的方式，保证材料的质量和价格。次要部品在确保质量和款式的情况下由施工方控制。

（2）主要部品包括：洁具、电器、厨卫五金、固定家具、地板、墙地砖、门等。

采用甲控的原因：

① 洁具：关注热点，品牌认知度较高。

② 电器：关注热点，品牌认知度较高。

③ 厨卫五金：是厨卫功能空间的主体，是关注亮点。

④ 固定家具：更注重质量及功能。建议选择质量控制力强的品牌。

⑤ 地板及墙地砖：地板及墙地砖的效果对整体室内的效果具有关键作用，是客户关注的亮点，低投入、高回报。

（3）次要部品包括：顶棚、其他墙面、铝扣板、窗台板等。

采用乙控的原因：关注少，大众的品牌意识较弱，在确保质量和款式的前提下可以忽略品牌。

（4）配送标准思路：首先满足基础的配送产品需求，在基础配送的前提下，根据项目定位，适当提升功能或增加配送产品。

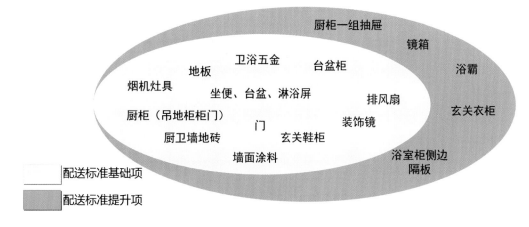

厨柜一组抽屉
镜箱
卫浴五金　台盆柜　浴霸
地板
烟机灶具　坐便、台盆、淋浴屏　排风扇　玄关衣柜
厨柜（吊地柜柜门）　门　装饰镜
厨卫墙地砖　玄关鞋柜　浴室柜侧边隔板
墙面涂料

☐ 配送标准基础项
▨ 配送标准提升项

配送标准示意

6. 装修配送标准

在装饰及配送标准方面要结合项目定位及限价进行合理的比例分配。现总结以下装饰及配送标准作为参考。

装饰及配送标准

分类	名称
玄关	玄关柜（PVC 覆膜门）
厨房	厨柜（PVC 覆膜门，上下柜体含一组抽屉，人造石台面、铰链、拉手）
	脱排油烟机、燃气灶具
	洗涤水槽、龙头
卫生间	台盆柜、镜箱（PVC 覆膜门、人造石台面、铰链、拉手）
	台盆（含配件）、节水型坐便器
	台盆节水型龙头、节水型手持式带下出水淋浴花洒、洗衣机龙头
	防锈浴巾架、防臭地漏
	玻璃淋浴隔断、浴霸
户内门	卧室门及门套、卫生间及厨房半玻门及门套（含五金、门锁、门吸）

（1）卫生间部品：

分类	名称	技术及尺寸要求	参考样式图片	分类	名称	技术及尺寸要求	参考样式图片
洁具	马桶	坑距 305mm，长度小于 700mm，冲水方式环保节水型。造型简洁、大方		五金	普通地漏	不锈钢镀络材质，水封满足防臭要求，可与洗衣机排水管直接连接	
	洗手盆	进深满足 600mm 厚浴室柜安装。材质要求釉面陶瓷易于清洁、不易挂污。造型简洁、大方			洗衣机地漏	不锈钢镀络材质，水封满足防臭要求	
五金	手盆龙头	单把龙头，精铜筑体，表面镀络			洗衣机龙头	精铜筑体，表面镀络，可与洗衣机水管连接	
	淋浴龙头花洒	精铜筑体，表面镀络，陶瓷阀芯					

卫生间部品

Public Housing
居者有其屋

天津滨海新区首个全装修定单式限价商品住房佳宁苑试点项目
The Pilot Project of First Full Furnished
Order-oriented Price-restricted Commercial Housing —Jianingyuan,
Binhai New Area, Tianjin

分类	名称	技术及尺寸要求	参考样式图片	分类	名称	技术及尺寸要求	参考样式图片
洁具	浴霸	坑距 305mm，长度小于 700mm，冲水方式环保节水型。造型简洁、大方		洁具	角阀	坑距 305mm，长度小于 700mm，冲水方式环保节水型。造型简洁、大方	
	中水软管	金属软管			S 弯	不锈钢材质	
五金	坐便密封器			五金	手盆柜	三聚氰胺免漆门板，地柜木色为浅色橡木竖向纹理。镜箱柜为三聚氰胺白色柜体，门板 5mm 水银镜，具有防雾功能，柜内隔板颜色同柜门板，材质达到环保要求。	
	坐便角阀	精铜筑体，表面镀络			镜箱		

卫生间部品

(2) 厨房部品：

分类	名称	技术及尺寸要求	参考样式图片	分类	名称	技术及尺寸要求	参考样式图片
洁具	抽油烟机	欧式烟机，宽度在 900mm，不锈钢面板，输入功率满足 200W		洁具	筒灯	直径 120mm 以内，白色边框，光源在 7W 左右节能光源，光源色温为暖白色	
	灶具	双眼灶头，不锈钢面板，适用气源：液化石油气、天然气、人工燃气，具有熄火保护装置					
五金	水槽	不锈钢水槽，双槽，具有不沾油污、抗刮擦、耐腐蚀等特性		五金	橱柜	三聚氰胺免漆门板，地柜木色为浅色橡木竖向纹理。吊柜为白色免漆门板，柜内隔板颜色同柜门板，材质达到环保要求	
	水槽龙头	面层镀络材质，陶瓷阀芯，采用精铜筑体					

厨房部品

（3）厅房部品：

分类	名称	技术及尺寸要求	参考样式图片	分类	名称	技术及尺寸要求	参考样式图片
固定家具	玄关柜	三聚氰胺柜门板，木色，为浅色橡木竖向纹理。柜内隔板为木色三聚氰胺隔板，材质达到环保要求		灯具	筒灯	直径120mm 以内，白色边框，光源在 7W 左右，节能光源，光源色温为暖白色	
五金	卧室门	浅色橡木免漆门，样式为竖纹平板，材质达到环保要求			吸顶灯	白色，直径在 300mm 以内，光源为节能灯，照度满足建筑规范要求	
	厨房门	浅色橡木免漆门，样式为木框透明玻璃门，材质达到环保要求		开关插座	开关	白色，样式简洁大方	
	卫生间门	浅色橡木免漆门，样式为木框磨砂玻璃门，材质达到环保要求			插座	白色，样式简洁大方	

厅房部品

（4）装饰材料：

分类	名称	技术及尺寸要求	参考样式图片	分类	名称	技术及尺寸要求	参考样式图片
瓷砖	厨房、卫生间墙砖	300×600mm 米色瓷砖		地板	强化地板	浅色橡木，厚度 8mm，耐磨转数达到国家标准。	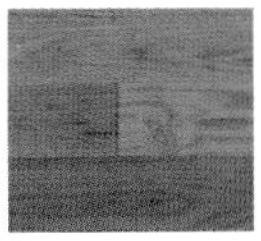
	厨房、卫生间地砖	300×300mm 米色地砖，考虑防滑效果		乳胶漆	墙顶面乳胶漆	白色，环保指标达到国家要求	
	卫生间淋浴区地砖	褐色瓷砖圈边		开关插座	铝扣板吊顶	白色 150mm 宽	
	过门石	米黄石材			石膏板吊顶	环保指标达到国家要求，厚度 10mm	

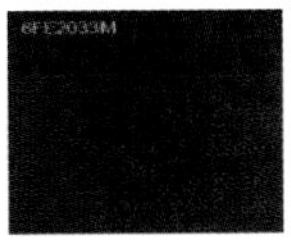

装饰材料

Public Housing

居者有其屋

天津滨海新区首个全装修定单式限价商品住房佳宁苑试点项目

The Pilot Project of First Full Furnished
Order-oriented Price-restricted Commercial Housing —Jianingyuan,
Binhai New Area, Tianjin

7. 本项目的指导意义

（1）示范性：佳宁苑作为滨海新区中部新城北示范区项目，对未来整个区域的精装住宅的发展具有指导性的意义。

（2）尝试性：对于精装修住宅这种处于初级发展阶段的住宅形式，从项目的规划、房型、设计、采购、施工整个环节进行一次验证，从中总结经验，完善整个精装体系。

（3）推广性：对于普通的购房者来说，可以向其普及精装修住宅的概念，精装修住宅从环保、成本等方面都可以为购房者带来实惠。

六、总结

1. 七大设计原则

（1）四平八稳原则：

在大批量精装的情况下，一个很小的潜在风险都会被无限放大，造成无法弥补的后果。该原则虽然保守，但很明智，而且作为首次试水精装大货，从设计阶段就应把风险降至最小，例如不做复杂细致工艺，门高和挂镜线留富余量。

（2）少而精原则：

在大批量装修的情况下，一个细小的多余就会带来巨大

的成本浪费。所以方案需要"瘦身"，并严谨到极致，例如控制灯具的数量。

（3）留白原则：

宁缺毋滥，在有限的成本控制和大批量施工的条件下，露怯的事情宁可不做。同时也能为客户的个性化需求留有一定空间，例如壁纸交工。

（4）重人性、轻装修原则：

力图把有限的资金投到能加强销售卖点的功能需求上，少做或不做一些装饰性设计，例如吊顶和收纳。

（5）风格中性化原则：

精装面对的客户是一个群体，不是个体，是需要满足共性的设计，整体风格比较中性和大众化。个性化需求可通过留白原则和软装配饰加以调整。

（6）项目定位与部品档次相匹配原则：

部品的选择与项目的定位一致，例如洁具、厨具的选择。

（7）配送标准的均衡原则：

一个项目要有相同的配送标准，满足交付时对客户的整体承诺，例如平面小户型的中央热水器。

2. 产品构架

骨：平面户型优化，结构水暖电优化（占成功率百分比40%）

血：人文关怀，家居服务系统，包括收纳空间、家政空间等（占成功率百分比20%）

肉：材料部品选择，可随成本调整（占成功率百分比5%）

筋：施工质量与管理（占成功率百分比5%）

气：整体风格及品质体现的精神气质以及由其带来的吸引力和影响力（占成功率百分比10%）

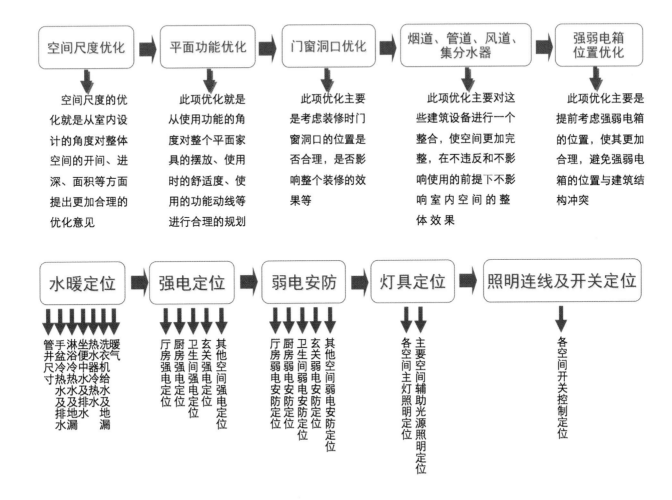

空间尺度优化	平面功能优化	门窗洞口优化	烟道、管道、风道、集分水器	强弱电箱位置优化
空间尺度的优化就是从室内设计的角度对整体空间的开间、进深、面积等方面提出更加合理的优化意见	此项优化就是从使用功能的角度对整个平面家具的摆放、使用时的舒适度、使用的功能动线等进行合理的规划	此项优化主要是考虑装修时门窗洞口的位置是否合理，是否影响整个装修的效果等	此项优化主要对这些建筑设备进行一个整合，使空间更加完整，在不违反和不影响使用的前提下不影响室内空间的整体效果	此项优化主要是提前考虑强弱电箱的位置，使其更加合理，避免强弱电箱的位置与建筑结构冲突

水暖定位 → **强电定位** → **弱电安防** → **灯具定位** → **照明连线及开关定位**

水暖定位：管井尺寸、手盆冷热水及排水、淋浴冷热水及地漏、坐便中水给水、热水器热水及排水、洗衣机给水及地漏、暖气

强电定位：厅房强电定位、厨房强电定位、卫生间强电定位、玄关强电定位、其他空间强电定位

弱电安防：厅房弱电安防定位、厨房弱电安防定位、卫生间弱电安防定位、玄关弱电安防定位、其他空间弱电安防定位

灯具定位：各空间主灯照明定位、主要空间辅助光源照明定位

照明连线及开关定位：各空间开关控制定位

Public Housing

居者有其屋

天津滨海新区首个全装修定单式限价商品住房佳宁苑试点项目

The Pilot Project of First Full Furnished
Order-oriented Price-restricted Commercial Housing —Jianingyuan,
Binhai New Area, Tianjin

3. 全装修项目流程

全装修项目流程是整个项目最终是否成功的关键，所以要根据精装流程表合理安排设计、采购、施工，呈现各个环节的工作内容。

4. 房型及水暖电优化步骤

建筑与室内要紧密结合与配合，避免装修的二次拆改。针对这部分内容总结了房型及水暖电阶段的优化步骤，依据房型及水暖电优化的步骤对房型功能及设备点位进行准确的定位。

5. 设计细节

户内空间结构呈现实用化、人性化、细分化、灵活化的特点。空间布局的主要特点为：餐厨相连、餐起相通，卫浴空间分区设置，储藏空间灵活分布，外观朴素，内部设计体现人文关怀。

（1）餐厨相连、餐起相通。

厨房多为开敞式与半开敞式，半开敞式的厨房通过窗与餐厅及餐桌相连，方便传递食品、物品，与客厅也很近。这样的设置既保证了使用上的相对独立，又可以使空间在视觉上连为一体，便于主妇在做饭的同时照顾在起居室的家人或在阳台玩耍的儿童，在实用的基础上体现了人文关怀。

（2）卫浴空间分区设置。

卫生间常按使用功能细分为洗浴、化妆、如厕三个独立的空间。这三个功能空间虽然同在一个空间里，但分开设置，形成独立湿区。浴厕分开设置、干湿分离，减少相互干扰。

（3）储藏空间灵活分布。

住宅储藏空间丰富，且设置位置考虑周到、分类明确。利用轻质的隔墙、推拉门与壁柜等储藏空间结合设置，设置方式灵活且能充分利用空间。此外，储藏空间的设置位置充分考虑了人的生活习惯和就近储藏的原则、鞋帽、被褥、衣箱、杂物等都有相应的位置和专门的储藏空间，使得各房间取物方便且很容易保持整洁。

（4）外观朴素，内部设计体现人文关怀。

佳宁苑项目是滨海新区的定单式限价商品房，它主要针对中低收入的项目客群。模块化的户型可提高项目的可复制性，节省设计环节的流程；方案简约、温馨，适合大众的审美，重点突出功能方面的完善，更符合工薪阶层家庭购买房子的心理；在整个项目的操作上，材料部品的战略采集可以大大降低材料的成本和控制价格，同时保证质量。

第六章　佳宁苑试点项目绿建研究设计与技术应用

大力推进绿色建筑在保障性住房建设中的应用，是我国近年在绿建推广中的重点工作之一。佳宁苑项目绿色建筑设计以经济、适用为原则，并以被动式节能、节材、节地、节水、环保措施为主要考虑方向，其设计策略因地制宜，按照天津市地域环境和气候特征采取相应措施。此项目虽然没有申报国家绿建星级评定，但在设计过程中多方面考虑了绿色建筑措施，并结合项目自身特点进行研究，希望能对后续项目有指导作用。

一、节约能耗

天津市为温带季风气候，处于我国建筑气候区划的第Ⅱ建筑气候区（寒冷地区），是建筑热工气候分区的寒冷气候区。年平均气温 12.6℃，最热月平均气温 26.5℃，最冷月平均气温 −3.4℃。冬季较长且寒冷干燥，夏季较炎热，雨水集中；春、秋季短促，气温变化剧烈；春季雨水稀少，多大风、风沙天气；夏季多冰雹和雷暴。在天津地区住宅建筑设计中，节能设计占有较大比重：考虑气候对建筑规划布局及建筑单体设计影响因素，应满足冬季日照、防寒、保温、防冻等要求，夏季应兼顾防热，主要房间宜避免西晒。建筑物应采取减少外露面积、降低体型系数、加强冬季密闭性、兼顾夏季

通风等节能措施。佳宁苑设计综合考虑了街坊空间感受、建筑朝向、建筑单体能耗等方面因素。

1. 建筑朝向与能耗

佳宁苑用地规整，但有较大的方位角，南偏东 30°，建筑朝向是节约能耗的主要内容。我们以佳宁苑 3 号楼 18 层为例进行能耗模拟计算。通过对比建筑不同朝向的冬季采暖能耗及夏季空调能耗，总结建筑朝向及规划布局方面的高效节地措施。

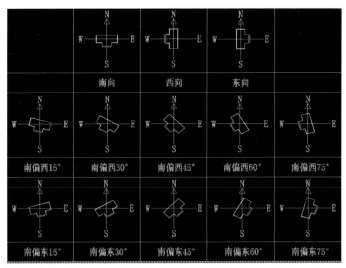

能耗模拟一

Public Housing

居者有其屋

天津滨海新区首个全装修定单式限价商品住房佳宁苑试点项目
The Pilot Project of First Full Furnished
Order-oriented Price-restricted Commercial Housing —Jianingyuan,
Binhai New Area, Tianjin

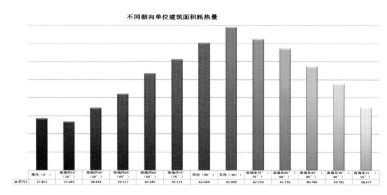

能耗模拟二

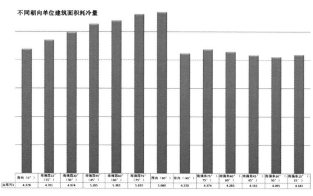

能耗模拟三

2. 建筑不同朝向的能耗模拟计算数据分析

冬季最好朝向南偏西15°与最差朝向——东向单位建筑面积耗热量（全年）价格相差 1.26 元。夏季最好朝向南偏东 30°与最差朝向——西向单位建筑面积耗电量（全年）价格相差 0.22 元。总体比较不同朝向耗热量的花费差距不超过 8%。

3. 建筑布局

（1）仅从建筑节能角度看，建筑布局首先推荐南向、南偏西15°、南偏东 15°、南偏西 30°。佳宁苑的建筑布局综合考虑了节约能耗、土地利用、空间效果等因素。建筑群体南低北高，高层建筑为南北向设置，沿用地界线齿式排列，以增加住宅日照；多层建筑沿街道走向呈南偏东 50°方向布局，形成城市街道街墙。

（2）最差朝向实际能耗虽略有增加，但从形成围合布局空间、形成城市街道走向、增加经济效益等因素出发，能耗的消费还在可接受范围内。

（3）规划设计中可考虑布设少量东西向的建筑；同时考虑居住的舒适度，建议采用东向布局，避免西向房间。

另外，1 号楼多层住宅为了呈现连续的街坊沿街界面，采用整体连续的建筑形式，但位于东南方位不利于将夏季主导风引入街坊内部。在后续项目中过长的街墙式建筑可以局部敞开一个通道，以利于夏季主导风的引入，增加街坊内部空间的舒适度。

二、住宅建筑单体

1. 建筑主要耗能部位耗热量模拟计算数据分析。

以佳宁苑 3 号楼为例，经软件模拟计算，建筑物主要耗能部位为外窗及外墙部位，其耗热量约占建筑总耗热量的 70%，故外墙及外窗为主要研究部位。

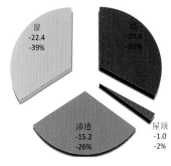

模拟计算数据

通过比较外墙、外窗可知：提高外窗材料保温性能的节能效率更加明显，而且投入的回收期较短，因此，相比较下，首先推荐采用保温效果较好的外窗。佳宁苑外窗采用断桥铝合金框、低辐射中空玻璃，窗传热系数为 2.5；与之配合的外墙采用 60 毫米厚挤塑聚苯板，外墙传热系数为 0.5。

模拟计算结果分析

外墙保温传热系数(K值)	节约耗热量	减少耗热量所节约的费用（元/年）	10年减少耗热量所节约的费用（万元）	保温材料造价增量（万元）	单位建筑面积保温材料造价增量（元/平米）
0.5提高到0.4	12%	5000	5.00	12.83	25.66
0.6提高到0.5	12%	5000	5.00	4.28	8.56
0.7提高到0.6	5%	2500	2.50	4.28	8.56
2.7提高到2.5	3%	1350	1.35	增量很少，由同类产品质量而定	
2.5提高到2.3	9%	3950	3.95	3.01	5.98
2.3提高到2.0	7%	3000	3.00	1.51	3.00

模拟计算结果分析

2. 采暖形式

佳宁苑住宅采暖由市政热源集中供热，户内散热的方式常用的有散热器及地板辐射采暖。两者对比：散热器采暖系统受散热器材质影响，每平方米造价 30 ～ 80 元；地板辐射采暖每平方米造价在 50 元左右。通过总结对比散热器和地热各自的特点和不足，综合考虑造价及保障房建筑面积一般较小的特点，地板采暖能增加室内的可利用面积，因此，佳宁苑项目采用了地板辐射采暖形式。

地板辐射采暖

Public Housing
居者有其屋

天津滨海新区首个全装修定单式限价商品住房佳宁苑试点项目
The Pilot Project of First Full Furnished
Order-oriented Price-restricted Commercial Housing —Jianingyuan,
Binhai New Area, Tianjin

3. 住宅户内供冷

当前常用的三种空调形式：

（1）分体空调；

（2）多联机；

（3）集中空调（应用较少）。

北京某区域三栋使用情况相似的居住建筑，采用三种不同的空调形式实测能耗。

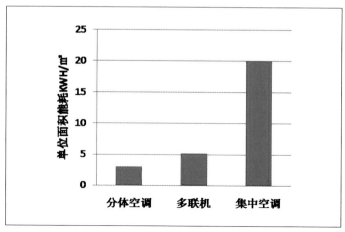

空调能耗对比

集中空调能耗最高，单水泵能耗一项就比分体空调总能耗高，其主要原因如下所述：

（1）水泵、风机等附属设备使得集中空调的综合能效比并不高。

（2）集中空调方式难以适应不同住户空调消费需求的差异，出现"大马拉小车"现象，因此，实际运行能耗高。佳宁苑采用分体空调供冷，在立面设计时考虑空调室外机位的影响。

4. 建筑平面外形

佳宁苑住宅楼平面外形尽量规整，以降低建筑能耗，体型系数为 0.26。

5. 热水供应系统

对太阳能热水系统做了探讨研究。太阳能热水器是一种技术成熟、应用广泛的产品，是可再生能源利用及建筑节能减排的有效措施之一。其正常使用寿命不少于 10 年，产品质量好使用寿命可达 25 年。每平方米热水器平均每个正常日照日可产生相当于 2.5 度电的热量，每年可节约标准煤 60 ~ 100 千克。

由于保障房建筑楼层高、户数多、有建筑遮挡，且屋面面积有限（坡屋面更为不利），很难采用单一的热水供应系统，因此，可采用集中集热、分户储水与户式相结合的方式——组合式太阳能热水系统。日照充足的楼层或单元采用户式太阳能，日照不足的楼层或者单元采用集中式。

人均热水用量 30 ~ 40 L/ 人，小户型住户可根据实际情况，适当减少户均人数，从而减少集热器及水箱容积，以节约投资，双人居所可配 80 L 水箱，三人居所配 100 ~ 120 L 水箱。

定单式限价商品房热水供应系统

	多层住宅	中高层住宅	高层住宅
定单式限价商品房	集中集热、分户储水系统； 阳台壁挂式热水器； 屋顶户式热水器（层数不超4层的住宅或4层以上的顶层户）	集中集热、分户储水系统；阳台壁挂式热水器；屋顶户式热水器（顶层）	集中集热、分户储水系统；阳台壁挂式热水器；屋顶户式热水器（顶层）

由于工期紧张且成本预算不足的原因，佳宁苑并未使用太阳能热水系统，但考虑在后续项目中使用。

三、其他方面

1. 分质供水系统和节水器具

佳宁苑设置分质供水系统，优先选用市政中水供应生活杂用水。户内采用节水器具，以达到低成本建造条件下节水。

2. 市政配套用房设置研究

街坊内市政配套用房（生活泵房、中水泵房、消防泵房及水池、有线电视设备间、自行车库等）设置于地下层，提升室外环境质量及土地利用价值。

3. 节材环保措施

住宅采用土建与装修一体化、厨卫布局及设施配件统一标准化，最大程度做到节材环保。

Public Housing
居者有其屋
天津滨海新区首个全装修定单式限价商品住房佳宁苑试点项目
The Pilot Project of First Full Furnished
Order-oriented Price-restricted Commercial Housing —Jianingyuan,
Binhai New Area, Tianjin

第七章　BIM 技术的应用

一、BIM 在滨海新区定单式限价商品房户型设计中的应用

随着建筑业信息技术的发展，建筑信息模型（Building Information Modeling，简称 BIM）的相关研究和应用也取得了突破性进展。BIM 是一种革命性的技术，它能够在建筑全生命周期中利用协调一致的信息，对建筑物进行设计分析、模拟、可视化、统计、计算等工作，从而帮助用户提高效率、降低成本，并减少对环境的影响。BIM 技术在滨海新区定单式限价商品房户型研究中的应用，使保障性住房的户型设计更加科学、合理、有效。

1.BIM 对房型研究的作用

（1）可视化：

BIM 提供了可视化的思路，将以往的线条式构件形成一种三维的立体实物图形展示在人们的面前，对房型各个功能房间的尺寸推敲和家具布置等细节设计更精准到位。

（2）协调性：

协调性主要体现在各专业之间的相互协调，把各专业之间的冲突提前暴露出来并加以解决。在户型研究中，厨房和卫生间的标准化设计具有较强的实施性，结合设备管线和家具布置之间的协调，就能实现房型研究指导建设的作用。

（3）模拟性：

模拟性并不是只能模拟设计出的建筑物模型，还可以模拟不能在真实世界中进行操作的事物。对于新区保障性住房的装修，住户可以提前进行模拟体验，以确定装修菜单。住宅设计本身是一个不断优化的过程，很多问题（往往是一些细节问题）是在设计过程中无法发现的，而是在实际居住过程中才体验到，通过居住模拟也可以很好地解决一些居住后才能发现的问题。

（4）优化性：

没有准确的信息得不出合理的优化结果，而 BIM 模型可提供建筑物实际存在的信息。对于户型设计来说，不能只停留在平面图纸阶段，附带高信息性的户型才能使户型设计更优化合理，也才能真正实现户型研究的意义。

2. 工作实践

在佳宁苑试点项目中，选取 4 号楼应用 BIM 技术尝试以下工作：

（1）方案设计阶段：

对各设计方案进行分析比选，将 BIM 模型导入模拟仿真软件，对方案的环境、温度、日照等各种自然因素进行模拟，得出各种因素与方案之间的相互影响结果，并对所有方案的分析数据进行论证，选出最优方案，保证项目最大限度地利用自然资源、最小限度地影响环境。

选出最优方案后，通过方案模型，快速生成附带属性信息的三维参数化模型。

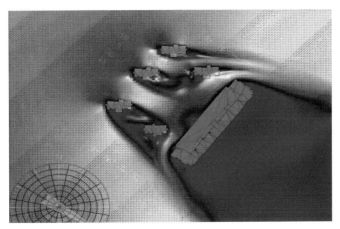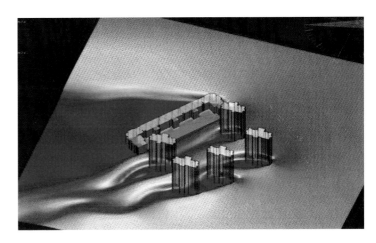

风环境模拟

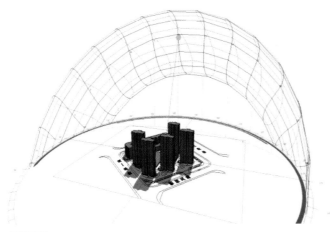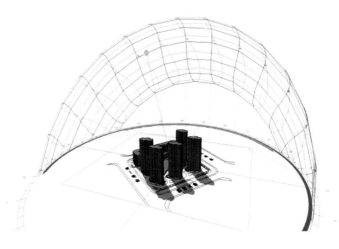

日照模拟

Public Housing
居者有其屋

天津滨海新区首个全装修定单式限价商品住房佳宁苑试点项目
The Pilot Project of First Full Furnished
Order-oriented Price-restricted Commercial Housing—Jianingyuan,
Binhai New Area, Tianjin

将 BIM 模型导入模拟仿真软件，进行风环境、温度、日照等模拟，论证最优方案。

（2）施工图设计阶段：

应用 Revit 平台实现设计阶段建筑、结构、设备各专业之间的协同设计，保证项目信息的无丢失传递。

（3）三维建模：

运用 Revit 平台的三维建模功能，创建各专业三维信息模型，并在三维状态下进行综合会审、碰撞检测等，提前发现并解决设计问题，优化设计方案，保证设计质量。

建立建筑、结构、设备专业模型

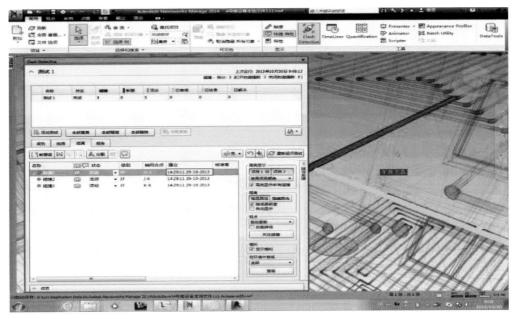

碰撞检测

（4）互联网技术的应用：

建完 BIM 模型后，可以充分利用云、移动终端等先进技术，在施工现场及运维阶段查询各种信息。比如在销售阶段，客户可在线浏览精装修户型，更直观、方便地进行选择。

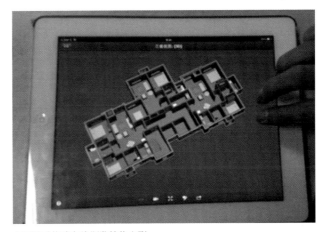

应用移动终端在线浏览精装户型

Public Housing

居 者 有 其 屋

天津滨海新区首个全装修定单式限价商品住房佳宁苑试点项目
The Pilot Project of First Full Furnished
Order-oriented Price-restricted Commercial Housing —Jianingyuan,
Binhai New Area, Tianjin

二、BIM 技术与住宅产业化

住宅产业化采用工业化的生产方式促进住宅生产现代化,旨在提升住宅建筑的生产手段,提高住宅建筑的品质,降低建造过程的成本,节省能源并减少排放。研究中可以发现,BIM 技术与住宅产业化的目标在很多方面是相同的,BIM 技术的特点以及如何在住宅产业化的过程中应用好 BIM 技术,是滨海新区住房建设下一步的研究方向。

1. 住宅产业化

住宅产业化简单地说就是用工业化的方式生产预制装配式住宅。住宅的主要构件在工厂生产加工,通过运输工具运送到工地现场,并在工地现场拼装建造成完整的建筑。形象的说法就是"像造汽车一样建房子"。住宅产业化具有以下特点:

(1)出色的强度、品质和耐久性。

住宅建筑的大部分构件均在工厂环境下生产,采用标准化的生产工艺、精细化的质量管理,有良好的成品养护条件,使得产品质量更容易得到保证。此外,建筑物的门窗及外饰面都可以在工厂内安装完成,降低了现场高空作业的安全风险。工厂化生产的住宅构件,强度、品质、耐久性和抗震性能均大大高于现场浇筑的混凝土结构。

(2)建造速度快。

由于大量的预制构件已在工厂制作完成,在施工现场只要进行拼装工作,而且门窗、外饰面已在工厂内完成,所以建筑物可实现内外装修和结构施工同时进行。在建筑物基础施工时,结构所需的预制构件已经在工厂进行预制了,在三层楼面的结构进行拼装施工时,二层楼面已经在进行管线安装了,一层楼面已经可以开始装修了。预制装配式建筑改变了传统建筑先土建、后设备、再装修的施工工序,从而使建筑整体的建造速度有了很大的提高。据有关统计数据,应用预制装配式建筑技术,建筑的建造速度相比传统施工工艺可提高 30%～50%。

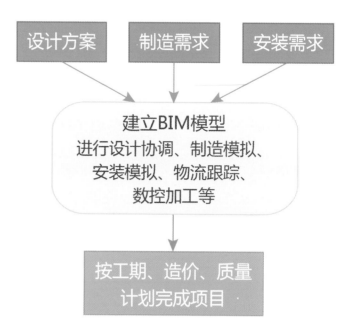

BIM 对房型研究的作用

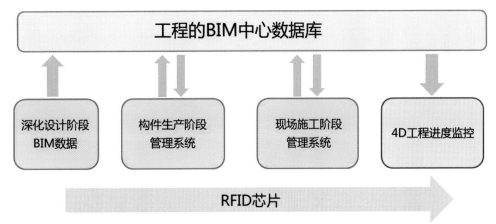

深化设计、生产和建造环节的管理平台

2. BIM 在住宅产业化中应用的优势

BIM 源自建筑全生命周期管理理念，从某种意义上说发源于制造业（制造业很早就有了产品全生命周期管理理论）。目前很多建筑业的 BIM 软件最早都来源于机械、航空、造船等制造业的 PDM（产品数据管理，Product Data Management 的缩写）软件。对于制造业的产品数据管理，其管理的最基本单位是单个"零件"，传统的采用现浇方式的建筑，其"零件"的概念不是很明晰，而预制装配式建筑主要由预制的"柱、梁、板、楼梯、阳台"等构件组成，实质上这样的建筑物是被"零件化"了，所以产业化的住宅是最接近制造业生产方式的一种建筑产品，也非常适用于采用类似制造业的方法进行管理，BIM 在住宅产业化中的应用有天然的优势。工业化的住宅具有房型简单、模块化等特点，采用 BIM 技术可比较容易地实现模块化设计和建立构件的零件库，这使得 BIM 建模工作的难度降低。产业化的

住宅生产方式也要求实现全产业链的、全生命周期的管理，而这种生产和管理方式又与 BIM 技术所擅长的全生命周期管理理念不谋而合。另外，在产业化住宅建造过程中也有对 BIM 技术的实际需求，如住宅设计过程中的空间优化、减少错漏碰缺、深化设计需求、施工过程的优化和仿真、项目建设中的成本控制等。

要真正解决住宅产业化的问题，必须协调好设计、制造、安装之间的关系，在设计阶段充分考虑制造和安装的需求，从而在保障产品本身具有市场竞争力的前提下，控制好工期、造价和质量。

总之，BIM 技术非常适合在住宅产业化中推广应用，全过程虽增加了一定投入，但相对投入的成本较低，应用产出的效能较高。采用 BIM 技术，还可以大大提高产业化住宅建设过程的整体管理水平。

Public Housing
居者有其屋

天津滨海新区首个全装修定单式限价商品住房佳宁苑试点项目
The Pilot Project of First Full Furnished
Order-oriented Price-restricted Commercial Housing —Jianingyuan,
Binhai New Area, Tianjin

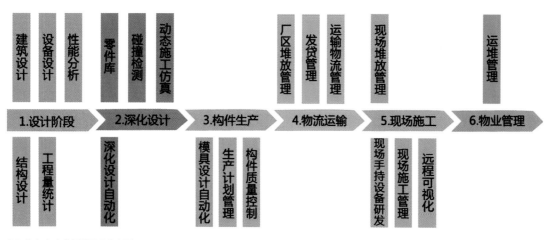

PC 住宅全生命周期 BIM 应用

3. BIM 技术在住宅产业化中应用的进一步拓展

BIM 技术在住宅产业化中的应用前景十分广阔，根据进一步的应用需求，BIM 技术在住宅产业化中的应用可以在以下方面进行拓展和研究：

（1）4D/5D 仿真模拟：

BIM 模型代表的是一座虚拟的建筑，通过这个虚拟建筑，可以把工程现场要解决的问题搬到实验室，通过计算机进行模拟和分析。4D 是指在 BIM 的 3D 模型的基础上增加时间的维度，通过对建筑物不同建造工序方案的仿真模拟，对施工工序的可操作性进行检验，同时可以分析和比较不同方案的优缺点，从而寻找到最佳方案。5D 是指在 4D 模型的基础上增加成本的维度，通过 BIM 的 5D 模型可以实现精细化的预算和项目成本的可视化，通过对工程项目进行 5D 仿真模拟，可以动态地比较多个可能方案之间的成本差别，并进行分析和优化，以选择成本最优的方案实施。

（2）数字化制造：

由于住宅采用工业化的方式进行生产，所以整个生产过程可以充分利用 BIM 模型实现数字化和自动化的制造。

① 模具设计自动化。BIM 模型可以提供预制构件模具设计所需要的三维几何数据以及相关辅助数据，可实现模具设计的自动化，如果结合预制构件的自动化生产线，还能实现拼模的自动化。

② 钢筋加工自动化。利用 BIM 模型中的钢筋数据模型输出钢筋加工数控机床的控制数据，实现钢筋的自动裁剪和弯折加工，并利用软件实现钢筋用料的最优化。

③ 构件检测自动化。利用 BIM 模型中的尺寸数据，并结合预制构件的自动化生产线，实现预制构件成品检测的自动化。

④ 施工现场自动定位放样。基于 BIM 模型的空间信息以及全自动全站仪等设备，实现基于 BIM 模型数据的施工现场自动定位放样。

三、未来发展的考虑

天津市滨海新区住房投资有限公司从佳宁苑设计开始就对 BIM 进行了技术层面的接触，并经天津市滨海新区规划和国土资源管理局住保处建议，与北京华思维泰克科技有限公司合作，组织研发中心相关人员对佳宁苑部分房型进行了 BIM 建模，用于对外展示和施工图检验，取得了一定的成效。下一步，一是在指导房型优化设计上应用 BIM 技术，尝试装修设计部品库与绿建的扩展虚拟现实应用 3D 打印；二是着手将 BIM 技术与住宅工业化相结合。

根据 BIM 信息管理平台的理念，结合 PC 住宅产业化的生产特点，推动 BIM 技术在滨海新区 PC 住宅产业化中的应用，提高滨海新区的住房建设水平。在保障性住房的房型研究中，设计研究出符合 BIM 信息管理平台理念、符合 PC 住宅产业化生产特点的指导房型，这是我们下一步滨海新区保障性住房户型研究的方向之一。

BIM 技术是建筑行业的一场技术革命。设计人员在前期进行设计时，把数据信息加到模型中，除了提高设计质量外，还能将这些信息在施工图阶段、施工阶段和运维阶段加以应用。BIM 技术的最大价值在于项目建设过程中的各个阶段都是信息化和协同管理。

推动 BIM 的发展，需要在以下几方面做出努力：

（1）政府及相关建设主管部门单位和市场对 BIM 的应用提出要求。

（2）推动 BIM 技术国家标准的颁布实施。

（3）项目建设各阶段应 BIM 化，如设计、审批、管理、施工、运维等，并综合利用，实现最大价值。

目前，BIM 的应用已经进入深水区，是工程建设行业的一次深层次技术革新。设计公司、投资商、开发商、部品生产企业、施工及物业公司都要积极使用、推广 BIM 技术，迎接建设行业所面临的工业化、互联网转型升级的巨大挑战。应用 BIM 技术，需要采取以下两种措施：①加大 BIM 投入：BIM 模型的信息完备、可视、具有整体性，使投资方一改原来的弱势地位，可以对项目建设和使用全过程做到可知、可控，是 BIM 的最大受益者。目前，采用 BIM 建模技术成本偏高，投资建设单位要认可各阶段成本增加，如果投资方提出 BIM 模型在项目建设和使用中"全流通"，并予以利益分配，那么实现全面的 BIM 之路就有了基础。设计公司使用 BIM，可提高设计水平及效率，积累数据，开发商、生产厂家等均可共享。②自我革新：信息化、数字化是人类社会发展的必由之路，利用 BIM 技术，以数字方式的"思维"把管理思想、运作流程抽象提升后信息化、标准化，部品、家具、家电生产企业利用信息做增值服务，创造新的商业机会，在项目产业链中占有一席之地。

第三部分

佳宁苑试点项目开发建设过程

Part 3 Construction Process of
Jianingyuan Pilot Project

Public Housing
居者有其屋

天津滨海新区首个全装修定单式限价商品住房佳宁苑试点项目
The Pilot Project of First Full Furnished
Order-oriented Price-restricted Commercial Housing —Jianingyuan,
Binhai New Area, Tianjin

第一章　佳宁苑试点项目工程手续办理

房地产开发项目一般分为项目立项、前期、工程进行、项目销售及售后服务阶段。各阶段均由现各归办部门进入行政许可，办理工程审批手续。

佳宁苑项目开发企业是保障房项目开发企业，但定单式限价商品房仍按照一般商品房办理相关手续。

佳宁苑试点项目于 2012 年 11 月 19 日取得立项文件，随后项目进入前期和工程建设阶段。

一、项目立项前阶段

1. 土地取得

一般房地产开发土地取得采用招拍挂形式，佳宁苑试点项目的土地是我公司按照规划向天津港散货物流有限责任公司收购所得用于开发定单式限价商品住房，投资额达 25% 后我公司与天津港散货物流有限责任公司签订《土地转让合同》并交纳印花税及契税。

2. 立项

立项又称项目建议书审批。投资项目管理分为审批、核准、备案三种，其中：审批一般分为项目建议书、可行性研究报告、初步设计三种，立项只等于其中的项目建议书审批（佳宁苑试点项目只属于备案项目）。

项目立项

办事程序	申报—受理—上报—核发
提交材料	①天津市内资企业固定资产投资项目备案申请表（加盖申请单位公章）； ②承诺书； ③营业执照复印件或法人证明材料（房地产备案项目还须提交土地出让合同、房地产开发企业资质证书复印件）； ④项目简介； ⑤项目用地的房地产权证

续　项目立项

申请条件	建设工程 以出让方式供地： ①取得国有土地使用权出让合同； ②取得建设项目批准、核准或备案文件。 以划拨方式供地： ①取得选址意见书并审定修建性详细规划（含总平面设计方案）； ②取得建设项目批准、核准或备案文件。 以划拨方式供地和以出让方式供地以外（含临时用地）： ①取得规划条件，根据规划条件的审批意见办理； ②取得建设项目批准、核准或备案文件； ③审定的修建性详细规划（含总平面设计方案）。 市政工程 ①取得选址意见书或规划条件，并审定市政工程规划方案； ②取得建设项目批准、核准或备案文件
办理材料	建筑工程 以出让方式供地： ①建设用地规划许可证申报表（建筑工程）； ②国有土地使用权出让合同，涉及国有土地使用权转让的提交转让合同； ③建设项目批准、核准或备案文件； ④申报单位（人）委托代理的，提交授权委托书及被委托人身份证复印件，同时交验原件； ⑤其他需要提供的材料

Public Housing
居 者 有 其 屋
天津滨海新区首个全装修定单式限价商品住房佳宁苑试点项目
The Pilot Project of First Full Furnished
Order-oriented Price-restricted Commercial Housing —Jianingyuan,
Binhai New Area, Tianjin

续　项目立项

办理材料	以划拨方式供地： ①建设用地规划许可证申报表（建筑工程）； ②标明拟建项目用地范围的1/500、1/2000或1/10 000现势地形图2份和电子文件，核定用地图纸质文件和电子文件（包括DWG和SHP两种格式）； ③涉及占用农用地的提供建设用地预审文件或土地征转文件； ④建设项目批准、核准或备案文件； ⑤申报单位（人）委托代理的，提交授权委托书及被委托人身份证复印件，同时交验原件； ⑥其他需要提供的材料。 以划拨方式供地和以出让方式供地以外（含临时用地）： ①建设用地规划许可证申报表（建筑工程）； ②核定用地图纸质文件和电子文件（包括DWG和SHP两种格式），标明拟建项目用地范围的1/500、1/2000或1/10 000现势地形图2份和电子文件； ③建设项目批准、核准或备案文件； ④申报单位（人）委托代理的，提交授权委托书及被委托人身份证复印件，同时交验原件； ⑤其他需要提供的材料

3. 申请用地规划许可证

中华人民共和国

建设用地规划许可证

项目总编号：2011 滨海 0482　　　　编　号：2012 滨海地证 0056

类　　型：出让

根据《中华人民共和国城乡规划法》第三十七、第三十八条规定，经审核，本用地项目符合城乡规划要求，颁发此证。

发证机关

日　　期

注：佳宁苑试点项目于 2012 年 12 月 11 日取得建设用地规划许可证

Public Housing

居者有其屋

天津滨海新区首个全装修定单式限价商品住房佳宁苑试点项目
The Pilot Project of First Full Furnished
Order-oriented Price-restricted Commercial Housing —Jianingyuan,
Binhai New Area, Tianjin

天津市滨海新区发展和改革委员会文件

津滨发改许可 [2012] 134 号

关于准予天津市滨海新区住房投资有限公司
中部新城北起步区佳宁苑定单式限价商品房
项目备案的决定

天津市滨海新区住房投资有限公司：

你单位申报的中部新城北起步区佳宁苑定单式限价商品房项目备案材料收悉。根据《天津市企业投资项目备案暂行管理办法》，经我委审核，符合法定条件和标准，现决定对该项目予以备案。

特此决定。

附：天津市内资企业固定资产投资项目备案通知书

二〇一二年十一月十九日

主题词：行政许可 准予 内资 备案 决定

抄送：区规划和国土局、建设和交通局、环保和市容管理局、经信委、
统计局

No. 120301201200083

用 地 单 位	天津市滨海新区住房投资有限公司
用 地 项 目 名 称	津滨散货 2003-02-2-07 地块佳宁苑限价商品房项目
用 地 位 置	滨海 塘沽天津港散货物流中心金岸一道以南，银河四路以西
用 地 性 质	二类居住用地
用 地 面 积	17309.40 平方米
建 设 规 模	31156.92 平方米
附图及附件名称	核定用地图壹份、通知书壹份

遵守事项

一、本证是经城乡规划主管部门依法审核，建设用地符合城乡规划要求的法律凭证。

二、未取得本证，而取得建设用地批准文件、占用土地的，均属违法行为。

三、未经发证机关审核同意，本证的各项规定不得随意变更。

四、本证所需附图与附件由发证机关依法确定，与本证具有同等法律效力。

相关政府文件

二、项目前期手续

1. 修建性详细规划

设定依据	①《中华人民共和国城乡规划法》第二十一条：城市、县人民政府城乡规划主管部门和镇人民政府可以组织编制重要地块的修建性详细规划。修建性详细规划应当符合控制性详细规划。 ②《中华人民共和国城乡规划法》第四十条：申请办理建设工程规划许可证，应当提交使用土地的有关证明文件、建设工程设计方案等材料。需要建设单位编制修建性详细规划的建设项目，还应当提交修建性详细规划。对符合控制性详细规划和规划条件的，由城市、县人民政府城市规划主管部门或者省、自治区、直辖市人民政府确定的镇人民政府核发建设工程规划许可证。 ③《天津市城乡规划条例》第十五条。 ④《天津市城乡规划条例》第五十一条
申请条件	建筑工程修建性详细规划（含总平面设计方案）： ①取得选址意见书或规划条件； ②国有土地使用权出让的项目，需取得建设用地规划许可证（可并行办理）。 市政工程规划方案： 取得选址意见书或规划条件
办理材料	建筑工程修建性详细规划（含总平面设计方案）： ①修建性详细规划方案申请表； ②标明拟建项目用地范围的1/500、1/2000或1/10 000现势地形图2份和电子文件； ③涉及国有土地使用权出让的提交土地出让合同，涉及国有土地使用权转让的提交转让合同； ④建设用地面积大于2万平方米，或者建设用地位置特别重要的建设项目，应当提交修建性详细规划（包括规划设计说明、地形图和规划图等）2份、电子文件1份，其他建设项目应当提交总平面设计方案2份、电子文件1份； ⑤申报单位（人）委托代理的，提交授权委托书及被委托人身份证复印件，同时交验原件
备注	办理修建性详细规划需要公示40个自然日

Public Housing
居 者 有 其 屋

天津滨海新区首个全装修定单式限价商品住房佳宁苑试点项目
The Pilot Project of First Full Furnished
Order-oriented Price-restricted Commercial Housing —Jianingyuan,
Binhai New Area, Tianjin

2. 建设工程设计方案

建设工程设计方案

设定依据	①《中华人民共和国城乡规划法》第四十条: 申请办理建设工程规划许可证，应当提交使用土地的有关证明文件、建设工程设计方案等材料。需要建设单位编制修建性详细规划的建设项目，还应当提交修建性详细规划。对符合控制性详细规划和规划条件的、由城市、县人民政府城乡规划主管部门或者省、自治区、直辖市人民政府确定的镇人民政府核发建设工程规划许可证。 ②《天津市城乡规划条例》第五十二条。 ③《天津市城市雕塑管理办法》第六条
申请条件	审定修建性详细规划方案或市政工程规划方案
办理材料	建筑工程 ①建设工程设计方案申报表（建筑工程）； ②有相应资质单位设计的建设工程设计方案 3 份（含建筑效果、总平面、各层平面、立面、剖面图等）及电子文件，重要项目需提交模型； ③申报单位（人）委托代理的，提交授权委托书及被委托人身份证复印件，同时交验原件
备注	办理建设工程设计方案需要公示 7 个工作日

3. 建设工程规划许可证

建设工程规划许可证

申请条件	建筑工程： ①审定修建性详细规划或总平面设计方案； ②审定建设工程设计方案； ③取得土地权属文件。 市政工程： ①审定市政工程规划方案； ②审定建设工程设计方案； ③取得土地权属文件
办理材料	建筑工程（含永久性建筑、临时性建筑和维修工程）： ①建设工程规划许可证申报表（建筑物）； ②与规划管理相关的施工图（一式 4 份及电子文件）； ③具有相应测绘资质单位出具的建设工程规划放线测量技术报告（含电子文件）； ④使用土地有关证明文件； ⑤申报单位（人）委托代理的，提交授权委托书及被委托人身份证复印件，同时交验原件； ⑥其他需要提供的材料（涉及人防、地名等法律、法规规定的一项或多项审核意见）

注：佳宁苑试点项目于 2013 年 4 月 15 日取得建设工程规划许可证

天津滨海新区首个全装修定单式限价商品住房佳宁苑试点项目
The Pilot Project of First Full Furnished
Order-oriented Price-restricted Commercial Housing —Jianingyuan,
Binhai New Area, Tianjin

中华人民共和国

建设工程规划许可证

项目总编号：2011 滨海 0482 　　　编　号：2013 滨海住证 0004

申请编号：2013 滨海建证申字 0029 　　类型：永久

　　根据《中华人民共和国城乡规划法》第四十条规定，经审核，本建设工程符合城乡规划要求，颁发此证。

发证机关

日　期 2013　　月 15日

№ 120301201300034

建设单位(个人)	天津市滨海新区住房投资有限公司
建设项目名称	滨海新区定单式限价尚品住房试点项目—佳宁苑
建 设 位 置	滨海新区 天津港散货物流区内
建 设 规 模	31063.38 平方米
附图及附件名称	《建设工程规划许可证》通知书 壹份《建设工程规划许可证》附图 贰套
备注：地下建筑面积：1771.78 平方米	

遵守事项

一、本证是经城乡规划主管部门依法审核，建设工程符合城乡规划要求的法律凭证。

二、未取得本证或不按本证规定进行建设的，均属违法建设。

三、未经发证机关许可，本证的各项规定不得随意变更。

四、城乡规划主管部门依法有权查验本证，建设单位(个人)有责任提交查验。

五、本证所需附图与附件由发证机关依法确定，与本证具有同等法律效力。

相关政府文件

4. 施工图审查

施工图审查是指市建委认定的施工图审查机构按照有关法律、法规，对施工图涉及公共利益、公众安全和工程建设强制性标准的内容进行的审查。

施工图审查

办理材料	①天津市房屋建筑工程施工图设计文件审查送审表； ②立项； ③修详规； ④地质勘查报告及地勘报告审查合格证； ⑤进津证（外地设计院）； ⑥所有专业施工图纸及计算书
备注	精装修单独图审需要材料：建设工程规划许可证、立项、全套精装修图纸

注：佳宁苑项目于 2013 年 5 月 7 日取得图审单位颁发的施工图设计文件审查合格书，2015 年 5 月 10 日取得市建委颁发的施工图设计文件审查备案书

相关政府文件

Public Housing
居者有其屋

天津滨海新区首个全装修定单式限价商品住房佳宁苑试点项目
The Pilot Project of First Full Furnished
Order-oriented Price-restricted Commercial Housing —Jianingyuan,
Binhai New Area, Tianjin

三、项目工程建设阶段

1. 施工总承包单位的确定

佳宁苑定单式限价商品房委托招标代理公司天津房友工程咨询有限公司，采用公开招标的方式确定了施工单位。

（1）由于佳宁苑项目是天津港散货物流公司转让给我公司的土地，在转让前已完成项目的桩基招标手续。因此，桩基工程施工仍由原中标单位天津宇达建筑工程有限公司负责，中标额为捌佰伍拾万元（小写：8500000）。

（2）主体工程　2013年4月进行公开招标，共有4家施工企业参与投标，控制价104586523元。最终，天津五建建筑工程有限公司中标，中标额为壹亿零肆佰零捌万陆仟伍佰贰拾叁元（小写：104086523元），施工范围为规划红线范围内全部住宅小区建设（建筑工程、弱电预埋工程、精装修工程）；其中精装修工程为暂估工程，暂估额为壹仟肆佰贰拾伍万元（小写：14250000元）。2014年1月对精装修工程进行二次公开招标，控制价15198996元，共有11家装修单位参与了投标。天津美图装饰设计工程有限公司中标，中标额为壹仟肆佰捌拾玖万捌仟玖佰玖拾陆元（小写：14898996元）。

（3）室外工程：2014年2月进行了室外景观工程的公开招标，共有3家施工企业参与投标，控制价7100000元，最终天津云祥市政工程有限公司中标，中标额为陆佰玖拾捌万零叁拾陆元（小写：6980036元）。

2. 建设工程施工许可证

申领建设工程施工许可证，是在办理建筑工程规划许可证后，需要进行的验证工程建设符合开工要求的最后法定程序，该证是申办开工的必备文件。

建设工程施工许可证

事项名称	建筑工程施工许可
主体部门名称	区审批局
规章依据	《中华人民共和国建筑法》
申请条件	①已经办理该建筑工程用地批准手续； ②在城市规划区的建筑工程，已经取得规划许可证； ③需要拆迁的，其拆迁进度符合施工要求； ④已经确定建筑施工企业； ⑤有满足施工需要的施工图纸及技术资料； ⑥有保证工程质量和安全的具体措施； ⑦建设资金已经落实
申请材料目录	材料名称 ①建筑工程施工许可申请表； ②无拖欠工程款承诺书； ③承诺书；

续   建设工程施工许可证

申请材料目录	④立项文件； ⑤房地产权证； ⑥建设用地规划许可证； ⑦建设工程规划许可证； ⑧施工图纸审查备案书； ⑨工程施工中标通知书； ⑩经备案的施工承包合同；
申请材料目录	⑪经备案的工程监理合同； ⑫建设工程质量监督登记表； ⑬安全措施备案通知书； ⑭施工企业主要技术负责人签署的已经具备施工条件的意见书； ⑮节能技术资料备案表； ⑯建设资金证明； ⑰建设项目环评审批文件； ⑱合理用能审批的批复文件； ⑲大配套费缴费凭证

佳宁苑试点项目在区建设管理及其他相关部门办理施工、监理招标投标、质量监督、安全监督、环评、能评等手续后，向区建设管理部门提出开工申请，经审查批准，于2013 年 6 月 4 日取得施工许可证。

相关政府文件

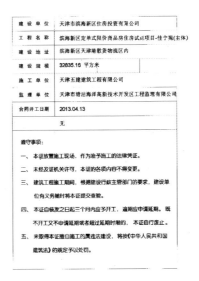

Public Housing
居者有其屋

天津滨海新区首个全装修定单式限价商品住房佳宁苑试点项目
The Pilot Project of First Full Furnished
Order-oriented Price-restricted Commercial Housing —Jianingyuan,
Binhai New Area, Tianjin

3. 市政配套设施接驳

佳宁苑项目在项目开工、外网施工图设计完成后，即与自来水公司、供电公司、热电公司、燃气公司进行接触商洽，起草协议，办理供水、供电、供热、供气、排污的手续，并按规定支付相关费用。施工验收合格后取得配套验收证明。

（1）电力配套：

①材料明细：

第一，立项；

第二，建设工程规划许可证；

第三，售房许可证；

第四，房产测绘报告；

第五，1：500 总平面图三张；

第六，不同楼型首层及标准层电气平面图、楼内配电系统图；

第七，小区综合管网图；

第八，标准地名证；

第九，营业执照；

第十，组织机构代码证；

第十一，小区新装用电申请书；

第十二，业扩报装用电申请书。

②收费标准：110 元／平方米。

③材料备齐后，向市电力客服中心报件，市电力客服中心图纸审查完成后，转到滨海电力公司进行施工招标，确定施工单位后，进场施工。

（2）自来水配套：

①自来水配套公司：天津临港工业区华滨水务有限公司。

②材料明细：

第一，住宅小区建设工程规划许可证；

第二，住宅小区供水设施建设协议；

第三，住宅小区新建二次供水建设协议书；

第四，住宅小区水表建设管理协议；

第五，住宅小区 1：500 地形图；

第六，住宅小区 1：500 总体平面图；

第七，住宅小区防火专篇；

第八，住宅小区管网综合图；

第九，住宅小区各单体建筑水专业图；

第十，泵房位置图、泵房分区范围及各分区所含户数。

③收费标准：

第一，自来水工程建设费 住宅 21 元／平方米，公建 27 元／平方米；

第二，自来水大配套费 35 元／平方米。

（3）燃气配套：

①燃气配套公司：天津滨燃管网建设有限公司。

②材料明细：

第一，立项；

第二，建设工程规划许可证；

第三，建设工程施工许可证；

第四，小区全部建设面积测算成果报告书；

第五，1 ∶ 500 管网综合图（电子版）；

第六，首层、标准层建筑及燃气专业图；

第七，工程建筑结构图一套（电子版）。

③收费标准：

第一，燃气配套费 4500 元／户；

第二，IC 卡计量表 500 元／户；

第三，燃气施工设计费 100 元／户。

（4）供热配套：

①供热配套公司：天津滨海世纪能源科技发展有限公司。

②资料明细：

第一，房地产测绘报告；

第二，综合管网图；

第三，暖专业全套图纸。

③收费标准：

第一，供热庭院管网建设费　25 元／平方米；

第二，供热大配套费　住宅 122 元／平方米，公建 160 元／平方米。

（5）中水配套：

①中水配套公司：中翔（天津）水业发展有限公司。

②资料明细：

第一，建设工程规划许可证；

第二，住宅中水接入申请表；

第三，中水专业全套图纸、综合管网图及中水泵房图纸；

第四，项目前期接洽信息登记表。

③收费标准：

第一，中水一次管网配套费　23 元／平方米；

第二，中水大配套费　建筑面积不足 5 万平方米，按照 40 万元收取；

第三，中水 IC 卡计量户表 750 元／具。

Public Housing

居 者 有 其 屋

天津滨海新区首个全装修定单式限价商品住房佳宁苑试点项目
The Pilot Project of First Full Furnished
Order-oriented Price-restricted Commercial Housing —Jianingyuan,
Binhai New Area, Tianjin

新建住宅商品房供热配套证明

编号：   项目地点： 散货物流区域内

天津市滨海新区住房投资有限公司：

  依照《天津市商品房管理条例》，经对你公司开发的

名称为中部新城北起步区佳宁苑定单式限价商品房项目

进行审查，其供热配套专项审查合格，具备正式供热条

件。

  特此证明

项目总面积 32835.16 平方米，共 一 期。

此次审查第 一 期。具备正式供热条件共 6 幢，

面积 32835.16 平方米。

幢号明细如下：1号楼——6号楼

出证单位：

二〇一五年 月 日

注：本证一式三份，建设行政主管部门、出证单位、房地产开发企业各

一份。

新建住宅商品房供水配套证明

编号：   项目地点： 天津港散货物流中心商贸区

天津市滨海新区住房投资有限公司：

  依照《天津市商品房管理条例》，经对你公司开发的

名称为 中部新城北起步区佳宁苑定单式限价

商品房项目进行审查，其供水配套专项审查合格、具备

正式供水条件。

  特此证明

项目总面积 32835.16 平方米，共 一 期。

此次审查第 一 期。具备正式供水条件共 6 幢，

面积 32835.16 平方米。

幢号明细如下：1号楼——6号楼

出证单位：

二〇一五年 月 日

注：本证一式三份，建设行政主管部门、出证单位、房地产开发企业各一份。

相关政府文件

新建住宅商品房供电配套证明

编号：　　　　　　　　　　　项目地点：<u>天津港散货物流中心商贸区</u>

<u>天津市滨海新区住房投资有限公司</u>：　　　　项目总面积 <u>36373.79</u> 平方米，共 <u>一</u> 期，

　依照《天津市商品房管理条例》，经对你公司开发的　　此次审查第 <u>一</u> 期，具备正式供电条件共 <u>6</u> 幢，

名称为 <u>中部新城北起步区佳宁苑定单式限价</u> 商　　面积 <u>36373.79</u> 平方米。

品房项目进行审查，其供电配套专项审查合格，具备正　　幢号明细如下：

式供电条件。　　　　　　　　　　　　　　　　1 号楼——6 号楼

　特此证明

　　　　出证单位：　　　　　　　　　　注：本证一式三份，建设行政主管部门、出证单位、房地产开发企业各
　　　　　　　　　　　　　　　　　　　　　　一份。

　　　　　二〇一五年　月　日

新建住宅商品房供气配套证明

编号：　　　　　　　　　　　项目地点：<u>散货物流区域内</u>

<u>天津市滨海新区住房投资有限公司</u>：　　　　项目总面积 <u>32835.16</u> 平方米，共 <u>一</u> 期，

　依照《天津市商品房管理条例》，经对你公司开发的　　此次审查第 <u>一</u> 期，具备正式供气条件共 <u>6</u> 幢，

名称为中部新城北起步区佳宁苑定单式限价商品房项目　　面积 <u>32835.16</u> 平方米。

进行审查，其供气配套专项审查合格，具备正式供气条　　幢号明细如下：1#——6#楼

件。

　特此证明

　　　　出证单位：　　　　　　　　　　注：本证一式三份，建设行政主管部门、出证单位、房地产开发企业各
　　　　　　　　　　　　　　　　　　　　　　一份。

　　　　　二〇一五年　月　日

相关政府文件

Public Housing

居 者 有 其 屋

天津滨海新区首个全装修定单式限价商品住房佳宁苑试点项目
The Pilot Project of First Full Furnished
Order-oriented Price-restricted Commercial Housing —Jianingyuan,
Binhai New Area, Tianjin

4. 竣工手续办理

房地产项目竣工，组织相关的政府管理部门进行验收。

（1）规划验收：

规划验收办理材料

办理材料	建筑工程： ①建设工程规划验收合格证申报表（建筑工程）； ②《建设工程规划竣工测量技术报告》（建筑工程）和电子文件（涉及利用地下空间的建设项目含《地下空间竣工复核报告》）； ③《建设工程墨线复核实测报告》纸质文件 1 份和电子文件 1 份； ④建设工程档案预验收证明原件； ⑤标准地名证书及附图复印件； ⑥法人身份证明； ⑦建筑设计方案实景对比图彩图； ⑧申报单位委托代理的，提交授权委托书及被委托人身份证复印件，同时交验原件； ⑨建设工程规划许可证、通知书（复印件）及附图； ⑩建设用地规划许可证、通知书（复印件）； ⑪建筑设计方案； ⑫现场悬挂总平面图照片； ⑬人防批复手续复印件； ⑭房产测量报告

注：佳宁苑试点项目于 2015 年 6 月 1 日上报申请规划验收，于 2015 年 6 月 10 日取得建设工程规划验收合格证

№ 123391261500065

天　津　市

建设工程规划验收合格证

项目总编号： 2011滨海0482　　　合格证编号： 2015滨海建验证C
类　　　型： 建筑工程　建设工程规划许可证号： 2013滨海住证000

根据《中华人民共和国城乡规划法》和《天津市城乡规划条例》有关规定,经审核,本建设工程符合城乡规划要求,颁发此证。

发证机关

日　　　期　　2015年06月10日

相关政府文件

建设单位(个人)	天津市滨海新区住房投资有限公司
建设项目名称	滨海新区定单式限价商品住房试点项目—佳宁苑
建设位置	滨海新区核心区银河四路745号
建设规模	31195.96平方米
附图及附件名称	附：由天津博维永诚科技有限公司出具的《滨海新区定单式限价商品住房试点项目-佳宁苑建设工程规划竣工测量技术报告》及光盘壹份 地下建筑面积：1764.06平方米
备注	

遵守事项

一、本证是本市城市规划区内,经城乡规划主管部门审核,建设工程规划验收合格的法律凭证。

二、未经发证机关审核同意,本证的各项规定不得随意变更。

三、本证的附图与附件由发证机关依法确定,与本证一并使用方具法律效力。

Public Housing

居 者 有 其 屋

天津滨海新区首个全装修定单式限价商品住房佳宁苑试点项目
The Pilot Project of First Full Furnished
Order-oriented Price-restricted Commercial Housing — Jianingyuan,
Binhai New Area, Tianjin

（2）竣工验收：

项目竣工后，经过质量监督大队现场验收，并办理其他如
环境验收、规划验收、消防验收等后，向区建设管理部门申请，
办理建设工程竣工验收备案。

竣工验收办理材料

办理材料	①工程竣工验收备案表； ②工程竣工验收报告，包括：工程报建日期，施工许可证号，施工图审查合格书和备案书，勘察、设计、施工、工程监理等单位分别签署的质量合格文件及验收人员签署的竣工验收原始文件，市政基础设施的有关质量检测和功能性试验资料； ③天津市建设工程施工许可证； ④人防验收证明； ⑤建设工程竣工规划验收合格证； ⑥建筑工程消防验收或者备案意见书； ⑦建设项目环评报告； ⑧施工单位签署的工程质量保修书； ⑨天津市建设工程标志牌镶嵌登记表； ⑩天津市商品住宅质量保修书； ⑪天津市商品住宅使用说明书

注：佳宁苑试点项目于 2015 年 6 月 10 日申请竣工验收备案，6 月 11 日取得天津市竣工验收备案书

天 津 市
建设工程竣工验收备案书

编号:2015-147

根据中华人民共和国国务院《建设工程质量管理条例》和《天津市建设工程质量管理规定》，该工程竣工验收备案文件符合相关要求，准予备案。

（备案专用章）

2015 年 6 月 11 日

相关政府文件

工程名称 (标准地名)	佳宁苑限价商品房1号楼		
工程概况	结构类型	建筑面积(m²)	工程造价(万元)
	剪力墙	10365	
建设单位	天津市滨海新区住房投资有限公司		
施工单位	天津五建建筑工程有限公司		
勘察单位	天津市地质工程勘察院		
设计单位	天津市天友建筑设计股份有限公司		
监理单位	天津市塘沽海洋高新技术开发区工程监理有限公司		

遵守事项：

一、本备案书是建设工程已完成竣工验收备案的法律凭证。

二、未经备案机关复查同意，本备案书更改无效。

Public Housing
居者有其屋

天津滨海新区首个全装修定单式限价商品住房佳宁苑试点项目
The Pilot Project of First Full Furnished
Order-oriented Price-restricted Commercial Housing —Jianingyuan,
Binhai New Area, Tianjin

（3）新建住宅商品房验收管理备案（基础设施配套证明）：

新建住宅商品房验收管理备案办理材料

办理材料	①项目总体建设情况介绍；
	②新建住宅商品房准许交付使用情况审查表；
	③新建项目全部工程施工图纸；
	④规划部门批复的修建性详规图；
	⑤建设工程规划验收合格证；
	⑥建设工程竣工验收备案书；
	⑦新建住宅商品房供水、排水、供电工程验收合格证明；
	⑧新建住宅商品房供热配套证明；
	⑨居委会、文化活动室、幼儿园等非经营性公建平面图纸各一份；
	⑩新建住宅商品房非经营性公建移交手续；
	⑪开发企业与物业公司签订的小区道路、绿化、路灯长期养管协议以及物业公司资质；
	⑫交验市政公用基础设施大配套费、新建住宅商品房非经营性公建配套费、新建住宅商品房气源发展费缴费手续

　　佳宁苑项目在完成上述手续后，着手抓紧办理入住许可
的相关事宜。基础设施配套证明于 2015 年 6 月 24 日进件办
理，2015 年 6 月 25 日取得基础设施配套证明。

　　（4）新建住宅商品房准许交付使用许可：

新建住宅商品房准许交付使用许可申请材料目录

申请材料目录	材料名称：
	①办理新建住宅商品房准许交付使用情况审查表；
	②承诺书；
	③项目竣工验收备案；
	④建设工程规划验收合格证；
	⑤非经营性公建、供水、供电、供气、供热、排水等配套证明；
	⑥土地使用权证书；
	⑦地名管理部门批准的标准地名文件和小区照片（规划竣工测量项目包括小区照片）；
	⑧新建住宅商品房准许交付使用配套部门评审表

佳宁苑试点项目于 2015 年 6 月 25 日申请办理新建住宅商品房准许交付使用许可，并于当天取得天津市新建住宅商品房准许交付使用证。

天津市新建住宅商品房准许交付使用证

天津市滨海新区住房投资有限公司　　　　：

你公司在　滨海新　区(县)天津港散货物流区金单一道以南、银河五路以东新建的

佳宁苑 1 号楼　　　　　　　　　　　住宅商品房

项目，经审查相关手续齐全，符合《天津市商品房管理条例》的有关规定，准许交付使用。

特发此证

需要说明的事项：

此证按幢发放，一幢一证　　　发证机关：

证书编号：津建房许滨海 15012—佳宁苑 1 号楼　　2015 年 6 月 25 日

天津市城乡建设委员会制

相关政府文件

四、存在的问题

各相关建设管理部门政策执行不统一，新区政府于 2013 年 7 月 15 日颁布《天津市滨海新区定单式限价商品房管理暂行办法》（简称《办法》）。《办法》规定：定单式限价商品住房项目开发建设涉及的各项行政事业性收费，不得超过物价主管部门核定的收费标准的 50%，不得分解收费。佳宁苑在办理相关手续时，各相关建设管理部门初期对《办法》理解不一，经我公司沟通后，佳宁苑项目各行政事业性收费只有非经营性公建配套费、气源发展基金按 50% 收取，其他未按《办法》执行。但是，同区域内的其他项目，此两项收费按照 70% 及 100% 收取不一。

佳宁苑小区在办理小区市政配套建设时，根据《办法》的规定：市政公用基础设施大配套工程费，住宅及地上非经营性建筑按照收费面积的 70% 缴纳。但是，在实施过程中，各配套相关单位并未按照《办法》规定实行。我公司只能按照各专业配套公司的要求，全额缴纳相关费用，因此相关配套费用过高。

佳宁苑市政配套工程，按照相关专业配套单位的要求，在配套设施建设过程中涉及的相关设备及施工必须由配套公司内部招标或指定相关单位进行采购、施工，因此导致配套施工成本过高。

Public Housing

居者有其屋

天津滨海新区首个全装修定单式限价商品住房佳宁苑试点项目
The Pilot Project of First Full Furnished
Order-oriented Price-restricted Commercial Housing —Jianingyuan,
Binhai New Area, Tianjin

第二章　佳宁苑试点项目建设施工过程

佳宁苑项目是滨海新区首个实行全装修的定单式限价商品房，也是公司开发建设的第一个项目。在各级领导的关心、指导下，在全体同事的共同努力下，项目顺利完工。项目组织和施工过程中，在图纸审查、施工进度、质量、安全文明施工、成本控制等方面做到制度化管理，力争打造保障房示范项目，让民心工程真正惠及新区百姓。

一、项目基本情况

项目从 2013 年 3 月 15 日开始进场打桩，2013 年 5 月 30 日开始主体施工，2014 年 4 月 20 日主体竣工，2014 年 4 月 20 日装修进场，2015 年 5 月 6 日竣工验收，2015 年 6 月 27 日交房。

项目按照公开、公平、公正的原则，规范运作，工程全部采用正规招标程序公开招标确定各部分施工单位及各职能单位，有效保证了工程质量。

参建单位

项目名称		参建单位
佳宁苑	勘察单位	天津市地质工程勘察院
	设计单位	天津市天友建筑设计股份有限公司
	监理单位	天津市塘沽海洋高新技术开发区工程监理有限公司
	总包单位	天津五建建筑工程有限公司
	室外工程	天津云祥市政工程有限公司
	桩基工程	天津宇达建筑工程有限公司

参建单位

二、项目管理

现场工程管理工作是保证项目建设质量的核心和重点，从图审、工期、质量、安全、成本五个重要方面加强控制，强化合同的管理与信息的沟通，在工程项目部与设计、监理、施工单位间建立高效的协调合作机制。

1. 做好图纸审查工作，与设计紧密衔接

设计是项目建设的龙头，设计图纸是现场的施工依据，因此设计图纸质量决定了项目品质、投资成本和工期，因此对于设计图纸要做到认真掌控、心中有数。首先，设计院出具图纸后，设计部门组织工程、销售等部门及相关领导共同对图纸进行审核，并多次召开讨论会，对偏离项目设计意图和功能使用的部分及时纠正，避免造成不可挽回的后果。其次，工程部门认真组织学习，由设计单位做好现场设计交底，施工单位对整体图纸的施工包括桩基、基础、主体、外檐、装修、室外工程等各工序均严格学习，与设计单位对接，杜绝在施工时再不断发现设计与现场不符、边修改设计边施工或造成既定事实无法修改，避免耽误工期而增加预算，甚至造成使用不便和难以挽回的影响。

2. 建设质量控制

在招标合同中明确将项目质量目标定位为天津市"海河杯"工程。在项目开工前，提前组织设计负责人、施工单位技术人员进行设计交底，将问题解决在施工之前；严格审查施工单位项目主要成员的技术水平，审查施工组织设计及各专项施工方案，上报突发状况应急预案，确保整体的质量水平符合目标要求。各工序施工，注重样板示范作用，现场设置了专门的工序展示楼层，作为施工质量的检验标准；施工单位执行自检、自查、自验，加强自身的检查验收；监理单位执行巡查、旁站、报验制度，加强过程质量控制；工程项目部以不定期的抽检和平时检查相结合的方式进行质量控制；执行分部验收程序，施工单位自检、监理单位预验收、第三方检测单位实体抽检；要求设计单位、勘察单位等参建单位共同验收的，要对工程各阶段的质量情况全面掌控。

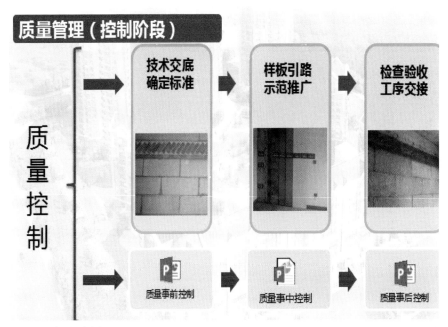

质量管理（控制阶段）

质量管理（事前）

Public Housing
居者有其屋

天津滨海新区首个全装修定单式限价商品住房佳宁苑试点项目
The Pilot Project of First Full Furnished
Order-oriented Price-restricted Commercial Housing — Jianingyuan,
Binhai New Area, Tianjin

3. 施工进度控制

制订项目整体进度计划，细化分部工程，定人定责，确定节点完成时间，精心组织，合理安排，优化施工方案，根据项目具体情况制订近期节点计划，明确工作内容及完成时间，层层督促落实，并定期在现场组织进度协调会，对各参建单位的完成情况进行分析，及时研究，采取有效的措施，同时利用经济措施、工序技术改良、签订合同等方式，确保进度目标顺利实现。为保证施工进度，若各专业分包单位施工无法在控制时间内完成，经警告后尚未采取有效措施的，总包单位接手此项工作，费用从工程款中扣除，以有效保障工程进度。

质量控制

事后控制

1、资料管理

2、竣工验收、整改

3、工程移交

质量控制

质量控制

工序验收及交接

巡视检查

做好施工图管理

重要部位旁站检查

混凝土浇筑

外墙保温粘贴

基坑开挖

土方回填

卷材防水施工

质量控制

4. 安全与文明施工保障

按照达到市级文明工地的管理目标，在安全文明标准化管理方面，积极推进工地现场文明标准化工作。从现场合理布置、安全管理人员配置管理到安全方案、应急预案、文明施工方案、绿色施工方案的审定，将安全与文明施工管理作为现场管理的重点。

坚持每周由监理负责组织召开各参建单位参加的现场安全专题会议，会议上监理将发现的安全隐患和违规操作进行通报批评和总结；加强现场安全巡查频率，及时排查安全隐患，认真审核施工单位的安全目标及措施，贯彻执行安全规程、生产条例，做到领导者不违章指挥、施工者不违章操作，特殊作业必须持证上岗，无备案手续特种设备不得使用；做好现场人员信息登记，配合当地公安机关做好人员管理，杜绝工地发生重大事故。

再者加强对施工单位竣工资料的监督管理，保证做到施工进度与工程资料同步，要求总包单位或监理单位设专人负责协助甲方前期人员完成相关竣工验收手续的办理。

进度管理				
总进度计划	年进度计划	月进度计划	周进度计划	进度日报

佳宁苑项目各节点验收时间

开工	桩基验收	基础验收	主体验收	竣工验收
2013年3月15日	2013年6月25日	2013年7月14日	2014年4月20日	2015年5月6日

进度管理

安全管理

1、明确安全管理目标
严禁死亡事故
严禁重伤害事故
严禁大型机械设备倒塌事故
2、安全管理措施
组织机构建立，健全安全生产责任制
施工人员教育培训
制定安全专项方案
确保相关费用投入
做好各种安全检查
做好安全应急预案

安全管理

Public Housing
居 者 有 其 屋

天津滨海新区首个全装修定单式限价商品住房佳宁苑试点项目
The Pilot Project of First Full Furnished
Order-oriented Price-restricted Commercial Housing —Jianingyuan,
Binhai New Area, Tianjin

5. 开发成本控制

建设成本的控制直接关系到建设投资经济效益，在成本控制方面要把控到每个阶段，在设计—合同—施工—结算方面全面控制成本。施工过程中的成本控制主要来自变更和签证，因此要督促施工方严格按图施工，严格控制来自施工方的工程变更、材料代用、额外用工及各种预算外费用。对于工程中发生的必要的变更、签证，要求现场监理严格审查其工程量；增项部分，请造价咨询人员到现场审核工程量，避免施工单位虚报工程量。另一方面，在工程中注重新工艺、新材料的推广和使用，新型材料使用可靠且价格便宜，从而降低了造价成本。

三、新工艺材料推介

1. 后压浆技术

钻孔灌注桩"后压浆技术"能更大限度地节约桩基成本，缩短施工工期，有效增强质量稳定性和提高单桩承载力。由于钻孔灌注桩后压浆可大幅度提高单桩承载力，因而设计上可以减少布桩，这在提高单桩承载力、减少工程沉降量、降低桩基工程造价等方面都具有深远意义。

2. 屋面防水材料

波形沥青防水板是用优质单层厚质矿植物纤维板在高温高压下浸渍沥青而成，由于在高温下成形，因此具有很高的抗压强度和优异的防水性能，使用寿命长达70年。波形沥青防水板作为各种瓦材的下覆层，真正起到了防水、隔热和排湿的作用。由于使用该材料所形成的具有通透性的屋面构造非常简单，便于和其他保温材料及屋面瓦配合，不仅降低了屋面工程的总造价，也使施工工艺变得更加简单。

成本控制

1、委托第三方（造价咨询公司）进行成本控制
2、做好内部成本控制
（1）采用了工程量清单基础上的固定总价方式
（2）严格签证管理
（3）设计变更要严格审核，做好设计交底
（4）掌握相关政策，准确把握收费标准，合理利用政策优势

成本控制

四、取得的成绩

佳宁苑试点项目从设计之初就立志高远，即打造滨海新区保障性住房精品工程，也是新区首个全装修定单式限价商品住房工程，备受新区各级领导和百姓关注，是新区惠民工程之一。公司委托天友设计院和彦邦设计院共同负责佳宁苑项目设计工作，天友负责主体工程设计，彦邦负责室内全装修部品点位设计，分工明确，相互配合，利于房间合理布局，以满足不同中低收入群体的需求，是保障房设计的一个亮点。

在施工之初，公司就确定了项目管理目标，并在总包合同中予以体现，同时向施工单位灌输我公司管理理念，提升管理标准，科学制订施工方案，落实管理制度，组织得力，强化执行力度，圆满完成了预期目标，成绩如下：

（1）项目建设实行样板引路，以点带面，提前发现房间布局的合理性，满足业主的使用需求。

（2）主体结构一次性通过验收，质量监督部门未下发整改通知，充分证明了工程建设质量。

（3）项目荣获"天津市市级观摩工地"。

（4）项目荣获"天津市市级文明示范工地"。

（5）项目2号和6号楼荣获天津市建筑工程"结构海河杯"奖项。

所获荣誉

第四部分

佳宁苑试点项目建设总结与改进

Part 4 Summary and Improvement
of Jianingyuan Pilot Project

Public Housing
居者有其屋

天津滨海新区首个全装修定单式限价商品住房佳宁苑试点项目
The Pilot Project of First Full Furnished
Order-oriented Price-restricted Commercial Housing—Jianingyuan,
Binhai New Area, Tianjin

第一章　佳宁苑试点项目规划设计总结和完善

佳宁苑作为全装修定单式限价商品住房试点项目，从建成效果看，其规划和设计基本达到了预期的目标，一些创新尝试效果比较理想，既考虑了"窄马路、密路网、小街廓"的城市设计要求，也满足了街区环境和建筑朝向的要求，获得了市场的认可。东侧沿城市生活性街道布置的1号楼底商住宅形成了较完善的社区街墙界面，为街坊提供了商业服务配套的条件。街坊内停车库的处理解决了地面停车问题，它形成了屋顶活动绿化空间，与地下车库相比降低了造价，又形成人车分流。按照滨海新区定单式限价商品住房指导房型设计，住房达到了普通商品房中上水平。当然，作为第一个试点项目会有不足和遗憾，需要总结与改进。为此，我们对佳宁苑试点项目的总图设计、景观设计、建筑设计、装修设计进行了系统的总结，并邀请住宅设计方面专家——清华大学周燕珉教授，对住宅设计方面的工作进行指导和评价。周燕珉教授肯定了项目所取得的成绩，也指出了设计中存在的问题。我们将根据佳宁苑项目的建设实践，总结成功经验，找出差距和不足，同时，结合相应课题研究成果，力求在规划设计方面更加注重城市空间环境的塑造、街坊规划设计的完整和一致性，以及细部规划设计和建成质量，并尝试探索满足老年人需求和全生命周期全装修定单式限价商品住房相应规划设计要求。

一、对"窄马路、密路网、小街廓"社区规划的认识

佳宁苑位于临港示范社区，是一个按照目前规划设计规范"窄马路、密路网、小街廓"的社区，通过该区域规划实施，特别是对佳宁苑试点项目的总结，我们认识到，如果不改变目前的居住区设计规范标准，真正的窄路密网和充满活力的城市社区是无法实现的。

临港示范社区的街廓尺度基本为130～200米，但该区域道路依然按照主、次、支路系统布置，主干路红线宽度40～50米，次路宽度20～40米，支路宽度10～20米，虽然尽量降低了次干路和支路红线宽度，但该区域道路面积依然占到30%，在居住社区所占比重较高。同时，按照相关技术规范，主次干路面积要退线，加上建筑要退绿线5～8米，最后形成绿地景观。项目每个街坊建筑之间距离近60米，基本接近街坊本身尺度，无法形成亲切的城市道路空间，而使街坊内部十分紧张。

佳宁苑项目按照新区定单式限价商品住房设计标准，占用5～8米绿化带，实际效果证明是可行的。要真正做到窄街密路，就必须改变道路红线、退线等现行规范。如果佳宁苑开发总量不变，去掉绿线，可增加用地面积，街坊内院空间得到改善，而且城市维护费用也会减少。

二、实施窄路密网，社区规划配套方案的支持

采用窄马路布局，使地块较小，弱化了规模效益，单方分摊费用增加，这需要政府对城市规划、土地房屋保障进行相应的政策标准规范调整以给予支持，主要体现为居住区土地设施配置标准和方式。《滨海新区定单式限价商品住房管理办法》规定：定单式限价商品住房按可用地规模和建筑容量分为社区、邻里、街坊三级，以集约布局、

提升住区服务品质为目标，将社区级、邻里级部分公共服务设施集中设置，形成社区中心和邻里中心。佳宁苑是街坊级住宅，结合了周围小区共用的邻里中心，邻里中心包括幼儿园、菜市场、居委会等配套。本地块设置基础型商业服务，包括早点部、便利店，满足不同生活需求。不再分居住区和小区级配套，也不再设置组团级等配套，减少开发成本，方便社会管理。当然这也要求周边的配套在不断完善中，随着区域人口的增长，针对配套设施类型和数量的要求也会不断提高，因此需要从需求出发完善区域配套，方便居民生活。

住宅小区需要有适宜的配套，以方便居民生活，提高舒适度，这对于保障性住房来说更加重要。佳宁苑地处临港示范社区，该社区规划特点是窄街密路，每个地块面积较小，不超过 2 公顷。佳宁苑地块面积 1.7 公顷，在其面积较小的情况下，若把文化活动室、社区服务点等配套都设置在本地块内，同时还要满足各种指标，会使可销售面积减少，不利于经济指标的实现。按照《天津市居住区公共服务设施配置标准》要求：对小于 0.3 万人的住宅地块，应根据周边现有配套条件和本地块的实际需求，按照组团（街坊）级千人指标，配置本标准规定的组团级公共服务设施。按照《天津市滨海新区定单式限价商品住房管理暂行办法》及附件，我们把上述配套设置在与本地块相邻的裕安苑地块内，节约用地 290 平方米，既解决了佳宁苑地块面积小的问题，又避免了配套设施的重复建设带来的资源浪费，取得了较好的实际效果。

对于市政配套设置，我们考虑采取将佳宁苑和裕安苑的变电站和换热站共用的策略，但在项目建设过程中这个方案遇到了困难，由于市电力部门规定低压线不能过市政路，两个地块合建变电站的方案不能实现，两地块需要单独设置。经过努力，两地块共用换热站的方案得以实现，不仅节约了用地面积，还降低了造价。

三、佳宁苑总图规划及景观设计总结

1. 规划理念

以"窄马路、密路网、小街廓"的规划理念为指导，形成了紧致、易于步行的城市肌理，活跃了区域大环境生活氛围。佳宁苑试点项目结合上位规划要求，采用半围合空间布局，既满足了城市设计导则要求，又顺应了市场对建筑南北朝向的要求，获得了完整的街面效果和内部空间。在提升沿街商业店面品质的同时，营造了丰富的城市界面和街坊建筑形象。与此同时，规划结合用地功能，街廓尺度为 130～200 米。这种规划旨在把以前杂乱的开放空间转变为有秩序定义的开放空间，使原本被分开的城市回归为整合联系的城市，这也要求建筑设计师深入了解新区规划特点，因地制宜地做好规划设计。

2. 街坊内总图规划

窄街密路的规划设计形成了许多小地块，如何安排好每个小地块内部的布局，这对设计师提出了更高的要求。设计师在佳宁苑平面布局时，明显感到地块局促，尤其在满足退线要求后可用地更加紧张。规划用地面积 17 309.4 平方米，容积率 1.8，要实现多层、小高层与高层住宅组合，空间布局难度很大。设计师习惯了几公顷甚至十几公顷大

Public Housing

居者有其屋

天津滨海新区首个全装修定单式限价商品住房佳宁苑试点项目
The Pilot Project of First Full Furnished
Order-oriented Price-restricted Commercial Housing —Jianingyuan,
Binhai New Area, Tianjin

地块的设计，对于小地块有些无从下手。这要求设计师学习巧妙设计小地块、细致入微、以小见大。经过多方案比较和反复磨合，佳宁苑内部总图规划取得了较好的效果，满足了停车、绿地率、消防等要求，形成了集中围合内部空间，每个住户都有良好的朝向和景观。这说明，小街廓街坊也可以取得良好的空间效果。

3. 总图规划和需完善之处

（1）地面架空车库：架空平台是佳宁苑总图规划中的一个尝试，从使用效果看，相比地下车库，更好地解决了停车问题，也通过地面停车满足了不同需求，但在具体处理上，还需要进一步完善。佳宁苑住宅楼的出入口在首层，架空车库完成面的高度相对室外地面约高出 4 米，造成底层行人视线被挡，空间有压迫感。由于首层公共空间以实墙、半户外停车和设备间为主，因此造成小区内道路界面单调、不友好，影响空间感受，后续项目可在平台的设计、视线组织和空间感受上进行优化调整，提高小区环境的舒适度和亲切感。

车库阻挡视线

车库平台界面单调

（2）风雨廊：风雨廊的设计是佳宁苑总图规划的亮点，不仅起到避雨作用，而且完善了小区功能，丰富了小区环境。然而，建成后发现风雨廊的设置有以下几个问题：在临金岸二道和银河五路侧的风雨廊步道宽度比较窄，局部 600 毫米宽，不便于行走；住宅楼南侧的部分风雨廊的设置遮挡了业主视线，相互干扰；跨越消防车道连接风雨廊的廊架，由于要满足消防车通行净高要求，高度较高，导致尺度过大和下

雨天遮雨效果不佳。部分风雨廊没有接入单元入户门，使用不便，而且作为人流活动集中的架空平台没有设置风雨廊；街坊外部也没有设置连接公交站台的风雨廊，总体上没有形成完整的连接系统。在以后的设计中，应进一步把景观设计和总图规划设计相结合，全面考虑相对距离和高度的细节问题，使小区风雨廊的规划更合理、更舒适。

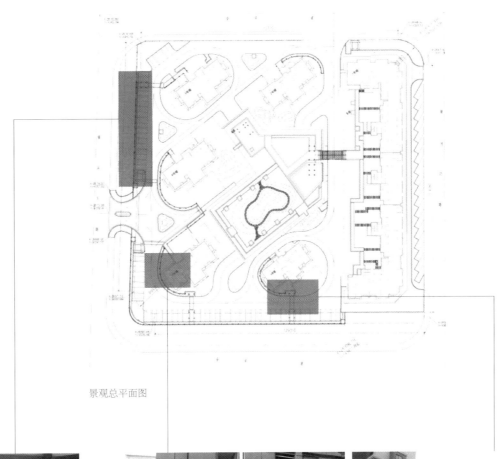

景观总平面图

临金岸二道和银河五路侧的风雨廊步道　住宅楼南侧的部分风雨廊　　　　　　　　　连接风雨廊的廊架

Public Housing

居者有其屋

天津滨海新区首个全装修定单式限价商品住房佳宁苑试点项目

The Pilot Project of First Full Furnished
Order-oriented Price-restricted Commercial Housing —Jianingyuan,
Binhai New Area, Tianjin

（3）活动平台：活动平台与景观的结合是本项目总图规划特点之一，平台上划分为不同的功能区，避免相互干扰。其中，儿童活动区作为儿童经常使用的区域，设计上尽可能考虑全面，如色彩搭配、材质、棱角的处理、区域的独立性，还要兼顾照看孩子的家长休息位置的设置，通过后期优化设

计，得到了较好的使用效果。由于地块紧凑的原因，无法为架空车库平台配置无障碍坡道，只设置了楼梯。以上因素降低了车库屋顶平台活动场地的通达性，不便于老人和推婴儿车的父母使用。

儿童活动区

儿童活动区

（4）地下室的设置，因结构抗震要求，基础的埋置深度不宜小于建筑物高度的1/18，以18层的建筑为例，基础埋深约3米，利用地下空间设置配套（强电间、弱电间、热力小室等），既节约了首层建筑面积，又避免了把配套设置于首层对住户产生干扰。因场地有限，无法将非机动车位设

置于地面，所以将非机动车位设置于小高层建筑的地下一层，未考虑其地上停车要求，实际入住后，由于地下停车出入不便，可能造成居民地上乱停车，占用消防通道，而地下非机动车空间闲置的现象。今后应研究在场地有限的情况下，如何解决非机动车的方便停放问题。

非机动车库入口及内部实景

4．绿化景观设计的总结

佳宁苑景观设计在规划阶段就已经介入，应该说准备时间比较长，与总图规划结合也比较贴切，景观设计基本反映了规划意图。由于场地有限，平台绿化有难度，可种大树的场地少，更需要细致设计。但是，从建成效果看，绿植效果不好，这一方面说明景观施工图设计不细化，抓得不紧；另一方面也说明投资较多地用在了风雨廊、天桥、平台，真正种树的资金不足，需要对设计进行改进，重点是细化景观设计，做到以小见大。

四、建筑设计

佳宁苑试点项目的建筑设计根据楼座优化，对指导户型进行组合，同时，在建筑立面设计上也体现了定单式限价商品住房的特点，获得了较好的效果。建筑施工图设计基本体现了设计方案的意图。佳宁苑的建筑设计总体上是成功的，首先较好地满足了城市规划"窄马路、密路网、小街廓"的要求，在建筑设计方面达到了预期目标。通过后期分析总结，该项目在指导户型、细节设计、非典型户型设计和卫生间建筑设计上还有需要改进的地方。

1．典型户型建筑设计

佳宁苑试点项目的典型户型设计按照滨海新区定单式限价商品住房指导户型进行设计，该指导户型在学习借鉴新加坡、中国香港、日本政策性住房政府指导户型设计的基础上，因地制宜，结合新区人口结构的特点进行研究总结，并结合人体工学和生活习惯进行细化设计，做到在面积有限的情况下，满足住宅六大基本功能，形成合理的功能分区和相互关系，具有较高的方便性和舒适度，体现了住宅文化。

随着住宅市场的日渐成熟，对于住宅产品的精细化、多样化和可持续化的需求同时在加强，建筑设计的不足之处也呈现出来，具体问题可以归为以下几类：

（1）商业空间功能受限：

1号楼是7层高的住宅，首层、二层为配套公建和商业网点。建筑主体采用了短肢剪力墙结构形式，为降低造价，没有采用结构转换，上部剪力墙落在下面两层平面，使得下面商业分隔限制过多，不利于商业灵活布置。项目需改进结构形式，做结构转换，减少底层剪力墙，这样做虽然在造价方面有所增加，但换来了更便于使用的商业空间，还是值得的。

（2）二层商业管理问题：

二层设置商业主要出于城市景观的考虑，也考虑了业主委员会活动用房、物业管理用房等，但设计上还不够细致。商业二层设置的开向小区内的门缺乏具体处理，容易造成商住矛盾，带来管理问题，立面处理也比较差。

底层商业内部实景

二层商业通向小区平台

Public Housing
居者有其屋
The Pilot Project of First Full Furnished
Order-oriented Price-restricted Commercial Housing —Jianingyuan,
Binhai New Area, Tianjin

天津滨海新区首个全装修定单式限价商品住房佳宁苑试点项目

（3）停车平台设计：

车库平面设计上较合理，尽可能增加停车位，充分利用空间，但立面设计处理单调沉闷，视觉感受不好，而且缺乏细化，楼梯等交通设施也缺乏设计感。

2. 住宅指导户型细节待完善的内容

佳宁苑指导户型设计整体效果达到了预期目标，从建成后的实际效果看，也发现了一些细节问题，具体分为：限制问题，空间设计过分限制使用者的活动空间和机电家具的尺寸型号；点位问题，开关、插座等位置选择不当，给使用带来不便；开启问题，门扇、窗扇开启不便或开启时影响空间的正常使用。

一些户型设计效果不够细致，使用起来不太方便，节能效果也不太好（如1号楼转角户型），这也说明除应细化指导户型外，更要注意特殊户型的设计。

（1）标准小三室户型设计：

标准小三室户型设计待改进的地方体现在以下几个方面：冰箱位与玄关柜统一设计，是按照标准冰箱尺寸大小（600毫米宽）考虑的，限制了住户对冰箱尺寸与型号的多样性选择。改进时，可以考虑减小玄关柜局部的进深尺寸，加大冰箱位的尺寸。

户型起居厅内的一段隔墙，在最初设计时是为了避免从入户门直接望向卫生间，而设置了砌块隔墙。

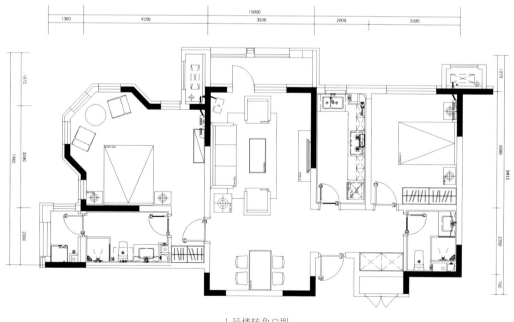

1号楼转角户型

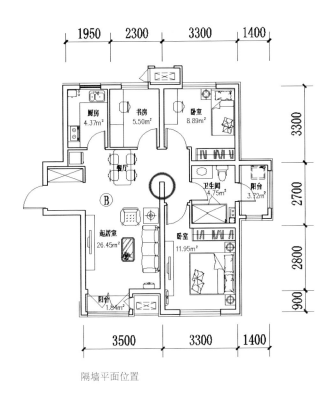

隔墙平面位置

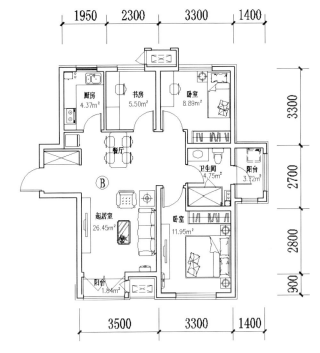

取消隔墙的户型平面

　　其实此隔墙在土建设计时可以取消，结合精装修或者由业主自己摆放一个透空的隔断，比如博古架。这样有利于视线通透，主妇可以更好地照料孩子和老人，也有利于晾晒阳台的光线补充进来；即使什么都不加，还能保留一块相对完整的空间，便于家人尤其是儿童活动。

隔墙实景

Public Housing
居者有其屋

天津滨海新区首个全装修定单式限价商品住房佳宁苑试点项目
The Pilot Project of First Full Furnished
Order-oriented Price-restricted Commercial Housing —Jianingyuan,
Binhai New Area, Tianjin

（2）室外机位细节设计：

室外空调机安设零乱是建筑平面设计的普遍现象。佳宁苑试点项目采用暗装固定空调外机，采用百叶遮挡的方案，整体比较成功，体现了建筑立面的完整性，但也存在细节问题可以改进。起居厅外墙的空调室外机穿墙预留孔的位置，出于安装柜式分体空调的原因，设置在了墙面下方。但是，对于紧凑的中小户型来说，应同时考虑起居厅安装柜式与壁挂式分体空调机的可能。空调过墙孔及空调插座应在墙面上下各留一组。

空调室外机安装门只为安装和检修空调室外机提供了方便，但未考虑室外机存放空间的充分利用。可将门适当加高，除放置室外机，还可以利用这个空间存放一些杂物。

这又引申出两个问题：一是户型设计应多融入一些生活经验，强调设计中储物功能的重要性；二是空调机位设计和空调机的选型应进行深入的改进和完善。

空调过墙孔预留位置示意

空调室外机位平面位置

空调室外机位安装门

（3）外窗开启问题：

外窗开启扇对户内空间的影响：按规范高层住宅的外窗应向内开启，这对于小空间居室和书房影响很大。

外窗开启扇影响座椅的正常使用：如果简单地将开启扇改到另一侧也不妥，会影响床头的空间。应分析、比较多种家具布置方式，并采用最合理的开窗方式，如采用 180°开启扇，解决室内外窗开启的问题。

厨房外窗的开启扇对操作影响很大：开启扇和把手高度过高、悬窗扇开启位置过低，这些都会影响正常使用。窗的开启扇宽度及高度不要影响厨房操作及物品摆放，下方的固定扇高度宜为 300 毫米，可加大开启扇高度，增加通风量；把手最佳高度为 1400～1500 毫米，便于家庭主妇使用。

书房内开窗

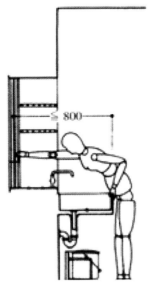

厨房操作台与开窗的尺度关系

厨房开窗

厨房上悬窗

Public Housing
居者有其屋

天津滨海新区首个全装修定单式限价商品住房佳宁苑试点项目
The Pilot Project of First Full Furnished
Order-oriented Price-restricted Commercial Housing —Jianingyuan,
Binhai New Area, Tianjin

　　卫生间外窗的开启扇影响使用空间：淋浴房内开窗，使淋浴与开窗通风不能够同时进行，且开启窗扇过大，给使用造成不便。此处若需开窗，条件允许的情况下可选择外开，必须内开时可选择平开加内倒式。

淋浴房内开窗

　　（4）窗户形式选择可再优化：

　　窗户的形式很重要，佳宁苑部分户型的窗框过多过宽，不仅影响视线和采光，还造成材料的浪费。建议取消部分窗框，选择相对薄些的窗框形式。

窗框过多过厚

　　通过以上分析可以看出，对于项目建筑设计，细节决定成败更为重要。同时，我们也进一步认识到，提高佳宁苑建筑质量是一项系统工程，新加坡、日本的住房设计水平较高，其不仅房型设计合理、细致入微，更是由建造方式、材料、部品构造等组成的一个完整、完善的体系。滨海新区定单式限价商品住房指导房型的工作应进一步优化完善，在此过程中必须坚持不懈，以达到理想的目标。

第二章　佳宁苑试点项目全装修经验总结

佳宁苑是滨海新区第一个全装修定单式限价商品住房项目，将土建与装修相结合，保证交付给业主的是具有完整使用功能的房屋，根据国家住房和城乡建设部《商品住宅装修一次到位实施细则》的要求，这是紧密结合社会需求的选择和构建和谐集约型社会的发展方向，是新区保障房与全装修相结合的尝试，为以后类似性质项目的建设提供经验和参考。

全装修交房有许多优点。首先，减轻业主自己装修的压力，通过部品批发，降低装修的成本；其次，规范设计施工，提高装修水平，方便物业管理；第三，节约社会资源，避免环境污染。当然，做好装修要付出很多。开发公司一般不愿意做全装修保障房，它会带来工程量的增加及后期维修的一系列问题，但为了提升新区定单式限价商品住房的整体水平，按照新区要求，我们在佳宁苑试点项目中进行全装修交房尝试，并总结出一些成功经验和需要改进的地方。

一、成功经验

1. 选择好的设计公司

设计是项目建设的龙头，设计图纸是现场的施工依据，因此设计图纸质量决定了项目品质、投资成本和工期。佳宁苑试点项目的设计公司，即天友设计和彦邦设计，它们是本地区优秀的设计公司，熟悉区域特点，结合项目定位和人群需求制订设计方案，在过程中紧密配合，提出优化意见，用心打造细节，使项目建设有一个好的开始。

2. 样板间检验

在项目装修施工前，先进行样板间的装修不仅是促进销售的一种方式，而且能提前发现户型装修设计中的不足，进行优化变更，避免了全面开展装修工程后发现问题，而带来不可避免的损失。

3. 施工质量控制

在招标合同中明确将项目质量目标定位为天津市"海河杯"工程。各工序施工，注重样板示范作用，现场设置了专门的工序展示楼层，作为施工质量的检验标准；施工单位和监理单位全程进行质量控制；工程项目部采用不定期的抽检和平时检查相结合的方式进行质量控制。全面保证施工质量。

4. 部品的选择

套型部品经过筛选—优化—总结三个阶段，通过对客户的调研，得出住户比较注重的部品，进行重点的产品筛选，然后结合户型和装修风格对部品进行优化，得出最优方案和次优方案，招标工作完成后，施工单位根据装修标准和效果图进行施工。

二、需要改进的地方

1. 土建和精装设计配合紧密

设计过程中，土建设计和精装设计的配合问题尤为重要，两个设计过程并不是相互独立的。如果配合得好，可以显著提高居室的使用功能，反之不仅体现不出全装修的优点，还会影响施工进度，造成成本的提高。如前文所述，在建筑户型设计初期，装修设计就已融入室内设计思路。尽管建筑设计与装修设计在前期开始结合，但在设计过程中，由于经验

Public Housing
居者有其屋

天津滨海新区首个全装修定单式限价商品住房佳宁苑试点项目
The Pilot Project of First Full Furnished
Order-oriented Price-restricted Commercial Housing —Jianingyuan,
Binhai New Area, Tianjin

不足，没有完全协调好两个设计阶段的配合，导致土建图和精装图还是出现了一些不一致的地方，使现场工人不知道依据哪份图纸施工，耽误了工期，也造成了部分拆改。

2. 部品选择单一，没有形成系统的部品库

部品在选择初期是结合标准户型的平面尺寸挑选整理的，没有考虑一些特殊户型，特别是忽略了平面尺寸较小的户型情况，导致建成后效果不佳，不便于使用。比如，1号楼 C 户型卫生间，由于进深较小，按照制定的洁具规格尺寸安装后，坐便器的使用空间狭小，带来使用的不便。1号楼 2、3 单元端户，由于卫生间开间尺寸较小，洗手盆需要

选用台上盆，我们选部品时没有考虑到这一点，后期专门对这个户型重新进行选择。这需要对一些不是指导房型里的户型进行进一步的优化，同时也建议结合不同的空间尺寸和空间布局，整理出更全面、更细化的部品清单，以满足不同平面尺寸需求。

另一方面，部品分级标准制定工作还需完善。现在我们只有定单式限价商品住房装修标准的部品，随着公司建设项目范围的扩大，针对公租房、蓝白领公寓、定单式限价商品住房需求人员的不同，装修的风格和标准也不同，需要形成不同级别装修标准的部品库。

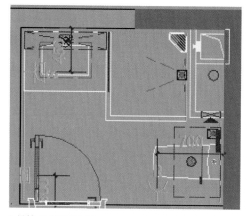 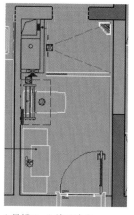

1 号楼 C 户型卫生间　　　　　　　　1 号楼 2、3 单元端户

3. 可选择菜单式装修方面欠缺

《天津市滨海新区定单式限价商品住房管理暂行办法》第十五条规定：定单式限价商品住房鼓励采取可选择菜单式成品装修设计。很多业主入住后也提出装修可选择性的问题，比如对于玄关柜，有的业主觉得阻挡视线要求拆除，而某些没有设置玄关柜的户型，业主入住后要求安装。这种菜单式

的装修形式操作起来涉及的问题很多，这方面的经验还远远不够；另外，部品标准的分级方面也做得不够，不同定位和满足不同需求的保障房，面向的人群不同，装修的风格和标准也不同，需要提供不同装修标准的部品清单。后期，我们希望向一些大型地产公司和研究单位探讨学习，借鉴其在部品分级标准方面的经验。

三、装修质量与工业化

要保证质量，提高效率，室内装修的工业化需要加强。随着工业化在建筑方面的应用日趋成熟，室内装修的工业化定制也将成为未来精装的发展方向，如整体卫浴、整体厨房、整体家居等。它是根据户型和客户需求将卫生洁具或厨房用品进行系统搭配而成的一个整体，包括工厂一体化和集成一体化模式，整体装配性能良好。这种工业化的装修方式可以保证质量、缩短工期、降低成本，其种种优势是传统装修方式无法比拟的。因知识和经验的欠缺和施工工艺的不成熟，后期做了大量对比分析后，佳宁苑项目没有应用工业化装修方式，主要是由于目前整体卫浴达不到装修的工业化要求，因此要求户型做到标准化。根据人体工学、空间尺寸、部品尺寸整理推荐一些标准化户型，通过不同标准户型的组合打造单元丰富立面，我们需要加强这方面的研发。

四、细节设计的问题

佳宁苑试点项目采用了经研究总结和样板检验的滨海新区定单式限价商品住房指导房型，项目建成入住后，我们邀请了清华大学周燕珉教授工作组的师生进行现场检验，他们发现了设计的不合理之处，并提出了优化建议，完善了指导房型。

1. 插座位置

卧室中插座是为床垂直于墙面摆放预留的，供床头灯使用。而有些情况下，为了节约空间，使用者往往将床平行贴墙摆放，如此大部分插座都将被床挡住，无法使用。当然，我们鼓励房间合理使用和组合家具合理摆放；老年人群的特殊需求也需要多加考虑。插座面板应在现有基础上再增加一些，满足房间多种布置形式下的用电需求。

卧室插座位置示意

天津滨海新区首个全装修定式限价商品住房佳宁苑试点项目
The Pilot Project of First Full Furnished
Order-oriented Price-restricted Commercial Housing —Jianingyuan,
Binhai New Area, Tianjin

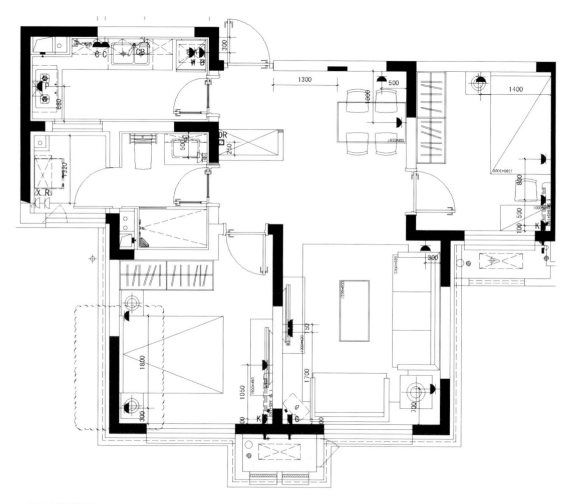

插座位置平面图

2. 玄关

挂衣杆建议为横向。竖向挂衣不利于拿取衣物，存衣量减少，且遮挡后方电表箱。

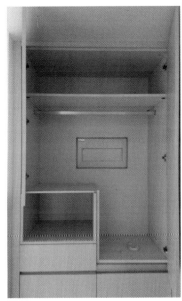 

合理衣杆方向　　　　　　　　　　　　　　不合理衣杆方向

3. 厨房

橱柜把手需方便、安全。不建议采用铝材把手，其边角较毛糙，容易划伤且手感不佳。

橱柜铝制把手

Public Housing
居者有其屋

天津滨海新区首个全装修定单式限价商品住房佳宁苑试点项目
The Pilot Project of First Full Furnished
Order-oriented Price-restricted Commercial Housing —Jianingyuan,
Binhai New Area, Tianjin

4. 卫生间

镜箱进深不宜过大，镜箱不需要储存过多或过大的物品，镜箱过深可能影响使用者在水池前的活动，如低头洗手时容易碰头等，建议缩小镜箱进深。

卫生间内镜箱及水池可能带来操作不便

5. 门口高差

高差在合理的范围内便于通行，且起到分隔区域的作用，过大的高差给生活带来不便。出于安全防盗门的安装要求，门槛高差过大，建议生产厂家创新生产工艺，提高生活舒适度。

总体来看，佳宁苑试点项目的装修达到了预期效果。当然，还需要结合住户入住后的使用感受，总结需要改进的地方，并进行后期回访。

入户门门槛过高

卫生间与客厅高差过大

第三章　佳宁苑试点项目的定价分析

定单式限价商品住房的根本特征是房价科学合理，符合房价收入比要求，广大中等收入阶层负担得起。同时，作为研发项目，房屋销售价格与周边同等品质项目相比要具有竞争力。对于项目开发企业来说，制定合理的销售价格成为项目开发成功与否的关键环节。作为定单式限价商品住房，制定销售价格时既不能像一般商品房那样单纯追逐经济利益，要满足定单房规定要求，也不能低于成本销售，要靠企业市场化运作获取 5% 的利润。定单式限价商品住房兼具社会属性与商品属性，特别是在项目开发之初、成本结算之前，因此它的价格制定就显得十分关键。佳宁苑试点项目的重要目的之一就是通过实际项目操作，分析定单式商品房管理规定中对价格的设定，如开发企业管理费不大于 2%、利润不高于 5% 等要求，判断其是否具有可操作性。同时，对定单式商品房价格构成进行深化分析，包括土地、建安、装修、税费所占的比例。政府对房价进行掌控，销售价格要经政府批准，以期在合理降低房价的同时得到政府更加有力的支持。

一、佳宁苑销售定价分析

1. 项目定价目标

佳宁苑试点项目定价要满足几方面的要求：一是符合新区房价收入比的要求，每平方米 7000 元以下；二是满足一般限价房比周边商品房低 20% 的要求；三是满足企业 5% 利润的要求。当然，面对迅速细化的市场需求和高质量标准的住房要求，满足这些要求有相当的难度。

2. 销售价格定价方式

佳宁苑定单式限价商品住房建设标准 70% 控制在 90 平方米以下。按照房价收入比理论，合理的房价收入比上限为 5.6。新区 2011 年职工年平均报酬约为 5.5 万元，每个家庭按两个职工计，家庭收入约 11 万元，一套房的合理价格不宜超过 61.6 万元。按平均建筑面积 90 平方米测算，售价在 7700 元以下，职工的购房压力即在合理承受范围内。以周边项目情况作为参考，预测成本 7400 元，本项目依据政府定价及结合地区区域价格，并综合考虑"成本法"定价模式，确定本项目含全装修的情况下，高层住宅最终售价为 7200 元／平方米，东侧邻近花园的 7 层住宅售价为 8200 元／平方米。

3. 采用套内面积销售模式的尝试

传统意义上的开发商销售房屋一般都是按照"建筑面积"计价，即购房人购得的房屋所有权面积是套内面积加上应分摊的共有共用面积之和。但是，房屋产权面积测量具有较强的专业性，对共有共用建筑面积范围的确定与测算更为困难，因此普通购房者要测出自己的房产面积比较困难。一些开发商就利用制度缺陷，在商品房销售面积上做文章，套内建筑面积"缩水"、加大公摊面积的现象时有发生，由此产生了大量的纠纷。因此，佳宁苑试点项目在销售工作的准备阶段，主要分析了国内"套内建筑面积"的计费销售方式。

Public Housing
居者有其屋

天津滨海新区首个全装修定单式限价商品住房佳宁苑试点项目
The Pilot Project of First Full Furnished
Order-oriented Price-restricted Commercial Housing —Jianingyuan,
Binhai New Area, Tianjin

以"套内建筑面积"作为计价依据，"套内建筑面积"等于套内使用面积、套内墙体面积、套内阳台建筑面积三者之和。实行商品房"按套内建筑面积计价"销售主要是为了规范房地产交易行为，减少交易中关于面积的纠纷，有助于老百姓"明明白白购房"。

然而，套内面积计费也有一定的缺点，如下所述：

（1）实行套内面积计费时，房屋总价不变，但单价有所提高，在心理上会产生购买不悦，佳宁苑项目面对的是滨海新区中低收入的群体，房屋总价是决定是否购买的首要因素，而佳宁苑项目所在的中部新城片区相对于核心区域，优惠的平方米单价是决定购买的首要因素。

（2）由于采暖费和物业费等都是按照建筑面积来收取的，如果试行"套内建筑面积"的销售方式，在这些方面需要一系列的配套制度，虽然该政策对房地产整体市场的成交交易量没有什么影响，但它会影响到实际的经营、居住和管理功能。

经过分析认为，在相关配套制度完善之前，计价方式的变化肯定会影响购房者的心理，房屋总价虽然不变，但单价的增长，必定会使购房者产生价位过高的错觉，最终降低其积极性。按照传统的销售方式更有利于开展佳宁苑试点项目的销售工作。

二、交房标准和定价审核

佳宁苑项目严格按照《天津市滨海新区定单式限价商品住房管理暂行办法》制定交房标准和销售价格。在目前的市场情况下，毛坯房的销售价格竞争力更大，因此项目初期，就是否全装修交房在公司内部尚有争论，但最后达成一致意见，尽管有困难，但全装修是发展方向，做好政府主导项目，佳宁苑试点项目坚持全装修交房。在交房标准的制定上采用成品全装修设计，厨房、卫生间的基本设备全部一次性安装完成，住房内部所有功能空间全部一次装修到位。装修贯彻简洁大方、方便使用的原则和节能、节水、节材的环保方针，按照国家、天津市相关规定执行。

佳宁苑试点项目定单式限价商品住房的销售价格实行政府指导价管理。一般定单式限价商品住房项目在项目用地出让前，由行政主管部门根据具体规划设计策划方案，采用成本法公式确定。开工建设后，项目办理销售许可，开发单位提出申请，由发改委和住房保障部门（核准）批准销售价格限价（最高价）。在综合考虑土地整理成本、建设标准、建筑安装成本、配套成本、绿建成本、2‰的项目管理费用、2%的企业管理费用和5%的利润等因素的基础上测定销售价格，并纳入土地转让合同。佳宁苑试点项目的土地是后期转让的，土地合同中有约定，在项目可研阶段，对价格成本进行可行性分析；项目开工后，对销售价格进行测算，经区发改委、规国局审定后实施。

三、项目开发成本数据分析

目前，佳宁苑试点项目已经基本完成，项目二次总成本已经确定。通过对应发生成本的分析我们对佳宁苑综合定价进行回顾和总结分析。

佳宁苑试点项目总投资 25 934.50 万元。其中，土地费用 5779.7 万元，开发前期费用 491.3 万元，土建工程费 10 008.1 万元，精装修工程费 2327.7 万元，配套工程费用 1980.1 万元，销售与宣传费用 955.82 万元，政府性收费 2782.78 万元，银行利息 1500 万元，开发间接费用 59 万元，不可预见费 50 万元。

项目开发成本数据分析

费用名称	金额／万元	所占比重／（%）
土地费用	5779.7	22.3
开发前期费用	516	1.9
土建工程费	10 832.1	41.8
精装修工程费	1503.7	5.8
配套工程费用	2089.7	8.1
销售与宣传费用	977.8	3.7
政府性收费	2626.5	10.3
银行利息	1500	5.7
开发间接费用	59	0.23
不可预见费用	50	0.17

Public Housing

居 者 有 其 屋

天津滨海新区首个全装修定单式限价商品住房佳宁苑试点项目
The Pilot Project of First Full Furnished
Order-oriented Price-restricted Commercial Housing —Jianingyuan,
Binhai New Area, Tianjin

整理佳宁苑试点项目的各项成本费用，可以得出如下结论：

1. 销售价格制定整体合理

佳宁苑试点项目总投资 25 934.50 万元，可售面积 31 160.77 平方米，其中住宅 28 560.51 平方米，底商 2600.26 平方米。项目开发总成本加上 5% 的销售利润，住宅结合底商销售价格应在 7480 元／平方米。其中土建成本 2100 元／平方米。

在项目开发之初定价时，根据已经掌握的土地成本，加上一类费（含装修）、二类费，项目销售价格为 7400 元／平方米，与项目完成后成本汇总对比基本吻合。造成差距的原因主要是，在实际的操作中，一是税费优惠没有落实，二是销售周期和共有产权模式增加了一些财务成本。这些因素应该在今后的操作中予以考虑，虽然造成这一结果更主要的原因是市场和销售的压力。

2. 进一步优化定单式限价商品住房成本的分析和建议

定单式限价商品住房与普通商品房相比，在成本构成上优势不大，行政事业性收费给予优惠占比较小。土地成本可以是进一步给予支持的重点。

在销售成本方面，由于公司刚成立，佳宁苑试点项目为公司第一个开发项目，在客户群体中缺少认同感，因此需加大公司及项目宣传力度。

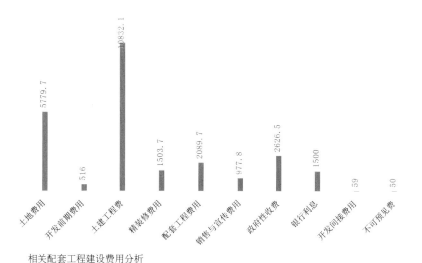

相关配套工程建设费用分析

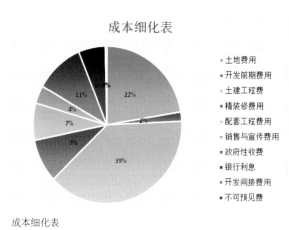

成本细化表

（1）土地费用：

佳宁苑为定单式限价商品房，项目位于滨海新区散货物流商贸区内。项目总用地面积17 310.3平方米，楼面单价为1800元，与该区域其他商品房项目相同，没有优惠。周边配套设施正在完善，离核心区较远，且交通不便，所在区域认同感差。

土地费用明细

序号	项目	计费依据	金额／万元	备注
1	土地出让金	—	5608.67	—
2	土地转让契税	土地出让金的3%	1682.6	—
3	土地转让印花税	土地出让金的0.05%	2.8	—
4	合　计	—	5779.7	—

佳宁苑项目位置图

Public Housing

居者有其屋

天津滨海新区首个全装修定单式限价商品住房佳宁苑试点项目

The Pilot Project of First Full Furnished
Order-oriented Price-restricted Commercial Housing —Jianingyuan,
Binhai New Area, Tianjin

（2）建筑安装工程费：

本项目建筑安装费包括土建工程费、装修工程费等，结算费用为 12 335.8 万元。

建筑安装费用

项目	总价／万元	单价／（元／平方米）
土建成本	0.93 729	2576.6
装修成本	2327.7	815
园林景观	635.2	358.9
说明：装修住宅面积 28 560.51 平方米，园林景观面积 17 697 平方米，佳宁苑小区实际建筑面积为 36 373.79 平方米（含用于停车的架空平台及风雨廊面积）		

（3）工程建设政府性收费：

本项目政府性收费费用包括：市政大配套费、非经营性公建配套费、人防易地建设费等，结算费用为 2673.78 万元。

由于佳宁苑属于定单式限价商品房，依照《天津市滨海新区人民政府关于印发滨海新区定单式限价商品住房管理暂行办法的通知》：市政公用基础设施大配套工程费，住宅及地上非经营性建筑按照收费面积的 70% 缴纳。定单式限价商品住房项目开发建设涉及的各项行政事业性收费，不得超过物价主管部门核定的收费标准的 50%，不得分解收费。

佳宁苑试点项目在市政配套方面除非经营性公建配套费及气源发展费享受减半政策以外，其他配套费用未享受相关优惠。

工程建设其他费用

	序号	项目	金额／万元
开发前期准备费用	1	担保费	1
	2	佳宁苑人防易地建设费	152
	3	防雷设计核查现场检测费	3.2
	4	施工现场监控费	7.7
	5	散装水泥专项基金	3
	6	档案编制费	12.8
	7	新型墙体材料专项基金	8
		小计	187.7

续　工程建设其他费用

	序号	项目	金额／万元
配套工程费用	1	环保总量排放金	6.1
	2	非经营性公建配套费	12.1
	3	气源发展费	31.9
	4	大配套费	182.7
	5	标志牌镶嵌	0.6
		小计	342.4
销售与宣传费用	1	抵押登记费	2
	2	评估费	21
	3	担保费	0.08
	4	地名公示费	0.2
	5	预售登记费	1.9
	6	物业招标服务费	0.9
	7	商品房转让手续费	6.6
	8	公共维修基金	447.5
		小计	480.18
总税金	1	税金	1759
	2	印花税	13.5
		小计	1772.5

（4）销售费用：

佳宁苑为公司第一个项目，客户对公司陌生，对项目本身坐落区域缺少认同感，因此需要大量投入，以扩大项目影响力。同时，项目规模较小，造成物业费用上升。

销售成本

项目	金额／万元
售楼处精装修	94.4
售楼处物业费	68.1
2014 年宣传推广费用	252.1
2015 年宣传推广费用	97.5
销售代理费	362.0
楼书设计	4.5
合计	878.6

Public Housing
居者有其屋

天津滨海新区首个全装修定单式限价商品住房佳宁苑试点项目
The Pilot Project of First Full Furnished
Order-oriented Price-restricted Commercial Housing—Jianingyuan,
Binhai New Area, Tianjin

（5）配套工程费用：

相关配套工程建设费用，包括自来水、雨污水、燃气、供热、中水、电力等配套。

最后，结合以上分析还可以看出，房地产开发项目程序是非常多的。因此，土地在房地产项目开发配置上占有很大比重。对于佳宁苑，窄马路、密路网是项目格局，这部分成本明显增加。因此，简化流程也是推广窄路密网新区新的重要环节。

配套成本

配套名称	收费标准
自来水	35 元 / 平方米
燃气	5100 元 / 户
供热	122 元 / 平方米（住宅）　160 元 / 平方米（公建）
中水	8 元 / 平方米
电力	110 元 / 平方米
雨污水	30 元 / 平方米

四、销售价格优势体现

佳宁苑试点项目是滨海新区核心区首个全装修定单式限价商品住房示范样板项目，与传统的限价商品房相比，佳宁苑试点项目在价格制定上具有以下几方面的优势：

1. 对开发企业 5% 的利润限制

该项目是由政府主导，限定价格，以定单方式建设、销售的政策性住房。定价机制方面采用了成本测算法，在考虑土地整理成本、绿建成本、2‰的项目管理费和 5% 的利润等因素的基础上测定销售价格。

2. 全装修交房，降低业主装修费及时间成本

佳宁苑所有户型均是全装修交房，市场造价为 1000 元 / 平方米，业主只需添置部分家具、电器即可入住，同时节约了业主的装修时间成本。而佳宁苑试点项目的售价与周边项目（不含装修）相比是持平的。与传统的限价商品房相比，佳宁苑试点项目能为每位业主节省十余万元费用，足够业主买辆中级轿车代步，实现了新区的广大职工和住房困难居民买车、买房的愿望。

3. 定向组织配套服务

在保证房价科学合理的同时，佳宁苑试点项目在设计与运营规划时也考虑了如何降低居民生活成本的问题。佳宁苑 1 号楼 1～2 层为早点铺、便利店等商业服务设施，满足居民一般的生活服务需求。商业项目的前两年计划采取定向邀请、租售结合的形式，这样可以保障务设施更贴近居民生活需求，保证服务水平。对于类似 Seven-Eleven 等品牌门店及前期需投入较大的业态也将减免租金，从各个方面保障服务设施及时高效就位，迅速提升社区活力。

第四章　佳宁苑试点项目的市场营销和购买人群分析

一、市场营销过程

回顾佳宁苑试点项目销售中的应对过程，我们认为，该项目的宣传销售工作基本上是成功、有序的。本项目伴随滨海新区住房投资有限公司成立而立项，与住房公司的员工一起成长，设计、前期、施工、销售、交房等各个环节都受到新区规划和国土资源管理局以及新区保障房管理中心各级领导的关心，倾注着各个部门同事的心血。整个销售期间，遇到了专项政策出台、代理撤场、竞品价格冲击等多种情况，每当出现经济波动、政策调整、周边竞品出台竞争政策等情况时，年轻的销售团队都会在第一时间抓住机会，及时调整销售策略，同时也在不同阶段对宣传渠道、购买人群特征、共有产权政策实施的影响等进行数据统计，针对佳宁苑项目销售过程中的重大工作节点及策略运用进行经验总结分析，以上的努力使得年轻的销售团队快速成长，为公司的新项目销售工作奠定了基础，积累了宝贵的经验。

截至 2015 年 8 月底，佳宁苑试点项目高层去化率 94.7%，住宅总去化率 75%，销售情况在同期竞品项目中较为突出，其成功因素与我们根据市场环境、项目自身情况，分期分批不断调整卖点与营销手段息息相关。

1. 项目初期

项目销售初期，由于团队人员数量与经验不足，我司选取了委托代理销售策略，委托了第一家销售代理公司。期间采用了派单、大企业走访及拓展活动等营销手段，使佳宁苑项目在滨海新区新房市场上的"首秀"颇为成功，开盘当天现场组团的新颖优惠形式让本身就颇为实惠的价格更加具有竞争力。全装修的形式也打破了之前区域内毛坯保障性住房"一统天下"的局面，为区域内的中低收入购房者提供了更多的选择。佳宁苑全盘共计 288 套房源，考虑到蓄客情况及房源等问题，首次开盘仅推出一栋楼，共计 54 套房源，面积区间为 83 ~ 99 平方米，为全装修的两室和三室户型。推出的产品面积适中，99 平方米小三室户型可以满足结婚、育子以及奉老等不同阶段购房者的居住需求。首次开盘均价 6800 元／平方米，开盘当天就取得定购 39 套的好成绩，但由于是保障性住房有些定购客户后期无法办理资格证等手续导致后期实际成交 20 套。

2. 项目中期

开盘取得成功后，由于政策性、区域性等问题，整个房地产市场仍然处于观望期，虽然政府出台了各种政策，但是政策在处于消化期，还没有达到其应有的效果。在这种市场环境下，销售速度有所减慢。随着市场转凉，市场整体客户活跃度明显降低，部分刺激性政策出台导致客户观望态度明显，市场明显处于政策消化期。

新一轮的经济下行造成临港企业近期招工指标明显下滑，新进人口的不足也是第四季度客户减少的重要原因。

周边竞品大量低价倾销，周边项目听涛苑价格已下滑至 5500 元／平方米，同时也采用了支持首付一成的模式，严

Public Housing
居者有其屋

天津滨海新区首个全装修定单式限价商品住房佳宁苑试点项目
The Pilot Project of First Full Furnished
Order-oriented Price-restricted Commercial Housing —Jianingyuan,
Binhai New Area, Tianjin

重分流了客户并促成了客户观望势态。此时，佳宁苑试点项目由于成本等问题恢复售价至 7300 元／平方米，与之前的差价近达 1500 元／平方米，导致成交量许久不见增加。代理公司感受到了销售压力，经过对项目周边情况、项目销售价格等多方面因素判断后，其单方面提出了解约要求。

为了保证佳宁苑试点项目的销售平稳，我公司重新梳理销售目标，强化销售任务，并面向全市选择优秀的销售代理团队。公司也从内部调整工作分工，与新代理公司配合，调整销售策略，标注销售节点，具体措施包括以下几方面：

（1）线下工作的突破：

将销售管理、派单员管理、电话营销人员管理相结合，进行矩阵式设计，配合客户资源，大量充实现场到访及成交客户，并在区域内形成独特的竞争力，实现了 50% 以上到访以及近 20% 的成交比例。

（2）线上工作：

销售团队拓展电销渠道，电销组持续每天的电开工作，有效带动来电量提升，短信车针对性覆盖洋货市场周边商业街以及社区，选择上下班高峰期发送，进一步补充客户来电量。LED 屏广告持续上线，结合与《滨海时报》的战略合作，不定期更新硬广及软文以提高认知度，并充分利用自身资源在公司微信、微博等公共平台定期发布项目亮点及更新活动等。

（3）大客户渠道及新区域拓展成果：

利用我司与销售代理自身的大客户资源，全面开展工作，在船厂、中海油、碱厂等十余家大中型企业拓展客户超过 50 家，并兑现项目 25% 以上的成交量。同时根据现有项目情况，除了临港工业区外，对中央商务区、大港片区、塘沽及开发区片区进行了积极有效的拓展，并取得了一定的成果。

（4）老带新奖励机制：

鉴于项目客户的成交关系结构，不断深化老带新的优惠制度，推出"凡推荐新客户成交的老客户均享有底价购买车库的优惠"的制度，同时还将定期对老带新成交客户进行回馈活动，如老带新业主宴或观影、讲座等活动，维系成交的老客户，创造新的老带新机会，促进新的房屋成交。

（5）强化项目展示：

对于样板间与售楼处，提升其展示质量，创造更好的客户体验，激发客户购买欲望，促进项目成交，吸收新老客户，并配合节点集中进行卖压销售。

（6）派单与外展：

结合节点进行项目派单，但不作为主要推广方式，选取三大街保障房管理中心、东沽、西沽、临港、船厂、于家堡金元宝附近、第三大街、泰丰医院周边、开发区白领公寓、大港商业街等地为派单范围，进行铺面信息推广，发出市场声音，完成项目价值传递，并在塘沽区乐购设立外展，每天保持对周边区域拓客，最大限度地进行项目推广。

（7）推出共有产权模式：

为稳定房价，坚决抑制投机投资性购房，增加普通商品住房及用地供应，加快保障性安居工程规划建设，加强市场监管，一直都是中国房地产调控的核心宗旨。近阶段，房地产市场持续走低，但成交价格未见下降，难以刺激购房需求。对此，政府也出台了一系列政策，希望减轻购买人的资金压力。2014 年，在滨海新区规国局的指导下，我司在滨海新区范围内试行了保障性住房共有产权营销模式，在整个大背景下，共有产权模式逐渐走到了滨海新区地产市场的中心，有效缓解了被保障人群购房首付资金压力。数据证明，该模式取得了成功。

共有产权模式的主要目的是让中低收入住房困难家庭购房时，可通过这种共同拥有房屋产权的方式，减少购房首付成本，缓解其购买压力，释放整体购房需求。从目前滨海市场的销售效果来看，共有产权模式大大推动了地产市场的上扬，成果显著。根据住房公司针对位于滨海新区中部新城北起步区的佳宁苑定单式限价商品房项目实施共有产权模式前后的销售数据显示，共有产权模式有效推动了佳宁苑试点项目的销售工作。

采用共有产权模式可加快销售进度，业主购房积极性高，在缴纳各种税费及办理贷款时减少拖欠，提高个贷的银行放款工作效率，项目资金的回笼速度也同时得以提高。

共有产权模式推出的核心是坚持市场和政策发挥协调作用，既坚持市场化改革方向，发挥市场在资源配置中所起的决定性作用，完善产权分配和上市交易收益协调机制，又坚持政策的监督和补位作用，以消除寻租和牟利的空间。滨海新区推出的共有产权模式，是对滨海新区特色的住房体系的有益补充，对于滨海新区的刚需刚改和投资族来说，共有产权模式也无疑是为新区置业提供了新的平台。针对未来整体的滨海市场，共有产权模式或将成为更多需要保障性住房群体置业的最新选择。

3. 项目后期

经过测算未来销售工作的难度以及评估交房前劝退的风险，2015年营销工作应是公司内部销售和代理销售共同推进，视代理公司意愿，计划经营部做好独立销售的准备。自建团队的主要工作为业务岗位培训、团队人员配合、洋房商业产品销售及后续手续的学习与掌握，目的是在交房后磨炼出一支完善的独立销售团队。

经过精心筹备，该项目于2015年6月27日、28日开展了交房活动。交房现场，拱门鼎立、彩旗飘扬、人来车往、络绎不绝，小区内绿荫摇曳、鲜花点缀，呈现出一片热闹非凡、喜庆温馨的景象。为方便业主快捷办理手续、享受入住的喜悦，在场的每位工作人员都坚守岗位，热忱服务，在各个服务细节将 "专为民生"的理念贯彻始终。在业主接待、验件、缴费、验房等环节，安排得井然有序，对业主咨询的问题，都给予细心解答，交房率达到100%。通过此次交房活动，给广大业主呈交了一份满意的答卷，打造了一个百姓满意的民心项目。

按照既定的低开高走的销售方式，目前佳宁苑剩余房源单价较高，且房型主要为115～130平方米的户型，面积较大，多层房源的单套总房款普遍高于100万元，虽然为7层带电梯洋房，可眺望社区上方绿地公园，有较好的视野景观，但对于总房款敏感的刚需群体而言，过高的总房款成为影响其定购意愿的主要原因。

然而，由于项目规模小、单方成本高，加之设计变更、配套增项、共有产权占压资金及项目贷款的利息增加等原因，佳宁苑项目开发总成本已接近2.6亿元，因此项目尾盘已无降价空间。一方面，前期促销作用明显的共有产权模式难以继续推行，成本过高的电商模式无法采用；另一方面，自有销售团队难以补充专业销售人员，销售经验还需摸索锻炼。

考虑到竞品项目沁芳苑定位较高（均价1万元左右）、青果青城项目尾盘售价将上涨至8400元／平方米等因素，同时结合央企进驻新区、自贸区红利兑现等预期，后期佳宁苑销售工作的主要措施包括以下几个方面：

（1）严格控制销售推广成本，等待区域供需比好转及市场价格回升。

（2）结合"8·12"爆炸受灾业主购买保障房的政策落

Public Housing
居者有其屋

天津滨海新区首个全装修定单式限价商品住房佳宁苑试点项目
The Pilot Project of First Full Furnished
Order-oriented Price-restricted Commercial Housing —Jianingyuan,
Binhai New Area, Tianjin

地，配合住保中心开展政策宣讲及项目推广。

（3）积极协调天津港散货物流公司，推进散货搬迁及中小学、医院、立交桥等配套设施建设，提升区域吸引力。

（4）积极联系周边功能区，探索招商引资配套用房的整体出售或以租代购的销售方式。

二、佳宁苑试点项目销售情况及购买人群分析

1. 购房客户情况分析

截至 2015 年末，佳宁苑试点项目已累计完成房屋定购 221 套，销售面积 20 279.45 平方米，合同额 14304 万元，销售均价为 7040 元／平方米，其中已完成合同签订 217 套、全款到账 199 套（全款不包含共有产权占压资金）、已交房 199 套。项目销售累计回款 11 245 万元，共有产权模式占压资金 1723 万元（采用共有产权模式销售房屋为 148 套、合同额 9735 万元）。此外，车库已定购 2 个，合同额 12 万元。

佳宁苑试点项目总建筑面积 33 155 平方米，居住户数 288 户。项目包含 6 个楼座，分别由 7 层、11 层、18 层的电梯多层、小高层及高层组成。项目设有一室至三室户型，其中已售房屋中约 65 平方米的一室户型共销售 11 套，去化率 100%；约 83 平方米的两室户型共销售 69 套，去化率 100%；约 99 平方米的三室户型共销售 141 套，去化率 95%。

目前，佳宁苑试点项目未售房源包括：高层 7 套、销售面积 679.99 平方米、均价 7542 元／平方米；多层 60 套、销售面积 7511 平方米、均价 8450 元／平方米；商业 9 套、销售面积 2371.73 平方米、均价 1.6 万元／平方米；车库 115 个，价格为 8 万元／个。上述未售房源销售额约为 11 935 万元，项目总销售额预计为 26 239 万元。

佳宁苑1号楼

房号	面积	销售状态	房号	面积	销售状态	房号	面积	销售状态	房号	面积	销售状态	房号	面积	销售状态
一号楼一门			503	118.8	未售	302	131.6	未售	701	130.6	未售	501	119.1	未售
701	115.9	未售	403	118.8	未售	一号楼三门			601	130.6	未售	401	119.1	未售
601	115.9	未售	303	118.8	未售	701	130.6	未售	501	130.6	未售	301	119.1	未售
501	115.9	未售	一号楼二门			601	130.6	未售	401	130.6	未售	702	121.0	未售
401	115.9	未售	601	130.6	未售	501	130.6	未售	301	130.6	未售	602	121.0	未售
301	115.9	未售	701	130.6	未售	401	130.6	未售	702	131.6	未售	502	121.0	未售
702	121.4	未售	501	130.6	未售	301	130.6	未售	602	131.6	未售	402	121.0	未售
602	121.4	未售	401	130.6	未售	702	131.6	未售	502	131.6	未售	302	121.0	未售
502	121.4	未售	301	130.6	未售	602	131.6	未售	402	131.6	未售	703	120.1	未售
402	121.4	未售	702	131.6	未售	502	131.6	未售	302	131.6	未售	603	120.1	未售
302	121.4	未售	602	131.6	未售	402	131.6	未售	一号楼五门			503	120.1	未售
703	118.8	未售	502	131.6	未售	302	131.6	未售	701	119.1	未售	403	120.1	未售
603	118.8	未售	402	131.6	未售	一号楼四门			601	119.1	未售	303	118.2	未售

佳宁苑销控表

佳宁苑2号楼

房号	面积	销售状态	房号	面积	销售状态	房号	面积	销售状态
1101	88.31	已售	1102	57.83	已售	1103	88.31	已售
1001	94.03	已售	1002	65.39	已售	1003	94.03	已售
901	96.55	已售	902	65.39	已售	903	96.55	已售
801	96.55	已售	802	65.39	已售	803	96.55	已售
701	96.55	已售	702	65.39	已售	703	96.55	已售
601	96.55	已售	602	65.39	已售	603	96.55	已售
501	96.55	已售	502	65.39	已售	503	96.55	已售
401	96.55	已售	402	65.39	已售	403	96.55	已售
301	96.55	已售	302	65.39	已售	303	96.55	已售
201	96.66	已售	202	65.26	已售	203	96.66	已售
101	96.66	已售	102	65.26	已售	103	96.66	已售

佳宁苑6号楼

房号	面积	销售状态	房号	面积	销售状态	房号	面积	销售状态
1101	89	已售	1102	85.44	已售	1103	89.76	已售
1001	94.25	未售	1002	85.44	已售	1003	95.24	已售
901	97	已售	902	85.44	已售	903	97.83	已售
801	96.84	已售	802	85.44	已售	803	97.83	已售
701	96.84	已售	702	85.44	已售	703	97.83	已售
601	96.84	已售	602	85.44	已售	603	97.83	已售
501	96.84	已售	502	85.44	已售	503	97.83	已售
401	96.84	已售	402	85.44	已售	403	97.83	已售
301	96.84	已售	302	85.44	已售	303	97.83	已售
201	97.00	未售	202	85.30	已售	203	97.97	已售
101	97.00	已售	102	85.30	已售	103	97.97	已售

佳宁苑3号楼

房号	面积	销售状态	房号	面积	销售状态	房号	面积	销售状态
1801	90.95	已售	1802	83.29	已售	1803	90.96	已售
1701	96.59	已售	1702	83.29	已售	1703	96.60	已售
1601	99.24	已售	1602	83.29	已售	1603	99.25	已售
1501	99.24	已售	1502	83.29	已售	1503	99.25	已售
1401	99.24	已售	1402	83.29	已售	1403	99.25	已售
1301	99.24	已售	1302	83.29	已售	1303	99.25	已售
1201	99.24	已售	1202	83.29	已售	1203	99.25	已售
1101	99.24	已售	1102	83.29	已售	1103	99.25	已售
1001	99.24	已售	1002	83.29	已售	1003	99.25	已售
901	99.24	已售	902	83.29	已售	903	99.25	已售
801	99.24	已售	802	83.29	已售	803	99.25	已售
701	99.24	已售	702	83.29	已售	703	99.25	已售
601	99.24	已售	602	83.29	已售	603	99.25	已售
501	99.24	已售	502	83.29	已售	503	99.25	已售
401	99.24	已售	402	83.29	已售	403	99.25	已售
301	99.24	已售	302	83.29	已售	303	99.25	已售
201	99.32	已售	202	83.16	已售	203	99.25	已售
101	99.32	已售	102	83.16	已售	103	99.25	已售

佳宁苑4号楼

房号	面积	销售状态	房号	面积	销售状态	房号	面积	销售状态
1801	90.95	已售	1802	83.29	已售	1803	90.96	已售
1701	96.59	未售	1702	83.29	已售	1703	96.60	未售
1601	99.24	未售	1602	83.29	已售	1603	99.25	已售
1501	99.24	已售	1502	83.29	已售	1503	99.25	已售
1401	99.24	未售	1402	83.29	已售	1403	99.25	已售
1301	99.24	已售	1302	83.29	已售	1303	99.25	已售
1201	99.24	已售	1202	83.29	已售	1203	99.25	已售
1101	99.24	已售	1102	83.29	已售	1103	99.25	已售
1001	99.24	已售	1002	83.29	已售	1003	99.25	已售
901	99.24	已售	902	83.29	已售	903	99.25	已售
801	99.24	已售	802	83.29	已售	803	99.25	已售
701	99.24	已售	702	83.29	已售	703	99.25	已售
601	99.24	已售	602	83.29	已售	603	99.25	已售
501	99.24	已售	502	83.29	已售	503	99.25	已售
401	99.24	已售	402	83.29	已售	403	99.25	已售
301	99.24	已售	302	83.29	已售	303	99.25	已售
201	99.32	已售	202	83.16	已售	203	99.25	已售
101	99.32	已售	102	83.16	已售	103	99.25	已售

佳宁苑5号楼

房号	面积	销售状态	房号	面积	销售状态	房号	面积	销售状态
1801	91.41	已售	1802	83.71	已售	1803	91.42	已售
1701	97.07	未售	1702	83.71	已售	1703	97.08	已售
1601	99.73	已售	1602	83.71	已售	1603	99.75	已售
1501	99.73	已售	1502	83.71	已售	1503	99.75	已售
1401	99.73	已售	1402	83.71	已售	1403	99.75	已售
1301	99.73	已售	1302	83.71	已售	1303	99.75	已售
1201	99.73	已售	1202	83.71	已售	1203	99.75	已售
1101	99.73	已售	1102	83.71	已售	1103	99.75	已售
1001	99.73	已售	1002	83.71	已售	1003	99.75	已售
901	99.73	已售	902	83.71	已售	903	99.73	已售
801	99.73	已售	892	83.71	已售	803	99.75	已售
701	99.73	已售	702	83.71	已售	703	99.75	已售
601	99.73	已售	602	83.71	已售	603	99.75	已售
501	99.73	已售	502	83.71	已售	503	99.75	已售
401	99.73	已售	402	83.71	已售	403	99.75	已售
301	99.73	已售	302	83.71	已售	303	99.75	已售
201	99.82	已售	202	83.58	已售	203	99.75	已售
101	99.82	已售	102	83.58	已售	103	99.75	已售

佳宁苑销控表

Public Housing

居者有其屋

天津滨海新区首个全装修定单式限价商品住房佳宁苑试点项目
The Pilot Project of First Full Furnished
Order-oriented Price-restricted Commercial Housing —Jianingyuan,
Binhai New Area, Tianjin

2. 需求分析

（1）购买房屋总价分析：

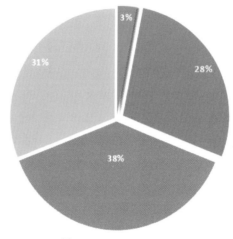

■ 40-50万　■ 50-60万　■ 60-70万　■ 70-80万

购买房屋总价分析

（2）入住率分析：

入住率分析

已售／套	已交房／套	已入住／户	入住率／（%）
221	199	195	98

（3）成交套型分析：

成交套型分析

套型	数量／套	占比／（%）	成交数量／套	去化率／（%）
一室户型	11	4.8	11	100
二室户型	69	30.2	69	100
三室户型	148	64.9	141	95
合计	228	100	219	96

3. 购买人群来源分析

（1）购买人群的来源分析：

按照申请人户籍来划分，申请人比例中为滨海新区户籍的占 18%，本市其他区县户籍的占 13%，外地户籍的占 69%。与普通商品房中 30% 的外来人口购房相比，佳宁苑试点项目中外来人口的比例为普通商品房的 1 倍还多，说明因定单式限价商品住房准入条件不限制户籍以及户政类型，新区的定单式限价商品住房已经成为外来务工人员去新区购买住房和落户重要的住房保障形式。

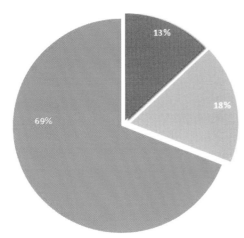

■ 本市其他区县 ■ 滨海新区 ■ 外地

购买人群来源分析

（2）购买人群户政类型：

佳宁苑试点项目已解决了 128 户农业户籍家庭购房问题，购买佳宁苑房屋的人群中农业与非农业人口比例约为 4 : 6，与一般商品房项目相比，该项目成为引导农民工进城的政策先行军。

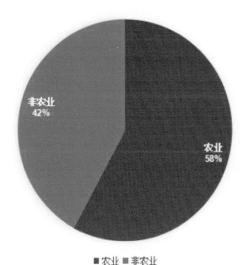

■ 农业 ■ 非农业

购房人群户证类型

Public Housing
居者有其屋

天津滨海新区首个全装修定单式限价商品住房佳宁苑试点项目
The Pilot Project of First Full Furnished
Order-oriented Price-restricted Commercial Housing —Jianingyuan,
Binhai New Area, Tianjin

（3）购买人群年龄分析：

从年龄上来看，申请人年龄主要集中在 20 ～ 40 岁之间，所占比例达到 92%，刚需仍然是定单式限价商品住房的最大驱动力。

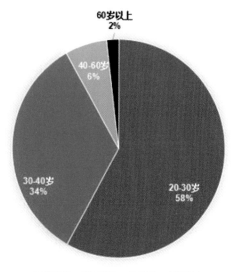

购买人群年龄分析

4. 购买人群的工作状况

（1）购买人群的工作状态：

购买佳宁苑房屋的人群中有工作的占 95%，极少数为退休人员及个体经营户。工作单位所在区域位居前三名的为塘沽、开发区和临港经济区，其中开发区和塘沽占总数的 77%，市场需求较大。其他区域的申请人因项目位置等因素申请相对较少。

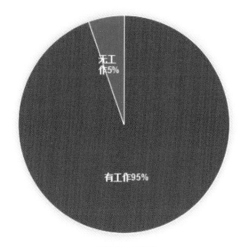

购买人群工作状态

（2）购买人群工作单位所在区域分布情况：

滨海高新区占2%

东疆占4%

开发区占16%

临港占14%

塘沽区占61%

中心商务区占3%

购买人群工作单位所在区域分布情况

5. 购买房屋总价分析

由于户型、购买需求等因素，房屋总价为 50 ～ 80 万元
的房源市场需求较大。80 万元以上的多层购买需求较小。

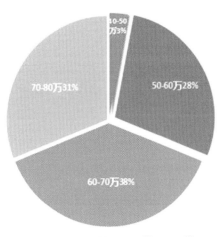

■ 40-50万　■ 50-60万　■ 60-70万　■ 70-80万

购买房屋总价分析

Public Housing
居者有其屋

天津滨海新区首个全装修定单式限价商品住房佳宁苑试点项目
The Pilot Project of First Full Furnished
Order-oriented Price-restricted Commercial Housing —Jianingyuan,
Binhai New Area, Tianjin

6. 房产及首付情况

（1）购房人房产情况：

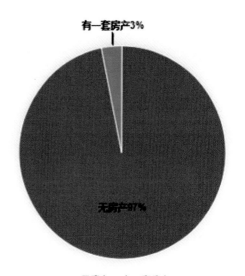

购买人房产情况

（2）购房人首付情况：

购房人首付情况

首付情况	一成首付	两成至三成首付	四成至六成首付	分期付款	一次性付款
套数	148	55	8	3	7
百分比／（%）	67	25	4	1	3

7. 其他

（1）成交主因分析：

注：共有产权成交 148 套，合同总额 9735 万元，占压 20% 资金共 1897 万元。

成交主因分析

成交原因	数量／套	占比／（%）
具有产权	148	67
全装修	23	10
交付时间	15	7
房屋总价	10	5
项目区位	12	5
项目品质	13	6

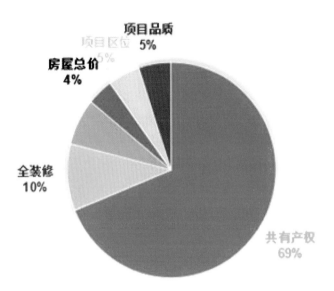

成交主因分析

（2）成交渠道分析：

成交渠道分析

成交渠道	数量／套	占比／（%）
老带新	122	55
电销及外展派单	35	14
竞品拦截	30	14
活动促销	18	9
媒体广告	16	8

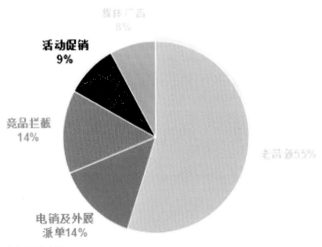

成交渠道分析

Public Housing
居者有其屋

天津滨海新区首个全装修定单式限价商品住房佳宁苑试点项目
The Pilot Project of First Full Furnished
Order-oriented Price-restricted Commercial Housing—Jianingyuan,
Binhai New Area, Tianjin

三、小结

通过以上分析，我们有两个方面的体会，一是在项目营销的重要性和能力培养上，二是在对新区定单式限价商品住房客户细化构成上。

定单式限价商品住房的特点主要体现在定单和价格两个方面。目前，佳宁苑试点项目在定单的管理上还没有达到凭定单就能满足销售需求的目标，因此营销工作就显得很重要，从佳宁苑实际经验看，除了通过定单进行销售外，作为一个真正投入市场运作的项目，还必须依靠市场营销，适度竞争是提高产品质量和服务水平最好的手段。

在未来的营销过程中，我们还需提升团队整体能力水平。目前，我们对市场的整体环境现状诸如房地产市场容量变化、品牌集中度及竞争态势、竞品市场份额排名变化、渠道模式变化及特点、终端形态变化及特点、消费者需求变化、区域市场特征等的洞悉力还远远不够；其次，更加深刻地分析市场上主要竞品在产品系列、价格体系、渠道模式、终端形象、促销推广、广告宣传、营销团队、战略合作伙伴等方面的表现，做到知彼知己、百战不殆，以寻找标杆企业的优秀营销模式，找到自身与标杆企业的差距和不足；最后，进行自身营销工作的总结分析，分别就销售数据、目标市场占有率、

产品组合、价格体系、渠道建设、销售促进、品牌推广、营销组织建设、营销管理体系、薪酬与激励等方面进行剖析，力求全面系统，目的在于找出关键性问题并进行初步原因分析，然后才可能有针对性地拟制相应的解决，方案从而系统全面地为企业整体营销工作进行策略性规划部署。

从对佳宁苑试点项目客户分析中，我们高兴地看到，购买佳宁苑住房的客户全部是新区定单式限价商品房限定目标的客户，在客户中，外地户籍高达69%，本市其他区县占到13%，新区户籍的占到18%，真正实现了外来常住人口和通勤人口在新区落户的目标，而且购房人群中有60%、约128户为农业户籍人口，也实现了农民工进城落户的目标。在客户年龄和工作情况分析上，92%为30～40岁的年轻人，95%的购房人在新区工作，极少数的为退休人员和个体客户。没有房产的占到97%，3%的在新区有一套房产。这些相当有说服力的数据证明新区定单式限价商品房改革在方向上是正确的，佳宁苑试点项目总体上是成功的。当然，我们也看到，50～80万元的总房价是一个门槛，对于广大在新区务工的中等收入阶层来说，目前超过80万元总房价是难以承受的。因此，下一步定单式住房建设上要进一步切合房价收入比，使群众真正买得起令人满意的小康住宅，真正实现"居者有其屋"的目标。

第五章　共有产权模式研究与实施总结

一套房屋影响着购房者的一生，即使是定单式限价商品住房，房价收入比相对合理的情况下，也是一个家庭可负担年收入的 5.6 倍，除去日常开销，普通家庭也为此需要至少十年的积累。虽然能够通过房屋按揭来购房，但是动辄首付要 30%，对于一些年轻家庭依然是个难题。因此，滨海新区试行了共有产权模式，佳宁苑试点项目在销售时对部分房屋采用了共有产权模式的销售方式，取得了很好的效果。

一、定单式限价房共有产权模式

1. 滨海新区共有产权模式推出背景

2010 年滨海新区深化住房制度改革，创造性地推出了定单式限价商品住房。随着各具特色的保障性住房的入市，拉高了滨海新区保障性住房的整体水平，也降低了区域商品住房的均价，一定程度上抑制了周边项目涨价的冲动。但对于大多数刚刚参加工作和中低收入人群来说，30% 的首付仍是一种较大的压力。为了破解滨海新区经济发展中遇到的问题，更好地解决外来人口的住房问题，滨海新区规划和国土资源管理局提出了定单式限价商品住房共有产权销售新模式，并将其列为"2012 年度研究课题计划"。

滨海共有产权模式是指滨海新区定单式限价商品住房项目在销售时，购房人通过支付首付及办理贷款的方式先行购买八成产权，剩余两成产权由开发企业暂时保管并由购房人按照协议约定在一定期限内回购的销售方式。类似分期销售一套住房，明确房屋产权共有人为项目开发企业和购房人。

通过对保障性住房共有产权模式进行深入的研究，提出在滨海新区定单式限价商品住房的销售中采取共有产权模式，既减轻定单式限价商品住房购买人的首付资金压力，同时又不造成对区域整体房地产市场的冲击，从而使外来务工人员在滨海新区轻松置业、扎根新区。

2014 年，在滨海新区规国局的指导下，佳宁苑项目首先在滨海新区范围内试行了保障性住房共有产权营销模式，在整个房地产不景气的大背景下，共有产权模式逐渐走到了滨海新区的地产市场的中心，有效缓解了被保障人群购房首付资金压力，相关数据证明该模式是成功的。

2. 滨海新区共有产权模式介绍

项目开发企业作为现有共有产权模式的共有产权人主体，以市场为导向，减轻了政府作为共有权人的财政资金负担。

（1）共有产权操作模式：

按照规定购买人须有准入资格；购房人缴纳首付，并与项目开发企业签订《天津市限价商品住房买卖合同》及《共有产权模式补充合同》，明确各方出资比例、债权清偿、产权比例、权利责任、贷款条款、监管规定等事项；取得房屋所有权预告登记后，购房人与银行签订公积金借款合同（或按揭贷款合同）及抵押合同；购房人与项目开发企业约定期限内，分期回购剩余房屋两成产权，明晰了共有产权模式的具体操作，论证各环节产生的权责和程序，具有可行性。

Public Housing

居者有其屋

天津滨海新区首个全装修定单式限价商品住房佳宁苑试点项目

The Pilot Project of First Full Furnished
Order-oriented Price-restricted Commercial Housing —Jianingyuan,
Binhai New Area, Tianjin

（2）共有产权权属登记的确认：

共有产权人通过在产权登记部门办理房屋所有权预告登记，签订《共有产权模式补充合同》及银行的房屋他项权登记，确认购房人、项目开发企业和银行三者权益。

（3）明确共有产权的回购与退出：

购房人在与开发企业双方约定期限内偿清两成房款企业债权，完成共有产权的回购；明确共有权人约定期限内，必须完成回购；若不能在约定期限内完成回购，明确共有产权的使用成本和违约责任。

按期完成回购的购房人，取得房屋产权证，完成共有产权阶段的退出。

（4）共有产权模式的特点：

①共有产权模式准入、退出政策宽松，但政策执行管理严格。

②按照共有产权模式购房时，购房人只需持有房产总值10%的资金和本房产交易全额税费即可购买，购房人首付资金负担小。

③共有产权回购方式灵活，根据购房人自身的资金情况，20%的产权可以细分为月度还款、季度还款、半年还款、年度还款等方式，在五年内还清，不需支付利息。

3. 共有产权模式特点和应用分析

共有产权模式最大的特点就在于，即使是暂时不具备全额支付房款能力的购房者也可以成为住房所有者，而对于市场的意义，则是加速地产市场的流动，收拢更多的边缘客户，起到推波助澜的作用。共有产权模式缓解了一部分中低收入家庭的经济压力，保障了其拥有房产的权利，一定程度上有助于调控房价，对于房地产调控方式起到积极作用。开展共有产权模式，就是为了在更大范围内解决边缘客户的住房难题，降低购房门槛，减小购房者的购房压力，实现市场流通，保障更多边缘客户的利益。

（1）共有产权模式是保障性住房营销模式上的创新。

滨海新区定单式限价商品住房共有产权模式依照政府鼓励、企业及购房人自主选择的原则施行。相对于其他开发商做出的"零首付""一成首付"的营销策略，共有产权模式是国有住房保障公司以贴息方式对购房人的惠民举措。因为"零首付""一成首付"等促销手段，其实质就是开发商为购房客户进行垫资，相对于后期的项目回款，以及放款的银行而言，有更高的风险，应严格禁止；共有产权模式则将产权分配得更加清晰，对于购房客户与开发商来说都是一个很好的购房模式，因此也降低了开发商的销售风险，促进了销售达成。

滨海新区推出的共有产权模式，是对滨海新区特色的住房体系的有益补充，对于滨海新区的刚需刚改来说，首付一成，共有产权模式也无疑是为他们在新区置业提供了新的平台。针对未来整体的滨海市场，共有产权模式或将成为更多需要保障性住房群体置业的最新选择。

（2）共有产权模式对房价的维稳作用。

由开发企业进行地产开发建设，在销售过程中，开发企业占一定股权，从销售到分配监管再到股权转让，能实现最完整的制度化管理，形成一个利益共享和持续监管的系统。开发商与个人"合伙"，不是降价，而是共同拥有产权，共同实现市场发展，对于滨海新区未来的地产市场有着深远而又积极的意义。

随着共有产权模式的推出以及相应房源供应量的逐渐增加，其在改善楼市结构、"对冲"高房价等方面的效应将逐渐凸显。共有产权房通过增加供应量而满足部分市场需求的同时，又大大改变了住房供给结构，对于整体市场价格起到了较大的缓冲作用。

（3）共有产权模式对购房群体扩大化的保障作用。

在滨海新区庞大的刚性需求中，有很大一部分是刚刚工作了几年的年轻白领，这部分群体往往收入稳定，但积蓄有限，因此相对于长期的还贷压力，首付的一次性现金支出可能是其购房过程中的更大阻碍，共有产权模式对他们的确很有吸引力，以有限的首付款购得新区的保障性住房，对于稳定新区的年轻建设者意义更大。

对于整体的市场销售来说，共有产权形成的购房模式，大大促进了客户的购房消费，在吸收正常购房客户的同时，也将有购房需求或购房意向，但是由于种种原因还没有达成最终成交的边缘客户收拢，降低购房门槛，扩大项目的销售范围；共有产权模式增加了购房人群对项目周边情况的了解兴趣，对于采用共有产权模式的周边的楼盘项目，有更多的机会利用各自项目特点、优势推动楼盘销售。

二、佳宁苑共有产权的效果

共有产权模式有两个直接作用：对于客户来说，通过共有产权的方式，使有需求的购房客户在减少购房首付的同时，通过个人信用，解决了住房问题；对于政府来说，则是规范了限价商品房的市场制度，遏制在购置型的保障房里的牟利空间，因为买房子是解决住房问题，而非投机牟利。

1. 房屋销售数量增长明显

共有产权模式的主要目的是让中等收入和中低收入住房困难家庭购房时，可通过这种共同拥有房屋产权的方式，减少购房首付，降低其购买压力，释放整体购房需求。从目前滨海市场的销售效果来看，共有产权模式大大推动了地产市场的上扬，成果显著。根据住房公司针对位于滨海新区中部新城北起步区的佳宁苑定单式限价商品住房项目实施共有产权模式前后的销售数据，共有产权模式有效促进了佳宁苑试点项目的销售工作。

Public Housing
居者有其屋

天津滨海新区首个全装修定单式限价商品住房佳宁苑试点项目
The Pilot Project of First Full Furnished
Order-oriented Price-restricted Commercial Housing —Jianingyuan,
Binhai New Area, Tianjin

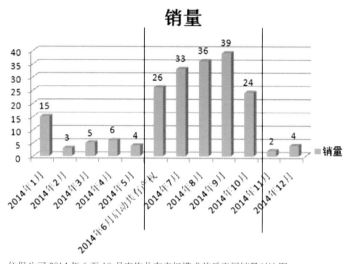

住保公司 2014 年 6 至 10 月实施共有产权模式前后房屋销量对比图

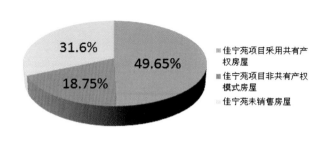

佳宁苑试点项目 2014 年销售数据比例图

2. 实现资金快速回笼

采用共有产权模式可加快销售进度，业主购房积极性高，在缴纳各种税费及办理贷款时减少拖欠，提高个贷的银行放款工作效率，项目的资金回笼也同时提高。

3. 共有产权模式的后续影响

共有产权模式推出的核心是坚持市场和政策发挥协调作用，既要坚持市场化改革方向，发挥市场在资源配置中所起的决定性作用，完善产权分配和上市交易收益协调机制，又要坚持政策的监督和补位作用，以消除寻租和牟利的空间。但是新的政策推出其影响也应该是多方面的，对于企业而言，采用共有产权模式，后续需要解决如下几个问题：

（1）对周边房价产生的影响。

采用共有产权模式以后，从直观而言，客户的首付成本降低了，对于项目周边竞品而言，暂时形成了价格低地，分流了周边项目的关注度，必然引发竞品项目调整营销策略。

（2）增加了公司的财务成本。

在购房人与政府共有产权的期间，有两成产权在五年内是不计利息的，因此公司要承担这两成房款五年的利息成本，从而影响了公司的资金的回笼。因此，今后需要将这两成房款五年的资金成本也整体计入项目成本中。

第六章　佳宁苑试点项目投资收益分析

为了满足中低收入群体的住房需求、体现定单式限价商品住房的价格优势，根据相关部门的规定，以低于项目周边市场的销售价格为原则，以成本加一定利润来确定销售价格，将保障性住房的销售毛利率控制在 5% 以内，而对于只开发保障性住房，且开发规模小的新区住房投资公司来说，真正实现 5% 的利润率还是有一定难度的。

目前经测算，佳宁苑试点项目预计收入为 26 589 万元，预计成本为 25 934.50 万元，预计项目利润率为 2.5%，低于政策控制利润率。

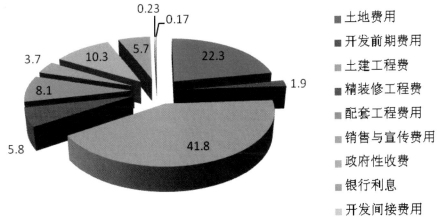

佳宁苑试点项目成本所占比重／（%）

Public Housing
居者有其屋

天津滨海新区首个全装修定单式限价商品住房佳宁苑试点项目
The Pilot Project of First Full Furnished
Order-oriented Price-restricted Commercial Housing —Jianingyuan,
Binhai New Area, Tianjin

一、对影响利润率的因素进行分析

土建工程费在总成本中所占比例最大，达到41.8%，但因其影响因素较多，在房地产项目中土建成本有较大的不确定性，例如：建设期发生图纸变更，现场签证，采购设备、选材变更、人工等成本变化，给企业的建造成本带来了很大的压力。另外土地成本占比较大，达到22.3%，政府性收费占比10.3%，总计达到总成本的32.6%，作为保障房项目，未享受到国家在土地供给方面的任何有利政策，而政策性优惠也极少，导致企业项目前期投入较大。如果在项目前期并不产生销售回款收入，那么该项支出就造成了企业前期资金周转困难，相比一般商品房，成本优势不大。

由于保障性住房实施预算审核制，即根据预算上浮5%作为房屋的销售价格，导致在实际建设过程中成本一旦超过初始预算时，企业的利润空间被严重压缩，甚至可能出现亏损。既定的5%低利润率导致企业抗风险能力极差。

在房地产去库存的大背景下，商品房的价格已经受到一定的冲击，而保障性住房受到的冲击可能更大，这给住房投资公司的保障性住房的销售也带来了巨大的困难。一般商品房项目从开发至销售完毕，在三年内完成，若三年内无法实现清盘，则占压资金将会增加项目原本既定的财务成本，从而造成项目最终利润率降低的后果。

佳宁苑项目位于中部新城北起步区，目前项目所在区域地理位置及周边配套至交房期仍不完善，严重影响项目的销售预期，根据最初相关部门按照5%毛利润率进行审批的销售均价(8000元／平方米,销售最高价不超过8800元／平方米)进行对外出售，很难满足中低收入群体的心理价位及市场要求。所以，为了尽快回笼资金，只能采取较低的价格开盘对外销售，计划采取低开高走的销售策略，然而一旦价格抬高，则销售量就明显下滑，影响资金回笼，从而财务成本明显增加，5%的利润率更是很难实现。

二、总结及建议

基于以上几点，结合当前的房地产市场情况，为了使建设定单式限价商品房的开发企业良性运转，实现保障性住房企业的自身盈利，并实现可持续发展，建议如下：

1. 利用保障性住房的政策优势

对保障性住房的开发企业给予土地、配套、贴息、税收等相关政策扶持。根据成熟的商品房开发企业的数据显示：例如万科地产公司，2015年万科实现净利润率9.1%，毛利润率达到25%（数据来源：《企业年报》），所以如果住房投资公司只开发保障性住房项目，在保证毛利率能达到5%的情况下，净利润率一般在−2.5%～2.5%区间内（具体数值由于企业的期间费用不同而有所差异），企业基本处于亏损边缘，在此情况下为了保证企业及项目盈利，优惠政策的支持是保障企业运转的必要条件。

根据佳宁苑试点项目目前所享受的政策情况进行分析，具体体现在以下几个方面：

（1）土地供给方面：佳宁苑项目为我公司通过土地转让形式获得的土地，总成本达到5779.7万元。而上面的分析也已显示其在总成本中所占比重较大，转让契税等费用皆按正常商品房税率进行缴纳，并未享受任何优惠政策，不能体现保障房的优势。另外，地理位置因素的影响对于保障房而言尤为重要，因为其限定的价格，要求项目迅速销售，迅速回款。一旦销售停滞就会造成财务成本的增加，给企业造成严重的后果。建议政府考虑给予土地供给方面的政策支持。

（2）配套费方面：由于佳宁苑属于定单式限价商品房，依照《天津市滨海新区人民政府关于印发滨海新区定单式限价商品住房管理暂行办法的通知》，住宅及地上非经营性建筑按照收费面积的 70% 缴纳。免缴各项行政事业性收费。定单式限价商品住房项目开发建设涉及的各项行政事业性收费，不得超过物价主管部门核定的收费标准的 50%，不得分解收费。

佳宁苑试点项目在市政配套方面除小配套费及气源发展费享受减半政策以外，其他配套费用并未享受到相关优惠，建议在此方面争取政府给予兑现。

（3）贷款方面：目前佳宁苑项目根据抵押价值，已在项目初期获得五年期的项目贷款，金额为 8973 万元，贷款利率为五年期基准利率 6.4%，该项目作为定单式限价商品房并未有任何政府部门的贴息资金，以及银行贷款的政策倾斜。建议在此方面政府可以对保障房开发企业给予资金支持或政策倾斜，而目前情况下，我公司仅能依靠项目尽快清盘，以销售回款用于偿还贷款，减少利息支出。然而，在销售不畅的情况下，这一点又很难实现。

2. 根据项目的选址、市场及销售情况，保障性住房限定的毛利润率可适当提高

根据佳宁苑试点项目的销售均价及现状，建议在未来开发位置、环境、配套及社会认可度高的项目时，以周边市场房价为参考，若该项目的销售价格已经达到审批部门所设定的平均售价，而公司在该售价条件下仍处于亏损边缘，则政府部门应对该项目所在区域市场价格进行分析，在确保保障性住房价格优势的情况下，确定是否需要突破 5% 的毛利率定价标准的限制。更重要的是，前期开发定价时确定的 5% 毛利润率，并未考虑后期销售过程中给予的政策优惠，所以在实际销售中确实很难保证该利润率的实现。为提高企业的抗风险能力，激发投资热情，并实现企业可持续发展，有必要适当调增限定性利润率。

3. 应加强保障性住房项目的成本控制与监管，保障开发企业严格按照预算执行

保障房项目利润微薄，因此，控制项目的开发成本显得尤为重要！项目运作之初必须有完善的成本预算体系，并在建设期严格执行。项目完结时，可聘请专业的机构对保障性住房项目进行决算审计，如企业成本合理，因项目所在区域等问题造成对市场价格的影响，不能以审批的销售均价进行对外销售，而无法实现 5% 毛利润率，在这种情况下，政府是否可适当予以补贴？

如因特殊因素需要调整预算，应向相关部门提出申请，经审核后，适当、合理地调整销售均价，保证销售价格与项目成本同向变化，但销售价格的提高应根据周边市场的价格趋势进行调整，以免因为价格的调整导致销售量的减少，从而增加财务成本形成恶性循环。

综上所述，住房投资公司开发的佳宁苑试点项目受政策因素、地理位置、周边配套等因素影响，可能造成成本过高、销售周期过长、利润率低于限定利润率的状况。为实现快速回款，只能选择低于审批部门所批准的平均售价对外销售，即使在审批上提高项目的毛利润率标准，使该项目获批更高的销售均价，然而以该价格对外出售并不能够得到市场的认可，则同样无法达到企业项目盈利的目标。如何改善这种被动的局面是个严峻的问题。住房投资公司如果只经营此类保障性住房项目，想实现自身盈利及可持续发展难度较大，需要政府给予多方面的支持，以体现保障房的优势，并建议采取多样经营形式，以开发部分营利性商品房来弥补保障房项目亏损。

Public Housing
居者有其屋

天津滨海新区首个全装修定单式限价商品住房佳宁苑试点项目
The Pilot Project of First Full Furnished
Order-oriented Price-restricted Commercial Housing —Jianingyuan,
Binhai New Area, Tianjin

第七章　佳宁苑试点项目施工现场管理与总结

在项目建设中，虽然取得了一些成绩，但是在工程手续办理、施工组织、项目管理等方面也暴露出部分问题，剖析问题、总结经验，方能完善自身，进一步完善项目管理，为公司未来的发展打好基础。

一、存在的问题

佳宁苑作为我公司的第一个开发项目，房地产开发建设经验不足，对项目的相关法律法规及政府审批流程比较生疏，边学习边办理，在办理各类手续时走了一些弯路。如在申请电力相关报批材料时考虑不周，上报时间偏晚，协调难度较大，致使小区 2015 年 2 月 10 日通电，造成竣工及交付使用时间比较紧张。

佳宁苑试点项目的计划工期为 2 年，包含了主体、装修、室外管网及景观各个阶段的施工，虽然在项目开发前及建设中制订了周密的开发计划及交付计划，但由于工程组织过程的复杂性、不确定性因素，整体控制不佳，致使重要节点完成时间推迟，验收交付颇为紧张。

主体阶段，与总包单位签订的合同工期过于宏观，缺乏关键节点要求，造成承包单位进度组织偏于宽松，主体完成后二次结构、门窗、屋面、电梯插入较晚，未给装修留足时间，造成后续施工紧张。

室外工程中雨污水工程、中水工程、消防工程、燃气工程、电力工程、供热管道工程、自来水工程等各专业配套单位需交叉施工，施工场地面积狭小，土方中碎石和混凝土块较多，随意开挖乱推，再者各方互不熟悉，配合不当，居中协调紊乱，难以做到流水施工，反而相互掣肘，耽误工期。

二、改进的措施

总结佳宁苑项目手续办理经验，多向有房地产开发经验

的老同志和建设行政部门的人员请教，积累经验；了解不同保障房建设手续的办事流程，建立与各相关业务部门熟悉畅通的办理手续途径，前瞻谋划，提前办理，留足空间，减少弯路，提高办件效率。此外，认真学习中央、天津市和新区保障房政策法规，及时掌握政府房地产动态信息，争取享受融资、建设、配套等优惠政策，节约建设成本。例如，此次配套费在公司领导协调下，充分享受政策得到减免。

在工程签订合同时，除应明确总工期外，还要明确付款需要完成的重要节点部位，也可写明重要节点完成时间，增强施工单位的敏感度，使其内部产生推动力，想方设法追逐工期，重进度但不得轻质量，在合同内同样明确若质量出现问题则严重处罚。

室外管网施工是连接通往各楼输送能量的传输带，面小管多，"人材机"遍布，"千沟万壑"，是项目建设中施工单位最多和最零乱的关键时刻，务必要增强管理意识和责任意识，每天坚持召开各配套参加的协调例会，解决前期遗留问题，部署后期工作，确定各自后期施工区域，做到事前心中有数，事中有控制，尽量做到资源共享，避免浪费，不同配套单位开挖临近不同管道要一次成活，避免相互影响和破坏，出现问题及时协商解决，强化建设单位协调力度，全力推动项目进展。

三、取得的经验

项目在管理过程中，虽然走了一些弯路，遇到了一些困难，但在各级领导的关心指导下，在全体同事的互相配合和努力工作下，基本实现了公司的既定目标，从施工组织、工程质量、安全管理、文明施工、施工进度、成本控制等各方面管理中获得了一些经验、教训，达到融会贯通、提高项目建设管理

水平的目的，为今后项目开发建设及管理工作做好铺垫。

项目建设也验证了自身的不足，今后要加强业务能力培训，善于、敢于管好工程现场。认真组织学习工程设计、项目管理、工程招标投标、合同管理、文明施工等相关业务，知道工程项目该管什么、按什么标准管、用什么方式方法管、如何能管到位。不能放任对设计、总包、分包、供货商和监理的管理而造成整体工程项目出现不可逆转的损失，也不能过多地考虑其他外部因素而减小对各参建单位的管理力度。

四、建设过程的把控

在对项目的管理上，以合同为依据，以制度、规范为标准，以法律法规为准绳，按照公司管理标准和制度，立好规矩，严控质量、进度、安全和成本，确保项目达到预期目标。

1. 控制成本

严格工程签证程序的审核，规范签证格式及程序办理，每项签证书写监理工程师的指令编码，并附上完整的支持材料，遵守规定的报批程序和报批时间，制定签证流程表；熟悉图纸、招标文件、工程技术标准规范，精通合同条款，明确不予签证的范围；严格审核工作量的真实性。

2. 加强质量管理

施工质量是项目的生命，坚决杜绝出现不合格的工程质量问题。强化工程质量过程管控，从原材料进场、取证送检、验收等各环节都要明确专人负责，同时还要发挥监理的作用，对进场的材料进行抽验，并提出质量意见，杜绝不合格的材料使用到工程项目中，要求施工单位自检、自查、自验，加强自身的检查验收，监理单位实行巡查、旁站、报验制度，加强过程质量控制，现场管理人员采取不定期的抽检和平时检查相结合的方式进行质量控制。在分部验收阶段，采取检查监理单位监理记录和与监理人员共同验收的原则，对工程整个过程质量情况全面掌控。总之，工程质量是一切工作的基础。

加强施工过程的全面监控，要与监理、施工单位一起做到工序交接有检查（抽查）、施工分项有方案、技术措施需

交底、图纸会审有记录、设计变更有手续、质量处理必复查、质量文件必存档等。

3. 不可忽视安全文明管理

安全是天，是底线，在安全文明标准化管理方面，要积极推进工地现场文明标准化工作。监理要在每周监理会议上将发现的安全隐患和违规操作进行通报批评和总结，增强现场安全巡查频率，及时排查安全隐患，认真审核施工单位的安全目标及措施，贯彻执行安全规程、生产条例，做到领导者不违章指挥、施工者不违章操作，特殊作业必须持证上岗，无备案手续特种设备不得使用，杜绝工地发生重大事故。对安全施工必须强硬管理，方能避免大祸！文明施工往往被忽视甚至当作无所谓的额外负担，其实恰恰是文明施工管理水平整体体现了一个项目、一个公司的管理水平，文明施工管理水平与质量、安全、成本、工期管理都有相关性。

4. 严控工程进度

在工程招标投标时和合同中明确施工工期，这同时也是法律约束条款内容之一，原则上不应调整，除非遇到不可抗力。在施工开工前，科学制订近期的进度计划尤为关键，但是在工期执行中，其往往变成了软约束，施工单位会以设计缺陷、工程款拨付慢、原材料进厂耽误、分包队伍互相影响等为借口拖延工期。所以，在编制进度计划时，要有合理性、前瞻性、科学性和弹性。在过程中要随时对施工组织计划进行检查和纠偏，发现问题及时进行分析，采取有效的措施，保证进度计划按时推进。

作为滨海新区的保障房开发建设公司，公司贯彻政府"居者有其屋"的理念，以"心之所安，即是保障"为宗旨，肩负完善保障结构、推动住房革新、提供资金支持、调控房地产市场的使命，发挥试点项目示范作用，推动滨海新区保障性住房建设。通过佳宁苑项目建设学习前期开发、项目管理、融资模式、保障房研发、成本控制等相关内容，通过摸索，积累了新区保障房建设经验，在保障房建设中起到引领作用。

Public Housing
居者有其屋

天津滨海新区首个全装修定单式限价商品住房佳宁苑试点项目
The Pilot Project of First Full Furnished
Order-oriented Price-restricted Commercial Housing —Jianingyuan,
Binhai New Area, Tianjin

第八章　佳宁苑试点项目小街廓的物业管理

社区的品质一方面体现于项目规划设计阶段，另一方面体现于后期的物业管理。改革开放前，在计划经济时期我国住房均为公有，由房管站负责维修管理。改革开放以后，随着住房制度改革、住房商品化，引入了市场化的物业管理，社区绿化、环境管理水平得到了提升。然而，随着社会发展，特别是开发商看重建设、销售、轻物业管理，导致后期物业管理问题越来越突出。虽然国家制定了《物业管理条例》，加强了准入和指导物业企业的管理，成立了业主委员会，但问题和矛盾越来越突出。佳宁苑试点项目也试图从建立物业管理长效机制上进一步探索，鉴于佳宁苑业主入住不到一年，居委会和业主委员会还没健全，物业公司还处在试运行阶段，因此反映的问题可能不全面，在今后的工作中需要进一步总结完善。

一、物业角度的佳宁苑业主情况分析

1. 佳宁苑业主类型统计

经分析，佳宁苑的业主主要分为以下几种类型：

（1）居住地缘性业主：现居住于开发区、中部新城、于家堡、塘沽老城里等周边区域的客户，也是刚性需求的业主。

（2）工作地缘性业主：工作在天津港、开发区、于家堡、南疆港、新港等区域的人群，这部分客户多为中等收入且工作相对稳定，属于长期稳步加薪性，是本项目的主要客户群体。

（3）其他外拓性业主：现居住于滨海新区寻求生活环境改善的群体。

2. 佳宁苑业主对物业环境的需求分析

以上的业主群体对物业服务的需求主要有以下几个方面：

（1）生活便捷：群体为工作地缘性的业主，这部分人群白天工作忙，适应快节奏的生活，物业服务要体现在减少对业主打扰的同时，提供方便快捷的生活服务。

（2）环境整洁优美：群体为居住地缘性的业主，对小区的绿化、清洁的整体环境有较高的期望值。老人和孩子希望有一个健康、安宁的锻炼、玩耍空间以及保障小区秩序的安全性。本项目为住宅项目，且位于较大规模开发进程中的大区域，周边环境复杂，容易产生现场管理隐患，因此业主对居家安全的保障需求较高。

（3）增值保值：业主在选择本项目时，充分考虑了本小区、本区域的发展前景，对物业保值增值的期望较高，期待随着周边大环境与区域效应的发展，物业有更大的升值空间。

（4）社区融合：业主看重了本区域的窄马路、密路网、小街廓、围合式设计，认同和谐宜居的邻里关系，希望能与邻近社区融合共享。

3. 住房公司对佳宁苑物业的管理思路

（1）物业管理总体目标：

佳宁苑项目的物业管理应成为中部新城的住宅管理典范，以超过建设单位要求的二级标准进行管理服务，按照《天津市普通住宅小区物业管理服务和指导价格标准》一级标准的服务进行管理，物业管理一年内达到天津市物业管理达标住宅小区标准。

（2）物业服务理念：

业主至上，构建人文社区；规范管理，倡导精细服务。

（3）物业服务模式：

采用精细化服务管理模式，总结为"三公开、三设立"，即：在服务管理中做到管理服务内容公开、管理服务目标公开、管理服务制度公开，以及设立客户服务中心、设立客户家居生活档案、设立软性延伸的细节服务细则。

二、物业公司的经营情况分析

2013 年 9 月，天津市宏阳物业管理有限公司中标佳宁苑物业管理项目。中标价格为住宅物业费用 1.79 元／月平方米，商业物业费 3.41 元／月平方米。

天津市宏阳物业管理有限公司成立于 2003 年 4 月，独立法人单位，注册资金为 305 万元，是以物业管理为主营业务的专业公司，物业企业资质等级为三级，现正在申报物业企业二级资质。公司现管辖面积达到 130 余万平方米。

1. 物业财务数据

根据招标文件要求，宏阳物业公司对佳宁苑项目的物业管理中标价格为住宅物业费用 1.79 元／月平方米，商业物业费 3.41 元／月平方米。根据佳宁苑现阶段的入住率测算，佳宁苑物业年收入 72 万元，计划支出 82.5 万元。

物业财务数据

序号	项目类别	收入／支出细项	收入／支出金额／（年／万）
1	收入	物业管理费用	72
		车位费用	—
		多种经营费用	—
		其他	—
2	支出	员工薪资	67.3
		物料采购	0.87
		办公费用	14.4
3	利润	—	−10.57

注：员工薪资包括人员工资社保及福利；办公费用包括日常办公、维保维修、垃圾清运等。

Public Housing
居 者 有 其 屋

天津滨海新区首个全装修定单式限价商品住房佳宁苑试点项目
The Pilot Project of First Full Furnished
Order-oriented Price-restricted Commercial Housing —Jianingyuan,
Binhai New Area, Tianjin

2. 物业经营财务分析

佳宁苑项目由于规模小、住户少的原因，目前物业年收入呈亏损状态，为保证物业服务能够持续，建议采取如下尝试：

（1）优减物业管理人员：

小区现在的监控（中控）室、消防控制室分设在物业办公室和地下室两处。如进行合并改造，可以缩减物管人员 2 名。

（2）整合现有资源：

①小区现有庭院车位 70 个，车库车位 117 个。建议交予物业公司经营，收入补贴物业开支。

②小区现配套有早点店 100 平方米，建议交由物业经营。

③扩大物业管理规模，在符合条件的情况下，一并管理裕安苑公租房项目物业。

车位情况

	数量／个	单位租金／（月／元）	收益金额／（年／万）
小区车位	117	80	11.23
车库车位	117	50	7.02
合计	—	—	18.25

物业配套用房情况

配建	面积／平方米	商业销售（单价参考）／元	销售总价／元	租金单价／（元／平方米·天）	收益金额／（年／万）	备注
早餐店	117.87	16 500	1 944 855	3.6	15.56	年租金按照销售总价的 8% 计算
合计	—	—	—	—	15.56	

优化后的物业财务数据

序号	项目类别	收入／支出细项	收入／支出金额／（年／万）
1	收入	物业管理费用	72.00
		车位管理费收入	18.25
		配套餐饮收入	15.56
		其他	—

续   优化后的物业财务数据

序号	项目类别	收入／支出细项	收入／支出金额（年／万）
2	支出	员工薪资	−67.30
		物料采购	−0.87
		办公费用	−14.4
		维修费用（10%）	−10.13
3	利润	1月2日	8.6

3. 物业现状及财务分析结论

（1）由于佳宁苑项目的保障房的小体量特性，单凭传统物业公司的自主管理，难以呈现良性经营状态。

（2）相对于保障房人群的收入，现有的物业管理费用偏高，车位费、物业费收取难度大。

（3）在不能得到专项扶持资金的情况下，帮助扩大物业公司管理的住户规模有助于提高物业管理水平。

（4）传统的物业公司对小体量的保障房项目的物业管理工作积极性不高。

4. 对物业工作的建议

（1）人员综合利用方面：

①联合周边项目，统一物业管理单位，扩大经营规模；

②加强楼宇智能化控制；

③加强物业服务人员的职业培训；

④向社会买服务，物业维修社会化。

（2）开源节流方面：

①以楼为单位，设立管家服务；

②引入智能化、信息化的经营设备，扩大物业经营范围；

③研究物业经营上的创新，比如尝试引进车位充电桩业务以促进车位租售。

（3）完善小区配套的早点店，将其升级为全天候的"社区食堂"。

三、窄马路、密路网、小街廓与开放式小区

1. 类似物业管理的延伸——开放式街区的物业管理特色

《中共中央、国务院关于进一步加强城市规划建设管理工作的若干意见》提出，我国新建住宅要推广街区制，原则上不再建设封闭住宅小区。已建成的住宅小区和单位大院要逐步打开，实现内部道路公共化，解决交通路网布局问题，促进土地节约利用。另外要树立"窄马路、密路网、小街廓"的城市道路布局理念，建设快速路、主次干路和支路级配合理的道路网系统。

佳宁苑试点项目所在的区域采用的窄马路、密路网、小街廓模式与中央的"窄马路、密路网、小街廓"城市道路布局理念高度切合，一方面通过佳宁苑试点项目的开发，可以发现小街廓社区在物业旧模式管理上存在的问题，并找出解决这一问题的办法，即进行车库现金补贴等；另一方面，研究并借鉴国内外开放式小区的经营模式，对佳宁苑物业管理理念进行提升。

开放式小区较传统小区的优势体现在以下几个方面：

Public Housing
居者有其屋

天津滨海新区首个全装修定单式限价商品住房佳宁苑试点项目
The Pilot Project of First Full Furnished
Order-oriented Price-restricted Commercial Housing —Jianingyuan,
Binhai New Area, Tianjin

（1）开放式街区模式，去掉了封闭的小区环境死角，小区环境总体提升。

（2）与社区共同建设，充分利用区域内公共社会资源。

（3）促进物业服务转型，改变服务模式和服务质量。

（4）与国际品牌接轨，推动社会进步。

（5）盘活资产，业主受益。

（6）增加区域内公益性工作岗位，创造就业机会。

2. 未来物业的工作方向

物业公司需要找准在社区经济产业链中的定位，就可以创造很多的收入增项和服务溢价。物业公司还需要跨过物业费改革、服务从业人员职业化程度低、现代物业管理理念欠缺、市场竞争意识淡薄等几道坎。随着开放型社区时代的到来，物业公司不能再指望停留在那种操持后勤保障讨要物业费的日子，而应重新定义物业服务，抓住我国居民家庭生活消费升级的机遇，找到新的盈利点，也许未来的物业公司，和今天我们所看到的物业公司完全不同。

工作方向的转型体现在以下几个方面：

（1）改变传统的物业管理模式，变小区管理为"服务＋"模式，提高服务含金量。

（2）充分融入社会，向社会购买服务。

（3）发展小区文化，改变单纯的住宅小区模式，升级为文化＋商业＋居住＋生活的"开放小区模式"。

工作方向的创新体现在以下几个方面：

（1）吸纳社区内的下岗人员，解决就业问题。

（2）物业安全管理融入社会公共安全系统。

（3）通过开放提高社会关注度，赚取人气，并赢得经济支持，实现多方共赢。

（4）解读国家对住宅街区制的布局理念，争做政策示范体系的一个典范。

（5）加强互联网社区建设。

物业管理的特点，就是为物业投资者增值，为房主和住户提供方便的生活条件和优质的服务。以物业管理促进社区建设，以物业建设推动社区管理，使物业管理与社区管理相协调，应该是新形势下现代物业管理的目标和特色。

第九章　进一步完善滨海新区定单式限价商品住房模式的建议

城镇中等和中低收入家庭的住房问题关系到人民群众的安居乐业、经济社会的发展与和谐稳定的大局，对于滨海新区这样的新区尤为重要。2010年，滨海新区启动保障性住房制度改革，不断健全和完善新区的住房保障体系，创造性地推出了定单式限价商品住房模式。几年来，新区共开发建设定单式限价商品住房160万平方米，销售140万平方米，解决了近20 000户的住房问题，取得了明显的成效，但也遇到了一系列问题。

按照《天津市滨海新区住房建设"十二五"规划》，滨海新区从2011年开始到2015年拟新建住房3179万平方米，其中新建定单式限价商品住房977万平方米，11.50万套，占住宅总量的30%，年均建设量约190万平方米，主要规划建设四个新城组团，分别为中新天津生态城、滨海欣嘉园、中部新城和轻纺生活区。从实际实施的效果看，五年共建设定单式限价商品住房160万平方米，完成计划任务的20%，虽然解决了部分职工的住房问题，起到了部分限制房价过快上涨的作用，但总体看没有完成预定目标。造成定单式限价商品住房发展缓慢的原因是多方面的，主要原因是外来人口增长缓慢。新区城市总体规划预测2020年新区人口达到600万，2015年应该达到400万，实际只有300万，造成需求不足。除人口因素外，还有以下几个方面原因：定单式限价商品住房区位相对不好，配套不完善，交通不便，性价比优势不明显，定单没有很好地落实，没有形成两个独立的市场等。

在当前和今后一段时期内，滨海新区的社会经济仍将持续高速发展，产业发展吸引人口的聚集，群众对住房的需求会不断提高，而房价不均衡和偏高的状况尚未根本缓解。因此，新区住房保障工作任重道远，需要进一步改革创新，加大工作力度，特别是加大定单式限价商品住房的建设力度，提高建设水平。佳宁苑试点项目，作为新区首个全装修定单式限价商品住房项目，目的是通过改革创新，提高定单式限价商品住房的规划设计和建设水平，分析定单式限价商品住房在开发过程中存在的问题，提出优化的思路和建议。佳宁苑试点项目的历程也反映了定单式限价商品住房改革在实践中遇到的问题。

一、定单式限价商品住房目前存在的问题

1. 定单式限价商品住房区位不好，缺少竞争力

滨海新区定单式限价商品住房大多位于比较偏远的区域，主要分布在欣嘉园、中部新城等配套设施不完善、距离核心城区较远的位置。佳宁苑就位于滨海新区中部新城北起步区，项目建设初期，交通极为不便，配套建设慢，周边为天津港的煤炭散货堆场，居住条件差，群众认知度低，缺少竞争力。

造成这种状况的原因，除思想观念外，主要是由于新区政府不完全掌握土地，特别是功能区位于城市核心区的土地。2010年以来，各功能区出让的普通商品房用地还是比较多，商品房市场存量比较大，区位一般比定单式限价商品住房要好，配套更完善。核心城区尤其是老城区范围内没有定单式

Public Housing

居 者 有 其 屋

天津滨海新区首个全装修定单式限价商品住房佳宁苑试点项目
The Pilot Project of First Full Furnished
Order-oriented Price-restricted Commercial Housing —Jianingyuan,
Binhai New Area, Tianjin

限价商品住房，定单式限价商品住房区位都比较偏，造成商品房和定单式限价商品住房布局不尽合理。典型的是开发区生活区商品房与滨海欣嘉园定单式限价商品住房的对比。开发区 12 平方千米的生活区本来是为开发区企业员工提供住宅等配套服务的，随着配套完善，开发区生活区住宅房价飞涨，由 2000 年的 2000～3000 元／平方米，到 2006 年涨到 1 万元以上。开发区领导呼吁新区建设保障性住房，说新区房价飞涨，影响了新区的投资环境，产业个人买不起住房，包括丰田等大企业的骨干，由于买不起住房导致队伍不稳定。因此，2010 年新区政府成立后，迅速在欣嘉园建设定单式限价商品住房，房价 6500 元／平方米，房价收入比十分合理。然而，从最后的效果看，这些大企业的员工并没有购买欣嘉园定单式限价商品住房，而是购买了生态城的商品房。同时，开发区生活区建设了少量只用于出租的政府公屋，排队的年轻人很多。如果在开发区生活区拿出一定的土地建设定单式限价商品住房，一定是另一番景象。

2. 定单式限价商品住房性价比还待提高

除区位、生活配套完善这些主要因素外，提高定单式限价商品住房的性价比是下一步重点解决的课题。从佳宁苑建成的实际效果看，不论室内、室外，以目前的房价收入比和住房性能看，满足中低收入家庭一定时期的住房需求应该是相当不错的。然而，作为面向未来广大中等收入家庭的住房，感觉还有不足。可能目前满足了现实要求，但随着住房技术的发展，很快会有落伍的感觉。新加坡政府组屋不断完善、提高标准的做法给了我们很好的启示。2012 年，新加坡政府为改善政府组屋的形象，在市中心拿出宝贵的土地，建设了智慧型、面向 21 世纪的政府组屋，高 50 层，由世界著名设计公司设计。当然，这是一个特例，却指明了方向和目标。

但是，即使参观新加坡建屋局指导房型的样板间，水平也非常高，房型设计、装修材料部品、细部装饰，不亚于我国大城市商品房的样板间，让大家有期许感。

3. 没有形成有效供给，没有释放有效需求，没有做到定单式

作为定单式限价商品房，不同于传统的限价商品房，主要是定单化管理，依定单建设，可以提高效率，释放有效需求，降低库存，降低财务和营销费用，将实惠留给购房居民。更重要的是通过定单，可以提供公众参与规划的机会。

近年来，在各方面的努力下，滨海新区定单式限价住房建设取得了一定成绩，发挥了很好的作用。但是，与预期相比，定单没有很好地落实是一个主要问题，开发建设过程中形成了部分库存，没有形成像新加坡、日本和我国香港地区依定单建设、竞相购买、需要通过排队摇号才能获得购房机会的态势。佳宁苑试点项目的经历也说明了这个问题的严重性，由于没有定单，开发企业要加大销售投入，销售时间长也增加了财务成本，使企业预期的 5% 开发利润也难以实现。此外，由于定单式限价商品住房的客户没有明确，因此，在房屋销售前规划设计无法真正做到广泛听取居民意见。

4. 定单式保障房管理体系有待完善

虽然滨海新区政府出台了《天津市滨海新区定单式限价商品住房管理暂行办法》，明确规定了定单式限价房的规划、计划、定单管理和应享受的税费等优惠政策，但是对新区各级行政管理单位和市政配套企业缺乏足够的约束力。在佳宁苑建设过程中，遇到了各行政管理、收费单位对规定中明确的优惠政策不认可，往往需要建设单位多次往返解释，有些政策最后还是没有兑现。完善的法律法规体系是稳步、有序推进住房保障事业发展的根本保障。因此，必须从规范规章制度方面加快定单式的管理体系，抓紧调研和论证，推动定单式住房保障工作进入法制化、规范化、制度化轨道，尽快健全完善相关的法规规定，针对定单式的税费优惠政策必须落实到位，为定单式限价商品住房的建设提供强大的政策支持。

5. 思想认识还不统一

定单式限价商品住房的建设，势必影响新区普通商品房市场，所以，在是否加大定单式限价商品住房建设这个问题上思想认识还不统一。害怕定单式限价商品住房建设规模过大，影响新区整体的房地产市场。另外，由于没有建立两个分割的市场，定单式限价商品住房五年后可以上市，担心造成政府优惠政策的损失，而且保障房建设没有收口。虽然滨海新区住房制度改革提出"低端有保障，中端有供给，高端有市场"的总体思路，希望通过高端项目的开发税收补充低端和中端市场，然而，受房地产调控政策的影响，高端项目开发受到一定的限制，也缺少税收方面的有效调控措施。

二、定单式限价商品住房下一步的改进建议

通过佳宁苑定单式限价商品住房试点项目的总结分析，我们提出进一步改善定单式限价商品住房规划设计建设的建议。

1. 优化定单式限价商品住房选址，提高性价比

解决定单式限价商品住房选址不佳的问题除提高认识外，重点可以从城市总体规划开始，在总体规划中就明确保障房的用地规模和位置，改变过去所谓规划用地划分标准中单纯按居住形态的一、二、三类居住用地划分，形成与政策相关的居住用地划分，包括公租房、定单式限价商品住房和高档商品住房等三种基本居住用地。定单式限价商品住房用地是主导的住宅用地。在"十三五"住房规划的指导下，按照适度集中建设与分散配建相结合的原则，在符合城市总体规划和土地利用规划的前提下，结合中心城区未来发展方向，合理布局，尽量选择靠近市中心、交通方便、周边公共设施配套较完善地段，避免将定单式限价房选址在位置偏远、交通不便的区域。要明确定单式限价商品住房用地在各个分区的比例，特别是在城市中心比较成熟的区位，要在控规中细化住宅用地布局，具体落位。

为了平衡由于增加定单式限价商品住房用地而政府土地出让金收入减少的局面，在规划中可以增加高档住宅用地，将土地价格最高的区位予以明确，如公园、水体周围和大型风景区、郊野公园周围等，可以建设独立或联排住宅，鼓励住宅的多样性。鼓励把商品房建为高端住宅。定单式限价商品住房主要注重的是中等和中低收入阶层的住房需求，解决的是"低端保障和中端供给"的问题，但是因为目前的保障房和商品房档次差别不大，容易造成市场定位重合、相互竞争。建议在新区范围内提高定单式限价商品住房所占新建商品房的比例，同时鼓励开发商把商品房建为高端住宅，服务于高端市场，逐渐使房地产市场分类别建设、分层次引导，凸显二者的区别，更好地满足各种层次购房者的需求。

另外，可以考虑特殊类型居住用地纳入定单式限价商品住房用地，包括老年住宅用地等。随着经济发展和社会进步，会产生许多新的居住需求，这些需求也要不同的配套服务设施，也需要有不同的策略回应。如老年住宅，随着我国老龄化社会的快速到来，老年住宅是必须提前考虑的大问题。老年住宅用地一定要选址在医疗设施周边布置，或是在风景区周边和疗养设施周边。总之，居住用地的划分和配套政策，特别是在规划、控制性详细规划中把各种居住用地落位是保证住房改革创新的前提，也是深化住房制度改革的保证。

Public Housing
居者有其屋

天津滨海新区首个全装修定单式限价商品住房佳宁苑试点项目
The Pilot Project of First Full Furnished
Order-oriented Price-restricted Commercial Housing —Jianingyuan,
Binhai New Area, Tianjin

作为面向广大中等收入家庭的定单式限价商品住房，要吸引人们在新区落户生活，就要具有更高的水平、提高性价比，需要相应增加一定的投入。在土地价格、政府优惠税收政策固定的情况下，提高建安和装修部分的投资是最合理的途径。这也许会增加销售价格，但通过共有产权等方式可以解决。以佳宁苑为例，如果建筑高度、结构不做大的改变，只是对建筑外檐、门窗和公共部位、电梯等进行提升，投入不大，产出效果明显。住宅室内装修，要采用更好的材料、部品，采用更新的技术手段，顺应未来发展的趋势。设想如果再增加 1000 元／平方米的综合投入，加上规划设计的改进，佳宁苑项目的效果一定可以更好。

在开发建设过程中，首先，要把好质量安全关。为了加强工程建设管理，可以选派责任心强、作风过硬的工作人员，包括定单业主进驻施工现场加强协调和管理，从监督监理单位按规范履行职责，到监督施工单位项目经理及"五大员"现场管理，从材料进场，到建设的各个环节，都严格把关，并定期组织开展工程质量大检查，特别是抓好"质量通病"的对照检查。其次，要把好成本控制关，这包括以下四个方面：①充实土地供给。对定单式限价商品住房的用地要合理、优先地供给。②严格规费减免。保障性住房建设规费收取均严格按政策规定落实到位，即行政事业性收费和政府性基金全免，经营性收费按低限减半收取。③严格成本核算。严格按政策规定进行核算，一些大的配套和所有小区外配套，如连接小区的干道，服务小区的学校、医院等，均未计入保障性住房建设成本，而是由政府投资或市场运作方式建设。④优化设计和管理。改开发商建设为政府直接建设，省去了开发商利润，也节省了管理费用等。第三，要把好综合配套关，始终把小区配套摆在重要位置。小区水、电、气和网线等均

与房屋同步一次性配套建设到位。在公共服务设施配套方面，确保各小区周边 500 米范围内建有幼儿园、学校、商业网点、农贸市场等必要配套设施，确保小区通路、通邮、有公交、切实方便群众。

由于我国目前有大量的水平比较低的存量住房需要改造，因此，新建的住房，不管是公租房，还是定单式限价商品住房，都应该是高水平的，适当增加投入、获得更高的性价比比单纯地降低造价更重要。即使不能全部这样做，也应该做一些样板项目，引领未来的发展方向。另外，要不断提升规划设计水平，不断深化定单式限价商品住房指导房型研究，满足居民各阶段各类型的生活需求，注重细节，注重生活体验，促进住宅产业化发展。住宅产业化发展已经成为一种必然，无论从节能减排还是提高住宅质量的角度，各级政府都在积极鼓励产业化的实施。下一步应该进一步探索定单式限价商品住房综合产业化、绿色建筑、BIM 技术等，打造一个全新且具有更高水准的示范项目。

2. 提升定单式限价商品住房的规划标准

目前，全国都面临着居住用地容积率过高的问题，而且趋势越来越严重，包括在城市外围地区，住宅用地的容积率都在 2 左右，全都是高层居住小区。由于保障房建设数量大，政府要以优惠的价格提供土地，因此，一般情况下保障房居住社区开发强度会比较大，高度比较高，人口密集。这不仅降低了社区的品质，而且带来严重的社会管理问题，这点大家会逐步形成共识。

佳宁苑在规划时即考虑适当降低建筑开发强度和高度，地块规划容积率 1.8，建筑高度不高于 50 米，以 11 和 18 层小高层为主，希望把亲切宜人的尺度和居住建筑多样性的优良传统延续下去。住宅类型的多样性与开发强度有很

大的关系。过去，以多层为主、少量高层的居住区的毛容积率为 0.8 ～ 0.9。目前，联排花园住宅小区容积率可以做到 1.0，以多层为主、少量高层的住宅区容积率可以达到 1.3 ～ 1.5，以小高层为主、少量多层的住宅区容积率可以达到 1.6 ～ 1.8。要严格限制居住用地容积率超过 2 或 2 以上，这对街坊内的居住品质非常重要。有人片面地讲中国人多地少，要节约土地，因此，容积率越高越好。又有人借用国外目前流行的口号，鼓吹"紧凑城市"，实际上，紧凑城市是针对美国的蔓延发展而产生的概念，而问题是现在的城市已经过度密集，应该适当地疏解，以达到合理的密度。讲 TOD 的概念，以公交为导向的城市区域，公共交通的经济效益，也是需要合理的密度，但也不能过度的聚集，否则也会带来服务水平下降的问题。随着商业服务业和交通方式的快速发展，居住的聚集程度已经不是影响配套水平的主要问题，特别是在大城市边缘的城市区域，商业服务业和社会事业已经不是影响社区发展的主要问题。合理的密度、良好的环境则越来越重要。

与此同时，还应做到以下几个方面：①提升项目周边规划，增加定单式限价商品住房吸引力。目前，在建或已建成的定单式限价商品住房均位于主城区的周边区域，环境一般，生活设施不够健全，不能全面满足购房人的生活需求，许多购房人对此有所顾虑。为切实保障购房人的需求，建议增加对定单式商品住房周边交通、医疗、教育、休闲等设施的投入，整体提升周边规划，满足购房者对生活高品位的追求，增加定单式限价商品住房的吸引力。②在合理控制开发强度的情况下，要改革创新，全面提高社区整体的规划环境水平。推广"窄街道、密路网、小街廓"的规划布局。城市道路宽度要减小，一般道路取消城市绿线、建筑退线和道路绿地率等

指标控制，建筑沿生活性道路布置，形成完整的、充满活力的城市街道广场空间。在街道两侧和广场周边，尽可能地布置商业和办公等建筑，在方便居民生活的同时解决就业问题。职住平衡看似一个小问题，实际影响着大规划，影响着人们的生活。集中布置建设社区中心、邻里中心、集中设置社区、邻里公园绿地、体育活动空间，修改居住用地 35% 的绿地率指标。目前，虽然经济社会发展了，人们的生活水平和居住条件有极大的改善，但我们在规划中对社区规划问题考虑还是不够。探索具有中国和地方特色的居住空间、居住建筑形态和新型社区邻里关系，探索新型的社区邻里治理机制，推崇中国传统居住建筑和"远亲不如近邻"的文化传承，意义重大。

3. 加强有效供给，释放有效需求，真正做到定单式

目前，滨海新区定单式限价商品住房没有形成供不应求的局面，不是因为没有需求，而是没有有效的供给。造成这一状况的原因是上面提到的两个方面：①定单式限价商品房建设的区位比较偏，②定单式限价商品房性价比不是很高，所建设的定单式限价商品住房不是最急需的产品。要改变这一状况，关键是按照供给侧改革的要求，提供有效供给，即大家愿意购买的定单式限价商品住房产品，释放有效需求。新区政府、各功能区应该拿出一部分区位良好的用地，作为定单式限价商品住房用地。

在今后的工作中，要进一步完善定单制度，优化定单式管理流程。定单制度是滨海新区住房制度改革的一大亮点，将政府、用人企业、开发企业、职工等有机衔接在一起，形成了一个平衡的供需体系，各方都从中受益。但是从目前来看，定单制度还没有真正发挥作用，企业定单的审批机制还未建立。目前，定单式限价商品住房无定单的日常受理机构，购房人的购房需求无法直接反映给开发企业，双方不能进行

Public Housing
居者有其屋

天津滨海新区首个全装修定单式限价商品住房佳宁苑试点项目
The Pilot Project of First Full Furnished
Order-oriented Price-restricted Commercial Housing —Jianingyuan,
Binhai New Area, Tianjin

信息交换。建议在新区设立领导协调机构，以住保中心为信息对接和具体实施部门，成立定单受理服务中心，建立定单机制，受理和汇总个人、家庭或用人单位的定单咨询和申请。要通过政府发公告，对居民住房需求全面调查摸底，符合条件的购房群众报名，申请意向购房区域，政府接受定单，并根据区域不同制定价格，按照定单数量规划土地及定单式项目开发。在此基础上，根据定单信息，制订长远规划和年度计划，向土地部门申请定单式限价商品住房用地，并为中标企业提供定单信息，使定单需求与企业直接对接，为承建企业提供建设方向，分区域分项目开发，以达到定单式概念建设预期目标，有计划、有步骤地推进住房保障建设工作。同时，做好保障性住房制度改革公众参与工作，采用各种新的手段，政务网、微信公众号等，在广泛征求市民的意见和建议的基础上，更具体、更快地了解客户需求，真正做到定单式。

城市规划要体现全体居民的共同意志和愿景，住房与居民关系最为密切，居民需要什么样的住房，喜欢什么样的住房形式，要更广泛地听取居民意见。进一步做好公众参与工作，新区各项保障性住房规划在编制过程中均利用报刊、网站、规划展览馆等方式，对公众进行公示，听取公众意见，让大家了解和参与到城市规划和建设中，传承"人民城市人民建"的优良传统。定单式限价商品住房可以有更好的名称，如康居住房或康居房等，也可以采用公开征集名称的方式，让广大市民更多地参与、了解保障性住房制度改革。发挥政府、社会、市民三大主体的积极性，尽最大可能推动政府、社会、市民同心同向行动，使政府有形之手、市场无形之手、市民勤劳之手同向发力。同时，创新城市治理方式，加强城市精细化管理，尊重市民对城市发展决策的知情权、参与权、监督权，鼓励企业和市民通过各种方式参与城市建设、管理，

真正实现城市共治共管、共建共享，真正解决居者有其屋的课题。

由于近年来经济增长持续放缓，导致根据国民经济规划制定的《"十二五"住房规划》在人口指标上出现较大偏差，保障房需求量严重不足。"十二五"后期建设计划多依据各建设单位申报制定，与住房规划出现偏离。保障性住房的建设应尊重实际、按需建设。为促进新区保障性住房健康发展，要合理制定"十三五"住房规划，并应定期对新区人口的住房需求进行调查，据实制订建设计划。

4. 形成两个独立的市场，避免对商品房市场的过度冲击

加大定单式限价商品房的有效供给，势必影响新区普通商品房市场，对这个问题要做进一步深入的研究分析。我国住房制度改革30多年来，取得了巨大的成绩，商品房有效解决了我国的住房问题，拉动了整个经济的发展和城市建设，功不可没。但发展到今天，我国房地产面临严重的问题和危机。按照中央经济和城市工作的总体部署，住房制度要深化改革，房地产要去库存、去产能、调结构，实施供给侧改革。总体的改革方向是，坚持市场化改革方向，建立现代住房制度，即政府要保证广大中等收入群体的基本住房需求供给，释放有效需求。正如滨海新区住房制度改革提出的"低端有保障，中端有供给，高端有市场"。

滨海新区建设定单式限价商品住房，目的就是做到"中端有供给"，但由于这几年没有能够提供好的定单式限价商品住房产品，没有提供有效供给，也没有释放有效需求。面对新区目前人口增长放缓、商品房库存大的问题，加大定单式限价商品住房的建设是改革的唯一正确出路。通过有效供给，释放有效需求，特别是可以作为招商引资的优势条件，成为新区吸引企业、人才落户的一个杀手锏。对于一些区位

好、品质满足要求的商品房，企业愿意降低价格，进入定单式限价商品住房系统的，政府欢迎，可以考虑给予部分税收的优惠，起到消化库存的作用。

为了避免对商品房市场过度的冲击，学习新加坡的经验，建立独立的定单式限价商品住房市场。作为政策性的公共住房，定单式限价商品住房的商品属性不变，可以抵押贷款，保值增值，交易流通。改变目前定单式限价商品房五年后可以上市流通的规定，定单式限价商品住房可以在定单式限价商品房市场中随意流通。形成定单式限价商品房市场和商品房市场两个独立的市场，对建立新区"低端有保障、中端有供给、高端有市场"、完善的保障房制度体系有利，可以保证新区房地产市场健康、持续发展。

5. 进一步建立和完善保障性住房的法律法规

住房制度深化改革、房地产进行结构调整，需要法律法规的支撑。近年来，滨海新区保障性住房制度改革，在学习先进国家和地区经验的基础上，结合滨海新区实际情况，依据国家、天津市及滨海新区相关规定和政策，先后制定了《滨海新区深化保障性住房制度改革实施方案》《滨海新区深化保障性住房制度改革实施意见》《天津市滨海新区保障性住房建设与管理暂行规定》《天津市滨海新区蓝白领公寓规划建设管理办法》《天津市滨海新区定单式限价商品住房管理暂行办法》等规范性文件，对推进实际工作发挥了重要作用。下一步，结合深化住房制度深化改革、房地产进行结构调整，修订完善现有规范性文件，对一些不适用的规范进行调整，增强其执行效力；明确规定构建商品房和定单式限价商品住房两个相对分离的市场，引导两个市场共同健康发展。同时，尝试制定新区住房保障完整的管理规定，为天津市和国家制定住房保障的法律法规先行先试，积累经验。

随着定单式限价商品住房水平的提高、建设规模的扩大、考虑到其有一定的福利属性，借鉴新加坡政府组屋政策的经验，适度扩大受益人群，照顾群众需求。为完成定单式限价商品住房占到新区供房总量 30 ～ 50% 的目标，要加大对需要保障群体的研究，在充分保障无房申请家庭的利益的基础上，因地制宜，满足其他职工特别是户籍居民的购房需求。建议允许在滨海新区范围内拥有一套住宅的职工进行申请，以满足新区职工改善型住宅的需求，为定单式限价商品住房的发展增添新的动力。

同时，拓宽定单式限价商品住房项目的融资渠道是一大重点。加大保障性住房的建设力度，资金是最为关键的问题。目前保障性住房建设的融资渠道单一，缺乏可持续供应、可循环使用的固定资金来源。首先，目前我国的住房金融体系以银行信贷为主，缺乏直接融资手段，房地产市场的风险过于集中在商业银行。其次，我国保障性住房的建设资金严重依赖各级政府的财政投入。第三，保障房建设的小规模和低利润率未能有效吸引社会资金的投入。因此，在定单式限价商品住房融资渠道上，需要积极探索和完善配建，完善BOT、特许经营等建设模式在吸引社会资金参与保障房建设方面的政策措施。对于保障性住房建设运营管理等环节涉及的行政事业性收费和税收，加大减免力度。同时，积极培育国内金融市场，完善房地产金融政策，在防范系统金融风险的基础上，积极鼓励金融机构发放贷款支持保障性住房建设，特别是鼓励发展长期信贷、长期企业债券和产业基金，创新金融产品，为政策性租赁住房建设提供长期融资工具，并引导社会资金投入，解决政策性租赁住房建设资金瓶颈问题。此外，加快发展政策性住房金融，加强住房公积金管理，充分发挥资金效益，维护资金安全，增强住房公积金的保障作用。

第五部分

佳宁苑试点项目现场实景

Part 5 Objective Pictures of
Jianingyuan Pilot Project

Public Housing

居者有其屋

天津滨海新区首个全装修定单式限价商品住房佳宁苑试点项目
The Pilot Project of First Full Furnished
Order-oriented Price-restricted Commercial Housing —Jianingyuan,
Binhai New Area, Tianjin

第一章 佳宁苑试点项目建设过程

一、建设过程

桩基施工阶段

主体施工阶段

主体施工阶段

主体封顶

工程竣工

二、现场视察

日常施工安全质量检查

住房投资公司领导慰问建设工人

Public Housing
居 者 有 其 屋

天津滨海新区首个全装修定单式限价商品住房佳宁苑试点项目
The Pilot Project of First Full Furnished
Order-oriented Price-restricted Commercial Housing —Jianingyuan,
Binhai New Area, Tianjin

2015 年 5 月佳宁苑试点项目竣工验收

2015 年 5 月 18 日 滨海新区规划和国土资源管理局霍兵局长莅临佳宁苑试点项目现场视察指导

住房投资公司领导定期赴现场检查工程质量

Public Housing
居者有其屋

天津滨海新区首个全装修定单式限价商品住房佳宁苑试点项目
The Pilot Project of First Full Furnished
Order-oriented Price-restricted Commercial Housing —Jianingyuan,
Binhai New Area, Tianjin

第二章　佳宁苑试点项目建成实景

一、实景图

项目鸟瞰图一

项目鸟瞰图二

天津滨海新区首个全装修定单式限价商品住房佳宁苑试点项目

The Pilot Project of First Full Furnished
Order-oriented Price-restricted Commercial Housing—Jianingyuan,
Binhai New Area, Tianjin

项目鸟瞰图三

项目鸟瞰图四

1号楼立面

1号楼转角立面

商业立面

住宅立面一

住宅立面二

住宅立面三

天津滨海新区首个全装修定单式限价商品住房佳宁苑试点项目
The Pilot Project of First Full Furnished
Order-oriented Price-restricted Commercial Housing —Jianingyuan,
Binhai New Area, Tianjin

住宅立面四

住宅立面五

二、小区景观

平台连廊 1

平台连廊 2

Public Housing

居者有其屋

天津滨海新区首个全装修定单式限价商品住房佳宁苑试点项目

The Pilot Project of First Full Furnished
Order-oriented Price-restricted Commercial Housing —Jianingyuan,
Binhai New Area, Tianjin

平台景观 1

平台景观 2

三、风雨廊

风雨廊 1

风雨廊 2

连接各楼风雨廊的大廊架

四、车库

连接平台的天桥

车库内部

车库立面

Public Housing
居 者 有 其 屋

天津滨海新区首个全装修定单式限价商品住房佳宁苑试点项目
The Pilot Project of First Full Furnished
Order-oriented Price-restricted Commercial Housing —Jianingyuan,
Binhai New Area, Tianjin

五、住宅室内实景

客厅 1

客厅 2

客厅及阳台

主卧

次卧

淋浴区

卫生间

餐厅

Public Housing

居 者 有 其 屋

天津滨海新区首个全装修定单式限价商品住房佳宁苑试点项目
The Pilot Project of First Full Furnished
Order-oriented Price-restricted Commercial Housing —Jianingyuan,
Binhai New Area, Tianjin

厨房

书房

第三章　佳宁苑试点项目交房活动现场

　　2015 年 6 月 27、28 日，由住房投资公司倾情打造的新区首个全装修定单式限价商品房——佳宁苑试点项目顺利完成了交房工作。自建设初期，该"民心工程"就备受社会各界关注。经精心筹备，佳宁苑试点项目交房现场井然有序，方便快捷，在各个服务细节将"专为民生"的理念贯彻始终。对业主咨询的问题，都给予细心解答，交房率达到 100%。通过此次交房活动，给广大业主呈交了一份满意的答卷，打造了一个百姓满意的民心项目。

交房活动现场

天津滨海新区首个全装修定单式限价商品住房佳宁苑试点项目

The Pilot Project of First Full Furnished
Order-oriented Price-restricted Commercial Housing —Jianingyuan,
Binhai New Area, Tianjin

交房现场

交房现场

第六部分

佳宁苑试点项目设计图纸汇编

Part 6 Design Drawings of Jianingyuan Pilot Project

Public Housing

居者有其屋

天津滨海新区首个全装修定单式限价商品住房佳宁苑试点项目
The Pilot Project of First Full Furnished
Order-oriented Price-restricted Commercial Housing - Jianingyuan,
Binhai New Area, Tianjin

第一章　修建性详细规划图纸

TENIO 天友

天津市天友建筑设计股份有限公司

中华人民共和国建设部工程设计证书 甲级 A112000900

批　　准：宋令涛	日　期：2012.12
审　　定：宋继红	日　期：2012.12
审　　核：马万珍	日　期：2012.12
校　　对：夏多瑜	日　期：2012.12

项 目 负 责：孟育新 白瑞耿

建筑　专业：张晓雷 张恺 惠晨	日　期：2012.12
结构　专业：田静辉	日　期：2012.12
给排水 专业：倪鸿娜	日　期：2012.12
暖通　专业：翟晨君	日　期：2012.12
电气　专业：杨玉娟	日　期：2012.12

佳宁苑项目修建性详细规划设计说明：

一、规划设计背景

滨海新区核心区现规划定位为天津市双城之一、滨海新区行政文化中心、商务商业中心、生态宜居示范城区。其规划结构为"一心、两轴、三区"。中部新城北区的加快建设是滨海核心区的发展需要，是中心商务区的临港经济区发展的支撑。本项目基地属三片区（现代服务区、生态城区、中心商务区）的南部生态城区。

二、规划设计概况

1. 区位概况

基地选址位于滨海新区核心区南部生态城区的东北角。在大的规划结构中紧邻中心商务区，该商贸区已启动开发，配套基础较好，且与临港经济区交通联系便利。

2. 用地概况

基地总规划用地面积为 1.73 公顷，用地性质均为 R2 类居住用地。

基地位于中部新城北起步区中心轴线西侧，北侧为大面积居住用地，南侧为居住用地与部分商业金融业用地，西侧为居住用地，东侧规划有中心公园和行政办公、医院及商业用地。周边环境配套完善，区位优势明显。基地内用地较为平整，适合各种强度和形式的开发。

基地四至范围：北至金岸一道，南至金岸二道，西至银河五路，东至银河四路。交通条件便利。

三、规划依据

（1）《城市居住区规划设计规范》（GB 50180—1993）（2002版）。

（2）《天津市新建居住区公共服务设施定额指标》（DB 29—7—2008）。

（3）《住宅设计规范》（GB 50096—1999）（2003版）。

（4）《住宅建筑规范》（GB 50368—2005）。

（5）《天津市住宅设计标准》（J 10968—2007）。

（6）《高层民用建筑设计防火规范》（GB 50045—1995）（2005版）。

（7）《建筑设计防火规范》（GB 50016—2006）。

（8）《汽车库、修车库、停车场设计防火规范》（GB 50067—1997）。

（9）《天津市城市规划管理技术规定》（2009年3月）。

（10）《天津市建设项目配建停车场(库)标准》（DB 29—6—2010）。

（11）甲方提供的用地现状图、规划设计要求等相关资料，以及规划方案意见结果。

（12）甲方提供的《滨海新区定单式限价商品住房规划用地建设管理暂行办法》（过程讨论稿）。

四、规划愿景

1. 规划设计理念

（1）规划设计秉承以人为本、建筑与生态并重的设计理念，注重整体结构与功能和环境的协调，力求营造一个生活环境与生态环境协调共生的宜居社区。

（2）片区结合城市道路布置商住建筑，力求营造具有浓厚街道氛围的商业空间；片区内布置相对独立的景观核心，形成强烈的组团感，利用景观广场等景观规划技巧将各组团景观核心整合形成统一规整的景观系统，加强各片区的联系性和整体结构的完整性。

（3）通过居住区内多种功能的交织，形成三维的功能网络。不同类型建筑与空间的共生，在外在表现上，体现各自内在要求的同时又形成统一整体。在着眼于自身设计的同时，综合考虑周边环境及与城市其他功能的互动关系。通过居住区内外两部分复合功能的有机组合，凭借多元互动与创新发展提供持续活力，在功能上彼此互动、在空间上留有余地、在景观上相互支撑，从而使居住区具备强大的可持续能力与环境承载力，形成魅力十足的活力社区。

2. 规划设计原则

（1）整体设计追求功能和布局的完美结合：通过紧凑的功能布局、步行邻里关系和丰富系统的景观环境三大基本元素体现设计理念，整合生态资源、人文资源、交通区位、商业区位等多重优势，使社区自身特点鲜明，在时间和空间上持续发展。

（2）交通组织原则：避开城市主干道设置社区的主入口，地块内设置外环＋内环式消防车道，形成有序的车行系统；组团内宅间小路（平时人行，火灾时兼做消防车道）通过台阶连接车库屋面平台的公共活动场地，形成丰富有趣的人居步行空间。

（3）景观设计原则：契合"生态家园"的主题风格需求，利用步行系统与景观系统的融合，动静结合，把景观渗透到整体的布局当中，注重居民对景观环境的参与性，在独具特色的设计中体现均好性和适应性。

（4）商业布局原则：东侧沿城市道路布置商住建筑，一、二两层布置商业设施，结合地块外的沿街商业街区，营造商业氛围。

（5）住宅布局原则：设置点式高层设于地块的北、南、西侧，东侧沿道路布置商住建筑，三层以上设置多层单元式住宅，点式高层结合沿街商住楼形成强烈的组团围合感和中心景观绿地，大面积的中心绿地也为景观设计提供了更多可能的设计空间。在空间上，住宅沿街天际线变化丰富，基地整体空间高低错落，形成良好的视觉空间体系。

Public Housing
居者有其屋

天津滨海新区首个全装修定单式限价商品住房佳宁苑试点项目
The Pilot Project of First Full Furnished
Order-oriented Price-restricted Commercial Housing — Jianingyuan,
Binhai New Area, Tianjin

五、规划设计

1. 功能布局

（1）地块地形规整，住宅及商业沿地块四周布置，使基地整体具有围合感和界限感。

（2）沿银河四路布置商住楼，一、二层布置商业设施，三层以上为住宅，沿银河五路、金岸二道、金岸三道布置五栋点式高层。

（3）商住楼沿街布置丰富了建筑沿街效果，点式高层打破封闭沿街界面，将风流引入组团内部，改变组团内的小气候。

（4）点式高层朝向为南北向，商住楼沿街布置，为东南向。

2. 道路交通系统规划

（1）地块外道路：西侧银河环路和贯穿东西向的金岸二道为城市级主干路；地块四周的金岸一道、金岸三道、银河五路和银河四路均为城市级次干路。城市级道路为棋盘式格网设计，设计简洁便利。

（2）小区出入口设置：出入口避让开两条城市主干道，在银河五路上开设一个主入口，在金岸一道开设一个次入口。设置两个出入口，满足日常通行和使用需求。

（3）地块内道路：组团内道路分为两级，由组团路和宅间小路（兼消防车道）组成。组团路为6米，宅间小路为4.0米。其中，组团路形成外环车行系统。宅间小路为步行道路，且兼做消防道路，串联各个住宅。

（4）动态交通系统：组团路即外圈环路作为主要的车行道路，作为主要消防路使用。宅间为人行路，火灾时作为消防通道，满足消防车的通行。这样不仅可以保证小区内道路的通畅性和可达性，又可以相对保证居民在组团内部步行的安全性。

（5）静态交通系统：基地内静态交通主要分为自行车停车和居民停车两部分。居民停车分为地面停车和车库停车两部分，地面机动车位均沿小区路环路布置，不进入小区内部；小区中心设置停车库，直接与小区路环路连接，方便停车的同时，尽量减少对组团内部的干扰和环境污染。居民自行车设在住宅的地下室。小区金岸二道一侧停车位布置超出规划用地红线占用绿带5米，银河五路一侧停车位布置超出规划用地红线占用绿带2米，此两处占用的绿地权属仍归国有，不归小区业主所有，由小区物业负责公共绿地占用部分的养护。

（6）住宅出入口设置无障碍坡道，地面停车场设置无障碍停车位，满足障碍人士的通行及停车要求。

3. 绿地景观系统规划

基地沿城市道路方向为规划绿地范围，是城市级的绿地规划系统。

组团内部绿地系统由中心景观绿地、景观节点组成。中心景观绿地设置在车库屋面平台上，结合居民健身场地布置、步道联系中心景观硬质铺地、景观节点布置建筑小品等方式，丰富多变，别有一番趣味。城市级景观绿地和组团内部景观相结合，形成完整的景观系统，自然和谐，参与感强。

用地平衡

项目	单位	数值	所占比例／（%）	人均面积／平方米
居住总用地	平方米	17 309.4	100	—
1. 道路用地	平方米	5256.08	30.37	6.30
2. 公共绿地	平方米	2349.05	13.57	2.82
3. 公建用地	平方米	16.34	0.09	0.02
4. 住宅用地	平方米	7235.58	55.97	11.62

技术经济指标

项目			单位	数值
规划用地面积			平方米	17 309.40
地上建筑面积			平方米	31 000
其中	住宅面积		平方米	28 400
	共建面积		平方米	2600
	其中	社区配套	平方米	425
		其他商业	平方米	2175
地下建筑面积			平方米	2000
架空车库面积			平方米	3950
容积率			—	1.79
建筑密度			%	15.40
居住户数			户	298
居住人数			人	834
绿地率			%	35.01
绿化面积			平方米	6060.02
其中	天然土绿化		平方米	2460.17 (40.60%)
	平台绿化		平方米	3599.85 (59.40%)
机动车停车位			辆	220
其中	地面停车		辆	110
	车库停车		辆	110
停车率			%	68

配套公建一览

分类	编号	项目	数量	占地面积／平方米	建筑面积／平方米	备注
文体绿地	1	文化活动室	0	—	—	在 01—17 号地块（裕安苑）统一配建
	2	居民健身场地	1	180	—	可与绿地结合，但不得占用绿地面积
	3	组团绿地	1	2015.63	—	
社区服务	4	社区服务点	0	—	—	在 01—17 号地块（裕安苑）统一配建
	5	物业管理用房	0	—	—	在 01—17 号地块（裕安苑）统一配建
行政管理	6	社区警务室	0	—	15	在 01—17 号地块（裕安苑）统一配建
	7	门卫	3	15	15	
商业	8	早点铺	1	—	90	—
	9	便利店	1	—	120	—
市政公用	10	变电站	1	200	200	与架空车库合建
	11	垃圾分类投放点	3	18	—	
	12	生活泵房	1	—	80	设于地下
	13	中水泵房	1	—	60	设于地下
	14	消防水箱间	1	—	45	置于高层屋顶
	15	报警阀室	1	—	10	设于地下
	16	电信设备间	1	—	25	设于地下
	17	有线电视设备间	1	—	15	设于地下
	18	自行车存车处	4	—	800	设于地下
总计		—	—	3228.63	425	不含地下面积及屋顶水箱

天津滨海新区首个全装修定单式限价商品住房佳宁苑试点项目
The Pilot Project of First Full Furnished
Order-oriented Price-restricted Commercial Housing   Jianingyuan,
Binhai New Area, Tianjin

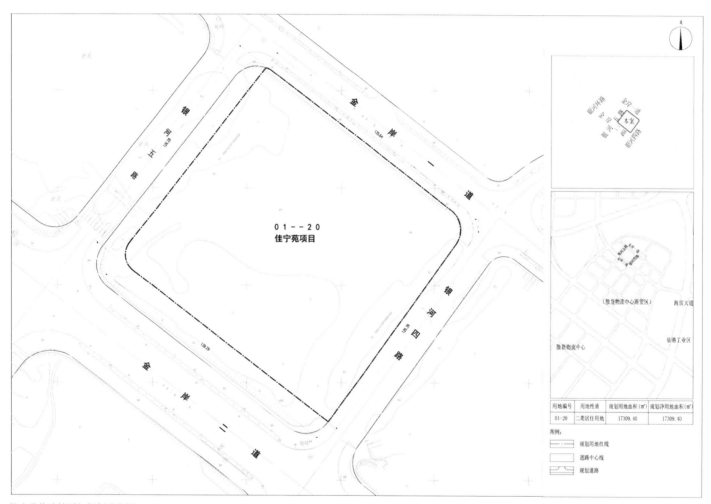

用地编号	用地性质	规划用地面积（㎡）	规划净用地面积（㎡）
01-20	二类居住用地	17309.40	17309.40

图例：
规划用地红线
道路中心线
规划道路

佳宁苑修建性详细规划现状图

注：
1、机动车停车位出用地红线及压用地红线按规定均不计入经济技术指标，根据《滨海新
区定单式限价商品住房规划用地建设管理暂行办法》（过程讨论稿）中5.1.4条规定，
本地块内停车位可突入银河五路一侧绿化带2m，突入金岸二道一侧绿化带5m。
2、1#朝向为南偏东53.22°，2#、3#、4#、5#、6#朝向为南北向。

佳宁苑修建性详细规划总平面图

天津滨海新区首个全装修定单式限价商品住房佳宁苑试点项目
The Pilot Project of First Full Furnished
Order-oriented Price-restricted Commercial Housing —Jianingyuan,
Binhai New Area, Tianjin

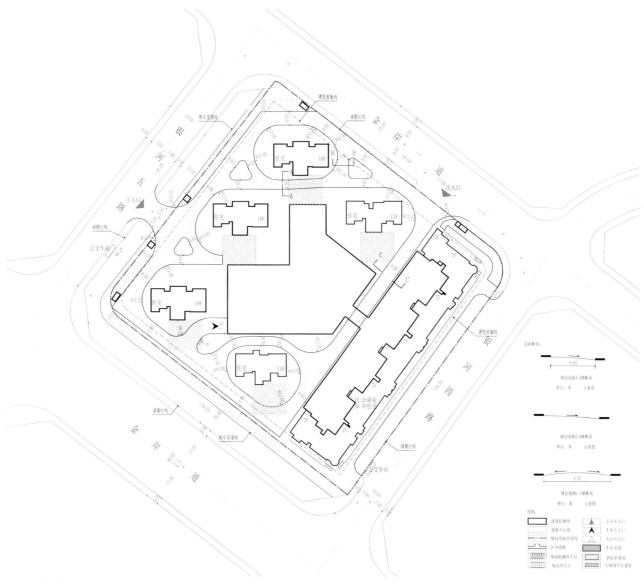

佳宁苑修建性详细规划道路规划图

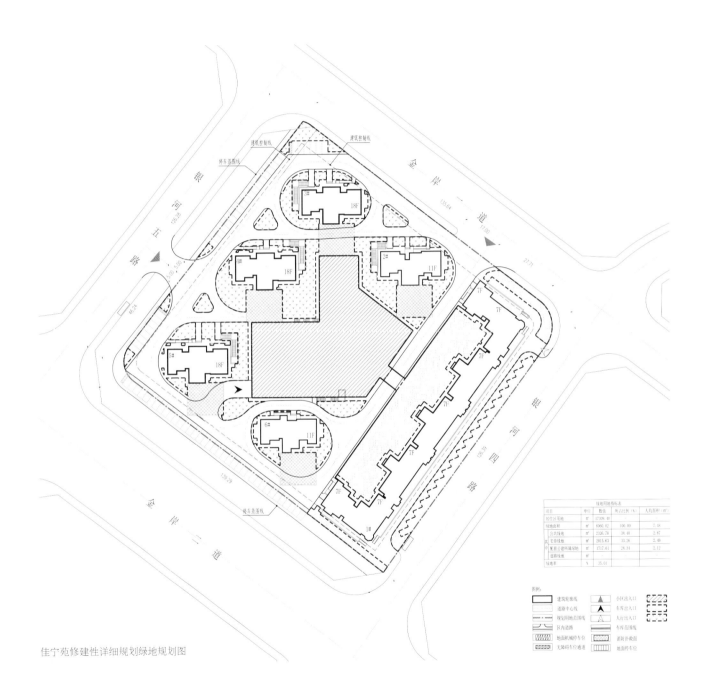

佳宁苑修建性详细规划绿地规划图

天津滨海新区首个全装修定单式限价商品住房佳宁苑试点项目

The Pilot Project of First Full Furnished
Order-oriented Price-restricted Commercial Housing — Jianingyuan,
Binhai New Area, Tianjin

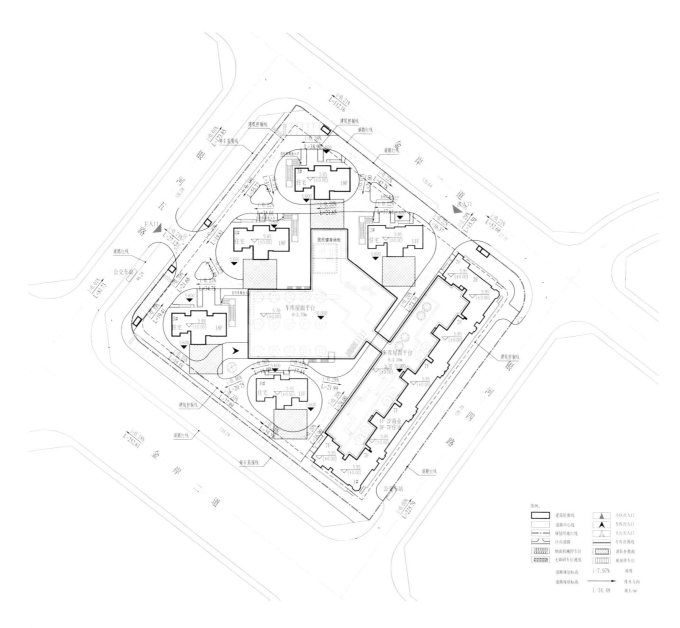

佳宁苑修建性详细规划竖向规划图

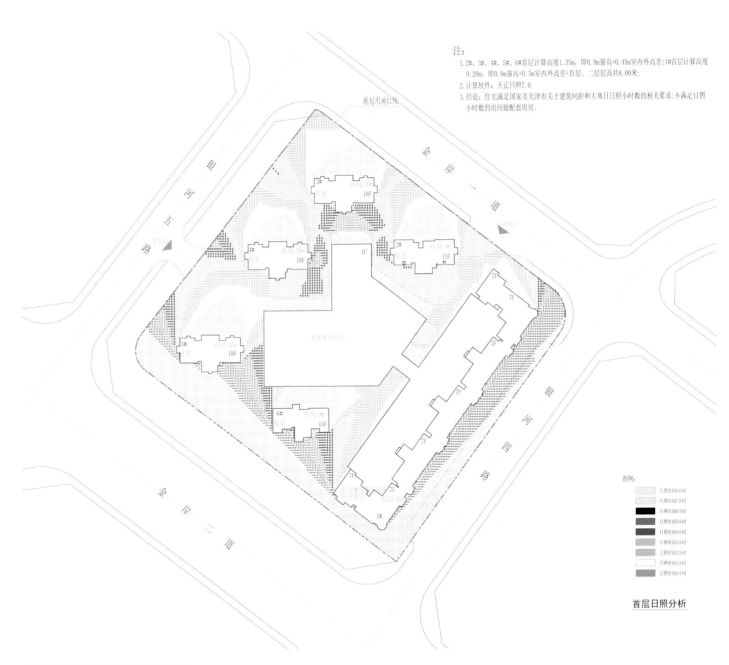

注:
1. 2#、3#、4#、5#、6#首层计算高度1.35m,即0.9m窗高+0.45m室内外高差;1#首层计算高度
9.20m,即0.9m窗高+0.3m室内外高差+首层、二层层高共8.00米;
2. 计算软件:天正日照7.0
3. 结论:住宅满足国家及天津市关于建筑间距和大寒日照小时数的相关要求;不满足日照
小时数的房间做配套用房。

图例:
日照时间8小时
日照时间7小时
日照时间6小时
日照时间5小时
日照时间4小时
日照时间3小时
日照时间2小时
日照时间1小时
日照时间0小时

首层日照分析

佳宁苑修建性详细规划首层日照分析图

注:
1. 2#、3#、4#、5#、6#首层计算高度1.35m，即0.9m窗高+0.45m室内外高差；1#首层计算高度
   9.20m，即0.9m窗高+0.3m室内外高差+首层、二层层高共8.00米；
2. 计算软件：天正日照7.0
3. 结论：住宅满足国家及天津市关于建筑间距和大寒日日照小时数的相关要求；不满足日照
   小时数的房间做配套用房。

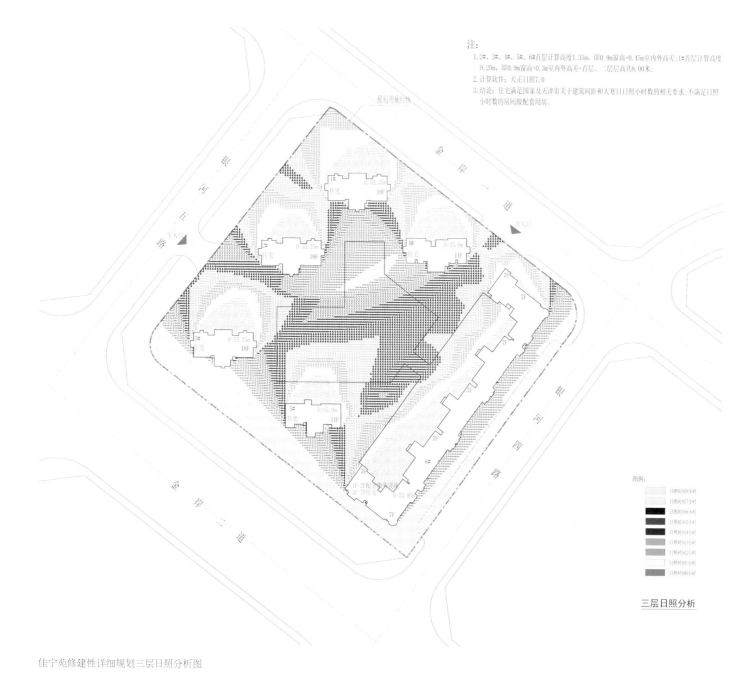

三层日照分析

佳宁苑修建性详细规划三层日照分析图

第二章　建筑方案施工图纸

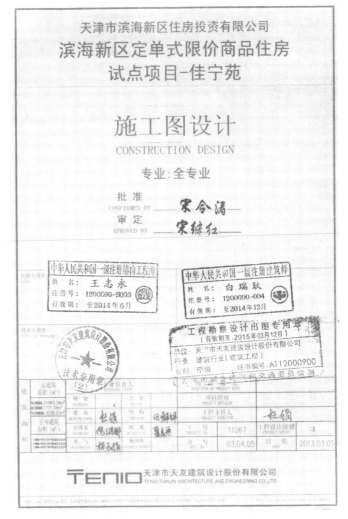

佳宁苑试点项目施工图设计

天津滨海新区首个全装修定单式限价商品住房佳宁苑试点项目
The Pilot Project of First Full Furnished
Order-oriented Price-restricted Commercial Housing　Jianingyuan,
Binhai New Area, Tianjin

佳宁苑项目鸟瞰图

佳宁苑 11 层住宅效果图

天津滨海新区首个全装修定单式限价商品住房佳宁苑试点项目
The Pilot Project of First Full Furnished
Order-oriented Price-restricted Commercial Housing — Jianingyuan,
Binhai New Area, Tianjin

佳宁苑18层住宅效果图

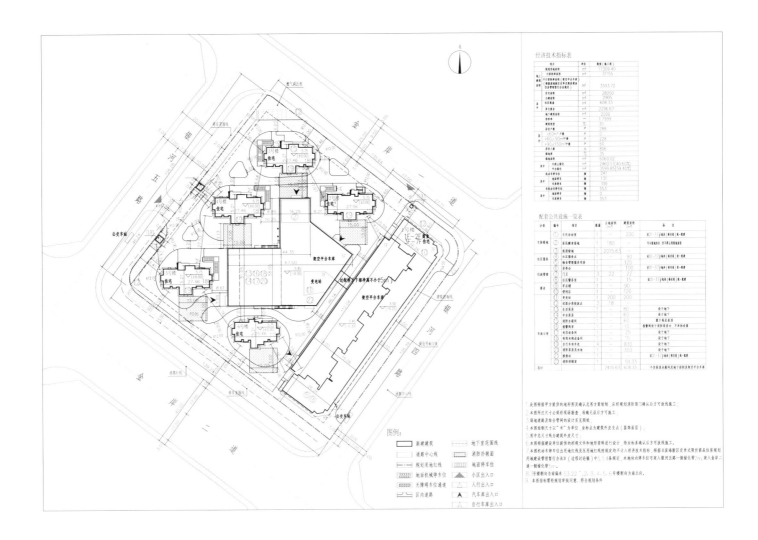

佳宁苑总平面图

天津滨海新区首个全装修定单式限价商品住房佳宁苑试点项目
The Pilot Project of First Full Furnished
Order-oriented Price-restricted Commercial Housing —Jianingyuan,
Binhai New Area, Tianjin

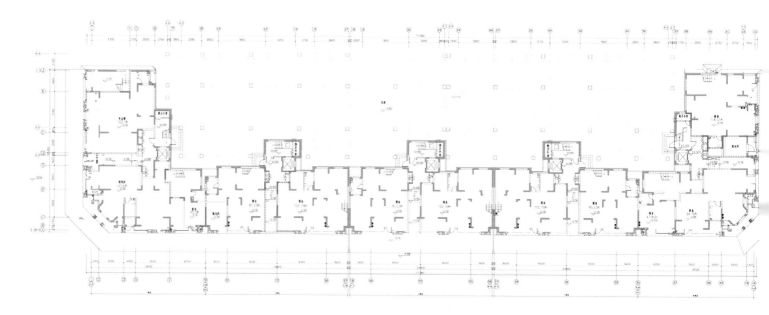

1 号楼首层组合平面图

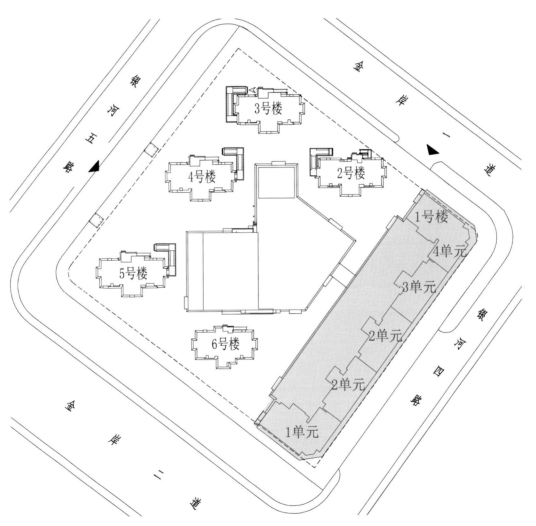

1号楼首层组合平面图

天津滨海新区首个全装修定单式限价商品住房佳宁苑试点项目
The Pilot Project of First Full Furnished
Order-oriented Price-restricted Commercial Housing —— Jianingyuan,
Binhai New Area, Tianjin

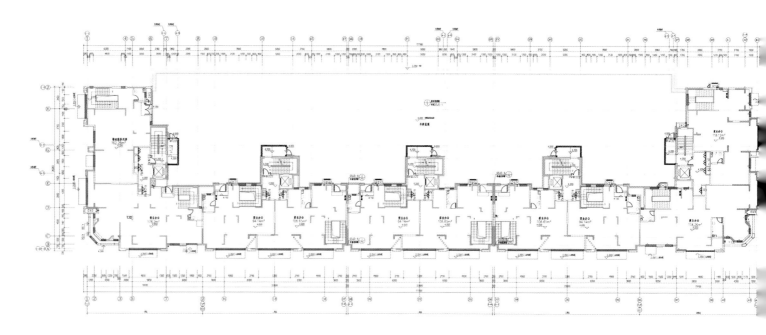

1号楼二层组合平面图

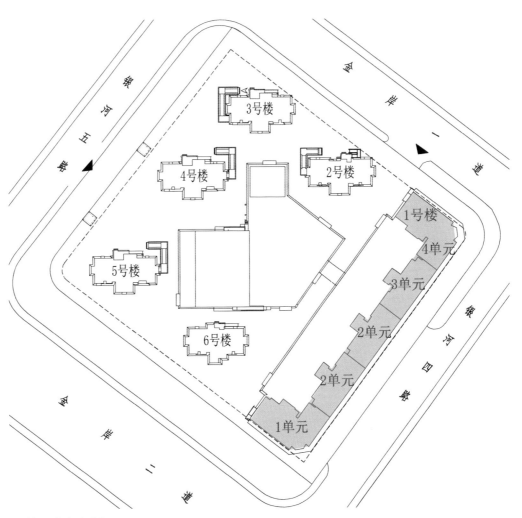

1 号楼二层组合平面图

天津滨海新区首个全装修定单式限价商品住房佳宁苑试点项目
The Pilot Project of First Full Furnished
Order-oriented Price-restricted Commercial Housing — Jianingyuan,
Binhai New Area, Tianjin

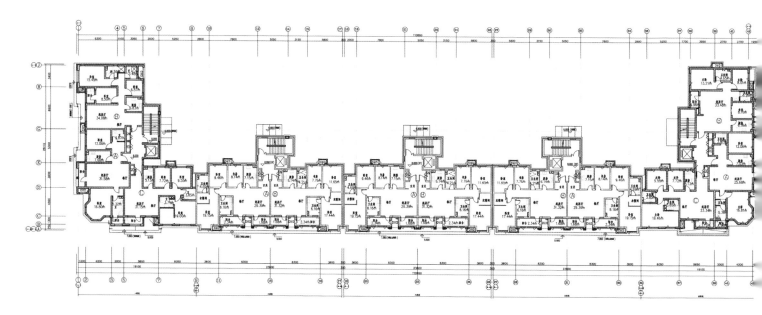

1号楼三层组合平面图

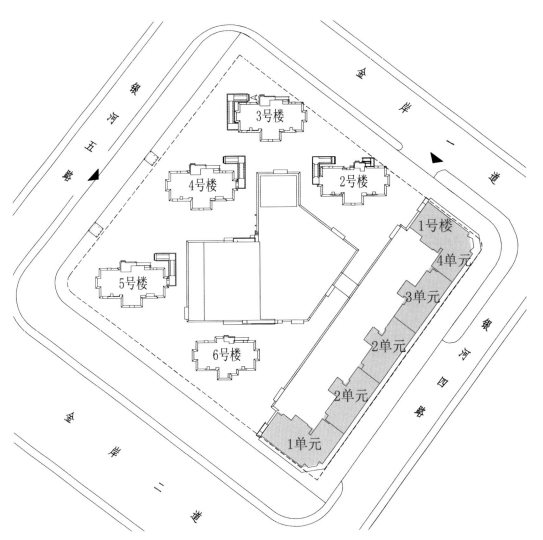

1号楼三层组合平面图

Public Housing

居者有其屋

天津滨海新区首个全装修定单式限价商品住房佳宁苑试点项目
The Pilot Project of First Full Furnished
Order-oriented Price-restricted Commercial Housing——Jianingyuan,
Binhai New Area, Tianjin

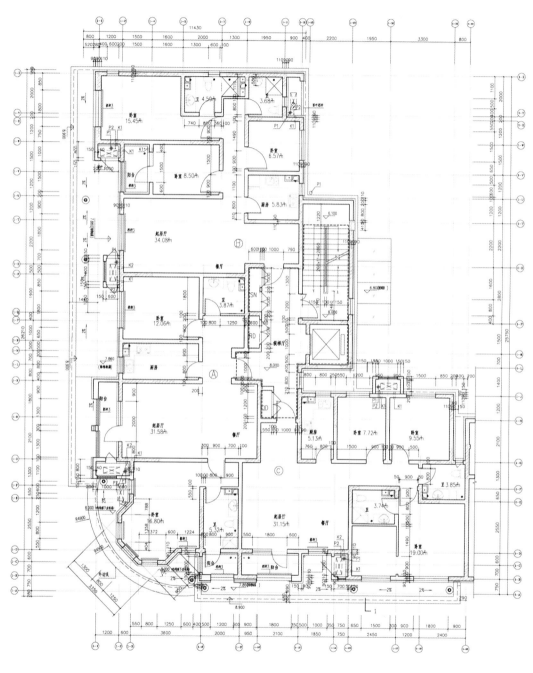

1号楼一单元三层平面图

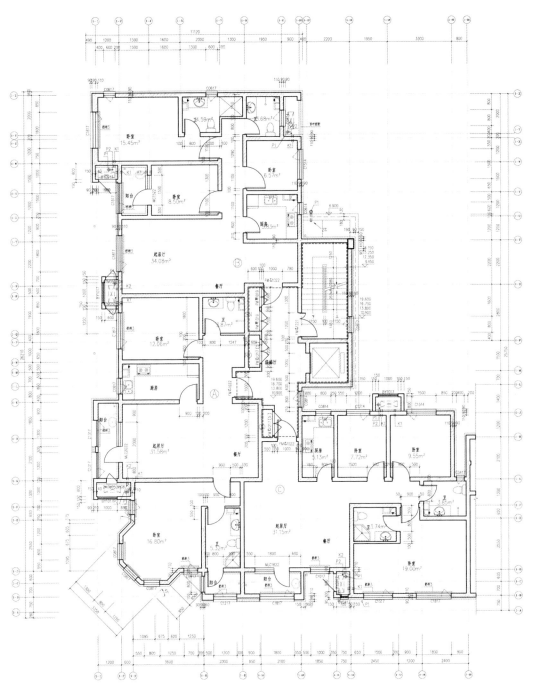

1号楼一单元四－七层平面图

天津滨海新区首个全装修定单式限价商品住房佳宁苑试点项目
The Pilot Project of First Full Furnished
Order-oriented Price-restricted Commercial Housing—Jianingyuan,
Binhai New Area, Tianjin

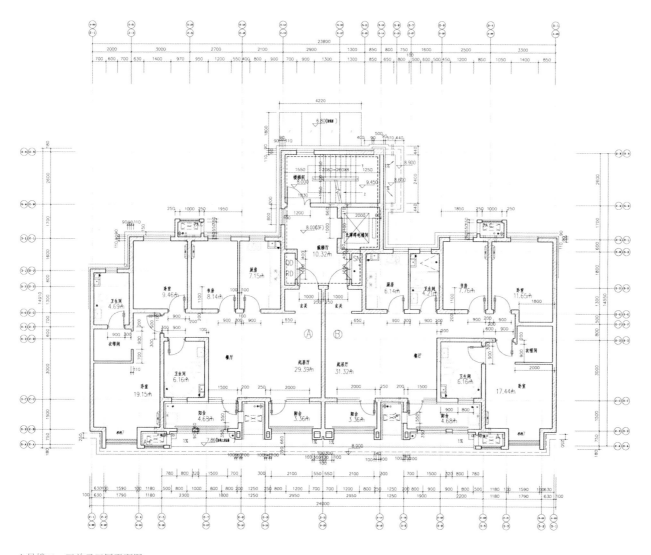

1号楼二、三单元三层平面图

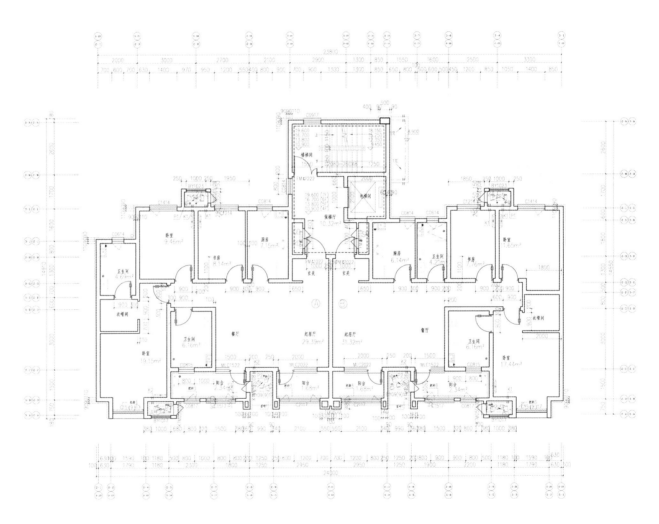

1号楼二、三单元四－七层平面图

天津滨海新区首个全装修定单式限价商品住房佳宁苑试点项目
The Pilot Project of First Full Furnished
Order-oriented Price-restricted Commercial Housing —Jianingyuan,
Binhai New Area, Tianjin

1 号楼 ①-④④轴立面图

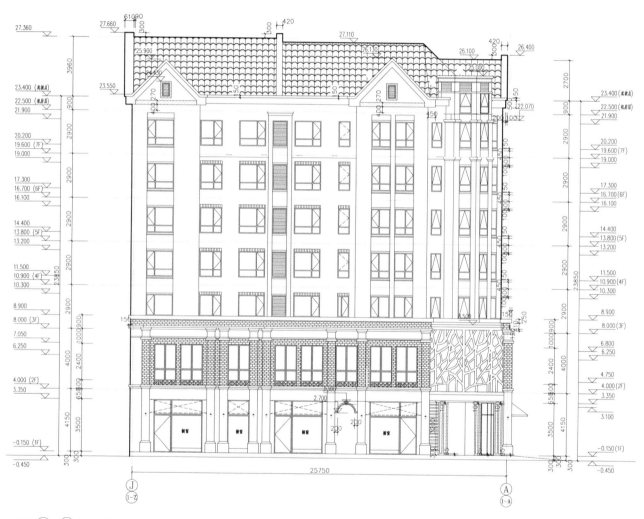

1号楼 (一Z)—(一A) 轴立面图

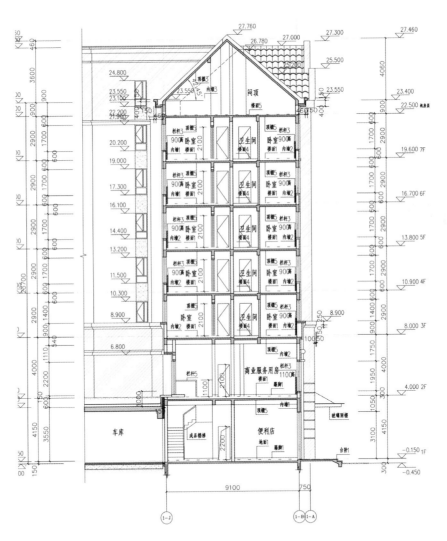

1 号楼 1-1 剖面图

Public Housing

居者有其屋

天津滨海新区首个全装修定单式限价商品住房佳宁苑试点项目
The Pilot Project of First Full Furnished
Order-oriented Price-restricted Commercial Housing — Jianingyuan,
Binhai New Area, Tianjin

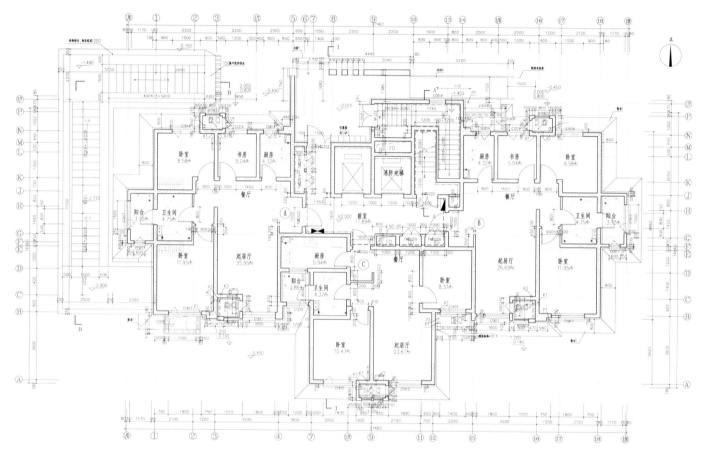

3 号楼首层平面图

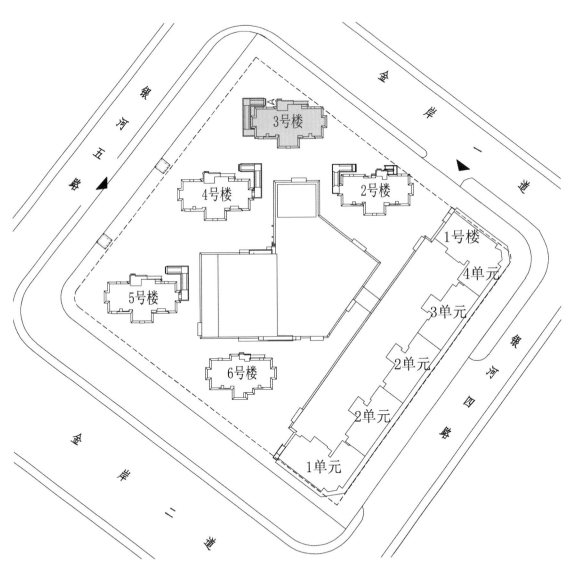

3 号楼首层平面图

Public Housing

居 者 有 其 屋

天津滨海新区首个全装修定单式限价商品住房佳宁苑试点项目
The Pilot Project of First Full Furnished
Order-oriented Price-restricted Commercial Housing —Jianingyuan,
Binhai New Area, Tianjin

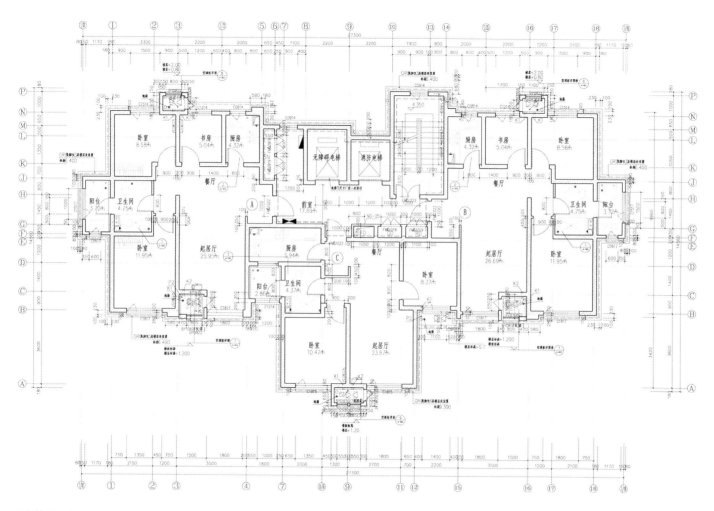

3 号楼三－十六层平面图

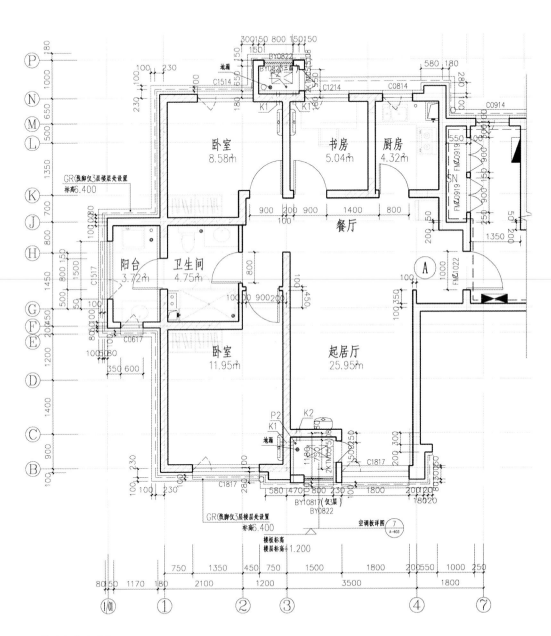

3 号楼端户型平面图

天津滨海新区首个全装修定单式限价商品住房佳宁苑试点项目
The Pilot Project of First Full Furnished
Order-oriented Price-restricted Commercial Housing —Jianingyuan,
Binhai New Area, Tianjin

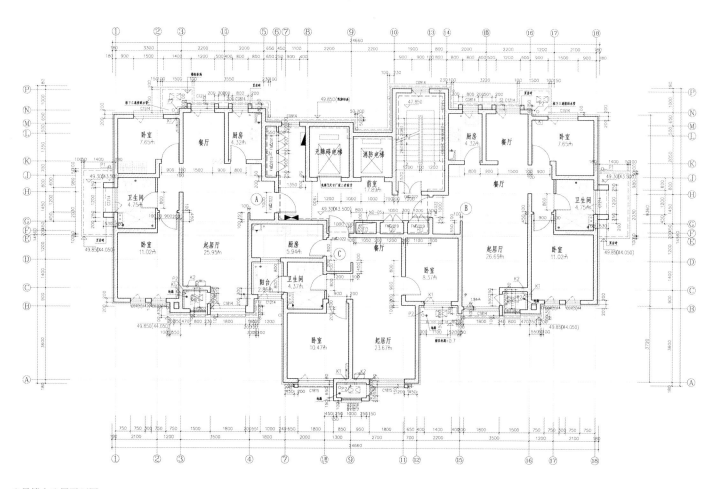

3 号楼十八层平面图

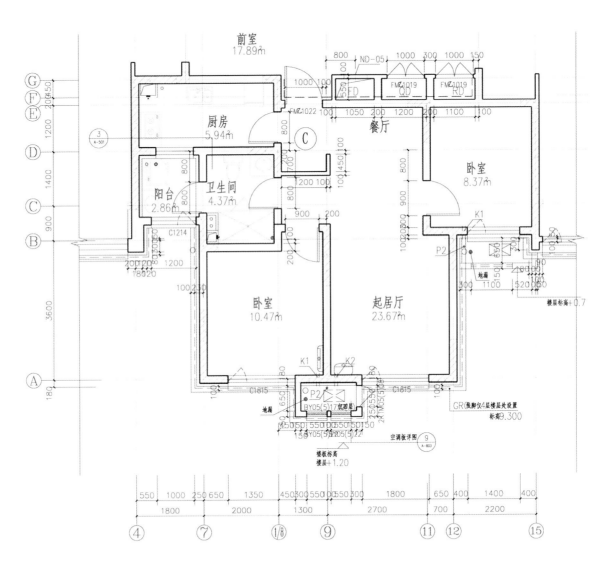

3 号楼中户型平面图

Public Housing

居 者 有 其 屋

天津滨海新区首个全装修定单式限价商品住房佳宁苑试点项目
The Pilot Project of First Full Furnished
Order-oriented Price-restricted Commercial Housing —Jianingyuan,
Binhai New Area, Tianjin

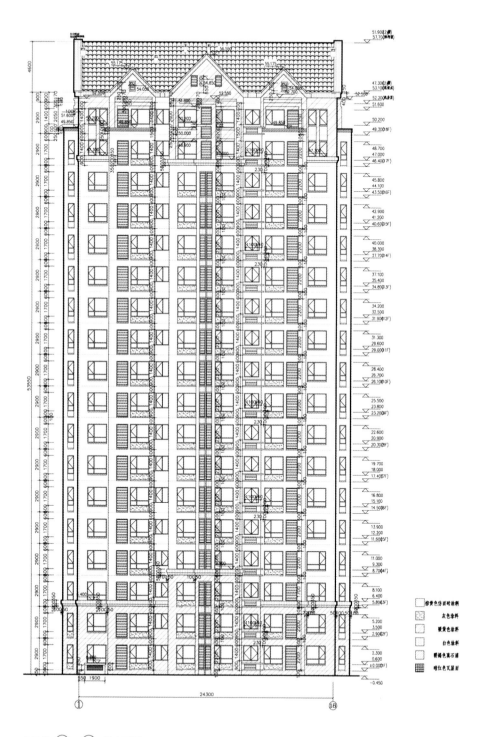

3 号楼 ① － ⑱ 轴立面图

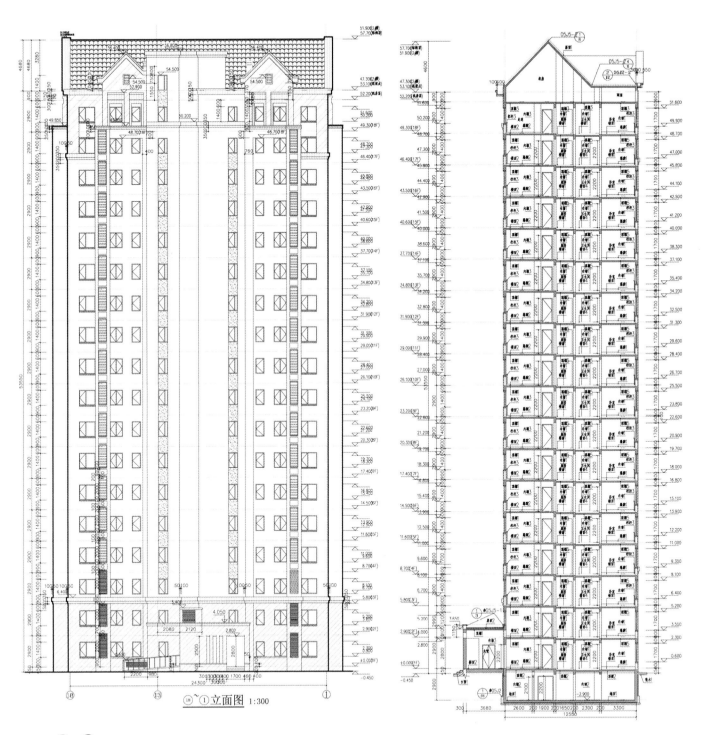

3 号楼 ⑱ － ① 轴立面图

Public Housing

居者有其屋

天津滨海新区首个全装修定单式限价商品住房佳宁苑试点项目

The Pilot Project of First Full Furnished
Order-oriented Price-restricted Commercial Housing —Jianingyuan,
Binhai New Area, Tianjin

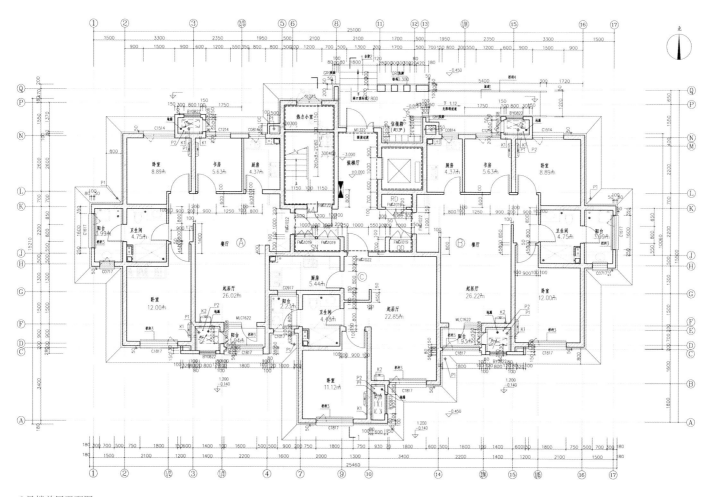

6号楼首层平面图

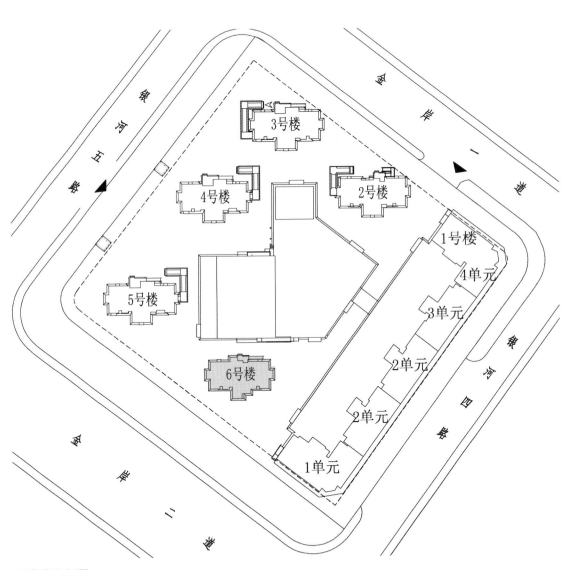

6号楼首层平面图

天津滨海新区首个全装修定单式限价商品住房佳宁苑试点项目
The Pilot Project of First Full Furnished
Order-oriented Price-restricted Commercial Housing —Jianingyuan,
Binhai New Area, Tianjin

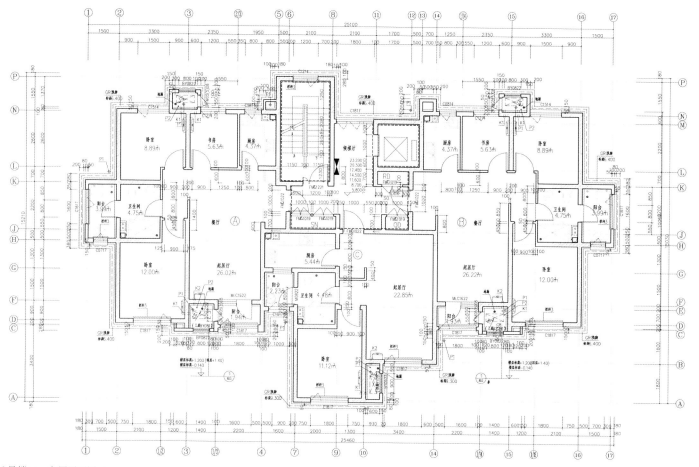

6 号楼三－九层平面图

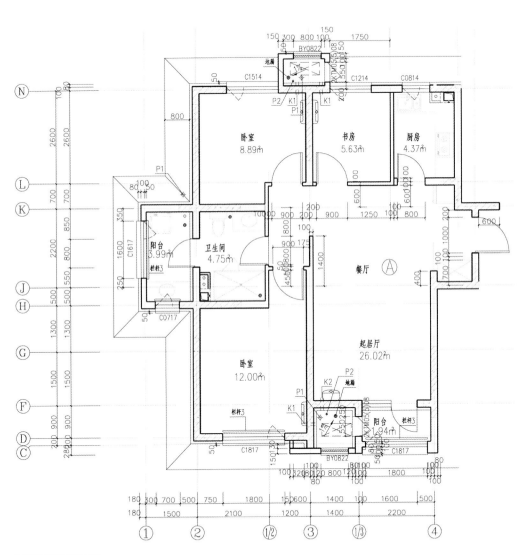

6号楼端户型平面图

Public Housing
居者有其屋

天津滨海新区首个全装修定单式限价商品住房佳宁苑试点项目
The Pilot Project of First Full Furnished
Order-oriented Price-restricted Commercial Housing —Jianingyuan,
Binhai New Area, Tianjin

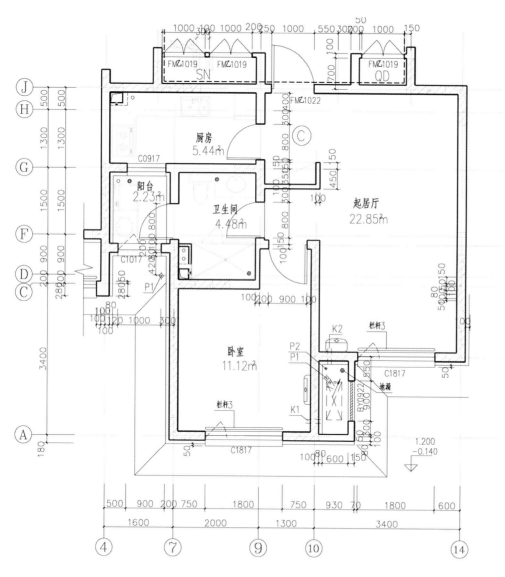

6号楼中户型平面图

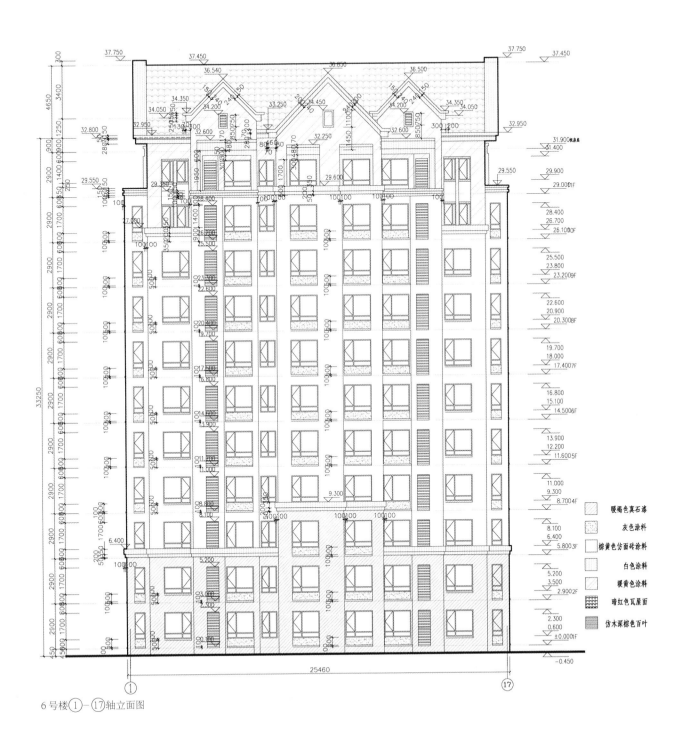

6号楼①—⑰轴立面图

暖褐色真石漆

灰色涂料

棕黄色仿面砖涂料

白色涂料

暖黄色涂料

暗红色瓦屋面

仿木深棕色百叶

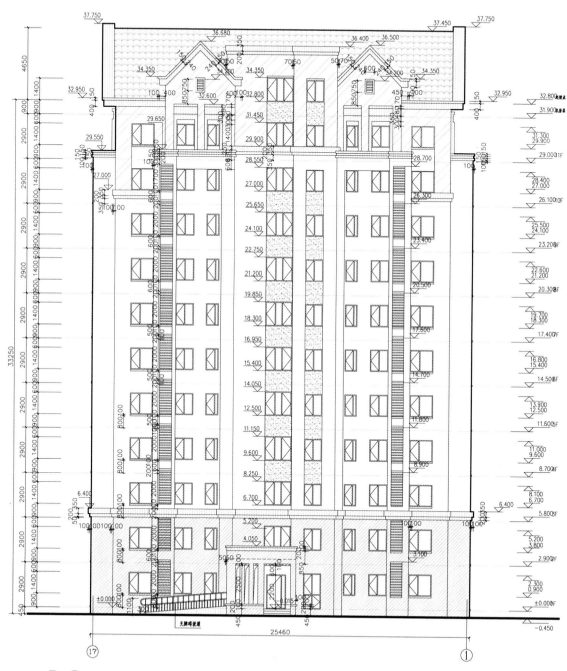

Public Housing
居者有其屋
天津滨海新区首个全装修定单式限价商品住房佳宁苑试点项目
The Pilot Project of First Full Furnished
Order-oriented Price-restricted Commercial Housing —Jianingyuan,
Binhai New Area, Tianjin

6号楼 ⑰-① 轴立面图

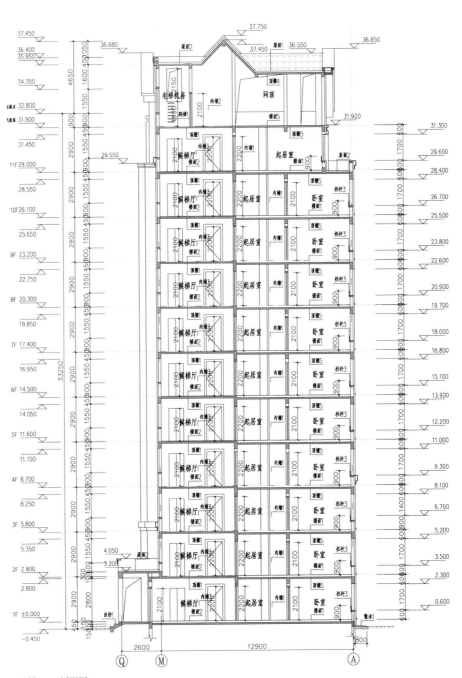

6 号楼 1—1 剖面图

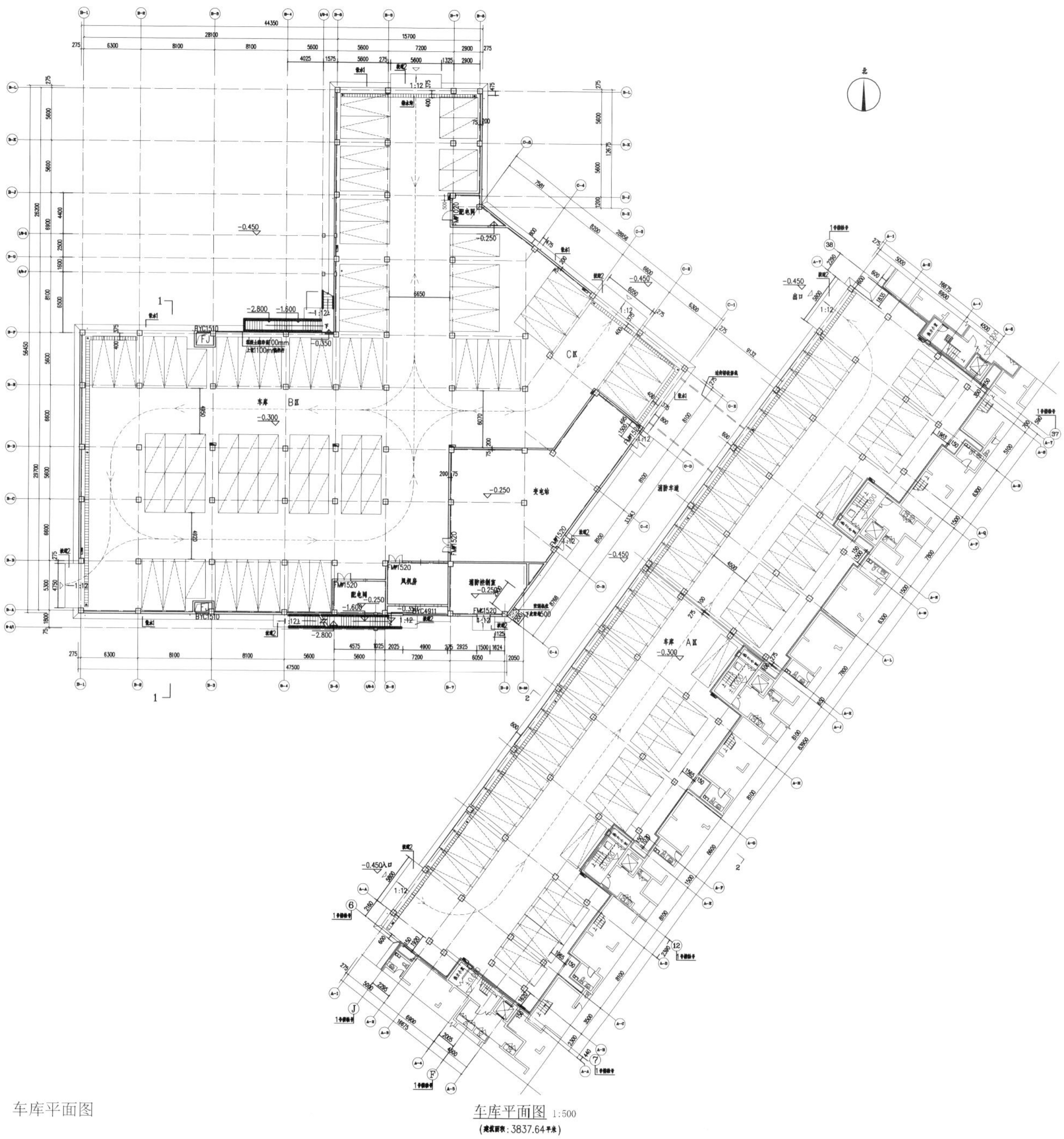

天津滨海新区首个全装修定单式限价商品住房佳宁苑试点项目

The Pilot Project of First Full Furnished
Order-oriented Price-restricted Commercial Housing——Jianingyuan,
Binhai New Area, Tianjin

车库平面图

车库平面图 1:500
(建筑面积：3837.64平米)

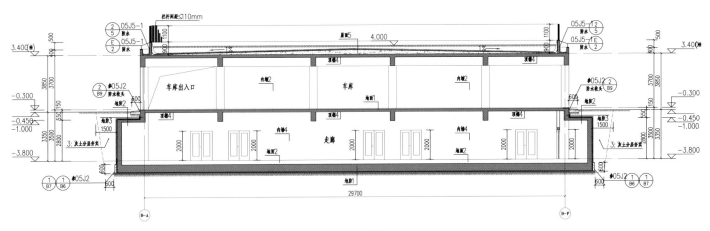

1-1剖面图 1:200

1-1 剖面图

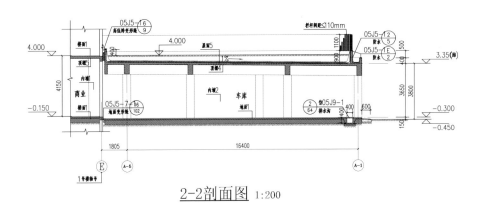

2-2剖面图 1:200

2-2 剖面图

Public Housing

居者有其屋

天津滨海新区首个全装修定单式限价商品住房佳宁苑试点项目
The Pilot Project of First Full Furnished
Order-oriented Price-restricted Commercial Housing —Jianingyuan,
Binhai New Area, Tianjin

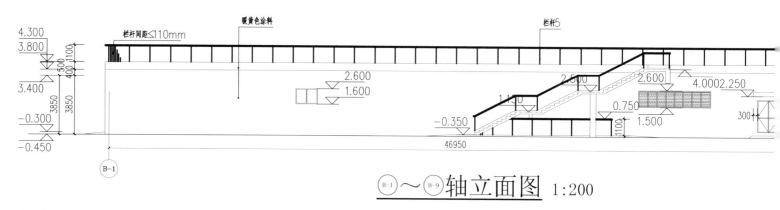

B-1～B-9 轴立面图 1:200

B-1～B-9 轴立面图

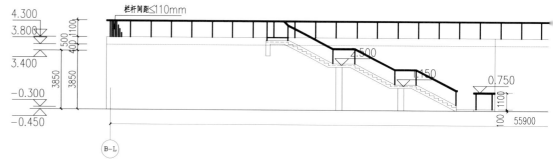

B-L～B-A 轴立面图

B-L～B-A 轴立面图

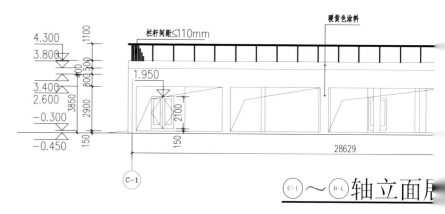

C-1～B-L 轴立面图

C-1～B-L 轴立面展开图

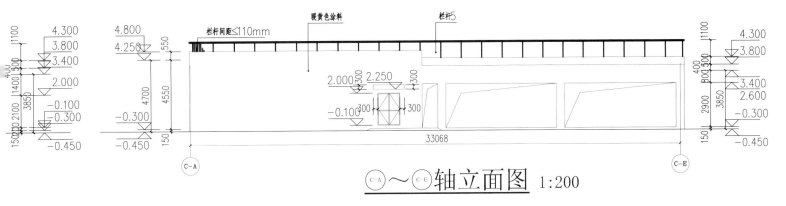

栏杆间距≤110mm　　暖黄色涂料　　栏杆5

$\underset{\text{C-A}}{\bigcirc} \sim \underset{\text{C-E}}{\bigcirc}$ 轴立面图 1:200

Ⓒ-Ⓐ ~ Ⓒ-Ⓔ 轴立面图

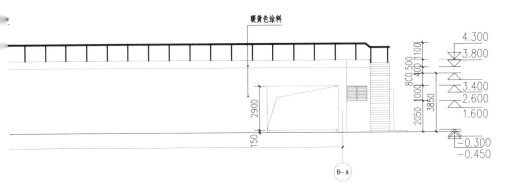

暖黄色涂料

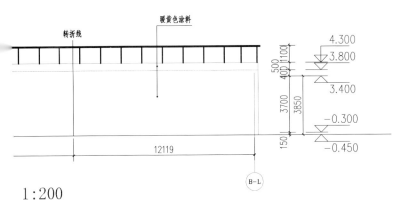

转折线　　暖黄色涂料

1:200

Public Housing

居 者 有 其 屋

天津滨海新区首个全装修定单式限价商品住房佳宁苑试点项目
The Pilot Project of First Full Furnished
Order-oriented Price-restricted Commercial Housing —Jianingyuan,
Binhai New Area, Tianjin

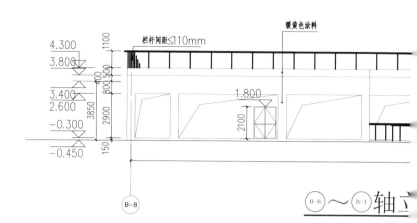

B-8～B-1 轴立面图

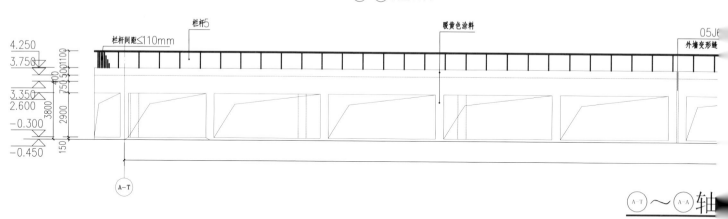

A-1～A-A 轴立面图

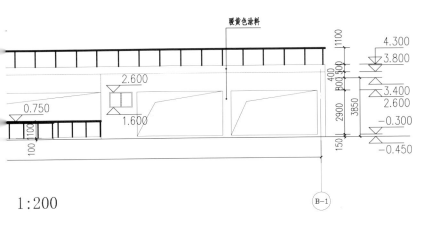

1:200

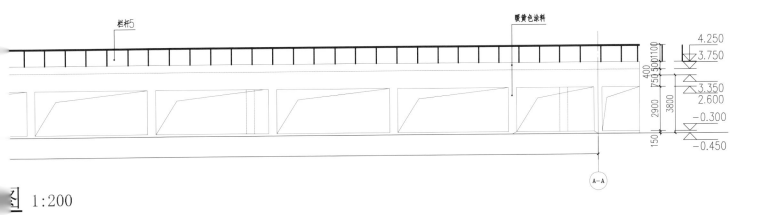

1:200

Public Housing
居者有其屋

天津滨海新区首个全装修定单式限价商品住房佳宁苑试点项目
The Pilot Project of First Full Furnished
Order-oriented Price-restricted Commercial Housing —Jianingyuan,
Binhai New Area, Tianjin

第三章　全装修方案施工图纸

天津市滨海新区住房投资有限公司
滨海新区定单房项目-佳宁苑装饰施工图

aippon 彦邦設計

项目负责人/日期 PROJECT LEADER /DATE	
设计/日期 DESIGNED BY /DATE	
审核/日期 AUDIT /DATE	
校对/日期 PROOFREADING /DATE	
制图/日期 DRAWING /DATE	

天津彦邦人文环境艺术设计有限公司
Aippon Humanistic Environmental Desgen Co.,Ltd
2013年07月26日

佳宁苑装饰施工图

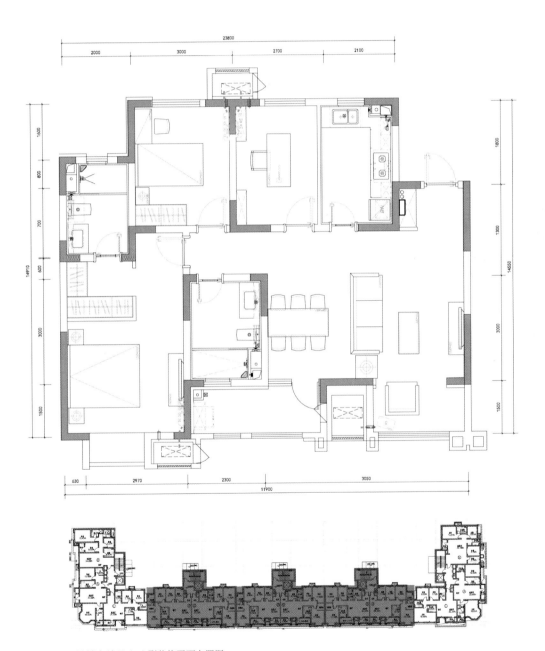

1 号楼中单元 A 户型装修平面布置图

Public Housing

居 者 有 其 屋

天津滨海新区首个全装修定单式限价商品住房佳宁苑试点项目
The Pilot Project of First Full Furnished
Order-oriented Price-restricted Commercial Housing —Jianingyuan,

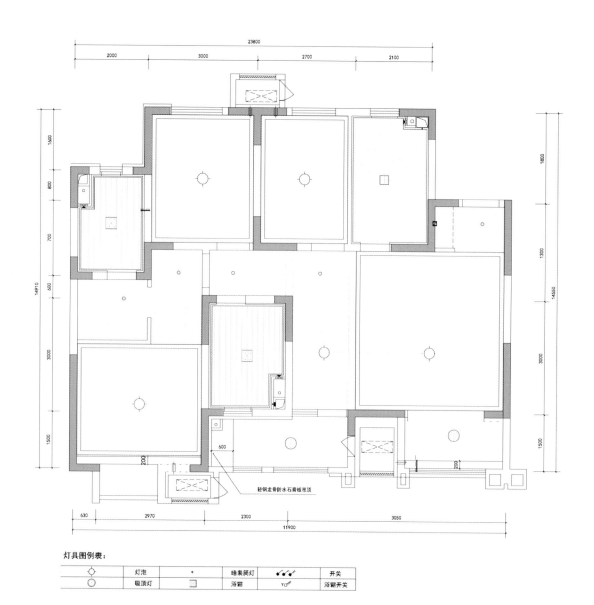

轻钢龙骨防水石膏板吊顶

灯具图例表：

符号	名称	符号	名称	符号	名称
◇	灯泡	◦	暗装筒灯	✔✔✔	开关
○	吸顶灯	▭	浴霸	Y◦	浴霸开关

1 号楼中单元 A 户型装修顶面布置图

1 号楼中单元 A 户型强电定位图

Public Housing

居者有其屋

天津滨海新区首个全装修定单式限价商品住房佳宁苑试点项目
The Pilot Project of First Full Furnished
Order-oriented Price-restricted Commercial Housing —Jianingyuan,

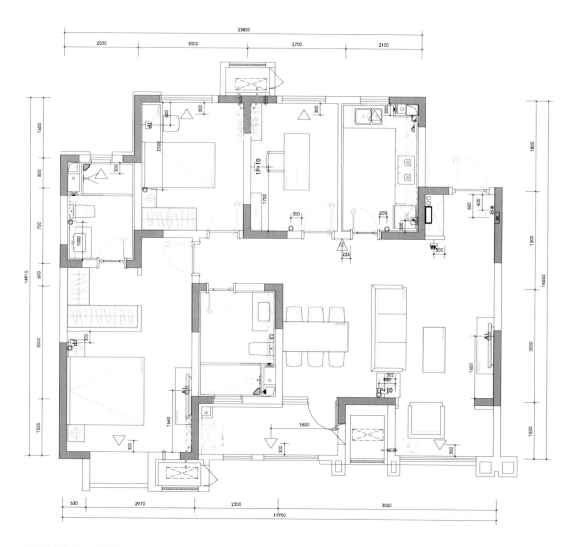

1 号楼中单元 A 户型弱电定位图

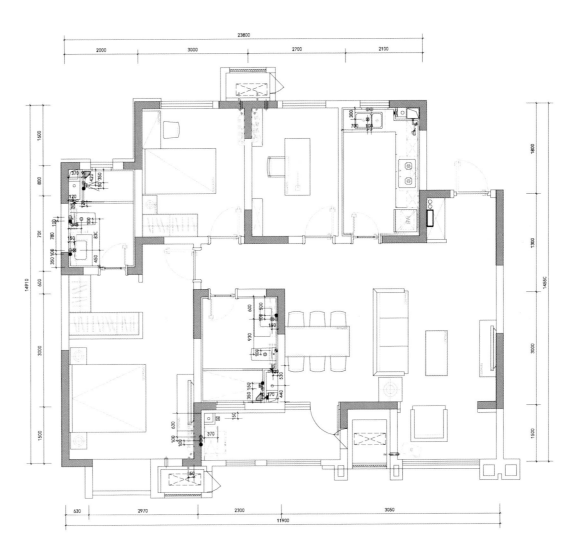

1 号楼中单元 A 户型给排水定位图

Public Housing

居 者 有 其 屋

天津滨海新区首个全装修定单式限价商品住房佳宁苑试点项目
The Pilot Project of First Full Furnished
Order-oriented Price-restricted Commercial Housing — Jianingyuan,
Binhai New Area, Tianjin

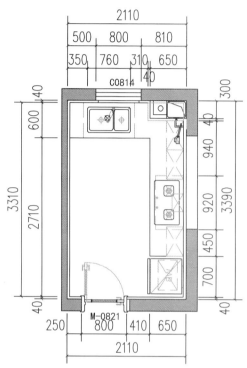

1 号楼中单元 A 户型厨房平面图

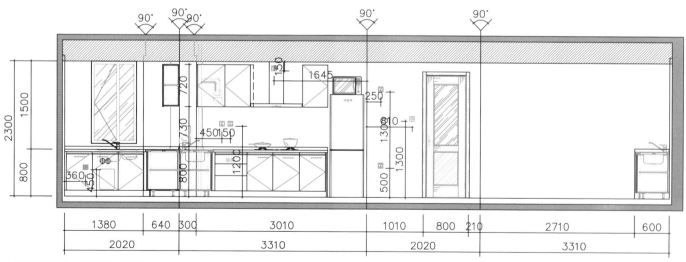

1 号楼中单元 A 户型厨房立面图

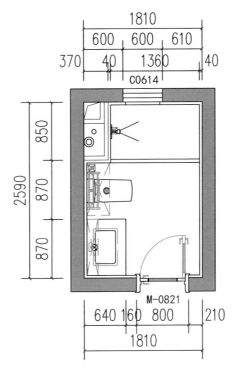

1 号楼中单元 A 户型卫生间平面图

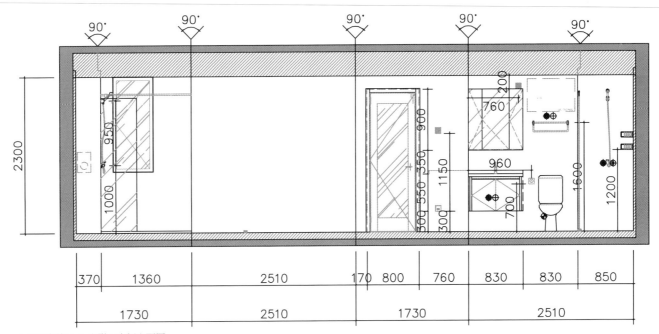

1 号楼中单元 A 户型卫生间立面图

Public Housing
居 者 有 其 屋

天津滨海新区首个全装修定单式限价商品住房佳宁苑试点项目
The Pilot Project of First Full Furnished
Order-oriented Price-restricted Commercial Housing — Jianingyuan,
Binhai New Area, Tianjin

1 号楼中单元 A 户型客厅、餐厅装修效果图

1 号楼中单元 A 户型主卧装修效果图

Public Housing
居 者 有 其 屋

天津滨海新区首个全装修定单式限价商品住房佳宁苑试点项目
The Pilot Project of First Full Furnished
Order-oriented Price-restricted Commercial Housing —Jianingyuan,
Binhai New Area, Tianjin

1 号楼中单元 A 户型厨房装修效果图   1 号楼中单元 A 户型卫生间装修效果图

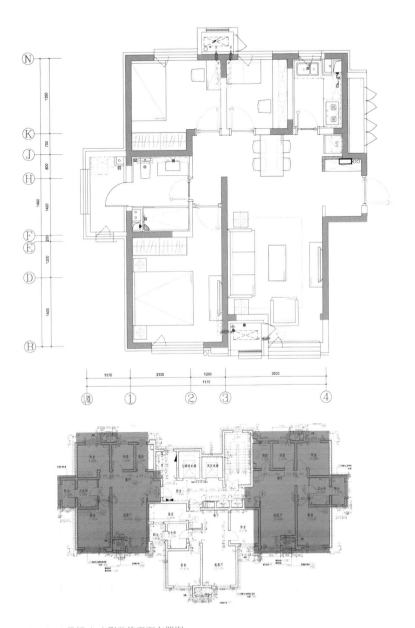

3、4、5 号楼 A 户型装修平面布置图

天津滨海新区首个全装修定单式限价商品住房佳宁苑试点项目
The Pilot Project of First Full Furnished
Order-oriented Price-restricted Commercial Housing —Jianingyuan,
Binhai New Area, Tianjin

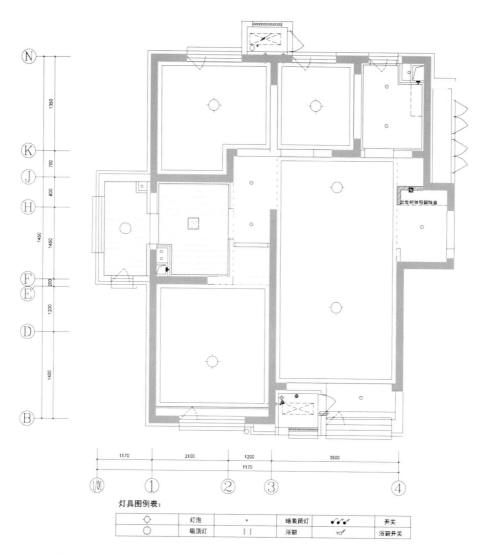

灯具图例表：

◇	灯泡	●	暗装筒灯	✓✓✓	开关
○	吸顶灯	⊢⊣	浴霸	⊙	浴霸开关

3、4、5 号楼 A 户型装修顶面布置图

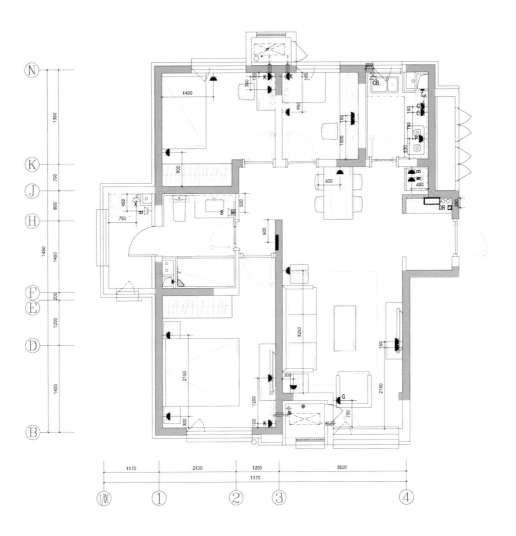

3、4、5号楼 A 户型强电定位图

Public Housing

居者有其屋

天津滨海新区首个全装修定单式限价商品住房佳宁苑试点项目

The Pilot Project of First Full Furnished
Order-oriented Price-restricted Commercial Housing —Jianingyuan,
Binhai New Area, Tianjin

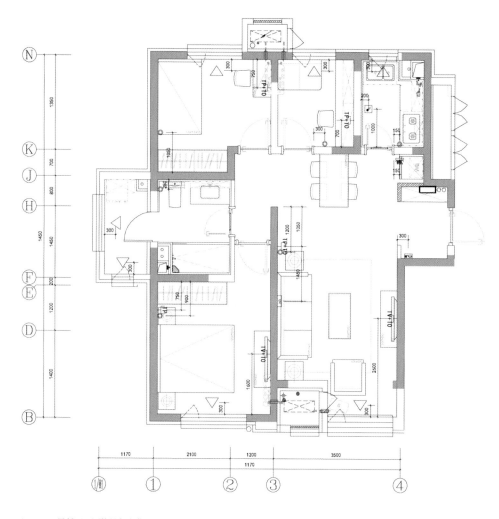

3、4、5号楼 A 户型弱电定位图

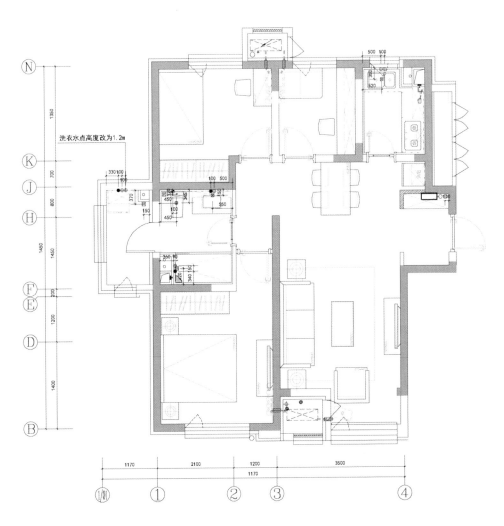

洗衣水点高度改为1.2m

3、4、5号楼 A 户型给排水定位图

Public Housing

居者有其屋

天津滨海新区首个全装修定单式限价商品住房佳宁苑试点项目
The Pilot Project of First Full Furnished
Order-oriented Price-restricted Commercial Housing —Jianingyuan,
Binhai New Area, Tianjin

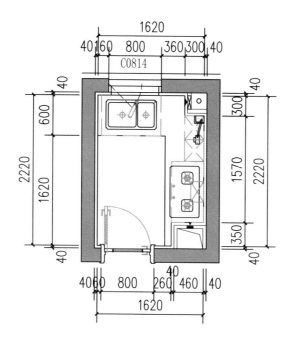

3、4、5号楼 A 户型厨房平面图

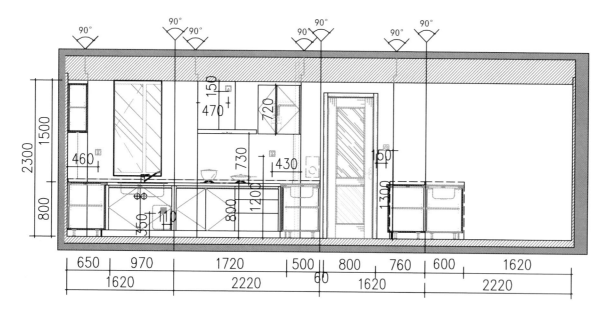

3、4、5号楼 A 户型厨房立面图

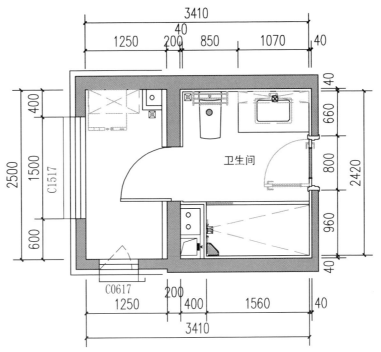

3、4、5 号楼 A 户型卫生间平面图

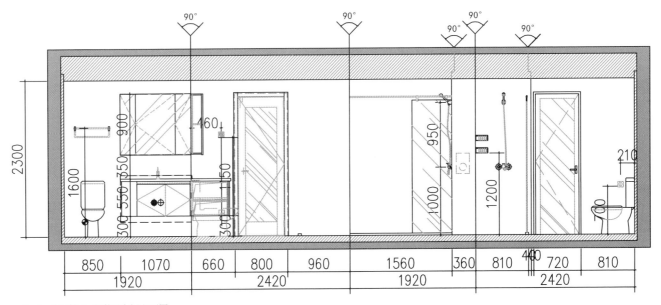

3、4、5 号楼 A 户型卫生间立面图

Public Housing

居 者 有 其 屋

天津滨海新区首个全装修定单式限价商品住房佳宁苑试点项目
The Pilot Project of First Full Furnished
Order-oriented Price-restricted Commercial Housing — Jianingyuan,
Binhai New Area, Tianjin

3、4、5 号楼 A 户型客厅装修效果图

3、4、5 号楼 A 户型主卧装修效果图

Public Housing

居者有其屋

天津滨海新区首个全装修定单式限价商品住房佳宁苑试点项目
The Pilot Project of First Full Furnished
Order-oriented Price-restricted Commercial Housing —Jianingyuan,
Binhai New Area, Tianjin

3、4、5 号楼 A 户型厨房装修效果图

3、4、5 号楼 A 户型卫生间装修效果图

天津滨海新区首个全装修定单式限价商品住房佳宁苑试点项目
The Pilot Project of First Full Furnished
Order-oriented Price-restricted Commercial Housing —Jianingyuan,
Binhai New Area, Tianjin

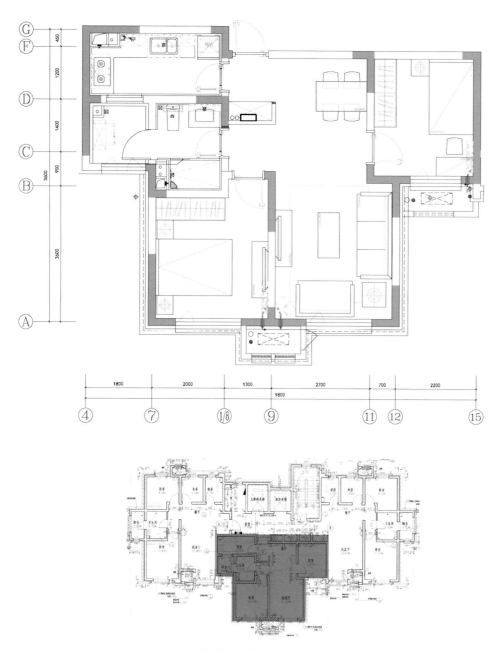

3、4、5号楼 B 户型装修平面布置图

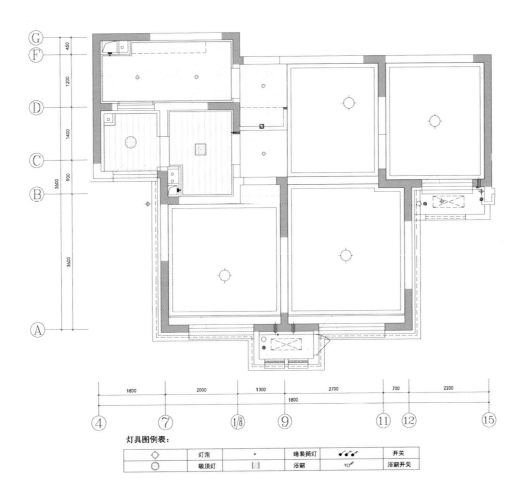

灯具图例表：

◇	灯泡	*	暗装筒灯	✔✔✔	开关
◎	吸顶灯	▦	浴霸	☡	浴霸开关

3、4、5号楼 B 户型装修顶面布置图

Public Housing

居者有其屋

天津滨海新区首个全装修定单式限价商品住房佳宁苑试点项目

The Pilot Project of First Full Furnished
Order-oriented Price-restricted Commercial Housing —Jianingyuan,
Binhai New Area, Tianjin

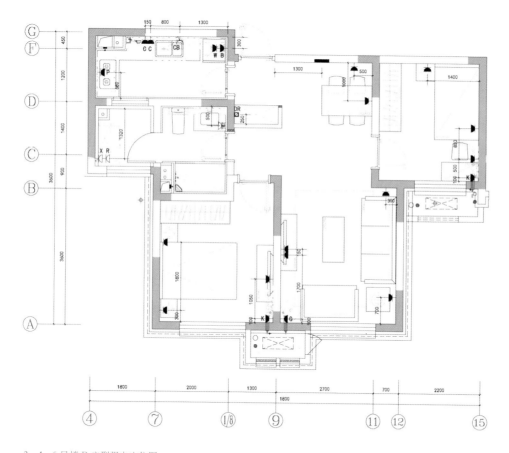

3、4、5 号楼 B 户型强电定位图

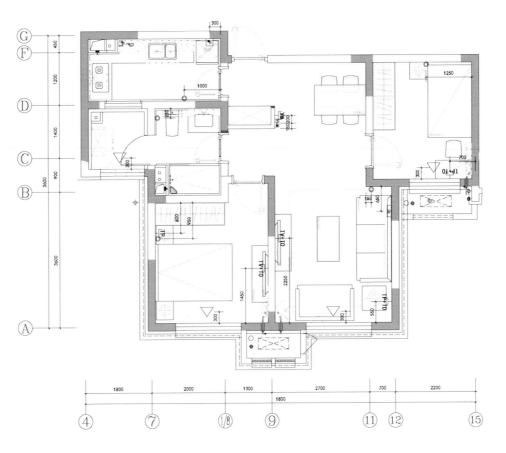

3、4、5 号楼 B 户型弱电定位图

Public Housing

居者有其屋

天津滨海新区首个全装修定单式限价商品住房佳宁苑试点项目

The Pilot Project of First Full Furnished
Order-oriented Price-restricted Commercial Housing — Jianingyuan,
Binhai New Area, Tianjin

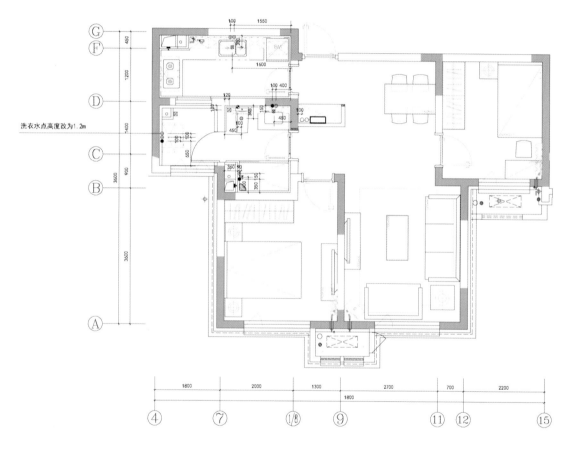

洗衣水点高度改为1.2m

3、4、5 号楼 B 户型给排水定位图

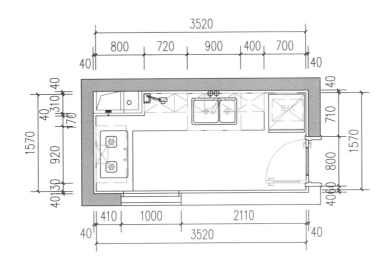

3、4、5 号楼 B 户型厨房平面图

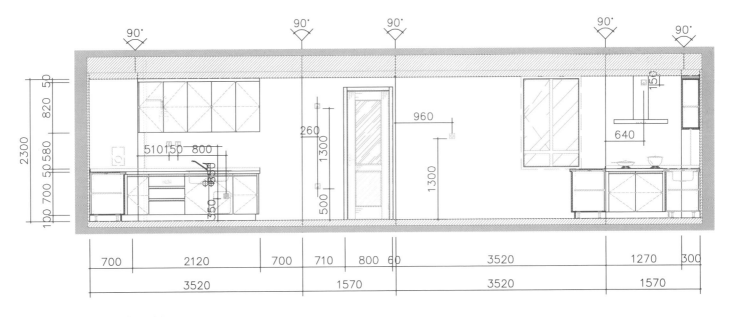

3、4、5 号楼 B 户型厨房立面图

Public Housing

居者有其屋

天津滨海新区首个全装修定单式限价商品住房佳宁苑试点项目
The Pilot Project of First Full Furnished
Order-oriented Price-restricted Commercial Housing —Jianingyuan,
Binhai New Area, Tianjin

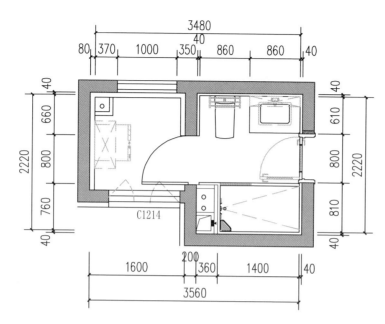

3、4、5 号楼 B 户型卫生间平面图

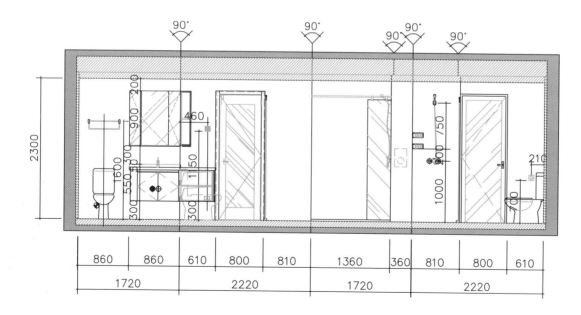

3、4、5 号楼 B 户型卫生间立面图

3、4、5 号楼 B 户型客厅装修效果图

Public Housing

居者有其屋

天津滨海新区首个全装修定单式限价商品住房佳宁苑试点项目
The Pilot Project of First Full Furnished
Order-oriented Price-restricted Commercial Housing —Jianingyuan,
Binhai New Area, Tianjin

3、4、5 号楼 B 户型主卧装修效果图

3、4、5 号楼 B 户型厨房装修效果图

3、4、5 号楼 B 户型卫生间装修效果图

Public Housing

居 者 有 其 屋

天津滨海新区首个全装修定单式限价商品住房佳宁苑试点项目

The Pilot Project of First Full Furnished
Order-oriented Price-restricted Commercial Housing —Jianingyuan,
Binhai New Area, Tianjin

第四章　景观方案施工图纸

佳宁苑试点项目鸟瞰图

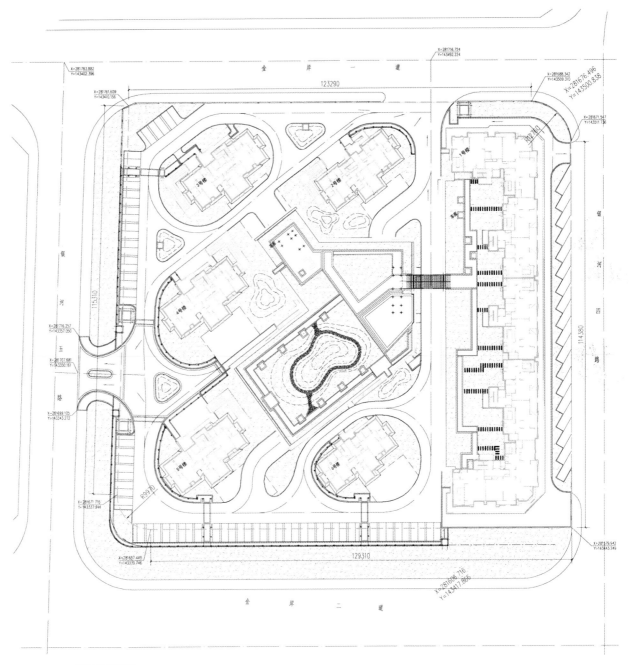

景观总平面图

Public Housing
居者有其屋

天津滨海新区首个全装修定单式限价商品住房佳宁苑试点项目
The Pilot Project of First Full Furnished
Order-oriented Price-restricted Commercial Housing —Jianingyuan,
Binhai New Area, Tianjin

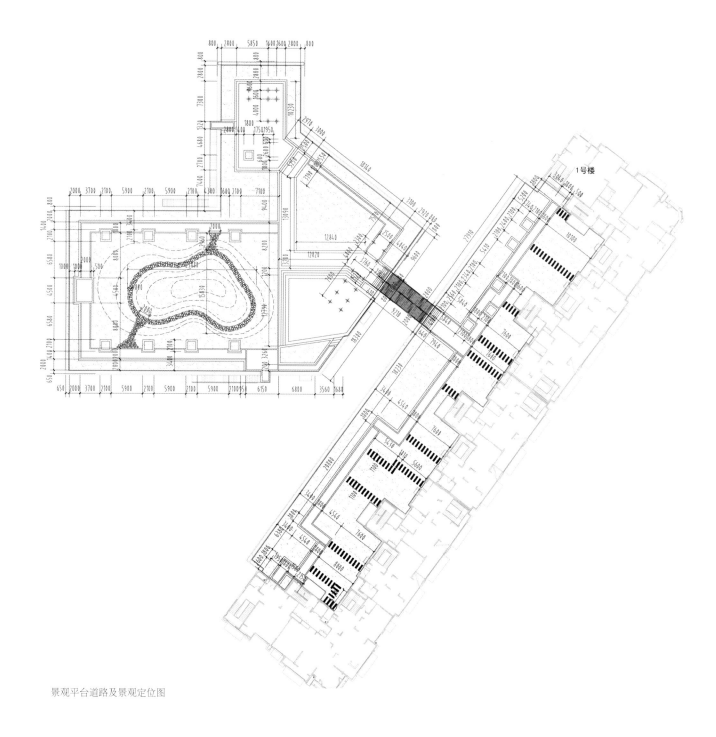

景观平台道路及景观定位图

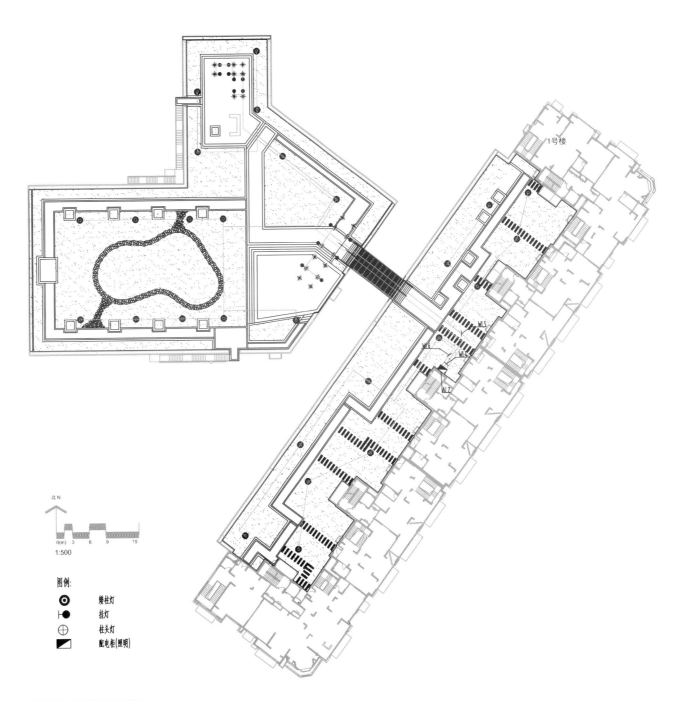

1号楼

北 N

0(m) 3   6   9   15

1:500

图例:

⊙　矮柱灯

⊢●　挂灯

⊕　柱头灯

◣　配电柜(照明)

景观平台电器平面布置图

Public Housing

居 者 有 其 屋

天津滨海新区首个全装修定单式限价商品住房佳宁苑试点项目
The Pilot Project of First Full Furnished
Order-oriented Price-restricted Commercial Housing — Jianingyuan,
Binhai New Area, Tianjin

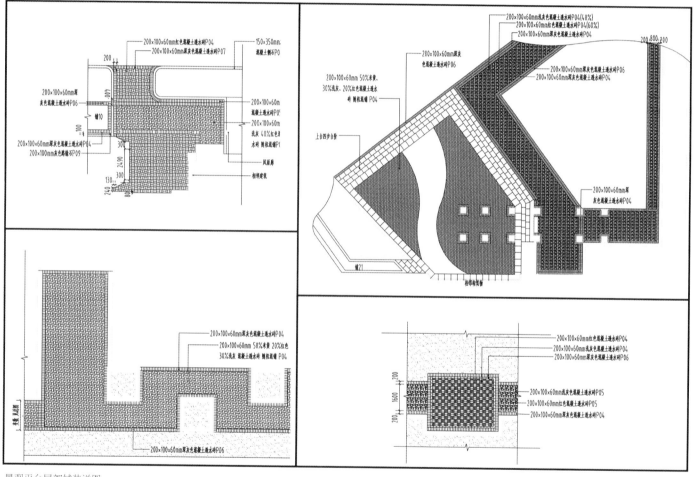

景观平台局部铺装详图

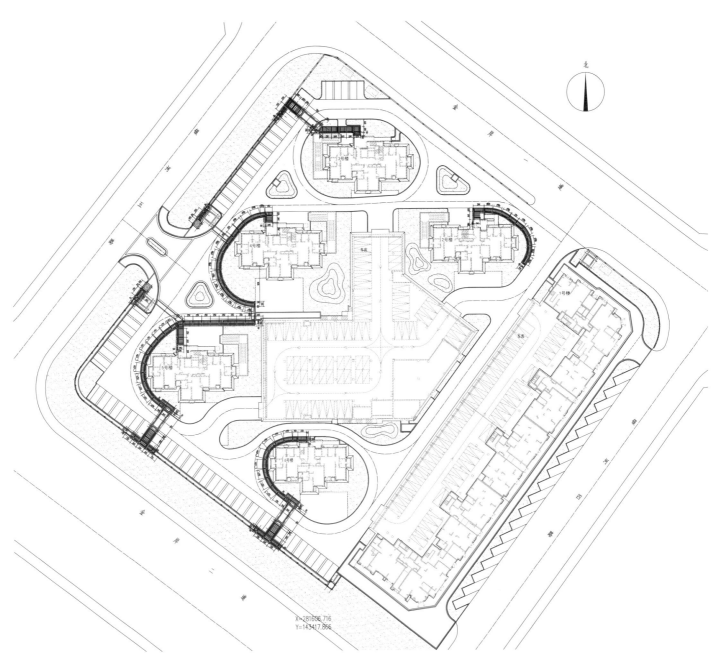

风雨廊平面布置图

Public Housing

居者有其屋

天津滨海新区首个全装修定单式限价商品住房佳宁苑试点项目
The Pilot Project of First Full Furnished
Order-oriented Price-restricted Commercial Housing —Jianingyuan,
Binhai New Area, Tianjin

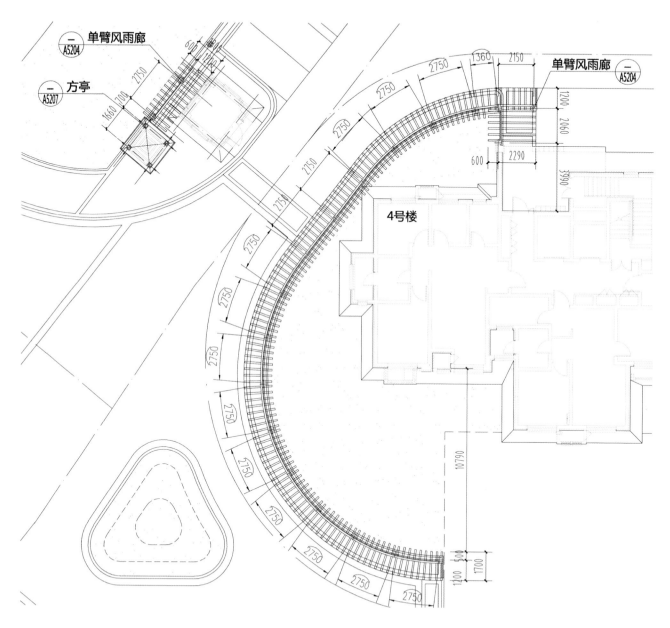

4号楼风雨廊定位图

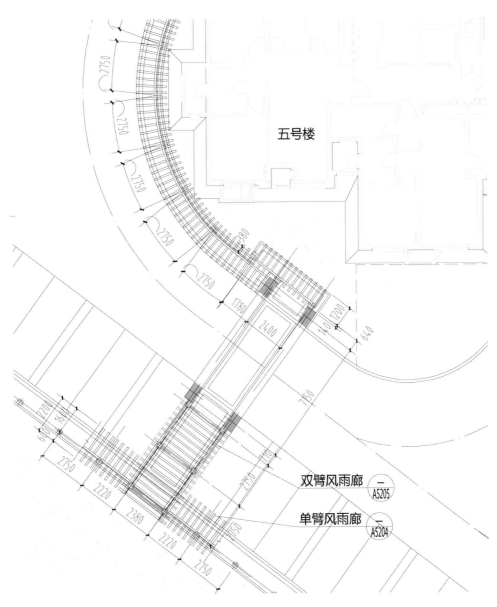

五号楼

双臂风雨廊 | A5205
单臂风雨廊 | A5204

5 号楼风雨廊定位图

Public Housing
居 者 有 其 屋

天津滨海新区首个全装修定单式限价商品住房佳宁苑试点项目
The Pilot Project of First Full Furnished
Order-oriented Price-restricted Commercial Housing —Jianingyuan,
Binhai New Area, Tianjin

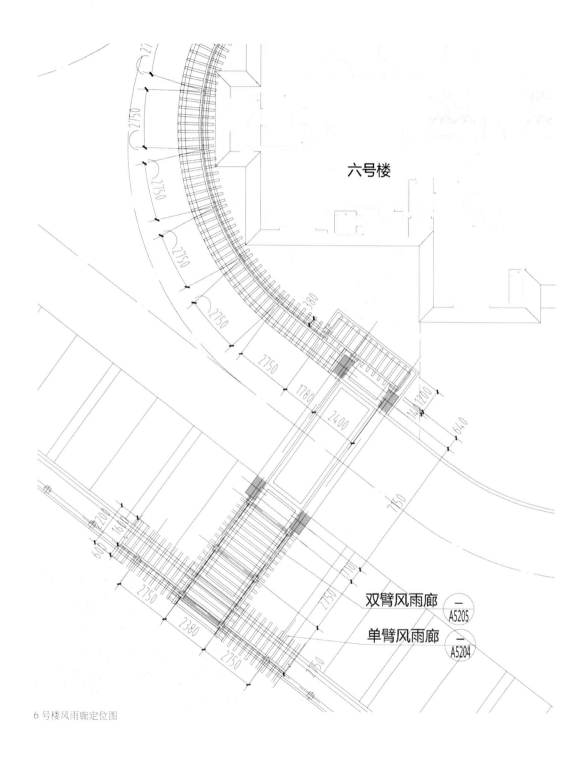

六号楼

双臂风雨廊 ─ A5205

单臂风雨廊 ─ A5204

6 号楼风雨廊定位图

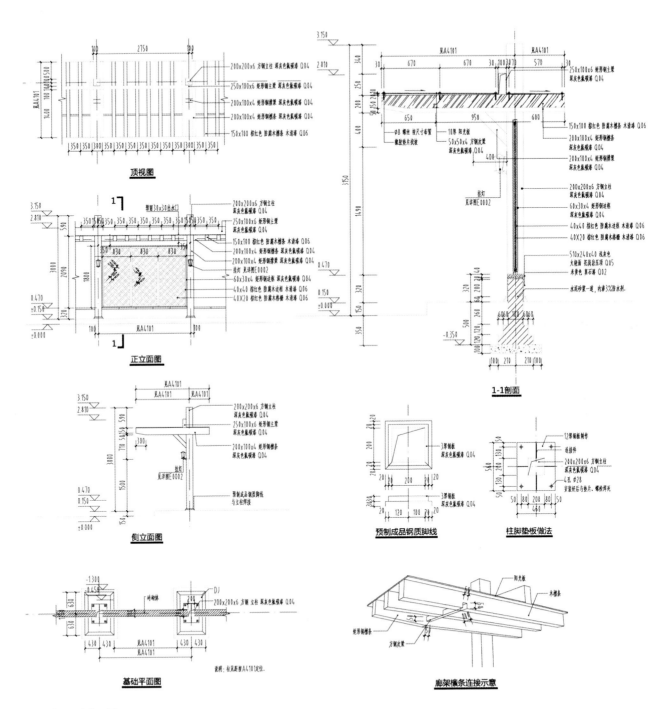

顶视图

正立面图

侧立面图

基础平面图

1-1剖面

预制成品钢质脚线

柱脚垫板做法

廊架檩条连接示意

单臂风雨廊施工图

Public Housing
居者有其屋

天津滨海新区首个全装修定单式限价商品住房佳宁苑试点项目
The Pilot Project of First Full Furnished
Order-oriented Price-restricted Commercial Housing — Jianingyuan,
Binhai New Area, Tianjin

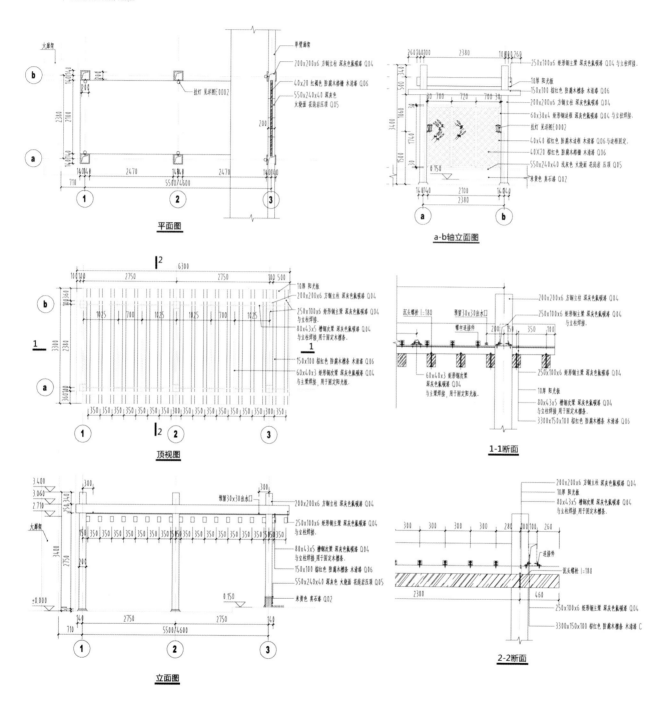

平面图

a-b轴立面图

顶视图

1-1断面

立面图

2-2断面

双臂风雨廊施工图 1

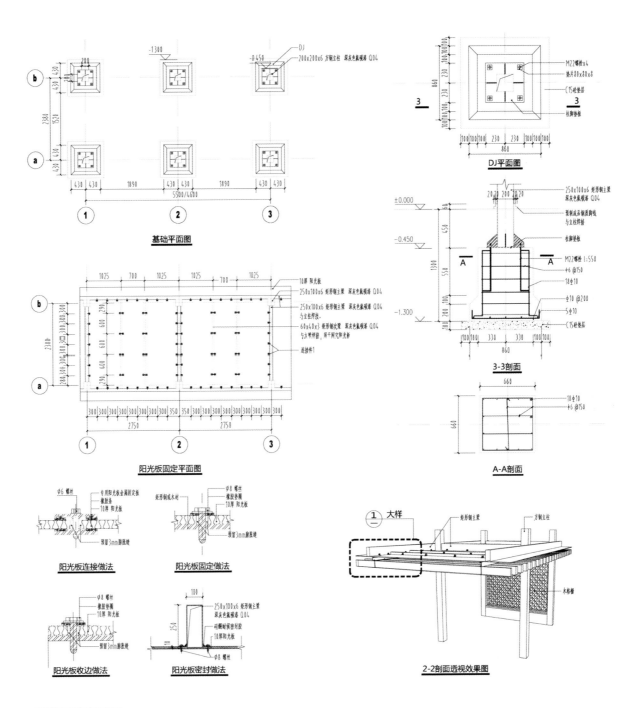

基础平面图

阳光板固定平面图

DJ平面图

3-3剖面

A-A剖面

阳光板连接做法

阳光板固定做法

阳光板收边做法

阳光板密封做法

2-2剖面透视效果图

双臂风雨廊施工图 2

Public Housing
居 者 有 其 屋

天津滨海新区首个全装修定单式限价商品住房佳宁苑试点项目
The Pilot Project of First Full Furnished
Order-oriented Price-restricted Commercial Housing —Jianingyuan,
Binhai New Area, Tianjin

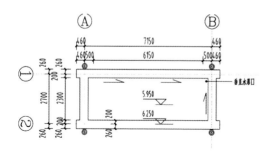

平面图

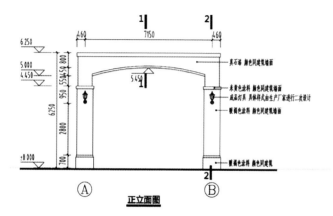

正立面图

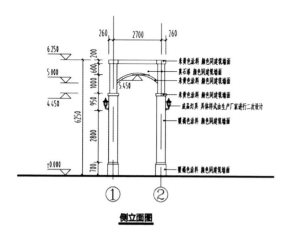

侧立面图

大廊架施工图

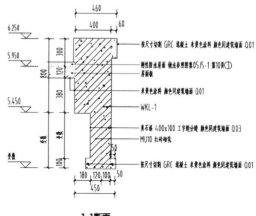

1-1断面

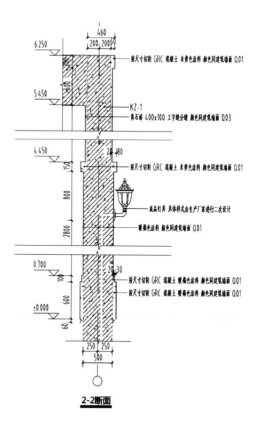

2-2断面

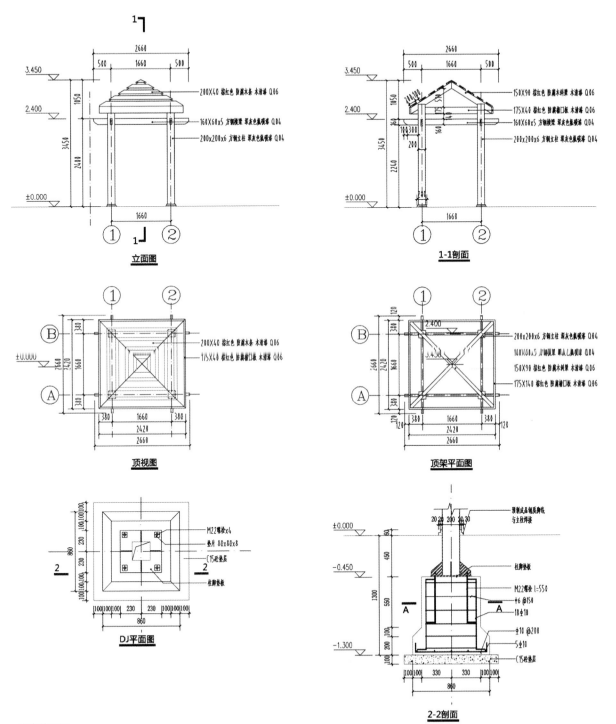

方亭施工图

附录 A
佳宁苑试点项目建设大事记

Appendix A
Chronicles of Jianingyuan
Pilot Project

Public Housing

居 者 有 其 屋

天津滨海新区首个全装修定单式限价商品住房佳宁苑试点项目

The Pilot Project of First Full Furnished
Order-oriented Price-restricted Commercial Housing —Jianingyuan,
Binhai New Area, Tianjin

（1）2010 年 7 月 28 日，滨海新区社会保障性住房建设领导小组办公室成立。

（2）2010 年 9 月 21 日，正式颁发第一份滨海新区企业定制限价商品住房资格证，标志该审批工作正式启动。

（3）2010 年 11 月 2 日，天津市滨海新区保障性住房管理中心正式批复成立。

（4）2011 年 7 月 20 日，住建部巡查员对新区保障性住房开工进度进行专项巡查。

（5）2011 年 8 月 8 日，市国土房管局吴延龙局长调研新区保障性住房建设工作。

（6）2011 年 9 月 30 日，"临港示范社区修建性详细规划""滨海新区定单式限价商品住房户型设计指导意见"课题研究开题。

（7）2011 年 10 月 31 日，颁布《天津市滨海新区蓝白领公寓规划建设管理办法》。

（8）2011 年 12 月 4 日，首届"滨海新区保障性住房规划设计专家研讨会"召开。

（9）2012 年 1 月 12 日，首届"滨海新区保障性住房工作会议"召开。

（10）2012 年 4 月 17 日，中部新城北起步区观潮苑定单式限价商品住房项目开工。

（11）2012 年 7 月 10 日，滨海新区住房投资有限公司获批复成立。

（12）2012 年 12 月 11 日，佳宁苑试点项目取得建设工程规划许可证。

（13）2013 年 3 月 15 日，佳宁苑试点项目正式破土动工。

（14）2013 年 4 月 25 日，天津市滨海新区保障性住房管理中心被评为"2012 年度区级开发建设模范集体"。

（15）2013 年 7 月 5 日，新区人民政府印发《关于滨海新区定单式限价商品住房管理暂行办法的通知》。

（16）2013 年 11 月 20 日，天津人大代表考察团对滨海新区保障性住房研发展示中心进行实地调研。

（17）2013 年 11 月 30 日，佳宁苑试点项目开盘销售。

（18）2013 年 12 月 4 日，佳宁苑试点项目主体封顶。

（19）2014 年 3 月 4 日，滨海新区区委书记袁桐利莅临北塘研展中心参观指导。

（20）2014 年 4 月 25 日，滨海电视台播放新区保障性住房研发展示中心专题宣传片。

（21）2014 年 5 月 23 日，住保中心、住投公司参展滨海新区首届房地产交易会。

(22) 2014 年 5 月 23 日，新区保障房研发展示中心正式对外开放。

(23) 2014 年 5 月 23 日，第二届滨海新区住房规划与建设专家研讨会在新区保障房研发展示中心召开。

(24) 2014 年 6 月 9 日，住房城乡建设部领导莅临住保研发展示中心参观指导。

(25) 2014 年 7 月 18 日，滨海新区定单式限价商品住房共有产权模式试行。

(26) 2014 年 7 月 29 日，宗国英副市长莅临滨海新区住保研发展示中心视察指导。

(27) 2015 年 1 月 17 日，国家住建部政策研究中心房地产处参观保障性住房研发展示中心。

(28) 2015 年 4 月 24 日，住房投资公司参展滨海新区第二届房地产交易会。

(29) 2015 年 5 月 18 日，滨海新区规国局霍兵局长莅临佳宁苑项目现场视察指导。

(30) 2015 年 6 月 11 日，佳宁苑项目取得建筑工程竣工验收备案书。

(31) 2015 年 6 月 25 日，佳宁苑项目取得准许交付使用证。

(32) 2015 年 6 月 27 日，佳宁苑项目顺利交房。

附录 B

天津市滨海新区定单式限价商品住房管理暂行办法

Appendix B
Interim Measures for Administration of Order-oriented Price-restricted Commercial Housing in Binhai New Area, Tianjin

Public Housing

居者有其屋

天津滨海新区首个全装修定单式限价商品住房佳宁苑试点项目
The Pilot Project of First Full Furnished
Order-oriented Price-restricted Commercial Housing — Jianingyuan,
Binhai New Area, Tianjin

天津市滨海新区人民政府文件

津滨政发〔2013〕 23 号

天津市滨海新区人民政府关于印发滨海新区
定单式限价商品住房管理暂行办法的通知

各管委会，各委、局，各街镇，各单位：

现将《滨海新区定单式限价商品住房管理暂行办法》印发给你们，望遵照执行。

2013 年 7 月 15 日

（此件主动公开）

Appendix B Interim Measures for Administration of Order-oriented Price-restricted Commercial Housing in Binhai New Area, Tianjin

附录 B　天津市滨海新区定单式限价商品住房管理暂行办法

《滨海新区定单式限价商品住房管理暂行办法》

第一章　总　则

第一条 为发挥滨海新区综合配套改革、先行先试的政策优势，深化滨海新区保障性住房制度改革，推动滨海新区定单式限价商品住房建设和健康发展，解决滨海新区职工和住房困难居民的住房需求，构建滨海新区多层次、多渠道、科学普惠的住房体系，依据国家、天津市相关规定和政策，结合滨海新区实际，制定本办法。

第二条 本办法所称定单式限价商品住房是指政府主导，市场运作，限定价格、定制户型，面向滨海新区职工和住房困难居民，以定单方式建设、销售的政策性住房。

定单式限价商品住房服务特定区域。滨海新区政府根据各区域定单需求，按需定产，统筹安排建设。

第三条 滨海新区规划和国土资源管理局（滨海新区房屋管理局）是定单式限价商品住房的行政主管部门，负责制定定单式限价商品住房中长期规划和年度建设计划，制定相关政策，协调定单式限价商品住房项目规划建设相关问题，指导监督定单式限价商品住房年度建设计划的实施。

各管委会和区发展改革委、建设交通局、财政局、人力社保局、民政局、环保市容局、公安局、消防支队、教育局、卫生局、监察局、审计局及各街道办事处（镇人民政府）按照各自职责做

Public Housing

居 者 有 其 屋

天津滨海新区首个全装修定单式限价商品住房佳宁苑试点项目
The Pilot Project of First Full Furnished
Order-oriented Price-restricted Commercial Housing — Jianingyuan,
Binhai New Area, Tianjin

好相关工作。

第四条 滨海新区保障性住房管理中心负责拟定定单式限价商品住房中长期规划和年度建设计划，落实并监督定单式限价商品住房年度建设计划的实施，配合行政主管部门协调定单式限价商品住房项目规划、供地和建设等相关问题。

第二章 规划、计划与定单管理

第五条 定单式限价商品住房建设实施统一规划与计划管理，在滨海新区城市总体规划和住房规划整体框架下，制定定单式限价商品住房建设规划和年度建设计划，保证布局合理和区域供需平衡。

第六条 定单式限价商品住房建设结合新城总体规划实施。按照统一规划、分步实施的原则，构建综合配套、布局均衡、平等共享的居住社区，形成分级配置、全方位、多层次、功能完善的公共服务体系；鼓励生态环保、节能减排、绿色建筑、循环经济等技术应用，营造环境优美、交通便捷、配套完善的宜居环境。

第七条 定单式限价商品住房占滨海新区住房总供应量的30%～50%。结合滨海新区产业功能区布局，主要集中在中部新城、滨海欣嘉园和中新天津生态城等地区规划建设。

第八条 定单式限价商品住房实施定单式建设。各功能区和塘沽、汉沽、大港管委会指定所属部门负责实时统计本区域人口及住房需求状况，实行半年统报制度，调查成果报行政主管部门。由行政主管部门结合人口增长、定单需求、土地供应和房地产市

Appendix B   Interim Measures for Administration of Order-oriented Price-restricted Commercial Housing in Binhai New Area, Tianjin

附录 B   天津市滨海新区定单式限价商品住房管理暂行办法

场情况等因素，按照适当超前原则研究制定年度计划，报滨海新区政府批准后实施。

第九条 定单式限价商品住房修建性详细规划和建筑设计方案审批，依照本办法附件《滨海新区定单式限价商品住房规划设计相关技术标准》（简称《标准》）执行。

第十条 依据滨海新区保障性住房年度建设计划，滨海新区保障性住房管理中心组织定单式限价商品住房项目修建性详细规划和建筑设计方案设计，报规划行政主管部门审核。开发建设单位取得土地后向规划行政主管部门直接办理规划审批手续。

第十一条 定单式限价商品住房项目在确定年度建设计划前，应就项目社区管理的权属和责任单位征求相关管委会意见。未取得相关管委会意见的项目，不得纳入当年年度建设计划。

第三章 户型、套型与装修管理

第十二条 为提升定单式限价商品住房设计标准化、工业化、部品化水平，提高住房质量，规划行政主管部门根据滨海新区居民生活水平和居住需求，本着合理、科学、实用的原则，确定定单式限价商品住房指导房型，原则上每五年公布一次，并适时修改。

第十三条 定单式限价商品住房户型设计要结合滨海新区快速发展形势，在综合考虑居住对象、收入水平、住房水平和发展空间等因素的基础上确定。坚持面积小、功能齐、配套好、质量高、安全可靠的原则。

Public Housing

居者有其屋

天津滨海新区首个全装修定单式限价商品住房佳宁苑试点项目
The Pilot Project of First Full Furnished
Order-oriented Price-restricted Commercial Housing —Jianingyuan,
Binhai New Area, Tianjin

定单式限价商品住房户型设计方案经规划行政主管部门审批后实施。

第十四条 定单式限价商品住房套型建筑面积原则上控制在90平方米以下（含90平方米）。根据定单需求可适当调整套型建筑面积上限，最高不得超过120平方米（含120平方米），所占比重不得超过30%（含30%）。

第十五条 定单式限价商品住房鼓励采取可选择菜单式成品装修设计，厨房、卫生间的基本设备全部一次性安装完成，住房内部所有功能空间全部装修一次到位。装修要贯彻简洁大方、方便使用原则和节能、节水、节材的环保方针，按照国家、天津市相关规定执行。

开发单位要在签订购房合同前，公示住房装修方案，供购房人选择，定单式限价商品住房预售合同中单独标明装修标准。

第四章 价格管理

第十六条 定单式限价商品住房的销售价格实行政府指导价管理。在综合考虑土地整理成本、建设标准、建筑安装成本、配套成本、绿建成本、2‰项目管理费用和5%利润等因素基础上测定销售价格。

定单式限价商品住房销售价格由行政主管部门制定，每年定期公布指导价。

第十七条 定单式限价商品住房项目销售价格，在项目用地出让前由行政主管部门根据具体规划设计策划方案，采用成本法公

Appendix B　Interim Measures for Administration of Order-oriented Price-restricted Commercial Housing in Binhai New Area, Tianjin

附录 B　天津市滨海新区定单式限价商品住房管理暂行办法

式确定，纳入土地出让方案和合同。

第十八条 定单式限价商品住房及配套建筑可享受以下优惠政策：

（一）免交铁路建设费。

（二）土地出让成本中不再收取增列的市政基础设施建设费和市容环境管理维护费。

（三）防空地下室易地建设费收费标准，按照新城、建制镇甲类 6 级标准执行。

（四）市政公用基础设施大配套工程费：住宅及地上非经营性建筑按照收费面积的 70% 缴纳。

（五）半地下车库（含用于停车的架空平台）及风雨廊等建筑面积不计入项目用地容积率，免收土地出让金，免缴各项行政事业性收费。

第十九条 满足天津市绿色建筑评价标准的定单式限价商品住房项目，按照国家、天津市相关规定给予奖励。

第二十条 供水、供电、供暖、供气等行业管理部门要优先保证定单式限价商品住房项目的配套施工。工程造价由审计部门审计，做到合理收费。

第二十一条 定单式限价商品住房项目开发建设涉及的各项行政事业性收费，不得超过物价主管部门核定的收费标准的 50%，不得分解收费，定期由审计部门审计、公示。

Public Housing
居 者 有 其 屋

天津滨海新区首个全装修定单式限价商品住房佳宁苑试点项目
The Pilot Project of First Full Furnished
Order-oriented Price-restricted Commercial Housing —Jianingyuan,
Binhai New Area, Tianjin

第五章 土地供应

第二十二条 滨海新区土地行政主管部门和滨海新区土地整理部门优先安排土地，保障定单式限价商品住房建设。

第二十三条 定单式限价商品住房的建设用地采取"限房价、竞地价"的办法，以招拍挂方式公开出让。为定单式限价商品住房配套的邻里中心，以划拨方式提供土地。

第二十四条 定单式限价商品住房的建设用地受让人，未经土地行政主管部门批准，不得整体或分割将项目用地转让给其他开发企业实施建设。

第二十五条 在定单式限价商品住房《国有土地使用权出让合同》中，应当明确各项限定条件。限定条件由行政主管部门委托滨海新区保障性住房管理中心制定，包括建设标准、销售价格、销售对象和销售方式等内容。

第六章 建设管理

第二十六条 定单式限价商品住房项目建设单位取得土地后，向滨海新区发展改革委申请项目批复或备案，由各建设单位组织实施。

第二十七条 邻里中心、社区医疗卫生、文化体育、行政管理和市政公用等配套非经营性公建同步配套建设、同步交付使用。

居委会、医疗卫生、文化体育、环卫等设施，建成后应根据相关规定无偿移交给政府主管部门。

配套非经营性公建参照我市直管公产房屋相关规定办理产权

Appendix B   Interim Measures for Administration of Order-oriented Price-restricted Commercial Housing in Binhai New Area, Tianjin

附录 B   天津市滨海新区定单式限价商品住房管理暂行办法

登记，由房屋管理行政主管部门实施统一管理。

第二十八条 房屋管理行政主管部门参加定单式限价商品住房项目的竣工验收。定单式限价商品住房建设单位在办理房屋竣工验收备案证明书后 30 日内，提供楼盘表及工程建设档案等相关资料，由房屋管理行政主管部门监督移交给项目前期物业服务企业。

第七章 申请条件及程序

第二十九条 符合以下条件的家庭和个人可以申请购买定单式限价商品住房：

（一）非天津市户籍，在滨海新区工作，滨海新区范围内无住房的家庭和个人；

（二）具有天津市户籍（非滨海新区户籍），在滨海新区工作，滨海新区范围内无住房的家庭；

（三）具有滨海新区户籍，滨海新区范围内不超过一套住房的家庭。

非滨海新区户籍申请人，其所在单位须在滨海新区注册。

定单式限价商品住房准入标准，由房屋管理行政主管部门结合滨海新区实际，适时进行调整确定，定期向社会公布。

第三十条 在滨海新区工作的职工向所在单位提出申请；所在单位进行初审后统一送管委会管理部门审核；各管委会管理部门对申请资格、申请要件进行审核，经公示无异议的签署意见并登记造册，报滨海新区保障性住房管理中心审批。滨海新区保障性

Public Housing

居者有其屋

天津滨海新区首个全装修定单式限价商品住房佳宁苑试点项目
The Pilot Project of First Full Furnished
Order-oriented Price-restricted Commercial Housing —Jianingyuan,
Binhai New Area, Tianjin

住房管理中心对申请人申请资格进行复核，符合条件的予以批准，核发《天津市滨海新区定单式限价商品住房购房资格证明》；申请人持资格证明到售房单位购房。

滨海新区户籍，未在滨海新区工作的申请人向户籍所在地定单式限价商品住房管理部门提出申请，办理审核手续。

第三十一条 申请购买定单式限价商品住房须携带以下要件：

（一）申请人及家庭成员身份证、户口簿（原件和复印件）；

（二）申请人（在滨海新区工作职工）劳动合同（原件和复印件）；

（三）申请人及家庭成员住房及购房情况证明材料（住房权属证明和住房租赁合同为原件和复印件，其余为原件）；

（四）申请人（在滨海新区工作职工）所在单位的营业执照（复印件（加盖公章））；

（五）滨海新区人民政府规定的其他证明材料。

以上要件经核对原件与复印件一致的，无特殊规定的退回原件留存复印件，复印件加盖核对专用章。

第八章 销售与退出管理

第三十二条 开发建设单位取得定单式限价商品住房销售许可证后，方可进行销售。

第三十三条 申请人持定单式限价商品住房购买资格证明、本人身份证及复印件到定单式限价商品住房销售单位购买定单式限价商品住房。

Appendix B　Interim Measures for Administration of Order-oriented Price-restricted Commercial Housing in Binhai New Area, Tianjin

附录 B　天津市滨海新区定单式限价商品住房管理暂行办法

销售单位应查验购房人相关证件，定单式限价商品住房购买人姓名须与本人所持购买资格证明中申请人姓名相一致，对不一致的，应拒绝向其出售。

当房源暂时不能满足需求时，定单式限价商品住房采取摇号选房的方式售房，由开发建设单位在公证部门和房屋管理行政主管部门的监督下公开组织摇号，确定购房次序、轮候次序，登记造册。

第三十四条　定单式限价商品住房销售单位应与购房人签订商品住房买卖合同，并将《天津市滨海新区定单式限价商品住房购买资格证明》交销售单位留存。定单式限价商品住房开发单位应在商品住房买卖合同签订之日起 30 日内到房屋所在地房地权属登记部门办理房屋买卖合同备案。

第三十五条　符合条件的申请家庭只能购买一套定单式限价商品住房。

第三十六条　销售单位可尝试性采取共有产权等模式，创新销售方法、拓宽销售渠道。

购买定单式限价商品住房可按规定提取个人住房公积金和办理住房公积金贷款。

第三十七条　房地产权属登记机构办理定单式限价商品住房转移登记时，在登记簿及权属证书的记事栏上分别记载"定单式限价商品住房"字样。

定单式限价商品住房购买人交纳契税满 5 年的，可上市转让

Public Housing
居 者 有 其 屋

天津滨海新区首个全装修定单式限价商品住房佳宁苑试点项目
The Pilot Project of First Full Furnished
Order-oriented Price-restricted Commercial Housing —Jianingyuan,
Binhai New Area, Tianjin

（继承除外）。

定单式限价商品住房购买人交纳契税不足 5 年，确需转让的，只能转让给持有《天津市滨海新区定单式限价商品住房购买资格证明》的购房人。办理二手房转移登记时，《天津市滨海新区定单式限价商品住房购买资格证明》须作为登记要件提交房地产权属登记机构。

第九章　物业管理

第三十八条 定单式限价商品住房的维修资金应当按照天津市商品住宅维修资金的有关规定缴纳。

第三十九条 定单式限价商品住房物业管理及收费标准，按照天津市相关规定执行。

第十章　监督管理

第四十条 定单式限价商品住房销售单位应严格按照规定的销售对象和约定的销售价格销售定单式限价商品住房。对不明码标价或收取未予标明的其他费用的行为，依法查处。对向未取得购买资格的家庭出售定单式限价商品住房的，由房屋管理行政主管部门责令销售单位限期收回。房屋管理行政主管部门可提请审计部门或委托会计事务所对开发销售单位销售定单式限价商品住房情况实施审查。

第四十一条 对未按照本规定建设、销售定单式限价商品住房，损害购房群众利益的开发企业，由房屋管理行政主管部门按规定予以查处。

第四十二条 行政主管部门和相关单位应严格按照规定做好申请人资格审查、销售管理等工作，对在销售管理工作中玩忽职守、滥用职权、弄虚作假的管理部门、单位责任人，由监察部门依法严肃处理，构成犯罪的，依法追究刑事责任。

第十一章 附 则

第四十三条 定单式限价商品住房相关配套政策由行政主管部门另行制定。

第四十四条 本办法未尽事宜按国家和我市相关规定执行。

第四十五条 本办法自 2013 年 7 月 15 日起实施，2018 年 7 月 14 日废止。我区有关限价商品住房的规定与本办法不一致的，以本办法为准。

附件《滨海新区定单式限价商品住房规划设计技术标准》

Public Housing

居者有其屋

天津滨海新区首个全装修定单式限价商品住房佳宁苑试点项目
The Pilot Project of First Full Furnished
Order-oriented Price-restricted Commercial Housing —Jianingyuan,
Binhai New Area, Tianjin

附件

《滨海新区定单式限价商品住房规划设计技术标准》

一、总则

（一）为深化天津市滨海新区保障性住房制度改革，构建滨海新区多层次、多渠道、科学普惠的住房体系，依据国家、天津市及滨海新区相关规定，参照其他省市创新做法，本着先行先试的原则制定本标准。

（二）定单式限价商品住房的规划设计以本标准为准，标准中未尽事宜应符合国家和本市及滨海新区现行的有关法律、法规和强制性标准的规定。

（三）定单式限价商品住区是指以定单式限价商品住房为主，与普通商品房交错建设的社区。

二、一般规定

（一）定单式限价商品住房住区的规划设计应当与滨海新区社会管理创新相结合，采取相应的分级管理体系和相对集中配置的社区管理和公建配套体系。

（二）住区公共服务设施按使用性质划分为七大类：教育、医疗卫生、文化体育绿地、社区服务、行政管理、商业服务金融、

Appendix B   Interim Measures for Administration of Order-oriented Price-restricted Commercial Housing in Binhai New Area, Tianjin

附录 B   天津市滨海新区定单式限价商品住房管理暂行办法

市政公用，全部为住区公共服务设施所必须配置的项目，除本标准中提到的特指情况外，应按照各级人口规模，执行本标准规定，不得擅自删减。住区各级公共服务设施宜在满足服务半径的前提下相对集中配置。

（三）公共服务设施配置、住区设计、技术指标等应具有前瞻性、科学性和可实施性，坚持以人为本，有利于提高住区居民的生活环境品质。

（四）新建定单式限价商品住房应妥善解决绿化、生态环境、社区安全等问题。住房内应具备起居室、卧室、厨房、卫生间等核心功能，辅以餐厅、书房、洗衣晾晒、整理储藏、门厅等辅助功能，适应不同家庭人口构成的需求。鼓励三网融合、计量供热、太阳能等新技术应用，预留其他可能设施设备。

三、住区分级体系和规模

（一）定单式限价商品住房按照新区社会管理创新方案可分为社区、邻里、街坊三级。各级居住户数和人口规模，应符合下表的规定。

表 社区、邻里、街坊三级居住户数和人口规模

	社区/街道办	邻里/居委会	街坊
户数／户	30 000~40 000	3000~4000	400~1000
人口／人	100 000	10 000	1000~3000

定单式限价商品住房公共服务设施的分级结构，应与居住人口规模相对应。按一个街道对应一个社区，设一个社区中心；每个居委会对应一个邻里及一个邻里中心；每个业主委员会对应一个街坊。

Public Housing

居者有其屋

天津滨海新区首个全装修定单式限价商品住房佳宁苑试点项目
The Pilot Project of First Full Furnished
Order-oriented Price-restricted Commercial Housing — Jianingyuan,
Binhai New Area, Tianjin

（二）定单式限价商品住房按照社区、邻里、街坊三级体系对可用地规模和建筑容量进行了控制，各级控制规模宜符合下表的规定。

表　社区、邻里、街坊三级可用地规模和总建筑规模

	社区	邻里	街坊
可用地规模	2～3 平方千米	20～30 公顷	2～4 公顷
总建筑规模	不大于 400 万平方米	不大于 40 万平方米	不大于 8 万平方米
净容积率	不大于 1.4	不大于 1.5	不大于 1.8

（三）采取窄街廊密路网体系，改变目前居住区设计存在大尺度街廊、封闭式开发的问题，在满足社区安全管理的前提下，街坊用地规模 2～4 公顷，原则上 3～10 个街坊组成一个邻里，10 个邻里组成一个社区。

（四）说明

1. 结合滨海新区社会管理创新，进一步细化了《关于进一步加强我市社区建设服务和管理的意见》中对社区体系的要求。

2. 定单式限价商品住房公共服务设施分级体系具有一定的延续性和稳定性，与原天津市住区分级体系的基本结构保持未变，仍为三级体系。

3. 相较于原天津市住区分级体系和规模，对新编制的定单式限价商品住房的分级体系和规模做出了如下调整：按照滨海新区社会管理创新方案，将住区分级体系由原《天津市公共服务设施配置标准》规定的居住区级（5～8 万人）、小区级（1～1.5 万人）、组团级（0.3～0.5 万人）调整为社区级（10 万人）、邻里级（1 万

Appendix B　Interim Measures for Administration of Order-oriented Price-restricted Commercial Housing in Binhai New Area, Tianjin

附录 B　天津市滨海新区定单式限价商品住房管理暂行办法

人）、街坊级（0.1～0.3 万人）；新标准中社区级人口规模基本相当于原标准中的 2 个居住区级，邻里级基本相当于原小区级，街坊级基本相当于原组团级的一半。为更好地控制住区的建设规模，新标准中新增了对用地规模和建筑容量的控制。

四、公共服务设施分级配置标准

（一）定单式限价商品住房公共服务设施按照社区、邻里、街坊三级分别配置，并以集约布局、提升住区服务品质为目标，将定单式限价商品住房中的社区级、邻里级部分公共服务设施集中设置，形成社区中心和邻里中心。

（二）社区级公共服务设施

1. 社区级公共服务设施配置标准一览表

表　社区级公共服务设施配置标准一览表

分类	序号	项目	配置内容	一般规模 /（平方米 / 处）		控制性指标 /（平方米 / 千人）		指导性指标 /（平方米 / 千人）	配置规定	非经营性公建
				建筑面积	用地面积	建筑面积	用地面积	建筑面积		
教育	1	高级中学	3 年制	11 550	18 900～21 000	—	378～420	227	每千人 21 座，生均建筑面积 11 平方米，生均用地面积 18~20 平方米	—
	2	初级中学	3 年制	11 550	20 700～23 000	230	414～460	—	每千人 23 座，生均建筑面积 10 m²，生均用地面积 18-20 m²	★
医疗卫生	3	社区医疗服务中心	医疗、防疫、保健、理疗、康复	3000	3000	60	60	—		★
	4	门诊	防疫、保健	1000	—	—	—	—	1 个社区设 1 个，结合社区中心配置	—

Public Housing

居者有其屋

天津滨海新区首个全装修定单式限价商品住房佳宁苑试点项目
The Pilot Project of First Full Furnished
Order-oriented Price-restricted Commercial Housing —Jianingyuan,
Binhai New Area, Tianjin

续表　社区级公共服务设施配置标准一览表

分类	序号	项目	配置内容	一般规模／（平方米／处）		控制性指标／（平方米／千人）		指导性指标／（平方米／千人）	配置规定	非经营性公建
				建筑面积	用地面积	建筑面积	用地面积	建筑面积		
文化体育绿地	5	社区文化活动中心	图书馆、信息苑、社区教育	6500	5000	—	100	130	结合社区中心配置，社区图书馆面积须保证建筑面积 2300 平方米以上，并设置独立出入口	★
	6	社区体育运动场	健身跑道、篮球、门球、网球、运动设施	500	6500	—	130	10	可与社区、公园结合配置	—
文化体育绿地	7	室内综合健身馆	含游泳馆、乒乓球、台球、跳操、健身房等	2500～3000	5000	—	100	50～60	有条件的地方可结合配置小型游泳池，用地面积可适当加大	—
	8	社区公园	人均≥0.5 平方米	—	≥10 000	—	≥500	—	2～2.5 万人设 1 处，绿化面积（含水面）不低于 70%	—
社区服务	9	社区养老院	全托护理型：包括生活起居、餐饮服务、文化活动、医疗保健等	4500	6000	90	120	—	每 5 万人设 1 处，每千人 3 张床位。每个床位建筑面积≥30 平方米，每个床位占地面积≥40 平方米	
	10	老年人活动中心	老人娱乐、康复、保健服务及文体活动场地	500	1000～1250	10	20	—	每 5 万人设 1 处，应设置≥300 平方米的室外活动场地	★
	11	社区综合服务中心（含务，含老人服务、老人服务中心）	行政和社区公共服务、家政服务、就业指导、教育培训等	2000～2400	1000～1200	40～50	20～24	—	可与其他建筑结合配置，但应有独立出入口。（其中：老人服务中心建筑面积≥200 平方米）	★
行政管理	12	街道办事处	—	6500	5500	—	—	—	1 个社区设 1 个，6500 平方米为固定规模，可与其他公共建筑结合配置，但应有独立出入口	★
	13	公安派出所（含训练场地）	—	1600～1750	1200～1500	32～35	24～30	—	1 个社区设 1 个，应独立占地	★

续表　社区级公共服务设施配置标准一览表

分类	序号	项目	配置内容	一般规模/（平方米/处）		控制性指标/（平方米/千人）		指导性指标/（平方米/千人）	配置规定	非经营性公建
				建筑面积	用地面积	建筑面积	用地面积	建筑面积		
	14	工商税务市场管理	—	100～150	—	2～3	—	—	可与其他建筑结合设置	—
商业金融	15	社区商业服务中心	影剧院、日用百货、副食、食品、服装鞋帽、书店、药店、洗染、理发	20 000～32 000	10 000～15 000	—	200～320	400～600	商业、服务可分开配置，也可结合设置	—
	16	菜市场	含农副产品及加工食品	1000～1500	1000～1500	40～60	40～60	—	2.5 万人设 1 处，服务半径 400～500 米	★
	17	餐饮店	饭店、快餐等	500～600	500	—	20	20～40	2～2.5 万人设 1 处，服务半径 400～500 米。不得与住宅结合设置	—
	18	银行储蓄	证券、保险	200～300	150	—	3	4～6	可与其他建筑结合设置	—
市政公用	19	邮政支局	—	500～600	400	—	8	10～12	可结合其他建筑设置并预留车位	—
	20	基层环卫机构	—	800～1200	1550～2350	—	31～47	16～24	每 5 万人设 1 处，应独立占地，可以停靠环卫车辆	★
	21	小型垃圾转运站	含垃圾收集站	300～400	800	—	16	6～8	每 2～3 平方千米配置 1 处。用地面积含周边绿化隔离带，其宽度不小于 5 米；与相邻建筑间距不小于 10 米	★
	22	110 千伏变电站（35 千伏变电站）	—	3000（1500）	5000（1200～1500）	—	100（24～30）	60（30）	社区根据负荷需要设置 35 千伏或者 110 千伏变电站，两者不应同时在一个社区内设置	—
	23	煤气服务站	—	200	—	—	—	8	可结合其他建筑设置并预留车位	—
	24	自来水服务站	—	200	—	—	—	8	可结合其他建筑设置并预留车位	—
	25	公交首末站	—	500～700	5000～7000	—	100～140	10～14	规划位置根据《控制性详细规划》的要求安排。每 1～1.5 万人一条线，每条线路占地	★

Public Housing

居 者 有 其 屋

天津滨海新区首个全装修定单式限价商品住房佳宁苑试点项目
The Pilot Project of First Full Furnished
Order-oriented Price-restricted Commercial Housing —Jianingyuan,
Binhai New Area, Tianjin

续表 社区级公共服务设施配置标准一览表

分类	序号	项目	配置内容	一般规模/（平方米/处）		控制性指标/（平方米/千人）		指导性指标/（平方米/千人）	配置规定	非经营性公建
				建筑面积	用地面积	建筑面积	用地面积	建筑面积		
									1000～1400 平方米	
	26	公建预留用地	—	—	—	2000～3000	—	40～60	—	大于 5 万人的社区必须配置	—

注：①表中一般规模是指 5 万人，不足一般规模的按一般规模配置。②固定规模指的是不受人口规模影响的固定面积值。③★为"非经营性公建"，须严格执行《天津市新建住宅配套非经营性公建建设和管理办法》的要求。

2. 社区中心基本配置一览表

表 社区中心基本配置一览表

设施名称		用地规模/平方米	建筑规模/平方米		备注
街道办事处	办事大厅	5500	6500	4500	—
	活动中心			1000	
	门诊			1000	
社区公园		≥10 000	—		即原居住区公园
社区文化活动中心（含图书馆）		5000	6500		宜与社区公园合建
社区体育运动场		6500	—		宜与社区公园合建
合计		≥27 000	13 000		—

注：可根据实际建设情况增加社区中心配置内容及规模。

Appendix B　Interim Measures for Administration of Order-oriented Price-restricted Commercial Housing in Binhai New Area, Tianjin

附录 B　天津市滨海新区定单式限价商品住房管理暂行办法

（三）邻里级公共服务设施

1. 邻里级公共服务设施配置标准一览表

表　邻里级公共服务设施配置标准一览表

分类	序号	项目	内容	一般规模 /（平方米 / 处）		控制性指标 /（平方米/千人）		指导性指标 /（平方米/千人）	配置规定	非经营性公建
				建筑面积 / 平方米	用地面积 / 平方米	建筑面积 / 平方米	用地面积 / 平方米	建筑面积 / 平方米		
教育	1	小学	6 年制	9000	13 000～15 000	450	650～750	—	千人 50 座，生均建筑面积 9 平方米，生均用地面积 13～15 平方米，2 万人配置 1 处	★
	2	幼儿园	学龄前儿童	2800	3640～4200	280	364～420	—	千人 28 座，生均建筑面积 10 平方米，生均用地面积 13~15 平方米	—
医疗卫生	3	社区卫生服务站	预防、医疗、计划生育等	300	—	30	—	—	结合社区服务站配置，必须有独立出入口	★
文化体育绿地	4	社区文化活动站	文化康乐、图书阅览	300～400	400～500	—	40～50	30～40	可与其他建筑结合配置，应有独立出入口	★
	5	居民活动场地	户外健身场地、集会、表演	—	600～800	—	60～80	—	可与小区绿地结合设置	—
	6	邻里公园	—	—	≥5000	—	500	—	人均≥0.5 平方米，绿化面积（含水面）不低于 70%	—
社区服务	7	托老所（含老年人活动站）	主要为日托照料型：含休息、餐饮服务、康复保健、文娱活动	≥800	1000	80	100	—	规模≥40 座。每千人 4 座，每座建筑面积 20 平方米，占地 25 平方米。宜靠近集中绿地安排。（其中：老年人活动站建筑面积应≥150 平方米，并应设不小于 150 平方米的室外活动场地）	—
	8	社区服务站	行政和社区公共服务。含信息服务、家政和宣传教育	2100	1000	210	100	—	1 个邻里设 1 处，服务半径宜小于 500 米。可与其他建筑结合设置，但应有独立出入口	—
	9	居委会	管理、协调	600	—	—	—	—	1 个邻里设 1 处，600 平方米为固定值，与社区卫生服务站、物业管理服务用房和服	★

Public Housing
居 者 有 其 屋

天津滨海新区首个全装修定单式限价商品住房佳宁苑试点项目
The Pilot Project of First Full Furnished
Order-oriented Price-restricted Commercial Housing —Jianingyuan,
Binhai New Area, Tianjin

续表　邻里级公共服务设施配置标准一览表

分类	序号	项目	内容	一般规模 /（平方米 / 处）		控制性指标 /（平方米/千人）		指导性指标 /（平方米/千人）	配置规定	非经营性公建
				建筑面积 / 平方米	用地面积 / 平方米	建筑面积 / 平方米	用地面积 / 平方米	建筑面积 / 平方米		
	10	物业管理服务用房	房屋及设施的管理、维修、保安、保洁服务等	400	—	—	—	—	务、活动及经营用房合建形成社区服务站 1个邻里设1处，400平方米为固定值，与社区卫生服务站、居委会合建形成社区服务站	—
商业金融	11	社区商业服务网点	含超市、日用品、食品、小商品等	2000～3000	1000～1500		100～150	200～300	可与其他建筑结合设置	—
	12	储蓄所	各种储蓄网点	50～80	—			5～8	可与其他建筑结合设置	—
	13	生鲜超市	—	800	1000	8	10	—	—	—
市政公用	14	邮政所	—	200	—			20	可与其他建筑结合设置	—
	15	环卫清扫班点	—	25～35	160～240		16～24	2～3	按保洁工人建筑面积3～4平方米/人，用地面积20～30平方米/人	★
	16	公厕	—	30	60～00		12～20	10～20	—	★
	17	煤气中低压调压站	—	—	42		4	—	—	—

　　注：①表中一般规模是指1万人，不足一般规模的按一般规模配置。②固定规模指的是不受人口规模影响的固定面积值。③★为"非经营性公建"，须严格执行《天津市新建住宅配套非经营性公建建设和管理办法》的要求。

Appendix B   Interim Measures for Administration of Order-oriented Price-restricted Commercial Housing in Binhai New Area, Tianjin

附录 B   天津市滨海新区定单式限价商品住房管理暂行办法

2. 邻里中心基本配置一览表

表   邻里中心比本配置一览表

设施名称		用地规模 / 平方米	建筑规模 / 平方米
社区服务站	居委会	1000	600
	社区卫生服务站		300
	物业管理服务用房及其他服务、活动用房		1200（含物业管理服务用房 400 平方米）
社区文化活动站		400	300
托老所		1000	800
幼儿园		3000	2800
邻里公园		≥5000	—
生鲜超市（结合建设废品回收设施、垃圾转运设施）		1000	800
环卫清扫班点		160	25
公厕		—	30
合计		≥11 560	6855

注：可根据实际建设情况增加邻里中心配置内容及规模。

Public Housing
居者有其屋

天津滨海新区首个全装修定单式限价商品住房佳宁苑试点项目
The Pilot Project of First Full Furnished
Order-oriented Price-restricted Commercial Housing —Jianingyuan,
Binhai New Area, Tianjin

（四）街坊级公共服务设施配置标准

1. 街坊级公共服务设施配置一览表

表　街坊级公共服务设施配置一览表

分类	序号	项目	内容	一般规模平方米/处 建筑面积/平方米	用地面积/平方米	控制性指标平方米/千人 建筑面积/平方米	用地面积/平方米	指导性指标平方米/千人 建筑面积/平方米	配置规定	非经营性公建
文体绿地	1	文化服务用房	科普教育、文化活动、家政服务	200~250	100	—	33	67	含老人活动室100平方米	★
	2	居民健身场地	含老人、儿童活动场地	—	180~240	—	60~80	—	可与绿地结合，但不能占用绿化面积	—
	3	组团绿地	含绿地、活动场地	—	≥1000	—	≥500	—	人均0.5平方米。绿化面积不低于70%	—
行政管理	4	社区警务室	值班、巡逻	15~20	—	5~6	—	—		★
	5	业主委员会	业主自治机构	100	—	30~35	—	—		—
商业	6	早点铺	以提供早点服务为主的小吃、快餐	90~120	≥90		≥30	30~40	服务半径200~300米。不得与住宅结合配置，可与其他公共服务设施结合	—
	7	便利店	含便民超市	120~150	60~90		20~30	40~50	服务半径300~400米	—
市政公用	8	自行车存车处	—	—	—	—	—	—	参照天津市建设项目配建停车场（库）标准	—
	9	机动车存车（库）	—	—	—	—	—	—	参照天津市建设项目配建停车场（库）标准	—
	10	垃圾分类投放点	—	—	6	—	—	—	每50~100户设置1处，每处用地面积6平方米（仅用于放置垃圾收集设施）	—
	11	热交换站	—	120~200	—	—	—	40~67	可与其他建筑结合设置，应有独立房间	—

Appendix B　Interim Measures for Administration of Order-oriented Price-restricted Commercial Housing in Binhai New Area, Tianjin

附录 B　天津市滨海新区定单式限价商品住房管理暂行办法

续表　街坊级公共服务设施配置一览表

分类	序号	项目	内容	一般规模平方米/处		控制性指标平方米/千人			指导性指标平方米/千人	配置规定	非经营性公建
				建筑面积/平方米	用地面积/平方米	建筑面积/平方米	用地面积/平方米	平方米	建筑面积/平方米		
	12	10千伏配电站	—	—	—	83、103、138、259	—	—	—	可与其他建筑结合设置，配电规模和数量应按照用电负荷和远景预期确定，供电半径不宜超过200米	—
	13	箱式变电站	—	—	—	12~15	—	8~10	—	规模和数量应按照用电负荷和远景预期确定，供电半径不宜超过200米。只设置在社区的多层区域	—
	14	电信设备间	—	—	25	—	—	—	8	可与其他公建结合设置，宜与有线电视设备间共同设置，但要保证有线电视设备间的独立通道	—
	15	有线电视设备间	—	—	16	—	—	—	5	可与其他公建结合设置，宜与电信设备间结合，但要保证有线电视设备间的独立通道	—

注：①表中一般规模是指 0.3 万人，不足一般规模的按一般规模配置。②★为"非经营性公建"，须严格执行《天津市新建住宅配套非经营性公建建设和管理办法》的要求。

（五）说明

1. 公共服务设施分级配置标准的制定主要遵循以下两个基本原则。①高标准。打造高标准、高水平的公共服务设施。其中，非经营性公建除按照本标准的配置要求之外还应满足《天津市新建住宅配套非经营性公建建设和管理办法》的相关要求。②集约化。将定单式限价商品住房中的社区级、邻里级部分公共服务设施集中设置，形成社区中心和邻里中心，发挥设施的集合效应，提高居民出行的办事效率，也提供了一个非正式的居民聚会的场

Public Housing
居 者 有 其 屋

天津滨海新区首个全装修定单式限价商品住房佳宁苑试点项目
The Pilot Project of First Full Furnished
Order-oriented Price-restricted Commercial Housing —Jianingyuan,
Binhai New Area, Tianjin

所，增强社区的归属感。

2. 各级公共服务设施中的控制性指标指社区在规划、设计和建设时，必须执行的指标；指导性指标指社区在规划、设计和建设时，可根据市场需求，灵活掌握的指标。

3. 相较于原天津市公共服务设施配置标准，对新编制的定单式限价商品住房公共服务设施的配置及规模做出了如下调整：考虑到便民需求，社区级公共服务设施中的医疗卫生一项中增设"门诊"，门诊结合街道办设置，须有独立出入口。社区级公共服务设施中的社区文化活动中心内部必须设置社区图书馆；原天津市公共服务设施配置标准里的社区文化中心内含多功能厅，因使用性质与街道办中的活动大厅相似，且两者均设于社区中心内部，所以将原社区文化中心的多功能厅这一使用功能与活动大厅相结合，社区文化中心的建筑面积由 7500 平方米调整至 6500 平方米。将原街坊级的公共服务设施居委会和物业管理服务用房提升至邻里级，并结合社区服务站设置于邻里中心。物业管理用房建筑面积 400 平方米，根据实际使用情况，如面积不足，可以使用邻里中心中的"其他服务、活动用房"作为补充。配合天津市行政体制改革的新形势，结合公共设施的使用要求，提高了社区级和邻里级的部分公共服务设施的建筑面积：街道办事处由原标准中规定的 1500 平方米提高到 6500 平方米，社区卫生服务站由 150 平方米提高到 300 平方米(新增 5 个病床床位,可用于日常输液)，社区服务站由 600 平方米提高到 2100 平方米，居委会由 100 平方米

Appendix B   Interim Measures for Administration of Order-oriented Price-restricted Commercial Housing in Binhai New Area, Tianjin

附录 B   天津市滨海新区定单式限价商品住房管理暂行办法

提高到 600 平方米。

4. 在小街廓、密路网的建设模式下，在配置街坊级公共服务设施时，如同一开发商所属的多个地块间跨越城市主干道（含城市主干道）及以上级别道路，考虑到安全性问题及北方冬季气候寒冷等因素，则文化活动用房、社区警务室、早点铺、便利店、业主委员会等居民常用设施须按照独立地块分别进行配置；如同一开发商所属的多个地块间跨越城市主干道以下级别道路，考虑到窄街廓、密路网的建设模式下每个地块的人口规模远远小于原一个组团的人口规模（3000~5000 人），如每个地块都须单独配置所有设施，必然会造成重复建设。为了便于管理、节约投资，建议在满足人口规模及服务半径要求的前提下，街坊级公共服务设施按照整体进行配置。

5. 为了使定单式限价商品住房配套指标更科学合理，参照相关国家规范和天津市城市相关标准，定单式限价商品住房按照社区、邻里、街坊三级配置。具体规划建设时，在执行本标准的同时，还需满足规划与国土管理部门下达的规划条件中的配套项目要求。本次编制按照一个街道办事处对应一个社区，设置社区中心；一个居委会对应一个邻里，设置邻里中心；一个业主委员会对应一个街坊。配合新区行政管理创新和今后发展的因素，并结合原天津市居住区公共服务设施配置标准中规定的服务半径，因此本标准确定社区人口规模 10 万人（一般规模指标，按 5 万人计算），邻里级 1 万人（指标按 1 万人计算），街坊级 1000~3000 人

Public Housing

居者有其屋

天津滨海新区首个全装修定单式限价商品住房佳宁苑试点项目

The Pilot Project of First Full Furnished
Order-oriented Price-restricted Commercial Housing — Jianingyuan,
Binhai New Area, Tianjin

（指标按 0.3 万人计算）。

6. 本标准提出的是分级配套标准，在实际规划建设时应注意：社区级配套建设需同时满足本标准中提出的社区、邻里、街坊三级配套要求，邻里级配套建设需同时满足本标准中提出的邻里级和街坊级配套要求，而街坊级配套建设只需满足本标准提出的街坊级配套要求。

7. 三级结构规模之间的开发地块，除按照分级结构规模，配置相应级别的公共服务设施外，还应根据周边现有配套条件和本开发地块的实际需求，按照上一级千人指标计算，配置一定比例的上一级配套公建。

8. 新建住宅配套非经营性公建是新建住宅项目中必须控制以保障民生需求、居民生活必需的公共服务设施，主要包括：教育、社区医疗卫生、文化体育、社区服务（含菜市场）、行政管理和市政公用等六类公共服务设施。在定单式限价商品住房中，配套非经营性公建按社区、邻里、街坊三级配置。

9. 开发建设单位在报批修建性详细规划或总平面设计方案时，应当在规划设计文件和总平面图中标明配套非经营性公建性质、名称、位置和规模等内容。新建住宅配套非经营性公建不得销售，建成后应按照《天津市新建住宅配套非经营性公建建设和管理办法》无偿进行移交。

Appendix B   Interim Measures for Administration of Order-oriented Price-restricted Commercial Housing in Binhai New Area, Tianjin

附录 B　天津市滨海新区定单式限价商品住房管理暂行办法

五、住区规划设计

（一）地块尺度

为创造开放、充满活力的社区，避免封闭的大街廊，同时考虑社区安全管理，新建区域建议采用小街廊密路网式布局，结合用地功能，街廊尺度控制在 200 米左右，街坊用地规模为 2～4 公顷。

（二）道路系统

1. 除城市主次干道外，住区道路系统宜按小街廊、密路网组织，道路红线宽度不宜超过 20 米，除特殊设计外，一般不再设置绿线。

2. 住区道路类型

住区道路（不含街坊内部道路）可划分为生活性街道和交通性街道，由控制性详细规划制定。生活性街道以慢行交通方式为主，首要满足人群在街道上散步、驻足及交往需求，一般限制机动车通行；交通性街道首要满足城市车辆的通行需求。

（三）街道空间

依据街道类型对周边建筑进行布局，综合考虑生活性街道的围合感和交往空间，沿街宜设置商业，并规定建筑贴线率宜达到 60% 以上。生活性街道的建筑退线，有城市设计导则的，按照城市设计导则进行控制；无城市设计导则的，有绿线的退让绿线距离不得小于 3 米，无绿线的退让红线距离不得小于 5 米。交通性街道退线按照《天津市城市规划管理技术规定》进行控制。

Public Housing
居 者 有 其 屋

天津滨海新区首个全装修定单式限价商品住房佳宁苑试点项目
The Pilot Project of First Full Furnished
Order-oriented Price-restricted Commercial Housing —Jianingyuan,
Binhai New Area, Tianjin

（四）建筑设计导则

1. 按照《滨海新区总体城市设计》和《滨海新区规划建筑设计导则》的要求，考虑到定单式限价商品住房的特点，定单式限价商品住房鼓励以多层（24 米以下）为主，高度原则控制在 60 米（18 层）以下，为塑造丰富的城市天际线，局部可在 100 米以下。

2. 立面设计应通过造型变化、细部和色彩处理，形成丰富温馨的感受；高层立面避免使用面砖；多层住宅立面宜采用涂料、面砖和石材。

3. 高层住宅顶部应错落有致；多层住宅宜采用坡屋顶形式。

（五）说明

相较于原天津市住区规划设计，对新编制的定单式限价商品住房的住区规划设计做出了如下调整：

1. 原来的封闭式大街廓开发模式，造成了城市街区的尺度过大，妨碍了邻里间的交往和步行城市的建设，为创造开放的、适于步行的、充满活力的社区，新区定单式限价商品住区设计以密路网划分而成的小街坊为基本单位开展建设，街坊的规模控制在 2～4 公顷之内。

2. 原来的封闭式大街廓开发模式，加重了城市道路机动车的通行压力，城市道路机动车交通量大且不适宜步行，为创造良好的住区街道生活，新标准采用小街廓、密路网式规划格局，增加了住区路网的密度，并对住区道路的宽度进行了限定，对住区道路功能进行了分类（生活性街道和交通性街道），并且要求生活性

Appendix B Interim Measures for Administration of Order-oriented Price-restricted Commercial Housing in Binhai New Area, Tianjin

附录 B 天津市滨海新区定单式限价商品住房管理暂行办法

街道以人行为主，限制机动车通行。

3. 原天津市城市规划管理技术规定（2009 年版）规定城市主次干道均要进行绿带控制，新规定考虑到为充分发挥住区街道的生活感以及加强人们之间的交往，规定除特殊设计外，住区路网可不进行绿带控制。

4. 考虑为增强住区街道生活感及在满足住宅庭院建设的前提下，新标准调整了建筑退线的要求：有城市设计导则的，按照城市设计导则进行控制；无城市设计导则的，由原《天津市城市规划管理技术规定》要求的建筑退让绿线 5 米调整至 3 米，退让道路红线 8 米调整至 5 米。

六、技术指标

为了营造良好的居住环境，同时合理降低成本，鼓励定单式限价商品住房的开发建设，提高开发商参与的积极性，在保证居住品质不降低的前提下制定如下政策性指标。

（一）机动车停车方式

定单式限价商品住房机动车停车方式宜采用地面停车、地面架空平台下停车、半地下停车、地下停车多种方式相结合。地面停车位宜做好垂直绿化、车位间绿化，并采用渗水铺装。

（二）地面停车率

定单式限价商品住房地面停车率在满足绿化率的前提下不宜大于 60%。

Public Housing
居者有其屋

天津滨海新区首个全装修定单式限价商品住房佳宁苑试点项目
The Pilot Project of First Full Furnished
Order-oriented Price-restricted Commercial Housing —— Jianingyuan,
Binhai New Area, Tianjin

（三）车位尺寸

定单式限价商品住房车位尺寸，原则按照《汽车库建筑设计规范（JGJ 100—1998）》执行，即每个车位的尺寸为2.4×5.3米（地面架空平台下车位尺寸在满足停车需求的前提下可结合柱网间距适当调整）。

（四）地面车位与城市道路防护绿地相结合

经规划主管部门认定，如地块可用地面积小于3公顷，且在满足管线铺设及道路交通相关要求的前提下，地面车位可与城市道路防护绿带结合设置：占用城市次干道防护绿带宽度不得大于3米，占用城市主干道防护绿带宽度不得大于5米（防护绿带内的停车位计入项目停车率指标）。

（五）地面架空平台/半地下车库

地面架空平台、半地下车库顶部平台须满足居民休闲活动要求，平台绿化应考虑乔木与灌木相结合，同时须设置相应的安全措施确保居民活动安全。

（六）绿地率

平台绿化计入定单式限价商品住房绿地率。

（七）容积率

风雨廊、架空平台不计入定单式限价商品住房容积率。

（八）建筑密度

地面架空平台基底面积不计入定单式限价商品住房建筑密度。

（九）说明

1.《天津市建设项目配建停车场（库）标准》规定居住区地

Appendix B　Interim Measures for Administration of Order-oriented Price-restricted Commercial Housing in Binhai New Area, Tianjin

附录 B　天津市滨海新区定单式限价商品住房管理暂行办法

面停车率不宜超过 15%；在合理减少建设成本的前提下，本标准规定定单式限价商品住房地面停车率可大于 15%，但应满足绿地率的要求，地面停车位应做好绿化，保证环境品质。

2. 按照《天津滨海新区控制性详细规划"六线"控制要求》，"……绿线规划要求一经批准，将作为城市绿地严格控制，绿线内的用地不得改做他用，不得违反法律法规、强制性标准以及批准的规划进行开发建设。"针对定单式限价商品住房，经规划主管部门认定，如地块可用地面积小于 2 公顷，为合理减少成本，且在满足管线铺设及道路交通相关要求的前提下，地面车位可与城市道路防护绿带结合设置。

3.《城市居住区规划设计规范》（GB 50180—1993）规定"屋顶、晒台的人工绿地不计入绿地率"，本标准中规定地面架空平台、半地下车库顶部平台在满足当地植物绿化覆土要求、居民休闲活动，且方便居民出入并做好安全措施的前提下，可以计入定单式限价商品住房绿地率。

4. 为合理降低成本，本标准中规定建筑之间起连接作用的风雨廊、架空平台不计入容积率。

5. 现行居住区规范中无明确规定架空平台计入建筑密度，本标准中考虑到架空平台在满足当地植物绿化覆土要求、居民休闲活动，且方便居民出入并做好安全措施的前提下，架空平台的设置并不影响环境质量，因此规定架空平台基底面积不计入定单式限价商品住房建筑密度。

抄送：区委办公室，区委各部委，区人大常委会办公室，区政协办公室，
　　　区纪委办公室，区法院，区检察院，区军事部，区各人民团体。

天津市滨海新区人民政府办公室　　　　　　　　2013 年 7 月 16 日印发

后 记
Postscript

作为检验滨海新区住房制度改革成果的重要一环，佳宁苑试点项目的建设不以营利为目的，它的根本使命是把"窄马路、密路网、小街廓"的规划、定单式限价商品住房的房型研究进行落地实施，并于总结经验后进行示范推广，这正是本书编写的目的。因此，从这个角度上讲，佳宁苑试点项目的建设是成功的，基本实现了预期的目标。

在近三年的筹划和建设中，我们进行了前期策划、设计、报审等工作，到中期的施工建设及同步的宣传销售工作，直至最后的交房入住和物业管理等整个开发流程。每一个阶段，我们都有收获和总结，正是这些内容构成了本书的基本脉络。

一、佳宁苑试点项目的成绩与不足

佳宁苑试点项目实现了探索创新的目的，取得了有目共睹的成绩。政策方面，我们将针对新区企业职工的政策宣讲同项目宣传相结合，使新区百姓很直观地了解到新区住房保障政策和建设成果，便于他们结合自身情况进行选择。设计方面，我们秉持和谐宜居的理念，以"窄街密路"的规划结构进行开放社区的引导，进行了停车平台、风雨廊及晾晒阳台等设计创新，取得了很好的效果。开发流程方面，通过项目的全过程开发，我们对建设的各个环节都已经十分了解，积累了经验，实现了培养和锻炼队伍的目的。最重要的收获在于对已有住房改革成果的检验，为决策者提供真实的反馈信息，促动住房改革稳步高效、有针对性的推进。

积累经验的同时，我们也在项目建设过程中发现了一些问题，这些问题与成绩一样值得重视，并且应该做出及时调整。设计方面，立足于使用者的角度，完善细节，提高舒适性；优化商业空间，通过适当的结构转换使空间更加完整，避免空间碎化。施工方面，需要加强多专业间的配合，尤其是土建与全装修之间，做好无缝衔接。手续方面，计划和协调好各项手续办理流程，提高效率，节约时间。销售方面，加强产品的定位，控制好大户型的比例，促进项目回款，降低开发成本。这些问题解决后将促进项目品质的进一步提升。

二、《天津市滨海新区定单式限价商品住房管理暂行办法》及《天津市滨海新区定单式限价商品住房规划设计技术标准》实施情况

佳宁苑试点项目的整个建设过程都充分遵照了《天津市滨海新区定单式限价商品住房管理暂行办法》与《天津市滨海新区定单式限价商品住房规划设计技术标准》的要求，享受了制度改革带来的政策红利，也明确了工作开展的方向。

在佳宁苑试点项目规划中，停车平台与风雨廊不计入容积率与建筑密度、平台绿化计入小区绿化、停车设施共享城市绿带、配套设施集中共建和分级管理等内容得到了落实。户型设计依据指导房型进行，按要求控制各套型比例。销售价格依据成本法确定，购买人群严格依据准入制度进行审核。这些内容相对于传统要求不仅降低了项目成本，同时提高了住区活力。

然而，由于佳宁苑试点项目是《天津市滨海新区定单式限价商品住房管理暂行办法》与《天津市滨海新区定单式限价商品住房规划设计技术标准》实施后的首个定单式限价商品住房项目，在执行中仍然有执行效力不同、理解不明确等问题。除小配套费外，其他配套费用均未按《天津市滨海新区定单式限价商品住房管理暂行办法》优惠执行，主要因为这些配套企业多为市属机构，新区的政策对其影响有限，这直接影响了保障性住房的成本优势。因此，若想为保障性住房提供保障，政策的落实便是最关键的问题。

三、下一步建设发展方向

总结过去的目的是服务未来，通过佳宁苑试点项目的实施，我们认为有以下四个方向值得努力：

1. 继续完善相关政策体系，保障政策实施落地

首先，对《天津市滨海新区定单式限价商品住房管理暂行办法》及《天津市滨海新区定单式限价商品住房规划设计技术标准》进行修订，对一些不适用的规范进行调整，增强其执行效力。其次，完善滨海新区住房体系，构建两个市场即商品房市场和保障房市场，引导两个市场共同健康发展。

2. 完善定单制度

定单制度是滨海新区住房制度改革的一大亮点，将政府、用人企业、开发企业、职工等有机衔接在一起，形成了一个平衡的供需体系，各方均从中受益。但是，从目前来看，定单制度还没有真正发挥作用，企业定单的审批机制还未建立，我们所设想的保证建设周期和利润的定向开发便无法实现。

3. 提升规划设计水平

不断深化指导房型研究，满足购房者各阶段各类型的生活需求，注重细节，注重生活体验，从设计上既已开始和谐宜居生活模式的引导。

4. 促进住宅产业化发展

住宅产业化发展已经成为一种必然，无论从节能减排还是提高住宅质量的角度，各级政府都在积极鼓励产业化的实施。但是，真正以产业化形式建设的住宅项目却很少，尤其是保障性住房更是受到成本等因素的制约，雷声大、雨点小，观望情绪比较浓。下一步，我们将进一步探索，在佳宁苑项目的基础上，综合产业化、绿色建筑、BIM 技术等，打造一个全新的示范项目。

一个优秀项目的诞生，离不开全体参与者的努力与付出；一项事业的持续发展，离不开所有人的理解与支持。佳宁苑试点项目以及本书的完成都只是我们在滨海新区住房保障工作上的一个起点，更大的期望仍在远方，需要你我并肩携手，坚定前行。

图书在版编目（CIP）数据

居者有其屋 ：天津滨海新区首个全装修定单式限价
商品住房佳宁苑试点项目 / 霍兵主编；《天津滨海新区
规划设计丛书》编委会编 . -- 南京：江苏凤凰科学技术
出版社，2017.3
　（天津滨海新区规划设计丛书）
　ISBN 978-7-5537-8147-1

　Ⅰ . ①居… Ⅱ . ①霍… ②天… Ⅲ . ①住宅区规划 -
概况 - 滨海新区 Ⅳ . ① TU984.12

中国版本图书馆 CIP 数据核字（2017）第 081294 号

居者有其屋 —— 天津滨海新区首个定单式限价商品住房佳宁苑试点项目

编　　　者	《天津滨海新区规划设计丛书》编委会
主　　　编	霍　兵
项 目 策 划	凤凰空间/陈　景
责 任 编 辑	刘屹立　赵　研
特 约 编 辑	林　溪

出 版 发 行	江苏凤凰科学技术出版社
出版社地址	南京市湖南路1号A楼，邮编：210009
出版社网址	http://www.pspress.cn
总 经 销	天津凤凰空间文化传媒有限公司
总经销网址	http://www.ifengspace.cn
印　　　刷	上海雅昌艺术印刷有限公司

开　　　本	787 mm×1 092 mm　1／12
印　　　张	42
字　　　数	504 000
版　　　次	2017年3月第1版
印　　　次	2017年3月第1次印刷

标 准 书 号	ISBN 978-7-5537-8147-1
定　　　价	528.00元

图书如有印装质量问题，可随时向销售部调换（电话：022-87893668）。